Stochastik

Leistungskurs

Lösungen

Friedrich Barth · Rudolf Haller

… car il faut, comme vous savez, que multi pertranseant ut augeatur scientia.

… denn viele müssen, wie Sie wissen, nachforschen, damit die Erkenntnis wachse.

FERMAT an PASCAL

Oldenbourg

Inhalt

Das Papier ist aus chlorfrei gebleichtem Zellstoff hergestellt, ist säurefrei und recyclingfähig.

13., verbesserte Auflage 2000
Druck 04 03
Die letzte Zahl bezeichnet das Jahr des Drucks.

Alle Drucke dieser Auflage sind untereinander unverändert und im Unterricht nebeneinander verwendbar.

Umschlaggestaltung: Walter Rupprecht
Zeichnungen: Gert Krumbacher
Satz: Tutte Druckerei GmbH, Salzweg-Passau
Druck: Peradruck GmbH, Gräfelfing

ISBN 3-486-**11394**-1

Übersetzungen der Originalzitate des Lehrbuchs

Seite 31, Fußnote ***
»Der Zufall hat Gesetze, die erkannt werden können.«

Seite 75[1]
»Die Wahrscheinlichkeitstheorie besteht darin, alle Ereignisse, die unter gegebenen Verhältnissen eintreten können, auf eine gewisse Anzahl von gleich möglichen Fällen zu reduzieren, d.h. auf solche, daß wir gleich unentschieden über ihr Vorhandensein sind, und dann unter diesen Fällen die Anzahl derjenigen zu bestimmen, die günstig sind für das Ereignis, dessen Wahrscheinlichkeit man sucht. Das Verhältnis dieser Anzahl zu der aller möglichen Fälle ist das Maß dieser Wahrscheinlichkeit, das also lediglich ein Bruch ist, dessen Zähler die Anzahl der günstigen Fälle und dessen Nenner diejenige aller möglichen Fälle ist.«

Seite 76, Fußnote *
»Die Wahrscheinlichkeit eines Ereignisses ist das Verhältnis der Anzahl der Fälle, die ihm günstig sind, zur Anzahl aller möglichen Fälle, sofern uns nichts veranlaßt zu glauben, daß einer dieser Fälle leichter eintreten muß als die anderen, was sie für uns gleich möglich macht. Die richtige Einschätzung dieser verschiedenen Fälle ist einer der heikelsten Punkte in der Analyse des Zufallsgeschehen.«

Seite 78, Zeile 14–16
Der vollständige Text lautet:

»Si plures sunt eventus aeque faciles, et aliquot eventibus rem habiturus sum, aliquot aliis re cariturus, spei aestimatio erit portio rei quae ita sit ad rem totam, ut numerus eventuum qui favere possunt ad numerum omnium eventuum. Nempe $\frac{S}{R}$ aequ. $\frac{F}{n}$ seu S aequ. $\frac{F}{n}$ R.«

»Wenn mehrere Ergebnisse gleich leicht sind, und ich durch etliche Ergebnisse eine Sache erhalten werde, durch etliche andere die Sache nicht erhalten werde, so ist die Schätzung der Hoffnung derjenige Anteil an der Sache, der sich zur ganzen Sache so verhält wie die Anzahl der Ergebnisse, die günstig sind, zur Anzahl aller Ergebnisse. Also $\frac{S}{R} = \frac{F}{n}$ oder $S = \frac{F}{n} R$.«

Zur Erläuterung geben wir die von *Leibniz* vorangestellten Definitionen wieder:
Probabilitas est gradus possibilitatis. – Wahrscheinlichkeit ist der Grad an Möglichkeit.
Spes est probabilitas habendi. – Hoffnung ist die Wahrscheinlichkeit, etwas zu erhalten.
Metus est probabilitas amittendi. – Furcht ist die Wahrscheinlichkeit, etwas zu verlieren.
Aestimatio rei tanta est, quantum est jus cujusque in rem. – Die Schätzung einer Sache ist so groß, wie das Recht jedes einzelnen an der Sache ist.

Seite 78, Fußnote
Sein »Wahrscheinlichkeit ist der Grad an Möglichkeit« liest man bei *Jakob Bernoulli* als »Wahrscheinlichkeit nämlich ist der Grad an Gewißheit«.

Seite 79, Zeile 5–9
»Wenn p die Anzahl der Fälle ist, bei denen ein Ereignis einzutreten vermag und q

[1] Der französische Text ist in der Orthographie von 1812 wiedergegeben.

die Anzahl der Fälle, bei denen es nicht eintreten kann, dann haben sowohl Eintreten wie Nichteintreten des Ereignisses ihren Wahrscheinlichkeitsgrad: Wenn nun alle Fälle, bei denen das Ereignis eintreten oder auch nicht eintreten kann, gleich leicht sind, dann verhält sich die Wahrscheinlichkeit des Eintretens zur Wahrscheinlichkeit des Nichteintretens wie p zu q.«

Seite 79, Zeile 11–13
»Die Wahrscheinlichkeit eines Ereignisses ist größer oder kleiner entsprechend der Anzahl der Fälle, bei denen es eintreten kann, verglichen mit der Anzahl aller Fälle, bei denen es eintritt oder nicht eintritt.«

Seite 79, Zeile 15–18
»Und deshalb ist, wenn wir einen Bruch bilden, dessen Zähler die Anzahl der Fälle ist, bei denen ein Ereignis eintreten kann, und dessen Nenner die Anzahl aller Fälle ist, bei denen es eintreten oder nicht eintreten kann, dieser Bruch eine geeignete Bestimmung der Wahrscheinlichkeit des Ereignisses.«

Seite 79, Zeile 20–22
»[...] daß es das Verhältnis der Anzahl der Fälle des Eintretens zur gesamten Anzahl der Fälle des Eintretens oder Ausbleibens ist, was das wahre Maß der Wahrscheinlichkeit ist.«

Seite 79, Fußnote *
»Mehrere Spieler, deren Anzahl $n + 1$ ist, spielen um den Gesamteinsatz; man fragt, was ist die Wahrscheinlichkeit, die jeder hat, den gesamten Einsatz zu gewinnen.«[2]

[2] Im Band XIII der *Encyclopédie* (1765) findet man u.a. folgende Erklärung:
Poule, en terme de jeu du Reversis, c'est jetons que chaque joueur a mis dans un corbillon ou sur le tapis dans un ou plusiers tours.
Poule, als Ausdruck beim Reversinospiel, bezeichnet die Spielmarken, die jeder Spieler in ein Körbchen oder auf den Spieltisch gelegt hat jedesmal, wenn er an die Reihe kam.
Zur Geschichte des »Problème de la Poule«:
Montmort schreibt am 10.4.1711 an *Nikolaus Bernoulli,* daß der englische Adelige und Mathematiker [*James*] *Waldegrave* [(1685–1741)] ihm ein lustiges Problem gestellt und auch selbst gelöst habe, nämlich:

> Peter, Paul und Jakob spielen irgendein Spiel um den Gesamteinsatz. Durch Los werden die ersten beiden bestimmt, die gegeneinander spielen. Der Verlierer wird durch den dritten Spieler ersetzt, der nun denselben Einsatz leistet wie die beiden ersten. Usw. Sieger und Gewinner des Gesamteinsatzes (= *la poule*) ist derjenige, der zwei aufeinanderfolgende Partien gewonnen hat.

Montmort fragt – in unserer Sprechweise – nach der Wahrscheinlichkeit, mit der der 3. Spieler den Gesamteinsatz gewinnt, nach dem Einsatz für eine faire Wette, daß der 1. bzw. 2. Spieler vor dem 3. gewinnt, und nach der Wahrscheinlichkeit, daß daas Spiel nach n Partien zu Ende ist. Er gibt die richtige Lösung ohne Beweis an, hat aber Schwierigkeiten, auf 4 Spieler zu verallgemeinern.
Die erste Veröffentlichung des Problems samt Lösung mit Beweis erfolgt 1711 durch de *Moivre* als Problema XV in seiner *De Mensura Sortis,* jedoch mit einer gewissen Abwandlung: Jeder hat zuerst den gleichen Einsatz zu leisten: der Verlierer einer Partie hat eine weitere Summe in den Topf zu legen. Eine Verallgemeinerung seiner Lösung auf $n > 3$ hält er fälschlicherweise für leicht.
Im Brief vom 30.12.1712 an *Montmort* gelingt *Nikolaus Bernoulli* die Lösung des Problems für $n + 1$ Spieler, worauf er sehr stolz ist; er schreibt nämlich:
»C'est cette solution des trois Problèmes que vous m'avés proposés sur la poulle que je préfere à tout ce que j'ai trouvé jusqu'ici dans ces matieres.«
»Gerade diese Lösung der drei Probleme, die Sie mir über das Spiel um den gesamten Einsatz gestellt haben, ziehe ich allem vor, was ich bis heute auf diesem Gebiet gefunden habe.«
Nikolaus besuchte *de Moivre* im Herbst 1712 in London. Im Winter 1712/13 findet *de Moivre* eine allgemeine Lösung des »Problème de la Poule« mit Hilfe unendlicher rekurrenter Reihen. Am 30.12.1713 schickt ihm *Nikolaus* seine Lösung, die ganz ohne unendliche Reihen auskommt. Die Royal Society beschließt, beide Lösungen gemeinsam in den Philosophical Transactions zu veröffentlichen (Okt.-Dez. 1714) und *Nikolaus Bernoulli* in die Gesellschaft aufzunehmen.
De Moivre führt übrigens in seiner Arbeit Striche im Sinne von Indizes in die Mathematik ein.
Roger Cotes (1682–1716) benützte sie zwar schon 1707 in seiner Arbeit *De Methodo Differentiali Newtonia;* diese erschien aber erst 1722 zusammen mit seiner *Harmonia mensurarum* – »Harmonie der Maße« – postum.

Seite 135, Fußnote *
»Die Wahrscheinlichkeit für das Eintreten zweier abhängiger Ereignisse ist das Produkt aus der Wahrscheinlichkeit für das Eintreten eines von ihnen und der Wahrscheinlichkeit, die das andere für sein Eintreten hat, wenn das erste als bereits eingetreten betrachtet wird.«

Seite 137, Fußnote **
PRINZIP. – Wenn ein Ereignis durch *n* verschiedene Ursachen hervorgerufen werden kann, dann verhalten sich die Wahrscheinlichkeiten für das Vorhandensein dieser Ursachen auf Grund des Ereignisses zueinander wie die Wahrscheinlichkeiten des Ereignisses auf Grund dieser Ursachen, und die Wahrscheinlichkeit für das Vorhandensein jeder einzelnen von ihnen ist gleich der Wahrscheinlichkeit des Ereignisses auf Grund dieser Ursache, dividiert durch die Summe aller Wahrscheinlichkeiten des Ereignisses auf Grund jeder dieser Ursachen.[3]

Seite 252, Fußnote *
»Man erweist dem Roulett zu viel Ehre: es hat weder Gewissen noch Gedächtnis.«

Seite 270, B. II.
1) »Fall IX. A und B spielen miteinander, dem A fehlt 1 Spiel zum Sieg, dem B 2; aber die Chance von B, ein Spiel zu gewinnen, ist doppelt so groß wie die für A, dasselbe Spiel zu gewinnen: Es ist verlangt, die jeweiligen Gewinnwahrscheinlichkeiten zu bestimmen.«
2) »Fall X. Unter der Annahme, A fehlen 3 Spiele und B 7 bis zum Sieg, aber daß das Verhältnis der Chancen, die A bzw. B zum Gewinnen eines Spiels haben, 3 zu 5 beträgt, sind die jeweiligen Wahrscheinlichkeiten, das gesamte Spiel zu gewinnen, zu finden.«

Seite 318
»Warum scheinen uns bei einem Platzregen die Regentropfen zufällig verteilt?«
»Um zu erfahren, um welche Verteilung dieser Regentropfen es sich handelt und wieviel von ihnen auf jeden Pflasterstein fallen werden, genügte es nicht, die Ausgangssituation der Ionen zu kennen; man müßte vielmehr die Wirkung von abertausend winzigen und launischen Luftströmungen berechnen.«

Seite 333, Fußnote *
»[...] l'homme moyen, d.h. die Menschen im allgemeinen, gesund oder krank, wohlauf oder kränkelnd, kräftig oder schwach«.

Seite 347
»[...] es sollte beachtet werden, daß die Nullhypothese niemals bewiesen oder als gültig festgestellt wird, sondern daß sie möglicherweise im Verlauf der Untersuchung widerlegt wird. Jedes Experiment – so kann man sagen – existiert lediglich zu dem Zweck, den Tatsachen eine Chance zu geben, die Nullhypothese zu widerlegen.«

Seite 350
»Die Tests selbst liefern kein endgültiges Urteil, aber sie helfen als Werkzeug dem Arbeiter, der sie benützt, seine endgültige Entscheidung zu treffen; [...]. Von höchster Bedeutung für die Bildung eines gesunden Urteils ist es jedoch, daß die gewählte Methode, ihr Anwendungsbereich und ihre Grenzen klar erfaßt werden.«

Seite 370, Zeile 3
»daß es die Kunst ist und nicht der Zufall, was regiert«.

Seite 403, Wahlspruch
Die Zeit ist mein Besitz, die Zeit ist mein Acker.

[3] Der französische Text ist in der Orthographie von 1774 wiedergegeben.

Seite 403, Fußnote *
»Es scheint, daß das Wissen Reize hat, die nicht von denen empfunden werden können, die sie nicht gekostet haben. Ich meine damit nicht ein simples Kennen von Tatsachen, ohne das ihrer Gründe, sondern ein Wissen der Art wie das des Cardano, der wirklich ein großer Mensch war, mit all seinen Fehlern, und der unvergleichlich gewesen wäre ohne diese Fehler.«

Seite 415, Schluß von **MOIVRE**
»[...] wenn wir uns nicht selbst durch metaphysischen Staub blind machen, werden wir auf einem kurzen und klaren Weg zur Anerkennung des großen SCHÖPFERs und LENKERs aller Dinge geführt, *der selbst allweise, allmächtig und gut ist.*«

Seite 422, Schluß von **POISSON**
»Nur für zwei Dinge lohnt sich zu leben: Mathematik zu treiben und sie zu lehren.«

Lösungen

Aufgaben zu 1.

12/1. – **12/2.** –

12/3. **a)** 11011.00001.11110.11011.11000
b) 10001.11001.01101.10110.01000

Aufgaben zu 2.1.

17/1. **a)** $\Omega = \{m, w\}$ mit m := Das Kind ist männlich; w := Das Kind ist weiblich; $|\Omega| = 2$.

b) Mit m := Die Zwillinge sind männlich; w := Die Zwillinge sind weiblich: $\Omega_1 = \{m, w\}$; $|\Omega_1| = 2$.
Mit m := Ein Neugeborenes ist männlich; etc.: $\Omega_2 = \{(m|m), (w|w)\}$; $|\Omega_2| = 2$.

c) $\Omega = \{(m|m), (m|w), (w|m), (w|w)\}$; $|\Omega| = 4$.

d) Notiert man als Ergebnisse die Anzahl der männlichen Neugeborenen unter den Drillingen, dann $\Omega_1 = \{0, 1, 2, 3\}$; $|\Omega_1| = 4$.
Notiert man hingegen nach der Reihenfolge der Geburt, dann
$\Omega_2 = \{(m|m|m), (m|m|w), (m|w|m), \ldots, (w|w|w)\}$; $|\Omega_2| = 8$.

17/2. $\Omega = \{(1|W), (1|Z), (2|W), (2|Z), \ldots, (6|W), (6|Z)\}$; $|\Omega| = 12$.

18/3. **a)** $\Omega = \{\{p, q, r\}, \{p, q, s\}, \{p, q, t\}, \ldots, \{r, s, t\}\}$; $|\Omega| = 10$.
b) $\Omega = \{\{s, p, q\}, \{s, p, r\}, \{s, p, t\}, \{s, q, r\}, \{s, q, t\}, \{s, r, t\}\}$; $|\Omega| = 6$.
c) $\Omega = \{\{q, r, s\}, \{q, s, t\}, \{q, r, t\}, \{r, s, t\}, \{p, q, r\}, \{p, q, s\}, \{p, q, t\}\}$; $|\Omega| = 7$.

18/4. $\Omega = \{\{1, 2\}, \{1, 3\}, \{1, 4\}, \{2, 3\}, \{2, 4\}, \{3, 4\}\}$.

18/5. **a)** $\Omega = \{\{a, b, c, d, e, f\} \mid 1 \leqq a < b < c < d < e < f \leqq 49\}$
b) $\Omega = \{(\{a, b, c, d, e, f\} | g) \mid 1 \leqq a < b < c < d < e < f \leqq 49 \wedge$
$\wedge\, g \in \{1, 2, \ldots, 49\} \setminus \{a, b, c, d, e, f\}\}$.

18/6. **a)** ja **b)** ja **c)** ja
d) nein, weil 3 nicht zu einem eindeutigen Ergebnis führt.
e) nein, weil z.B. 6 nicht zu einem eindeutigen Ergebnis führt.
f) ja

Aufgaben zu 2.2.

18/7. **a)**

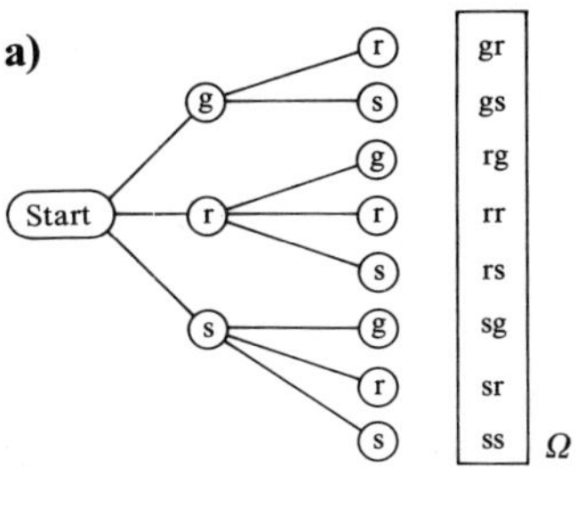

$|\Omega| = 8$.

b)

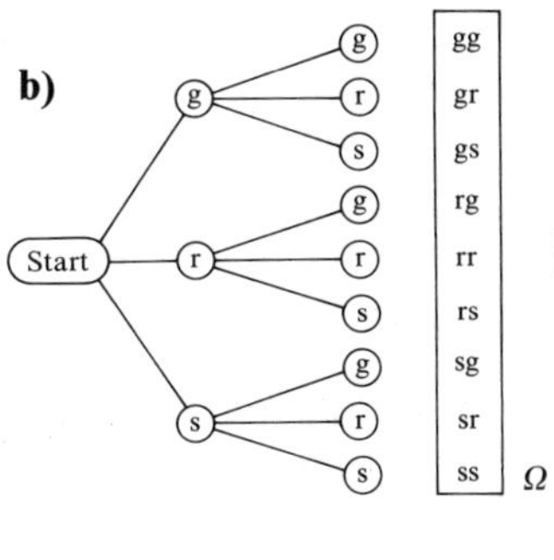

$|\Omega| = 9$.

18/8.

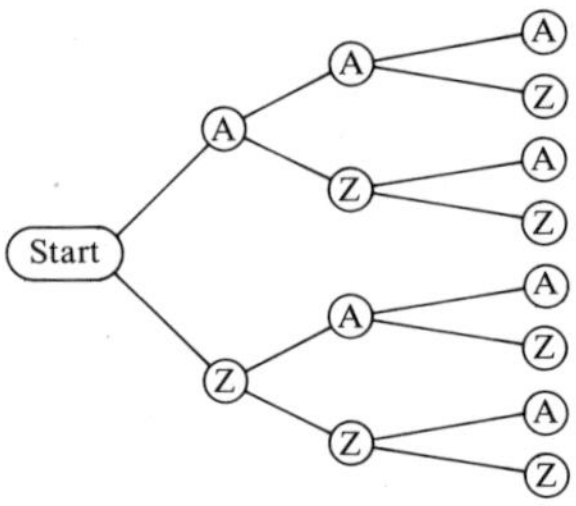

18/9. Eine Münze wird dreimal nacheinander geworfen.

18/10. b) $A:B = (1+2+3+4):1 = 10:1.$

c) $A:B = (6+4-1):(6+1-4) = 9:3 = 3:1$

d)

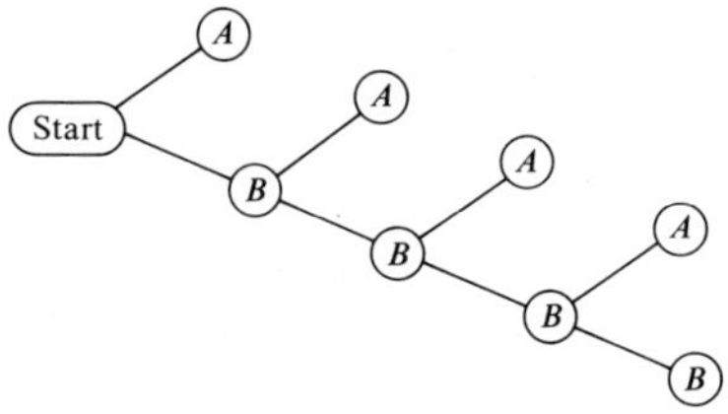

e) Weil A noch 1 Sieg bzw. B noch 4 Siege benötigt, ist das Spiel sicher nach 4 Partien entschieden.

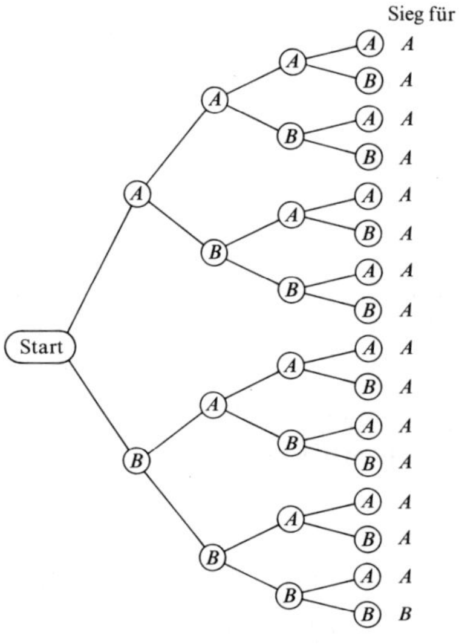

Bei 16 gleichwertigen Wegen gewinnt A 15mal, B nur einmal.
Gerechte Verteilung $A:B = 15:1$.

Aufgaben zu 3.2.

25/1. a) $\Omega_1 = \{000, 001, 010, 011, 100, 101, 110, 111\}$.

b) $\Omega_2 = \{0, 1, 2, 3\}$. (Nach Anzahl der Treffer geordnet.)

c)

	in Ω_1	in Ω_2
A	$\{001, 010, 011, 100, 101, 110, 111\}$	$\{1, 2, 3\}$
B	$\{000, 001, 010, 100\}$	$\{0, 1\}$
C	$\{111\}$	$\{3\}$
D	$\{101, 111\}$	nicht bildbar
E	$\{101\}$.	nicht bildbar

d)

	in Ω_1	in Ω_2
$\bar{A}$	»Kein Los ist ein Treffer.« $\{000\}$	$\{0\}$.
$\bar{B}$	»2 oder 3 Lose sind Treffer.« $\{011, 101, 110, 111\}$	$\{2, 3\}$
$\bar{C}$	»Mindestens ein Los ist kein Treffer.« $\{000, 001, \ldots, 110\}$	$\{0, 1, 2\}$
$\bar{D}$	»Das 1. oder 3. Los sind keine Treffer.« $\{000, 001, 010, 011, 110, 100\}$	nicht bildbar
$\bar{E}$	»Das 1. oder 3. Los sind Nieten oder das 2. Los ist ein Treffer.« $\{000, 001, 010, 011, 100, 110, 111\}$	nicht bildbar

26/2. **a)** $A = \{$www, wwz, wzw, wzz$\}$;
$B = \{$wwz, wzz, zwz, zzz$\}$.

b) $A \cap B =$ »Beim ersten Wurf erscheint Wappen und beim 3. Wurf erscheint Zahl« $= \{$wwz, wzz$\}$.
$A \cup B =$ »Beim 1. Wurf erscheint Wappen oder beim 3. Wurf erscheint Zahl« $=$
$= \{$www, wwz, wzw, wzz, zwz, zzz$\}$.
$\bar{A} =$ »Beim 1. Wurf erscheint kein Wappen« $= \{$zzz, zzw, zwz, zww$\}$.
$A \cap \bar{B} =$ »Beim 1. Wurf erscheint Wappen und beim 3. Wurf keine Zahl« $=$
$=$ »Beim 1. Wurf und beim 3. Wurf erscheint Wappen« $=$
$= \{$www, wzw$\}$.
$\bar{A} \cap \bar{B} =$ »Beim 1. Wurf erscheint kein Wappen und beim 3. Wurf erscheint keine Zahl« $=$
$=$ »Beim 1. Wurf erscheint Zahl und beim 3. Wurf erscheint Wappen« $=$
$= \{$zww, zzw$\}$.

c) $A \cup B$ und $\bar{A} \cap \bar{B}$ sind Gegenereignisse voneinander (vgl. De Morgan).

d) »Es erscheint nicht 3mal Wappen« $= \{$wwz, wzw, zww, wzz, zwz, zzw, zzz$\}$.

26/3. **a)** $\Omega = \{2, 3, 4, \ldots, 11, 12\}$; $|\Omega| = 11$.

b) $A = \{2, 3, 5, 7, 11\}$ $\quad B = \emptyset$
$C = \{2, 4, 6, 8, 10, 12\}$ $\quad D = \{2, 3, 4, 5, 7, 8, 9, 10, 11, 12\}$
$E = \{7\}$ $\quad F = \{2, 3, 4, 5, 6\}$.

27/4. **a)** $\Omega = \{0000, 0001, \ldots, 1111\}$; $|\Omega| = 2^4 = 16$.

b) $A = \{0000, 0001, 0100, 1000, 0101, 1001, 1100, 1101\}$;
$B = \{1101\}$;
$C = \{0011, 0101, 0110, 1001, 1010, 1100, 0111, 1011, 1101, 1110, 1111\}$;
$D = \{0111, 1011, 1101, 1110\}$;
$E = \{0000\}$.

27/5. $A = \{\text{mmjjj, mjmjj, mjjmj, mjjjm}\}$;
$B = \{\text{mmjjj, mjmjj, jmmjj}\}$;
$C = \{\text{mjjjm, jmjjm, jjmjm, jjjmm}\}$.

27/6. **a)** $A \cap B \cap \bar{C}$

b) $A \cap B \cap C$

c) $A \cap \bar{B} \cap \bar{C}$

d) $(\bar{A} \cap \bar{B} \cap \bar{C}) \cup (A \cap \bar{B} \cap \bar{C}) \cup (\bar{A} \cap B \cap \bar{C}) \cup (\bar{A} \cap \bar{B} \cap C)$
kürzer: $(\bar{A} \cap \bar{B}) \cup (\bar{B} \cap \bar{C}) \cup (\bar{A} \cap \bar{C})$

e) $A \cup B \cup C$

f) $\overline{A \cap B \cap C} = \bar{A} \cup \bar{B} \cup \bar{C}$

g) $(A \cap B) \cup (B \cap C) \cup (A \cap C)$

h) $(A \cap \bar{B} \cap \bar{C}) \cup (\bar{A} \cap B \cap \bar{C}) \cup (\bar{A} \cap \bar{B} \cap C)$

i) $(A \cap B \cap \bar{C}) \cup (A \cap \bar{B} \cap C) \cup (\bar{A} \cap B \cap C)$

j) $\bar{A} \cap \bar{B} \cap \bar{C} = \overline{A \cup B \cup C}$

k) $A \cap B \cap \bar{C}$

l) $A \cap B \cap \bar{C}$

27/7. **a)** **1)** Kein Motor ist defekt.

2) Mindestens 2 Motoren sind defekt.

3) Genau 1 Motor ist defekt.

4) Es können 0, 1, 2, 3 oder 4 Motoren defekt sein.

5) Mindestens 2 Motoren sind defekt. $(= \bar{B})$

6) Alle 4 Motoren sind in Ordnung.

7) A

8) B

9) unmögliches Ereignis

10) Kein Motor oder 2 oder 3 oder 4 Motoren sind defekt.

b)

	B	$\bar{B}$			
A	1110 1101 1011 0111	1100 1010 1001 0110 0101 0011	1000 0100 0010 0001	0000	
$\bar{A}$	1111				Ω

c) **1)** $\{1111\}$
2) $\{0000, 0001, \ldots, 1000, 0011, \ldots, 1100\}$
3) $\{0111, 1011, 1101, 1110\}$

4) Ω **5)** siehe **2)** **6)** $\{1111\}$ **7)** siehe unter **b)** für A
8) siehe unter **b)** für B **9)** $\emptyset$
10) $\{1111, 0011, 0101, \ldots, 0001, 0010, \ldots, 0000\}$

27/8. **a)**

	B	B	$\bar{B}$	$\bar{B}$
A		HMS		HSM
$\bar{A}$	SMH MSH	MHS		SHM
	$\bar{C}$	C	C	$\bar{C}$

Ω

b) Ab 3. Auflage:

$E = \bar{A} \cap B \cap \bar{C}$

$F = (\bar{A} \cap B \cap C) \cup (\bar{A} \cap \bar{B} \cap \bar{C}) =$
$= \bar{A} \cap ((B \cap C) \cup (\bar{B} \cap \bar{C})) =$
$= \bar{A} \cap (B \cap C \cup \bar{B} \cap \bar{C})$

c) **1)** »Huber wird erster und Meier zweiter und Schmid dritter« $= \{\text{HMS}\}$.
2) $= \bar{A} \cap \bar{B} \cap \bar{C} =$ »Schmid wird erster und Huber wird zweiter und Meier wird dritter« $= \{\text{SHM}\}$.
3) »Huber wird erster oder letzter« $= \{\text{HSM, HMS, MSH, SMH}\}$.
4) »Huber wird letzter oder Schmid wird zweiter« $= \{\text{MSH, SMH, HSM}\}$.

27/9. **a)** Jeder Brief steckt richtig. **b)** Mindestens ein Brief steckt richtig.
c) Kein Brief steckt richtig. **d)** Mindestens ein Brief steckt nicht richtig.
e) Genau ein Brief steckt richtig.

28/10. **a)** Unvereinbar sind (B, C), (B, D), (B, E), (C, E).
b) Unvereinbar sind
- alle Paare, die B enthalten
- C und E
- E und F.

c) Unvereinbar sind (B, E), (C, E) und (D, E).

28/11. **a)** $A \cap \overline{\bar{A} \cup B} = A \cap \bar{A} \cap \bar{B} = \emptyset \Rightarrow$ unvereinbar
b) $A \cap \overline{\bar{A} \cap B} = A \cap (\bar{A} \cup \bar{B}) = A \cap \bar{A} \cup A \cap \bar{B} = A \cap \bar{B}$. Nicht entscheidbar
c) $A \cap (\bar{A} \cap B) = \emptyset \Rightarrow$ unvereinbar
d) $(\overline{A \cup B}) \cap (\bar{A} \cap B) = (\bar{A} \cap \bar{B}) \cap (\bar{A} \cap B) = \bar{A} \cap (\bar{B} \cap B) = \bar{A} \cap \emptyset = \emptyset \Rightarrow$ unvereinbar

28/12. Alle 4 Behauptungen sind falsch, wie folgende Gegenbeispiele mit $\Omega = \{1, 2, 3\}$ zeigen.
a) $A := \{1\}$, $B := \{2\}$, $\bar{A} \cap \bar{B} = \{3\} \neq \emptyset$.
b) $A := \{1\}$, $B := \{2\}$, $\bar{A} \cap B = \{2\} \neq \emptyset$.
c) $A := \{1\}$, $B := \{2, 3\}$, $\bar{A} \cap \bar{B} = B \cap A = \emptyset$.
d) $A := \Omega$, $B := \emptyset$, $\bar{A} \cap B = \emptyset$.

Die Behauptung ist jeweils richtig mit folgender Zusatzannahme:

a) $A \cup B = \Omega$

b) $B = \emptyset$

c) $A \cup B \neq \Omega$

d) $B \neq \emptyset$

28/13. **a)**

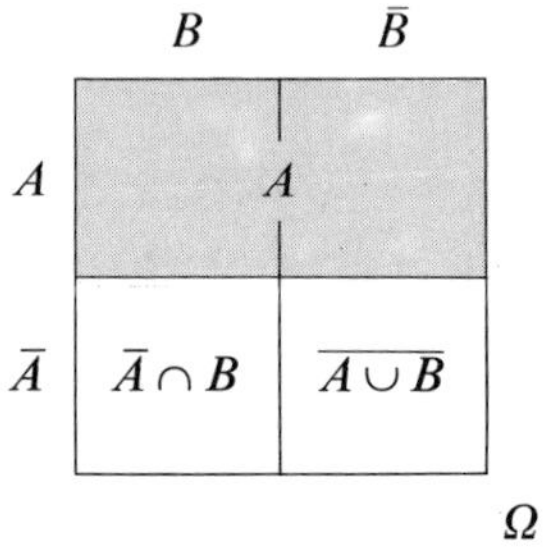

b) $A =$ »I siegt«.
$\overline{A \cup B} =$ »Unentschieden oder Spielabbruch«.
$\bar{A} \cap B =$ »II siegt«.
Beachte $A \cap B = \emptyset$.

28/14. **a)** Jeder Sportler erreicht den Platz, den seine Startnummer angibt.
b) Mindestens ein Sportler erreicht den Platz, den seine Startnummer angibt.
c) Kein Sportler erreicht den Platz, den seine Startnummer angibt.
d) Mindestens ein Sportler erreicht den Platz, den seine Startnummer angibt, nicht.
e) Genau ein Sportler erreicht den Platz, den seine Startnummer angibt.

Aufgaben zu 4.1.

38/1.

Note	1	2	3	4	5	6
Häufigkeit in %	7,4	14,8	18,5	29,6	25,9	3,7

38/2.

Ziffern	0	1	2	3	4	5	6	7	8	9
Häufigkeit in %	8,42	10,77	8,42	11,45	11,78	8,08	11,78	12,12	11,78	5,39

38/3. $h_1 = \frac{17}{146} = 11{,}6\%$, $h_2 = \frac{39}{128} = 30{,}5\%$.

38/4. **a)**

Bereich	1–100	101–200	201–300	301–400	401–500	501–600	601–700	701–800	801–900	901–1000
Häufigkeit der Primzahlen	25%	21%	16%	16%	17%	14%	16%	14%	15%	14%

b)

Bereich 1 bis	100	200	300	400	500	600	700	800	900	1000
Häufigkeit der Primzahlen	25%	23%	20,7%	19,5%	19%	18,2%	17,9%	17,4%	17,1%	16,8%

38/5. –

38/6. **a)** $h_{150}(\{6\})$ ist jeweils

1. $\frac{23}{150} \approx 15{,}3\%$ 3. $\frac{28}{150} \approx 18{,}7\%$ 5. $\frac{34}{150} \approx 22{,}7\%$ 7. $\frac{26}{150} \approx 17{,}3\%$

2. $\frac{26}{150} \approx 17{,}3\%$ 4. $\frac{18}{150} \approx 12{,}0\%$ 6. $\frac{23}{150} \approx 15{,}3\%$ 8. $\frac{22}{150} \approx 14{,}7\%$

b) $h_{150}(\{6\}) = \frac{23}{150} \approx 15{,}3\%$ $\quad h_{750}(\{6\}) = \frac{129}{750} \approx 17{,}2\%$

$h_{300}(\{6\}) = \frac{49}{300} \approx 16{,}3\%$ $\quad h_{900}(\{6\}) = \frac{152}{900} \approx 16{,}9\%$

$h_{450}(\{6\}) = \frac{77}{450} \approx 17{,}1\%$ $\quad h_{1050}(\{6\}) = \frac{178}{1050} \approx 16{,}9\%$

$h_{600}(\{6\}) = \frac{95}{600} \approx 15{,}8\%$ $\quad h_{1200}(\{6\}) = \frac{200}{1200} \approx 16{,}7\%$

38/7. **a)** $h_{1225}(»13«) = \frac{121}{1225} \approx 9{,}9\%$

$h_{1225}(»29«) = \frac{150}{1225} \approx 12{,}2\%$

$h_{1225}(»49«) = \frac{171}{1225} \approx 14{,}0\%$

b) Bei den 1225 Ziehungen wurden insgesamt $1225 \cdot 6$ Kugeln gezogen. Wenn jede der 49 Zahlen dabei gleich oft, etwa k-mal, ausgespielt worden ist, dann sind also $49k$ Kugeln gezogen worden. Somit gilt $49k = 1225 \cdot 6 \Rightarrow k = \frac{1225 \cdot 6}{49}$. Die relative Häufigkeit jeder Lottozahl m ist dann $h_{1225}(»m«) = \frac{k}{1225} = \frac{6}{49} = 12{,}2\%$.

Über einen interessanten Nebeneffekt der Zahlenlotterie in Preußen berichtet *Dr. Otto Warschauer* in *Die Zahlenlotterie in Preußen*, Berlin 1885, auf S. 116ff.:
»Die Zahlenlotterie in Preußen hat jedoch nicht nur in ihrem finanziellen Resultate militärischen Zwecken gedient, nicht nur Wohltätigkeitsanstalten gefördert, sondern sie war auch, dem Plane Friedrichs des Großen gemäß, dazu bestimmt, indirekt die Bevölkerung des Landes zu mehren.
Als Schriftsteller ist Friedrich der Große häufig für den Gedanken eingetreten, daß durch eine dichtgedrängte und sich schnell fortpflanzende Bevölkerung die Macht des Staates gehoben, der nationale Reichtum begründet werde, und daß es demgemäß im Interesse eines jeden Fürsten läge, durch Erleichterung der Lebensbedingungen für den einzelnen zum vermehrten Abschluß der Ehen im Inlande beizutragen. Bei Errichtung der Zahlenlotterie in Preußen suchte er diesem Gedanken konkrete Fassung zu geben.
In dem Patent vom 8. Februar 1763 bestimmte der König, daß bei jeder Ziehung der Zahlenlotterie fünf armen, im Lande geborenen Mädchen zum Zweck ihrer Verheiratung eine bare Aussteuer von 50 Talern ausgezahlt werden solle.*
Die Ausführung des königlichen Befehls geschah derartig, daß die Namen je 90 armer, in den Waisenhäusern Berlins zu erziehender Mädchen mit je einer Nummer der Zahlenlotterie verbunden wurden. Nach der Eigenart des Spieles gewannen von den 90 auszuspielenden Nummern je fünf; denjenigen Mädchen, deren Namen die Gewinnummern enthielten, wurde von der General-Lotterie-Administration sofort ein sogenannter »Annexenschein« übergeben und später unter Rückgabe desselben und unter Beibringung des Trauzeugnisses eine Aussteuer von 50 Talern ausgezahlt.
Die mit Annexenscheinen ausgestatteten Bräute bezeichnete der Volksmund als »annectirte Mädchen«, weil vorschriftsmäßig jeder Nummer der Zahlenlotterie »der Name einer Jungfer beigesetzt« (*annexé le nom d'une fille*) werden mußte. Auf diesem Wege wurden durch die Zahlenlotterie in Preußen jährlich 80–85 arme Mädchen ausgestattet, [...]«

Diese soziale Idee wurde aus Italien übernommen, so auch in Bayern (1. Ziehung 18.5.1735), wo jedes Mädchen, dessen Name gezogen worden war, 20 Gulden erhielt.

39/8. **a)** – **b)** –

c) $h_{25}(»\text{Mindestens eine } 6«) = \frac{15}{25} = 60\%$

$h_{25}(»\text{Mindestens ein Sechser-Pasch}«) = \frac{12}{25} = 48\%$.

* Vgl. Patent vom 8.2.1763: »Bei dem festen Entschluß, den Ertrag der Lotterie zum Besten Unserer Unterthanen zu verwenden, haben Wir die Beförderung der Bevölkerung zuerst Unserer Aufmerksamkeit gewürdigt. Demzufolge wollen Wir, daß die Lotterie aus ihrem Ertrage die nöthigen Fonds verschaffe, um alle Jahre eine gewisse Anzahl Mägdgen, die in Unserem Lande gebohren sind, zu verheurathen, und zwar bei jeder Ziehung fünfe; und daß, wenn im Falle die Ziehungen kein Beneficium abwürffen oder wohl gar Verlust brächten, diese Mittel aus dem Deposito (der Landschaft) zu jenem Behufe entlehnt werden sollten.«

Aufgaben zu 4.2.

39/9. **a)** $h(E \cup F) = \frac{165}{200} + \frac{73}{200} - \frac{49}{200} = \frac{189}{200} = 94{,}5\%$

b) $h(\overline{E \cup F}) = 1 - h(E \cup F) = 1 - \frac{189}{200} = \frac{11}{200} = 5{,}5\%$.

39/10. **a)** h_{100} (»teilbar durch 2«) $= \frac{50}{100} = 50\%$

b) h_{100} (»teilbar durch 3«) $= \frac{33}{100} = 33\%$

c) h_{100} (»teilbar durch 2 und 3«) $= \frac{16}{100} = 16\%$

d) h_{100} (»teilbar durch 2 oder 3«) $= \frac{67}{100} = 67\%$.

39/11. 67% von 48% = 32,2%

39/12.

	Ka	$\overline{Ka}$	
Ki	$(x - 49)\%$	$(87 - x)\%$	38%
$\overline{Ki}$	$(62 - x)\%$	$x\%$	62%
	13%	87%	

$49 \leqq x \leqq 62$, da negative relative Häufigkeiten unzulässig sind.

39/13. **a)**

	B	$\bar{B}$	
A	4,0%	46,8%	50,8%
$\bar{A}$	6,4%	42,8%	49,2%
	10,4%	89,6%	

Ω ist die Menge aller untersuchten Personen.

A ist die Menge aller Personen aus Ω mit Antigen A.

Beachte: Träger des Antigens A können zur Blutgruppe A oder zur Blutgruppe AB gehören.

b) **1)** $h(A) = 50{,}8\%$
$h(B) = 10{,}4\%$
$h(O) = 42{,}8\%$

2) $h(A \cap B) = 4{,}0\%$
$h(A \cup B) = 57{,}2\%$

3) $h(A \cup O) = 93{,}6\%$

4) $h(\bar{A}) = 49{,}2\%$

5) $h(\overline{A \cap B}) = 96\%$

6) $h(\bar{A} \cap \bar{B}) = 42{,}8\%$

Aufgaben zu 5.1.

57/1. **a)** Wahrscheinlichkeit dafür, daß E_1 oder E_2 eintritt.

b) Wahrscheinlichkeit dafür, daß mindestens eines der Ereignisse E_i eintritt.

c) Wahrscheinlichkeit dafür, daß alle Ereignisse E_i zugleich eintreten.

57/2. $P(\{\omega_3\}) = 1 - 0{,}2 - 0{,}7 = 0{,}1$

E	$\{\ \}$	$\{\omega_1\}$	$\{\omega_2\}$	$\{\omega_3\}$	$\{\omega_1, \omega_2\}$	$\{\omega_1, \omega_3\}$	$\{\omega_2, \omega_3\}$	Ω
$P(E)$	0	0,2	0,7	0,1	0,9	0,3	0,8	1

57/3. **a)** $1 = \sum_{i=1}^{4} P(\{\omega_i\}) = P(\{\omega_1, \omega_2\}) + P(\{\omega_3\}) + P(\{\omega_4\}) = 0{,}2 + 0{,}5 + 0{,}5 = 1{,}2;$
Widerspruch!

b) $P(E_3) := 0{,}3.$

c) $\left.\begin{array}{l} P(E_1) = P(\{\omega_1\}) + P(\{\omega_2\}) = 0{,}2 \\ P(\{\omega_1\}) = 3\,P(\{\omega_2\}) \end{array}\right\} \Rightarrow P(\{\omega_1\}) = \frac{3}{4} \cdot 0{,}2 = 0{,}15.$

58/4. **a)** $P(\{\omega_2\}) = \frac{1}{10} \cdot 0{,}8 = 0{,}08.$
$P(\{\omega_3\}) = 0{,}16.$
$P(\{\omega_4\}) = 0{,}56.$

b) $P(E_1) = 0{,}84;\ P(E_2) = 0{,}36.$

c) $P(E_1 \cup E_2) = P(\{\omega_1, \omega_2, \omega_3, \omega_4\}) = \sum_{i=1}^{4} P(\{\omega_i\}) = 1.$

d) $P(E_1 \cap E_2) = P(\{\omega_1\}) = 0{,}2.$

e) $P(\bar{E}_2) = P(\{\omega_2, \omega_4\}) = 0{,}08 + 0{,}56 = 0{,}64.$

Aufgaben zu 5.2.

58/5. **a)** $h_{100}(\{1\}) = 13\%$ $\quad h_{100}(\{4\}) = 7\%$
$h_{100}(\{2\}) = 21\%$ $\quad h_{100}(\{5\}) = 25\%$
$h_{100}(\{3\}) = 16\%$ $\quad h_{100}(\{6\}) = 18\%$

b) $A = \{2, 4, 6\}$ $\quad P(A) = 46\%$
$B = \{2, 3, 5\}$ $\quad P(B) = 62\%$
$C = \{3, 4, 5, 6\}$ $\quad P(C) = 66\%$

c) $h_{100}(A) = 46\%$
$h_{100}(B) = 52\%$
$h_{100}(C) = 66\%$
Bei A und C bewährt sich das Modell (überraschend) gut; bei B nicht.

58/6. **a)** $P(\{2, 4, 6\}) = P(\{2, 3, 5\})$
Auf lange Sicht ist die relative Häufigkeit für eine gerade Augenzahl gleich der relativen Häufigkeit für eine Primzahl.

b) $P(A) > P(\bar{A})$ bzw. $P(A) > 50\%$
Auf lange Sicht tritt A öfter ein als $\bar{A}$.

c) P(»Wirbelwind gewinnt«) > P(»X gewinnt«) für alle X $\neq$ Wirbelwind.
Bei vielen Rennen gleicher Besetzung wird Wirbelwind öfter siegen als jeder Konkurrent.
Zusatz: P(»Wirbelwind gewinnt«) $> \frac{1}{23} \approx 4{,}3\%$.

Aufgaben zu 5.3.

58/7. **a)** $P(A) = 45{,}2\%$ $\quad P(E) = 20{,}3\%$
$P(B) = 52{,}9\%$ $\quad P(F) = 84{,}4\%$
$P(C) = 83{,}3\%$ $\quad P(G) = 64{,}1\%$
$P(D) = 50{,}1\%$

b) Das unmögliche Ereignis, alle Elementarereignisse und
$\{1, 3\}, \{1, 4\}, \{1, 5\}, \{1, 6\}, \{2, 4\}, \{3, 4\}, \{3, 5\}, \{3, 6\}, \{4, 5\}, \{4, 6\}, \{5, 6\}$.

58/8. **a)**
$$\begin{aligned} 1 = P(\Omega) &= P(\{1, 2, 3, 5, 6\} \cup \{4\}) = \\ &= P(\{1, 6\} \cup \{2, 3, 5\}) + P(\{4\}) = \\ &= P(\{1, 6\}) + P(\{2, 3, 5\}) + P(\{4\}); \end{aligned}$$
$\Leftrightarrow P(\{4\}) = 15\%$.

	$\{1, 6\}$	$\{2, 3, 4, 5\}$	
$\{2, 3, 5\}$	$\emptyset$ 0%	$\{2, 3, 5\}$ 55%	55%
$\{1, 4, 6\}$	$\{1, 6\}$ 30%	$\{4\}$ 15%	45%
	30%	70%	

b)
$$\begin{aligned} P(\{6\}) &= 1 - P(\{\bar{6}\}) = 20\%. \\ P(\{1, 6\}) &= P(\{1\}) + P(\{6\}) \Rightarrow P(\{1\}) = 10\%. \\ P(\{\bar{6}\}) &= P(\{2, 4\} \cup \{1, 3, 5\}) = \\ &= P(\{2\} \cup \{4\}) + P(\{1, 3, 5\}) = \\ &= P(\{2\}) + P(\{4\}) + P(\{1, 3, 5\}). \end{aligned}$$
$\Rightarrow P(\{2\}) = 40\%$

	$\{1, 6\}$ 30%		$\{2, 3, 4, 5\}$ 70%		
$\{2, 3, 5\}$ 55%	$\emptyset$	$\emptyset$	$\emptyset$	$\emptyset$	
	$\emptyset$	$\emptyset$	$\{3, 5\}$ 15%	$\{2\}$ 40%	55%
$\{1, 4, 6\}$ 45%	$\emptyset$	$\{1\}$ 10%	$\emptyset$	$\{4\}$ 15%	25%
	$\{6\}$ 20%	$\emptyset$	$\emptyset$	$\emptyset$	20%
	20%	10%	15%	55%	

$\{1, 2, 3, 4, 5\}$ 80% (55% + 25%); $\{6\}$ 20%

$\{1, 3, 5\}$ 25% (10% + 15%); $\{2, 4, 6\}$ 75% (20% + 55%)

59/9. **a)** $\omega_1 :=$ Verein A gewinnt.
$\omega_2 :=$ Verein A verliert.
$\omega_3 :=$ Das Spiel endet unentschieden.
$\Omega = \{\omega_1, \omega_2, \omega_3\}$.

b) $P(\{\omega_3\}) = \frac{1}{10}$.
c) $P(\{\omega_1\}) = \frac{1-0{,}1}{2} = \frac{9}{20}$.
d) $P(\{\omega_1\} \cup \{\omega_3\}) = \frac{9}{20} + \frac{1}{10} = \frac{11}{20}$.

59/10. **a)** $\Omega = \{\text{A}, \text{B}, \text{C}\}$

$$\left.\begin{array}{l} P(\{\text{A}\}) + P(\{\text{B}\}) + P(\{\text{C}\}) = 1 \\ P(\{\text{A}\}) = 2 \cdot P(\{\text{B}\}) \\ P(\{\text{C}\}) = \frac{1}{2} \cdot P(\{\text{B}\}) \end{array}\right\} \Rightarrow P(\{\text{B}\}) = \tfrac{2}{7}$$

b) $P(\{\text{A}\}) = \frac{4}{7}$. **c)** $P(\{\text{C}\}) = \frac{1}{7}$. **d)** $P(\{\text{A}, \text{B}\}) = \frac{6}{7}$.

59/11. **a)** $\Omega = \{\text{H}, \text{M}, \text{S}\}$

b)

Ereignis	$\emptyset$	{H}	{M}	{S}	{H, M}	{H, S}	{M, S}	{H, M, S}
Wahrscheinlichkeit	0	$\frac{2}{3}$	$\frac{2}{15}$	$\frac{1}{5}$	$\frac{4}{5}$	$\frac{13}{15}$	$\frac{1}{3}$	1

59/12. Fahrer: 4 DM, Beifahrer: 1 DM.

59/13. $A :=$ »Morgen regnet es«.

$$\frac{P(A)}{P(\bar{A})} = \tfrac{7}{5}; \Leftrightarrow \frac{P(A)}{1 - P(A)} = \tfrac{7}{5}; \Leftrightarrow P(A) = \tfrac{7}{12}.$$

59/14. $A :=$ »Alpha siegt«; $B :=$ »Beta siegt«
1. Fall: $P(A) = \frac{2}{5}$; $P(B) = \frac{4}{7}$; $P(A \cup B) = \frac{14+20}{35} = \frac{34}{35}$; Wette: (34 : 1)
2. Fall: $P(A) = \frac{3}{5}$; $P(B) = \frac{3}{7}$; $P(A \cup B) = \frac{21+15}{35} = \frac{36}{35} > 1$.
Die beiden angebotenen Wetten können nicht beide zugleich fair sein.

Aufgaben zu 5.4.

59/15. **a)**

x	1	2	3	4	5	6	7	8	9	0
$h_{1000}(x)$	10,4‰	9,6‰	10,4‰	10,6‰	10,4‰	10,5‰	9,7‰	8,9‰	10,7‰	8,8‰

b)

	0	1	2	3	4	5	6	7	8	9
0	6	12	8	6	8	2	14	4	10	12
1	14	14	16	0	14	2	4	8	12	4
2	12	8	8	6	12	10	6	16	10	12
3	12	14	8	10	6	18	18	12	14	14
4	2	14	4	10	10	8	10	12	6	14
5	8	14	12	12	16	10	16	8	12	14
6	14	12	6	2	16	10	8	10	12	14
7	6	12	8	16	16	2	12	12	8	6
8	6	6	12	12	12	8	12	4	4	6
9	14	14	10	8	12	16	6	10	8	10

relative Häufigkeiten in Promille. Idealwert 10‰

59/16. $\hat{N} = 85$ $A_{\text{Viertelkreis}} \approx 0{,}85$ $\pi \approx 3{,}40$

59/17. $\hat{N} = 81$ $A_{\text{Viertelkreis}} \approx 0{,}81$ $\pi \approx 3{,}24$

59/18. Paare $(x|y)$ mit $x > y$ werden als innere Punkte gezählt.
Paare $(x|y)$ mit $x = y$ werden zur Hälfte als innere Punkte gezählt.
35 liegen im Dreieck ABC,
15 auf der Seite [AC],
50 liegen außerhalb des Dreiecks ABC.
Für die Fläche zählen wir also $35 + \frac{1}{2} \cdot 15 = 42{,}5$ Punkte.
Das ergibt für die Fläche $A_{\text{ABC}} \approx 0{,}425$ im Vergleich zu $A_{\text{ABC}} = 0{,}5$.

59/19. h_{100}(»Adler«) $= 57\%$
h_{100}(»Zahl«) $= 43\%$

59/20. $h_{100}(\{1\}) = 10\%$ $h_{100}(\{2\}) = 14\%$
$h_{100}(\{3\}) = 25\%$ $h_{100}(\{4\}) = 17\%$
$h_{100}(\{5\}) = 19\%$ $h_{100}(\{6\}) = 15\%$

Aufgaben zu 5.5.

60/21. a)

ω	rr	rs	rg	sr	ss	sg	gr	gs	gg
$64 \cdot P(\{\omega\})$	16	12	4	12	9	3	4	3	1

b)

ω	rrr	rrs	rrg	rsr	rss	rsg	rgr	rgs	srr	srs	srg
$336 \cdot P(\{\omega\})$	24	36	12	36	24	12	12	12	36	24	12

ω	ssr	sss	ssg	sgr	sgs	grr	grs	gsr	gss
$336 \cdot P(\{\omega\})$	24	6	6	12	6	12	12	12	6

60/22.

ω	rrrr	rsss	rsgr	grsr	grrs	grsg
$1680 \cdot P(\{\omega\})$	24	24	36	36	36	0

60/23. Vgl. den Baum aus Aufgabe **18/8.**
$P(\{\omega\}) = \frac{1}{8}$ für alle $\omega \in \Omega$.

60/24. $P(\{111\}) = P(\{666\}) = \frac{1}{216}$

60/25. a) $P(\{1111\}) = 10^{-4} = 0{,}01\%$
$P(\{6666\}) = 2{,}401 \cdot 10^{-5} = 0{,}002401\%$

b) $P(\{6314\}) = 1{,}176 \cdot 10^{-3} = 0{,}1176\%$

c) »Aphrodite« $= \{1346, 1364, 1436, 1463, \ldots\}$,
d.h., »Aphrodite« besteht aus allen 24 Permutationen der Ziffern 1, 3, 4, 6.
Jeder Pfad besteht aus 4 Strecken, auf denen nur dann in irgendeiner Reihenfolge die Wahrscheinlichkeiten 0,1; 0,35; 0,48 und 0,07 stehen, falls die 4 Astragali die gleiche Wahrscheinlichkeitsverteilung besitzen.
P(»Aphrodite«) $= 24 \cdot 1{,}176 \cdot 10^{-3} = 2{,}8224\%$.

d) »Stesichoros« $= \{1133, 1313, 1331, 3113, 3131, 3311\}$
P(»Stesichoros«) $= 6 \cdot 0{,}1^2 \cdot 0{,}35^2 = 7{,}35‰$.

60/26. **a) 1)** (Start) $\overset{0{,}2}{\text{———}}$ Niete $\overset{0{,}6}{\text{———}}$ Niete $\overset{0{,}8}{\text{———}}$ Niete   0,096

P(»Florian trifft mindestens einmal«) $= 1 - 0{,}096 = 90{,}4\,\%$.

2) (Start) $\overset{0{,}2}{\text{———}}$ N $\overset{0{,}6}{\text{———}}$ N $\overset{0{,}6}{\text{———}}$ N $\overset{0{,}8}{\text{———}}$ N $\overset{0{,}8}{\text{———}}$ N $\overset{0{,}8}{\text{———}}$ N   0,036864

P(»Florian trifft mindestens einmal«) $\approx 1 - 0{,}037 = 96{,}3\,\%$

b) 1)
$$1 - 0{,}2^n \geqq 0{,}99$$
$$\Leftrightarrow \quad 0{,}2^n \leqq 0{,}01$$
$$\Leftrightarrow \quad n \geqq \frac{\lg 0{,}01}{\lg 0{,}2} = 2{,}86\ldots$$
$$\Rightarrow \quad n_{\min} = 3.$$

2)
$$1 - 0{,}6^n \geqq 0{,}99$$
$$\Leftrightarrow \quad n \geqq \frac{\lg 0{,}01}{\lg 0{,}6} = 9{,}015\ldots$$
$$\Rightarrow \quad n_{\min} = 10.$$

3)
$$1 - 0{,}8^n \geqq 0{,}99$$
$$\Leftrightarrow \quad n \geqq \frac{\lg 0{,}01}{\lg 0{,}8} = 20{,}6\ldots$$
$$\Rightarrow \quad n_{\min} = 21.$$

61/27. (Start) $\overset{\frac{1}{26}}{\text{—}}$ S $\overset{\frac{1}{26}}{\text{—}}$ T $\overset{\frac{1}{26}}{\text{—}}$ O $\overset{\frac{1}{26}}{\text{—}}$ C $\overset{\frac{1}{26}}{\text{—}}$ H $\overset{\frac{1}{26}}{\text{—}}$ A $\overset{\frac{1}{26}}{\text{—}}$ S $\overset{\frac{1}{26}}{\text{—}}$ T $\overset{\frac{1}{26}}{\text{—}}$ I $\overset{\frac{1}{26}}{\text{—}}$ K

P(»Stochastik«) $= \left(\frac{1}{26}\right)^{10} = 7{,}08 \cdot 10^{-15}$

61/28. **a)** Die gesuchten Jahreszahlen stehen im Anhang III.

Urne 1: $P(\{1629\}) = \frac{1}{4}\cdot\frac{1}{3}\cdot\frac{1}{2} = \frac{1}{24}$;
$P(\{1662\}) = 0$.

Urne 2: $P(\{1629\}) = \frac{1}{4}\cdot\frac{2}{7}\cdot\frac{1}{3}\cdot\frac{2}{5} = \frac{1}{105}$;
$P(\{1662\}) = \frac{1}{4}\cdot\frac{2}{7}\cdot\frac{1}{6}\cdot\frac{2}{5} = \frac{1}{210}$.

Urne n: $P(\{1629\}) = \dfrac{1}{4}\cdot\dfrac{n}{4n-1}\cdot\dfrac{n}{4n-2}\cdot\dfrac{n}{4n-3}$;

$P(\{1662\}) = \dfrac{1}{4}\cdot\dfrac{n}{4n-1}\cdot\dfrac{n-1}{4n-2}\cdot\dfrac{n}{4n-3}$.

b) Je 24 $(= 4!)$ Quadrupel ergeben bei *Huygens* die gleiche Menge.

Urne 1: $P(»1629«) = 4!\cdot\frac{1}{24} = 1$;
Urne 2: $P(»1629«) = \frac{8}{35}$;
Urne n: $P(»1629«) = \dfrac{6n^3}{(4n-1)(4n-2)(4n-3)}$.

Bei *Pascal* ergeben jeweils 12 Quadrupel die gleiche Menge.

Urne 1: $P(»1662«) = 0$;
Urne 2: $P(»1662«) = \frac{2}{35}$;
Urne n: $P(»1662«) = \dfrac{3n^2(n-1)}{(4n-1)(4n-2)(4n-3)}$.

c) Ergebnis wie bei Ziehen mit Zurücklegen bzw. als $\lim\limits_{n\to\infty} \ldots$

Fall **a)** $P(\{1629\}) = \left(\frac{1}{4}\right)^4 = \frac{1}{256}$;
$P(\{1662\}) = \left(\frac{1}{4}\right)^4 = \frac{1}{256}$.

Fall **b)** $P(»1629«) = \frac{3}{32}$;
$P(»1662«) = \frac{3}{64}$.

61/29. **a)** $P(\text{»2. Kugel ist rot«}) = \frac{1}{2}$;

b) $P(\{\text{rs, rg, sr, sg, gr, gs}\}) = \frac{11}{15}$;

c) $P(\{\text{rrr, rsr, rgr, srs, sgs}\}) = \frac{4}{15}$;

d) $P(\text{»1. Kugel grün oder 3. Kugel grün«}) =$
$= P(\text{»1. Kugel grün«}) + P(\text{»3. Kugel grün«}) =$
$= \frac{1}{6} + \frac{1}{6} = \frac{1}{3}$.

e) $P(\text{»2. Kugel grün oder 3. Kugel rot«}) =$
$= P(\text{»2. Kugel grün«}) + P(\text{»3. Kugel rot«}) - P(\text{»2. Kugel grün und 3. Kugel rot«}) =$
$= \frac{1}{6} + \frac{1}{2} - P(\{\text{rgr, sgr}\}) =$
$= \frac{1}{6} + \frac{1}{2} - \frac{6}{120} - \frac{6}{120} =$
$= \frac{17}{30}$.

61/30. **a)** Der Baum hat 27 Pfade.
An jeder Verzweigung gibt es
die drei Möglichkeiten:

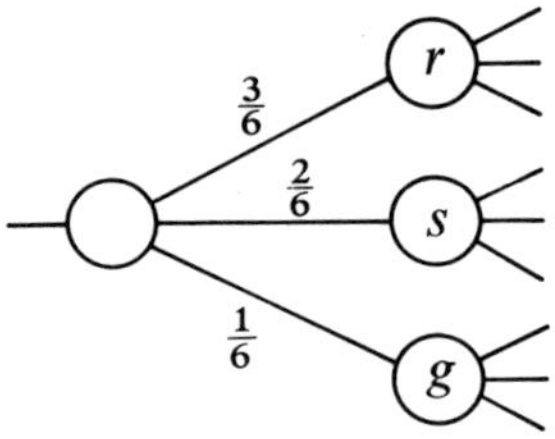

b) $P(A) = \frac{1}{2}$;
$P(B) = \frac{1}{6}$;
$P(C) = \frac{1}{2}$;
$P(D) = \frac{11}{18}$;
$P(E) = \frac{7}{18}$;
$P(F) = P(\text{»1. Kugel grün«}) + P(\text{»3. Kugel grün«}) - P(\text{»1. und 3. Kugel grün«}) =$
$= \frac{1}{6} + \frac{1}{6} - [\frac{1}{6} \cdot \frac{3}{6} \cdot \frac{1}{6} + \frac{1}{6} \cdot \frac{2}{6} \cdot \frac{1}{6} + \frac{1}{6} \cdot \frac{1}{6} \cdot \frac{1}{6}] =$
$= \frac{1}{3} - \frac{1}{36} =$
$= \frac{11}{36}$;
$P(G) = P(\text{»2. Kugel grün«}) + P(\text{»3. Kugel rot«}) - P(\text{»2. Kugel grün und 3. Kugel rot«}) =$
$= \frac{1}{6} + \frac{1}{2} - \frac{1}{6} \cdot \frac{1}{2} =$
$= \frac{7}{12}$.

61/31. **a)** vgl. Aufgabe **18/8.**

b)

Summe S	0	1	2	3
$P(S)$	$\frac{1}{8}$	$\frac{3}{8}$	$\frac{3}{8}$	$\frac{1}{8}$

61/32. **a)** Baum mit 16 Enden

b)

S	0	1	2	3	4
$P(S)$	$\frac{1}{16}$	$\frac{4}{16}$	$\frac{6}{16}$	$\frac{4}{16}$	$\frac{1}{16}$

61/33. $A :=$ »Theodor zieht mindestens ein Gewinnlos«

a) $P(A) = 1 - P(\bar{A}) = 1 - \frac{12}{19} = \frac{7}{19} \approx 36{,}8\%$

$P(\bar{A}) = \frac{16}{20} \cdot \frac{15}{19}$.

b) 1) Bei 3 gezogenen Losen ist
$P(\bar{A}) = \frac{16}{20} \cdot \frac{15}{19} \cdot \frac{14}{18} = \frac{84}{171} < 49{,}13\%$
also $P(A) > 50{,}87\%$.

2) Zieht Theodor mindestens 17 Lose, so zieht er mit einer Wahrscheinlichkeit von mindestens 100% mindestens 1 Gewinnlos.

61/34. **a)** $\frac{1}{3}$

b)

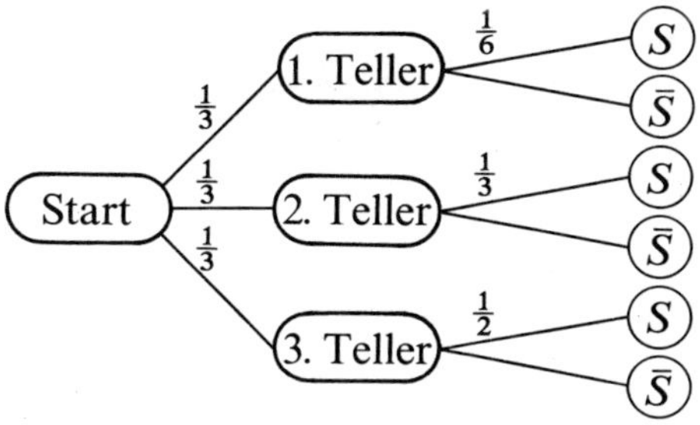

P(»Theodor beißt in einen Senfkrapfen«) =
$= \frac{1}{3}\cdot\frac{1}{6} + \frac{1}{3}\cdot\frac{1}{3} + \frac{1}{3}\cdot\frac{1}{2} = \frac{1}{3}\left(\frac{1}{6}+\frac{1}{3}+\frac{1}{2}\right) = \frac{1}{3}$.

c) Auf Teller 1 und Teller 2 nur jeweils einen Senfkrapfen anbieten; auf Teller 3 befinden sich die restlichen 4 Senfkrapfen und alle 12 guten Krapfen.

62/35. Wir zeichnen nur die Pfade, die zum Gewinn führen.
p_g sei die Wahrscheinlichkeit für einen Gewinn, wenn man zuerst auf einen großen Eimer wirft. Analog p_k.

a)

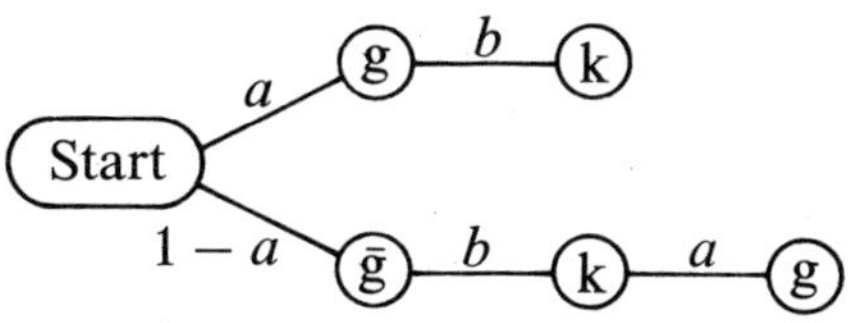

$p_g = ab + (1-a)ba = ab(2-a)$

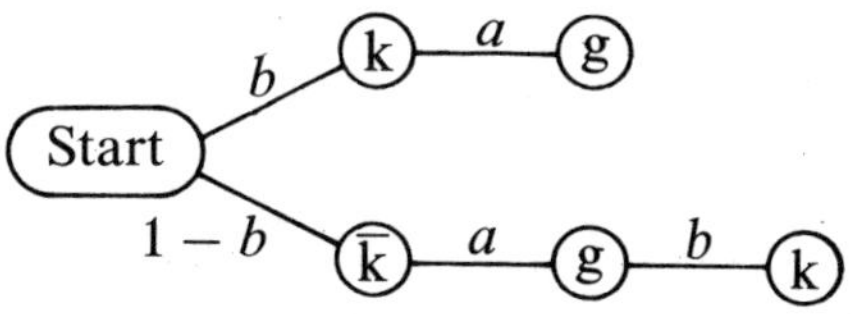

$p_k = ba + (1-b)ab = ab(2-b)$

$p_g - p_k = ab(b-a) < 0$. Also ist es günstiger, zuerst auf einen kleinen Eimer zu zielen.

b)

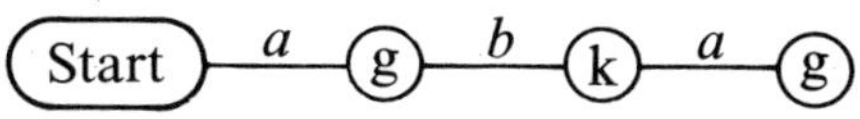

$p_g = a^2 b$

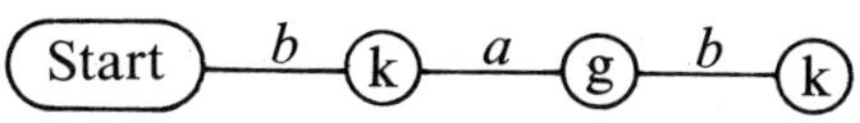

$p_k = ab^2$

$p_g - p_k = ab(a-b) > 0$. Es ist günstiger, zuerst auf einen großen Eimer zu werfen.

62/36. **a)** P(»Anton wird entdeckt«) =

$= \frac{1}{20} + \frac{1}{20} \cdot \frac{1}{19} + \frac{1}{20} \cdot \frac{18}{19} \cdot \frac{1}{18} + \frac{18}{20} \cdot \frac{1}{19} +$
$+ \frac{18}{20} \cdot \frac{1}{19} \cdot \frac{1}{18} + \frac{18}{20} \cdot \frac{17}{19} \cdot \frac{1}{18} = \frac{3}{20};$

b) P(»Mindestens ein Schmuggler wird entdeckt«) =

$= 1 - P$(»Kein Schmuggler wird entdeckt«) =

$= 1 - \frac{18}{20} \cdot \frac{17}{19} \cdot \frac{16}{18} = \frac{27}{95};$

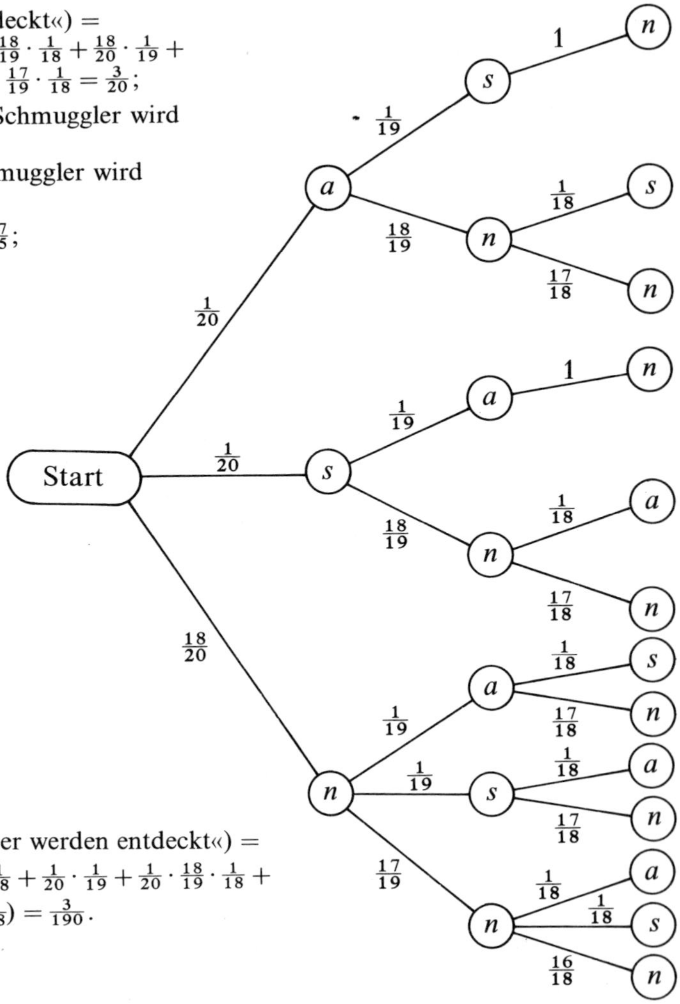

c) P(»Beide Schmuggler werden entdeckt«) =

$= \frac{1}{20} \cdot \frac{1}{19} + \frac{1}{20} \cdot \frac{18}{19} \cdot \frac{1}{18} + \frac{1}{20} \cdot \frac{1}{19} + \frac{1}{20} \cdot \frac{18}{19} \cdot \frac{1}{18} +$
$+ \frac{18}{20}\left(\frac{1}{19} \cdot \frac{1}{18} + \frac{1}{19} \cdot \frac{1}{18}\right) = \frac{3}{190}.$

Kürzere Lösung:

a) In **5.5.** wurde gezeigt, daß auch beim Ziehen ohne Zurücklegen die Wahrscheinlichkeit dafür, daß die 3. gezogene Kugel rot ist, genauso groß ist wie die Wahrscheinlichkeit dafür, daß die 1. gezogene Kugel rot ist. Damit erhält man mit $A_i :=$ »Anton wird bei der i-ten Kontrolle entdeckt«

P(»Anton wird entdeckt«) =

$= P(A_1 \cup A_2 \cup A_3) =$
$= P(A_1) + P(A_2) + P(A_3) =$
$= \frac{1}{20} + \frac{1}{20} + \frac{1}{20} =$
$= \frac{3}{20}$, da die A_i paarweise unvereinbar sind.

c) kann mit Hilfe eines einfacheren Baumdiagramms gelöst werden.

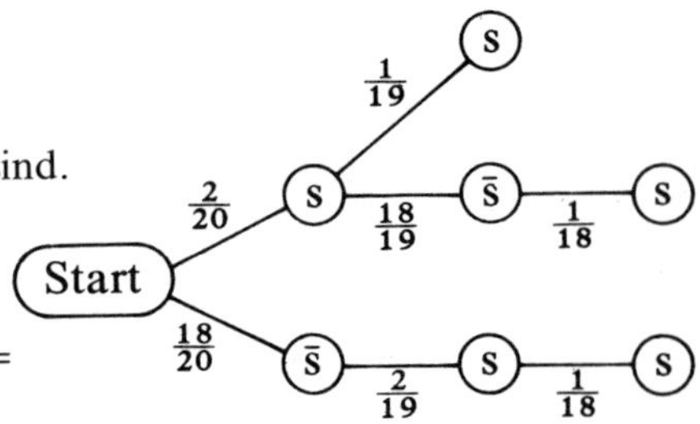

P(»Beide Schmuggler werden entdeckt«) =

$= \frac{2}{20} \cdot \frac{1}{19} + \frac{2}{20} \cdot \frac{18}{19} \cdot \frac{1}{18} + \frac{18}{20} \cdot \frac{2}{19} \cdot \frac{1}{18} =$
$= \frac{3}{190}.$

62/37. P(»Genau ein Brite wird ausgelost«) =
$= \frac{10 \cdot 5 + 10 \cdot 6 + 5 \cdot 10 + 6 \cdot 10}{420} = \frac{220}{420} = \frac{11}{21}$.

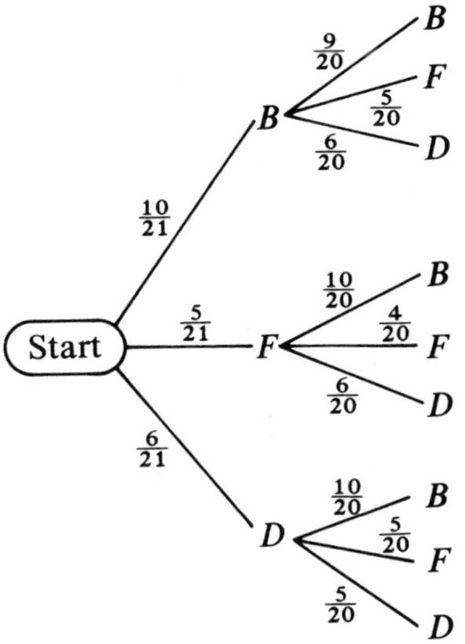

62/38. P(»Ein Brite«) =
$= \frac{10}{21} + \frac{5}{21} \cdot \frac{10}{16} + \frac{6}{21} \cdot \frac{10}{15} = \frac{137}{168}$.

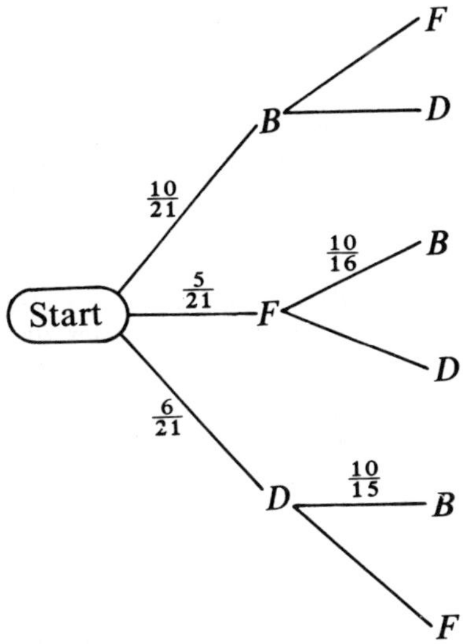

62/39. $P(\{\text{rr, bb, gg}\}) = \frac{1}{2}$

$$\Leftrightarrow \left(\frac{\alpha}{2\pi}\right)^2 + \left(\frac{\alpha}{2\pi}\right)^2 + \left(\frac{2\pi - 2\alpha}{2\pi}\right)^2 = \tfrac{1}{2}; \qquad \alpha \in]0; \pi[$$

$$\Leftrightarrow 3\alpha^2 - 4\pi\alpha + \pi^2 = 0;$$

$$\Leftrightarrow \alpha = \pi \vee \alpha = \frac{\pi}{3};$$

$$\Rightarrow L = \left\{\frac{\pi}{3}\right\}.$$

Zwei Sektoren messen je 60°, der dritte 240°.

62/40. P(»Mindestens 2 Würfel zeigen gleiche Augenzahl«) =
$= 1 - P$(»Alle Würfel zeigen verschiedene Augenzahlen«) =
$= 1 - 1 \cdot \frac{5}{6} \cdot \frac{4}{6} \cdot \frac{3}{6} = 1 - \frac{5}{18} = \frac{13}{18} \approx 72{,}2\%$

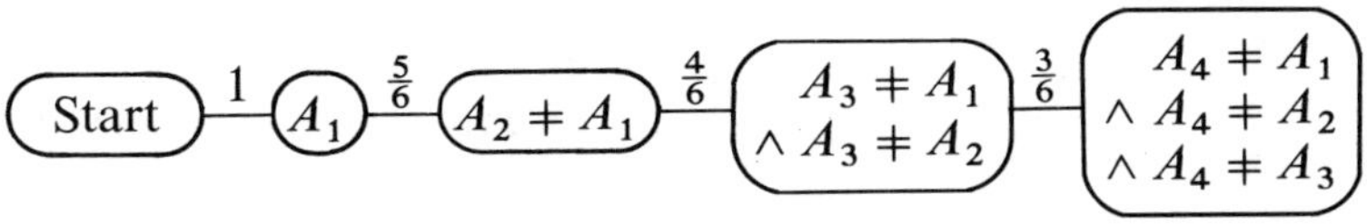

wobei $A_i :=$ Augenzahl beim i-ten Wurf

(Einsatz von Theodor) : (Einsatz von Dorothea) = 13 : 5, damit die Wette fair ist.

62/41. a)

	D. gewinnt	T. gewinnt	unentschieden
p	$\frac{1}{8}$	$\frac{1}{8}$	$\frac{6}{8}$

b)

	D. gewinnt	T. gewinnt	unentschieden
p	$\frac{4}{16}$	$\frac{3}{16}$	$\frac{9}{16}$

Aufgaben zu 6.

66/1. **a)** $P(\bar{E}_1) = 0{,}6;\ P(\bar{E}_2) = 0{,}3.$
b) $P(E_1 \cup E_2) = 0{,}4 + 0{,}7 - 0{,}3 = 0{,}8.$
c) $P(E_1 \cap \bar{E}_2) + P(E_1 \cap E_2) = P(E_1).$
$P(E_1 \cap \bar{E}_2) = 0{,}4 - 0{,}3 = 0{,}1.$
d) $P(E_1 \cup \bar{E}_2) = 0{,}4 + 0{,}3 - 0{,}1 = 0{,}6.$

66/2. $P(»\text{Entweder } A \text{ oder } B«) = P[(A \cap \bar{B}) \cup (\bar{A} \cap B)] = P(A \cap \bar{B}) + P(\bar{A} \cap B).$
Wegen $(A \cap \bar{B}) \cup (A \cap B) = A$ gilt auch (wegen $(A \cap \bar{B}) \cap (A \cap B) = \emptyset$)
$P(A \cap \bar{B}) + P(A \cap B) = P(A)$ und somit
$P(»\text{Entweder } A \text{ oder } B«) = P(A) + P(B) - 2 \cdot P(A \cap B).$

66/3. $P(A \cup B) = P(A) + P(B) - P(A \cap B) = 0{,}75$
$P(»\text{Entweder } A \text{ oder } B«) = P(A \cup B) - P(A \cap B) = 0{,}5.$

66/4. **a)** $P(A \cap B) = P(A) + P(B) - P(A \cup B) = \frac{1}{3} + \frac{2}{3} - \frac{4}{5} = \frac{1}{5}.$
b) $P(»\text{Entweder } A \text{ oder } B«) = P(A \cup B) - P(A \cap B) = \frac{4}{5} - \frac{1}{5} = \frac{3}{5}.$

67/5. **a)**
$$\begin{aligned} & P(A \cup B) = P(A) + P(B) - P(A \cap B) \\ \Leftrightarrow\quad & P(B) = P(A \cup B) - P(A) + P(A \cap B) = \\ & \quad = \tfrac{3}{4} - \tfrac{2}{3} + P(A \cap B) = \\ & \quad = \tfrac{1}{12} + P(A \cap B). \end{aligned}$$
Also: $\frac{1}{12} \leqq P(B) \leqq \frac{3}{4}$
b) $P(A \cap B) = P(B) - \frac{1}{12}$. Unter Verwendung des Ergebnisses von **a)** erhält man
$0 \leqq P(A \cap B) \leqq \frac{3}{4} - \frac{1}{12} = \frac{2}{3}$

67/6. **a)** vg := Verbindung kommt zustande und Apparat wirft 20 Pf aus.
Damit $\Omega = \{\text{vg}, \text{v}\bar{\text{g}}, \bar{\text{v}}\text{g}, \bar{\text{v}}\bar{\text{g}}\}$
$V :=$ »Verbindung kommt zustande«
$G :=$ »Apparat wirft 20 Pf aus«
$V = \{\text{vg}, \text{v}\bar{\text{g}}\},\ G = \{\text{vg}, \bar{\text{v}}\text{g}\}$
$P(V) = \frac{1}{2},\ P(G) = \frac{1}{3},\ P(\bar{V} \cap G) = \frac{1}{6}$

1. Möglichkeit: Mit Hilfe einer Mehrfeldertafel

	G	$\bar{G}$	
V	$\frac{1}{6}$	$\frac{1}{3}$	0,5
$\bar{V}$	$\frac{1}{6}$	$\frac{1}{3}$	0,5
	$\frac{1}{3}$	$\frac{2}{3}$	

Aus der Mehrfeldertafel erkennt man
b) $P(V \cap \bar{G}) = \frac{1}{3}$
c) $P(\bar{V} \cap \bar{G}) = \frac{1}{3}$
d) $P(V \cap G) = \frac{1}{6}$
e) $P\big((V \cap \bar{G}) \cup (\bar{V} \cap G)\big) = \frac{1}{3} + \frac{1}{6} = \frac{1}{2}$

2. Möglichkeit: Ohne Mehrfeldertafel
Man erstellt die Wahrscheinlichkeitsverteilung für die Elementarereignisse.
$\frac{1}{2} = P(\bar{V}) = P(\{\bar{\text{v}}\text{g}, \bar{\text{v}}\bar{\text{g}}\}) = P(\{\bar{\text{v}}\text{g}\}) + P(\{\bar{\text{v}}\bar{\text{g}}\}) = \frac{1}{6} + P(\{\bar{\text{v}}\bar{\text{g}}\})$
$\Leftrightarrow P(\{\bar{\text{v}}\bar{\text{g}}\}) = \frac{1}{3}.$
$\frac{1}{3} = P(G) = P(\{\text{vg}, \bar{\text{v}}\text{g}\}) = P(\{\text{vg}\}) + \frac{1}{6}$
$\Leftrightarrow P(\{\text{vg}\}) = \frac{1}{6}.$
$\frac{1}{2} = P(V) = P(\{\text{vg}, \text{v}\bar{\text{g}}\}) = \frac{1}{6} + P(\{\text{v}\bar{\text{g}}\})$
$\Leftrightarrow P(\{\text{v}\bar{\text{g}}\}) = \frac{1}{3}.$ Damit lassen sich die obigen Werte errechnen.

3. Möglichkeit: Baumdiagramm

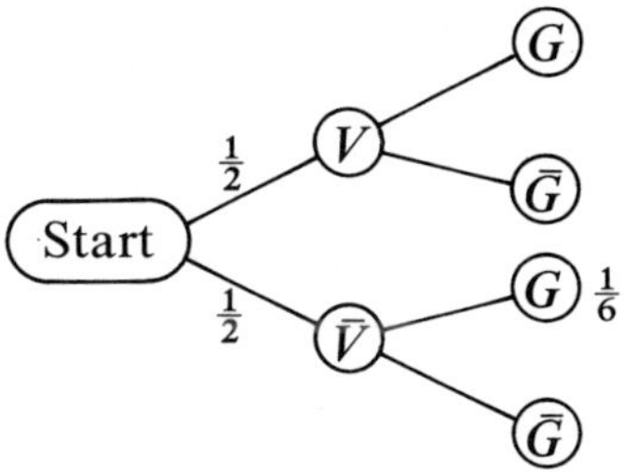

$P(G) = P(\{\text{vg}, \bar{\text{v}}\text{g}\}) = P(\{\text{vg}\}) + P(\{\bar{\text{v}}\text{g}\})$;
$\Leftrightarrow \frac{1}{3} = P(\{\text{vg}\}) + \frac{1}{6}$;
$\Leftrightarrow P(\{\text{vg}\}) = \frac{1}{6}$.

Das ist die Wahrscheinlichkeit des 1. Pfades. Also muß auf dem Ast zwischen V und G der Wert $\frac{1}{3}$ stehen. Damit können dann alle anderen Äste beschriftet werden.

67/7. $P(A \cap B) = P(A) + P(B) - P(A \cup B) > 1 - P(A \cup B) \geqq 0$.

67/8.

	B	$\bar{B}$	
A	$\frac{1}{6}$	$\frac{1}{30}$	$\frac{1}{5}$
$\bar{A}$	$\frac{1}{2}$	$\frac{3}{10}$	$\frac{4}{5}$
	$\frac{2}{3}$	$\frac{1}{3}$	

a) $P(A \cup B) = \frac{1}{5} + \frac{1}{2} = \frac{7}{10}$;
b) $P(\bar{A} \cap \bar{B}) = \frac{3}{10}$;
c) $P(\bar{A} \cup B) = \frac{4}{5} + \frac{1}{6} = \frac{29}{30}$.

67/9. **a)** $P(D \cup E \cup F) = P(D) + P(E) + P(F) - P(D \cap E) -$
$- P(D \cap F) - P(E \cap F) + P(D \cap E \cap F) =$
$= 40\% + 60\% + 55\% - 30\% - 20\% - 35\% + 20\% = 90\%$.

b)

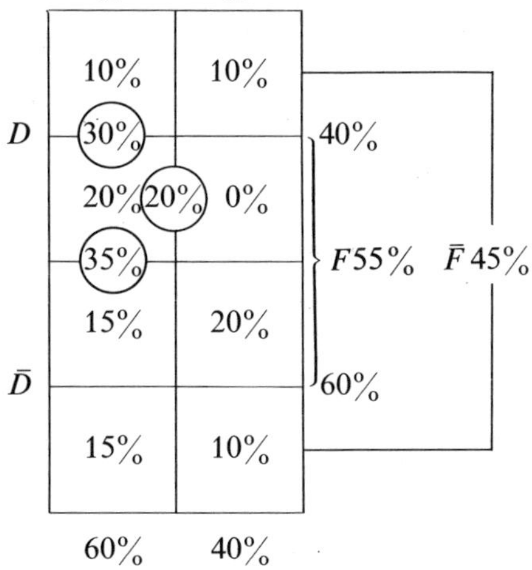

$P(D \cup E \cup F) = P(\overline{\bar{D} \cap \bar{E} \cap \bar{F}}) = 90\%$.

67/10. $A :=$ »Anton siegt«; B, C analog. Urneninhalt (schwarz | nicht schwarz)

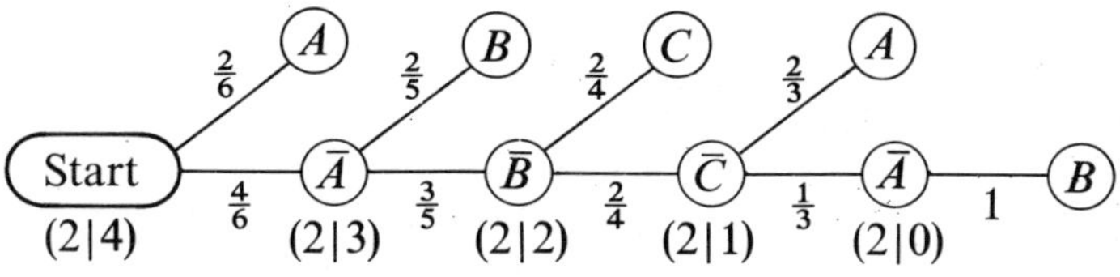

a) $P(B) = \frac{4}{6} \cdot \frac{2}{5} + \frac{4}{6} \cdot \frac{3}{5} \cdot \frac{2}{4} \cdot \frac{1}{3} \cdot 1 = \frac{4}{15} + \frac{1}{15} = \frac{1}{3}$;
b) $P(\bar{C}) = 1 - P(C) = 1 - \frac{4}{6} \cdot \frac{3}{5} \cdot \frac{2}{4} = \frac{4}{5}$;
c) $P(B \cup \bar{C}) = P(B) + P(\bar{C}) - P(B \cap \bar{C}) = P(B) + P(\bar{C}) - P(B) = P(\bar{C}) = \frac{4}{5}$;
kürzer: $P(B \cup \bar{C}) = P(\bar{C})$ von der Bedeutung her!

d) $P(\bar{B} \cup C) = 1 - P(\overline{\bar{B} \cup C}) = 1 - P(B \cap \bar{C}) = 1 - P(B) = \frac{2}{3}$.
Auch hier wieder **kürzer**:
$P(\bar{B} \cup C) = P(\bar{B})$

e) $P(\bar{B} \cup \bar{C}) = 1 - P(\overline{\bar{B} \cup \bar{C}}) = 1 - P(B \cap C) = 1 - P(\emptyset) = 1$.
anders: $\bar{B} = A \cup C$; $\bar{C} = A \cup B$
$\bar{B} \cup \bar{C} = (A \cup C) \cup (A \cup B) = A \cup B \cup C = \Omega$.

67/11. $A :=$ »Anton scheidet aus«.
B, C analog

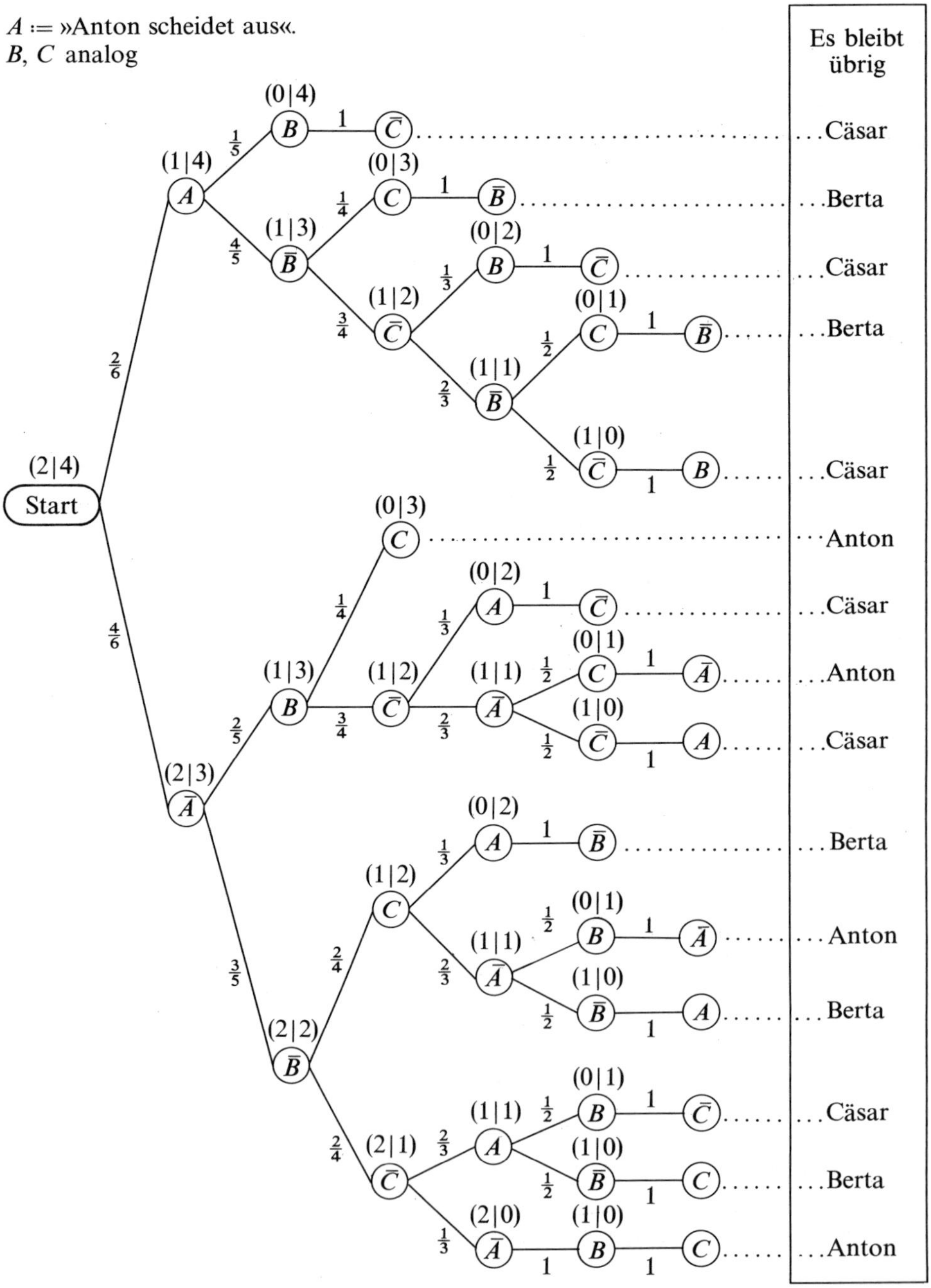

a) P(»Berta bleibt übrig«) =

$= \frac{2}{6}\cdot\frac{4}{5}\cdot\frac{1}{4} + \frac{2}{6}\cdot\frac{4}{5}\cdot\frac{3}{4}\cdot\frac{2}{3}\cdot\frac{1}{2}\cdot 1 + \frac{4}{6}\cdot\frac{3}{5}\cdot\frac{2}{4}\cdot\frac{1}{3}\cdot 1 + \frac{4}{6}\cdot\frac{3}{5}\cdot\frac{2}{4}\cdot\frac{2}{3}\cdot\frac{1}{2} + \frac{4}{6}\cdot\frac{3}{5}\cdot\frac{2}{4}\cdot\frac{2}{3}\cdot\frac{1}{2} =$

$= \frac{1}{15} + \frac{1}{15} + \frac{1}{15} + \frac{1}{15} + \frac{1}{15} =$

$= \frac{1}{3}.$

b) $P(C) = \frac{2}{6}\cdot\frac{4}{5}\cdot\frac{1}{4} + \frac{2}{6}\cdot\frac{4}{5}\cdot\frac{3}{4}\cdot\frac{2}{3}\cdot\frac{1}{2} + \frac{4}{6}\cdot\frac{2}{5}\cdot\frac{1}{4} + \frac{4}{6}\cdot\frac{2}{5}\cdot\frac{3}{4}\cdot\frac{2}{3}\cdot\frac{1}{2} +$

$+ \frac{4}{6}\cdot\frac{3}{5}\cdot\frac{2}{4} + \frac{4}{6}\cdot\frac{3}{5}\cdot\frac{2}{4}\cdot\frac{2}{3}\cdot\frac{1}{2}\cdot 1 + \frac{4}{6}\cdot\frac{3}{5}\cdot\frac{2}{4}\cdot\frac{1}{3} =$

$= \frac{1}{15} + \frac{1}{15} + \frac{1}{15} + \frac{1}{15} + \frac{1}{5} + \frac{1}{15} + \frac{1}{15} =$

$= \frac{3}{5}.$

c) $P(B \cap C) = P(\bar{A}) =$

$= \frac{4}{6}\cdot\frac{2}{5}\cdot\frac{1}{4} + \frac{4}{6}\cdot\frac{2}{5}\cdot\frac{3}{4}\cdot\frac{2}{3}\cdot\frac{1}{2}\cdot 1 + \frac{4}{6}\cdot\frac{3}{5}\cdot\frac{2}{4}\cdot\frac{2}{3}\cdot\frac{1}{2}\cdot 1 + \frac{4}{6}\cdot\frac{3}{5}\cdot\frac{2}{4}\cdot\frac{1}{3} =$

$= \frac{1}{15} + \frac{1}{15} + \frac{1}{15} + \frac{1}{15} =$

$= \frac{4}{15}.$

d) $P(C \cup B) = P(C) + P(B) - P(C \cap B) =$

$= \frac{3}{5} + \frac{2}{3} - \frac{4}{15} =$

$= 1.$

67/12. a) a := L-Münze zeigt Adler

d := Dorothea trifft

t := Theodor trifft

$\Omega = \{ad, a\bar{d}t, a\bar{d}\bar{t}, \bar{a}t, \bar{a}\bar{t}d, \bar{a}\bar{t}\bar{d}\}$

P(»Dorothea gewinnt«) =

$= P(\{ad, \bar{a}\bar{t}d\}) =$

$= 0{,}5 \cdot 0{,}6 + 0{,}5 \cdot 0{,}3 \cdot 0{,}6 =$

$= 0{,}39 = 39\%$

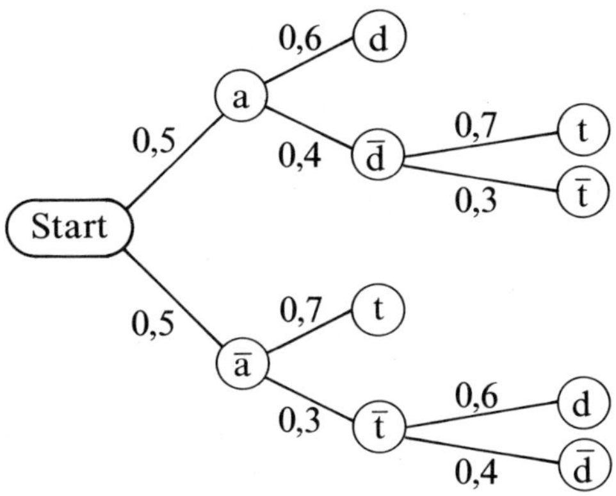

b) P(»Unentschieden«) =

$= P(\{a\bar{d}\bar{t}, \bar{a}\bar{t}\bar{d}\}) =$

$= \frac{1}{2}\cdot 0{,}4 \cdot 0{,}3 + \frac{1}{2}\cdot 0{,}3 \cdot 0{,}4 =$

$= 12\%$

c) P(»Dorothea gewinnt«) =

$= P(\{ad, a\bar{d}\bar{t}d, a\bar{d}\bar{t}\bar{d}\bar{t}d, \ldots, \bar{a}\bar{t}d, \bar{a}\bar{t}\bar{d}\bar{t}d, \ldots\}) =$

$= \frac{1}{2}\cdot\frac{6}{10} + \frac{1}{2}\cdot\frac{4}{10}\cdot\frac{3}{10}\cdot\frac{6}{10} + \frac{1}{2}\cdot\frac{4}{10}\cdot\frac{3}{10}\cdot\frac{4}{10}\cdot\frac{3}{10}\cdot\frac{6}{10} + \ldots +$

$+ \frac{1}{2}\cdot\frac{3}{10}\cdot\frac{6}{10} + \frac{1}{2}\cdot\frac{3}{10}\cdot\frac{4}{10}\cdot\frac{3}{10}\cdot\frac{6}{10} + \ldots =$

$= \frac{1}{2}\cdot\frac{6}{10}\left(1 + \frac{12}{100} + \left(\frac{12}{100}\right)^2 + \ldots\right) + \frac{1}{2}\cdot\frac{6}{10}\cdot\frac{3}{10}\left(1 + \frac{12}{100} + \left(\frac{12}{100}\right)^2 + \ldots\right) =$

$= \left(\frac{3}{10} + \frac{9}{100}\right)\frac{1}{1 - \frac{12}{100}} =$

$= \frac{39}{88} \approx 44{,}3\%.$

P(»Unentschieden«) = 0

67/13.

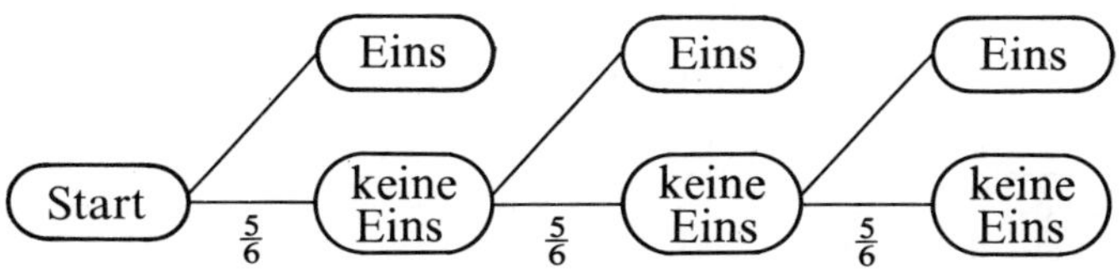

$i :=$ »Der Lehrer gibt die Note i« $\quad (i = 1, \dots, 6)$

$$P(1) = 1 - P(\bar{1}) = 1 - P(\text{»Es erscheint keine Eins«}) =$$
$$= 1 - \tfrac{125}{216} = \tfrac{91}{216} \approx 42{,}1\%$$

$$P(1 \cup 2) = 1 - P(\overline{1 \cup 2}) =$$
$$= 1 - P(\text{»Es erscheint keine Eins und keine Zwei«}) =$$
$$= 1 - P(\text{»Es erscheint Drei, Vier, Fünf oder Sechs«}) =$$
$$= 1 - \left(\tfrac{4}{6}\right)^3 = \tfrac{152}{216};$$

$$P(1 \cup 2) = P(1) + P(2) - P(1 \cap 2) = P(1) + P(2) - 0;$$

also $\quad P(2) = P(1 \cup 2) - P(1) = \tfrac{152}{216} - \tfrac{91}{216} = \tfrac{61}{216} \approx 28{,}2\%.$

Nach *Sylvester*:

$$P(1 \cup 2 \cup 3) = P(1) + P(2) + P(3) - P(1 \cap 2) - P(1 \cap 3) - P(2 \cap 3) + P(1 \cap 2 \cap 3) =$$
$$= P(1) + P(2) + P(3),$$

oder

$$P(1 \cup 2 \cup 3) = P\big((1 \cup 2) \cup 3\big) = P(1 \cup 2) + P(3) - \underbrace{P\big((1 \cup 2) \cap 3\big)}_{=0};$$

also $\quad P(3) = P(1 \cup 2 \cup 3) - P(1 \cup 2) =$
$$= 1 - \left(\tfrac{3}{6}\right)^3 - \tfrac{152}{216} = \tfrac{189}{216} - \tfrac{152}{216} = \tfrac{37}{216} \approx 17{,}1\%.$$

$$P(1 \cup 2 \cup 3 \cup 4) = P(1 \cup 2 \cup 3) + P(4) - \underbrace{P\big((1 \cup 2 \cup 3) \cap 4\big)}_{=0};$$

$$P(4) = P(1 \cup 2 \cup 3 \cup 4) - P(1 \cup 2 \cup 3) =$$
$$= 1 - \left(\tfrac{2}{6}\right)^3 - \tfrac{189}{216} = \tfrac{208}{216} - \tfrac{189}{216} = \tfrac{19}{216} \approx 8{,}8\%.$$

Analog

$$P(5) = 1 - \left(\tfrac{1}{6}\right)^3 - \tfrac{208}{216} = \tfrac{215}{216} - \tfrac{208}{216} = \tfrac{7}{216} \approx 3{,}2\%.$$
$$P(6) = \left(\tfrac{1}{6}\right)^3 = \tfrac{1}{216} \approx 0{,}5\%.$$

Kürzer mit Baum:

Note 6: $\xrightarrow{\frac{1}{6}} 6 \xrightarrow{\frac{1}{6}} 6 \xrightarrow{\frac{1}{6}} 6 \qquad \frac{1}{216}$

Note 5:
$$\left.\begin{array}{l}
\xrightarrow{\frac{1}{6}} 5 \xrightarrow{\frac{2}{6}} 5 \vee 6 \xrightarrow{\frac{2}{6}} 5 \vee 6 \\
\xrightarrow{\frac{1}{6}} 6 \xrightarrow{\frac{1}{6}} 5 \xrightarrow{\frac{2}{6}} 5 \vee 6 \\
\xrightarrow{\frac{1}{6}} 6 \xrightarrow{\frac{1}{6}} 6 \xrightarrow{\frac{1}{6}} 5
\end{array}\right\} \frac{7}{216}$$

Note 4:
$$\left.\begin{array}{l}
\xrightarrow{\frac{1}{6}} 4 \xrightarrow{\frac{3}{6}} 4 \vee 5 \vee 6 \xrightarrow{\frac{3}{6}} 4 \vee 5 \vee 6 \\
\xrightarrow{\frac{2}{6}} 5 \vee 6 \xrightarrow{\frac{1}{6}} 4 \xrightarrow{\frac{3}{6}} 4 \vee 5 \vee 6 \\
\xrightarrow{\frac{2}{6}} 5 \vee 6 \xrightarrow{\frac{2}{6}} 5 \vee 6 \xrightarrow{\frac{1}{6}} 4
\end{array}\right\} \frac{19}{216}$$

Note 3:
$$\left.\begin{array}{l}
\xrightarrow{\frac{1}{6}} 3 \xrightarrow{\frac{4}{6}} 3 \vee 4 \vee 5 \vee 6 \xrightarrow{\frac{4}{6}} 3 \vee 4 \vee 5 \vee 6 \\
\xrightarrow{\frac{3}{6}} 4 \vee 5 \vee 6 \xrightarrow{\frac{1}{6}} 3 \xrightarrow{\frac{4}{6}} 3 \vee 4 \vee 5 \vee 6 \\
\xrightarrow{\frac{3}{6}} 4 \vee 5 \vee 6 \xrightarrow{\frac{3}{6}} 4 \vee 5 \vee 6 \xrightarrow{\frac{1}{6}} 3
\end{array}\right\} \frac{37}{216}$$

Note 2: $\left.\begin{array}{l} \xrightarrow{\frac{1}{6}} 2 \xrightarrow{\frac{5}{6}} 2\vee 3\vee 4\vee 5\vee 6 \xrightarrow{\frac{5}{6}} 2\vee 3\vee 4\vee 5\vee 6 \\ \xrightarrow{\frac{4}{6}} 3\vee 4\vee 5\vee 6 \xrightarrow{\frac{1}{6}} 2 \xrightarrow{\frac{5}{6}} 2\vee 3\vee 4\vee 5\vee 6 \\ \xrightarrow{\frac{4}{6}} 3\vee 4\vee 5\vee 6 \xrightarrow{\frac{4}{6}} 3\vee 4\vee 5\vee 6 \xrightarrow{\frac{1}{6}} 2 \end{array}\right\} \frac{61}{216}$

Note 1: $\left.\begin{array}{l} \xrightarrow{\frac{1}{6}} 1 \xrightarrow{\frac{6}{6}} 1\vee 2\vee 3\vee 4\vee 5\vee 6 \xrightarrow{\frac{6}{6}} 1\vee 2\vee 3\vee 4\vee 5\vee 6 \\ \xrightarrow{\frac{5}{6}} 2\vee 3\vee 4\vee 5\vee 6 \xrightarrow{\frac{1}{6}} 1 \xrightarrow{\frac{6}{6}} 1\vee 2\vee 3\vee 4\vee 5\vee 6 \\ \xrightarrow{\frac{5}{6}} 2\vee 3\vee 4\vee 5\vee 6 \xrightarrow{\frac{5}{6}} 2\vee 3\vee 4\vee 5\vee 6 \xrightarrow{\frac{1}{6}} 1 \end{array}\right\} \frac{91}{216}$

68/14.

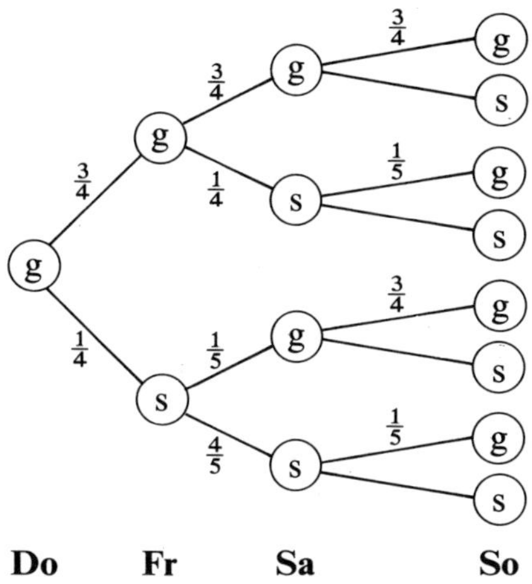

a) $\frac{3}{4}\cdot\frac{1}{4}+\frac{1}{4}\cdot\frac{4}{5}=\frac{31}{80}=38{,}75\%$

b) $\left(\frac{3}{4}\right)^3+\frac{1}{4}\cdot\frac{1}{5}\cdot\frac{3}{4}=\frac{147}{320}\approx 45{,}9\%$

oder:

$P(\text{»Sa gut«}\cap\text{»So gut«}) = P(\text{»Sa gut«}) + P(\text{»So gut«}) - P(\text{»Sa gut«}\cup\text{»So gut«}) =$

$= \frac{49}{80} + \left(\left(\frac{3}{4}\right)^3 + \frac{3}{4}\cdot\frac{1}{4}\cdot\frac{1}{5} + \frac{1}{4}\cdot\frac{1}{5}\cdot\frac{3}{4} + \frac{1}{4}\cdot\frac{4}{5}\cdot\frac{1}{5}\right) -$

$- \left[\left(\frac{3}{4}\right)^2 + \frac{3}{4}\cdot\frac{1}{4}\cdot\frac{1}{5} + \frac{1}{4}\cdot\frac{1}{5} + \frac{1}{4}\cdot\frac{4}{5}\cdot\frac{1}{5}\right] = \frac{147}{320}$

c) $P(\text{»Fr gut«}\cup\text{»Sa gut«}) =$

$= P(\text{»Fr gut«}) + P(\text{»Sa gut«}) - P(\text{»Fr gut«}\cap\text{»Sa gut«}) =$

$= \frac{3}{4} + \frac{49}{80} - \frac{9}{16} = \frac{4}{5} = 80\%$

d) $P(\text{»Fr gut«}\cup\text{»Sa gut«}\cup\text{»So gut«}) =$

$= P(\text{»Fr gut«}) + P(\text{»Sa gut«}) + P(\text{»So gut«}) - P(\text{»Fr gut«}\cap\text{»Sa gut«}) -$

$- P(\text{»Fr gut«}\cap\text{»So gut«}) - P(\text{»Sa gut}\cap\text{So gut«}) +$

$+ P(\text{»Fr gut«}\cap\text{»Sa gut«}\cap\text{»So gut«}) =$

$= \frac{3}{4} + \frac{49}{80} + \frac{859}{1600} - \frac{9}{16} - \left(\frac{3}{4}\cdot\frac{3}{4}\cdot\frac{3}{4} + \frac{3}{4}\cdot\frac{1}{4}\cdot\frac{1}{5}\right) - \frac{147}{320} + \frac{27}{64} = \frac{1344}{1600} = 84\%$

kürzer:

$P(\text{»Fr gut«}\cup\text{»Sa gut«}\cup\text{»So gut«}) =$

$= 1 - P(\text{»Fr schlecht«}\cap\text{»Sa schlecht«}\cap\text{»So schlecht«}) =$

$= 1 - \frac{1}{4}\cdot\frac{4}{5}\cdot\frac{4}{5} = 84\%$

68/15. **a)** Bob schießt auf Dick; denn Ted kann ihn nur mit 50% töten. Dick schießt auf Bob, den er mit 80% Sicherheit töten kann. Würde er auf Ted schießen, so tötete ihn Bob mit Sicherheit. Ted schießt in die Luft, solange die beiden anderen am Leben sind. Würde er nämlich auf Bob schießen und diesen töten, so tötete ihn Dick mit 80% Sicherheit. Träfe er hingegen Dick, so tötete ihn Bob. Schießt er aber erst dann auf einen Gegner, wenn einer der beiden anderen ausgefallen ist, so hat er die Chance, mit 50% bei diesem Schuß Sieger zu sein.

b) Auf Grund der Strategien geht das Triell in zwei Duelle über:
I Bob – Dick, **II** Überlebender – Ted.

Im folgenden bedeute $X :=$ »X wird getötet«. Das endgültige Überleben der Person X sei mit $\boxed{\text{X}}$ gekennzeichnet.

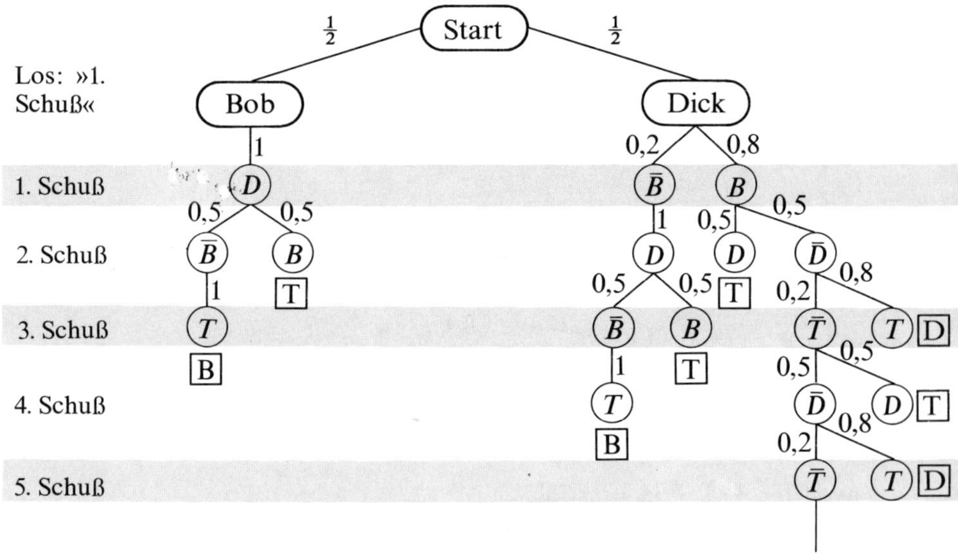

α) $P(\text{»Bob überlebt«}) = \frac{1}{2}\cdot\frac{1}{2} + \frac{1}{2}\cdot\frac{1}{5}\cdot\frac{1}{2} = 0{,}3 = 30\%$

$$P(\text{»Dick überlebt«}) = \frac{1}{2}\cdot\frac{4}{5}\cdot\frac{1}{2}\cdot\frac{4}{5} + \frac{1}{2}\cdot\frac{4}{5}\cdot\frac{1}{2}\cdot\frac{1}{5}\cdot\frac{1}{2}\cdot\frac{4}{5} + \ldots =$$
$$= \frac{4}{25}\left(1 + \frac{1}{10} + \frac{1}{100} + \ldots\right) =$$
$$= \frac{4}{25}\cdot\frac{10}{9} =$$
$$= \frac{8}{45} \approx 17{,}8\%$$

$$P(\text{»Ted überlebt«}) = \frac{1}{2}\cdot\frac{1}{2} + \frac{1}{2}\cdot\frac{1}{5}\cdot\frac{1}{2} + \frac{1}{2}\cdot\frac{4}{5}\cdot\frac{1}{2} +$$
$$+ \frac{1}{2}\cdot\frac{4}{5}\cdot\frac{1}{2}\cdot\frac{1}{5}\cdot\frac{1}{2} + \frac{1}{2}\cdot\frac{4}{5}\cdot\frac{1}{2}\cdot\frac{1}{5}\cdot\frac{1}{2}\cdot\frac{1}{5}\cdot\frac{1}{2} + \ldots =$$
$$= \frac{1}{4} + \frac{1}{20} + \frac{1}{5}\left(1 + \frac{1}{10} + \frac{1}{100} + \ldots\right) =$$
$$= \frac{3}{10} + \frac{1}{5}\cdot\frac{10}{9} =$$
$$= \frac{47}{90} \approx 52{,}2\%$$

β) $P(\text{»Bob stirbt«}) = 1 - P(\text{»Bob überlebt«}) = 0{,}7 = 70\%$

$P(\text{»Dick stirbt«}) = 1 - P(\text{»Dick überlebt«}) = \frac{37}{45} \approx 82{,}2\%$

$P(\text{»Ted stirbt«}) = 1 - P(\text{»Ted überlebt«}) = \frac{43}{90} \approx 47{,}8\%$

c) Die 3 Ereignisse »Bob überlebt« etc. stellen eine Zerlegung des Ergebnisraumes dar, die Gegenereignisse jedoch nicht.

68/16. **a)**

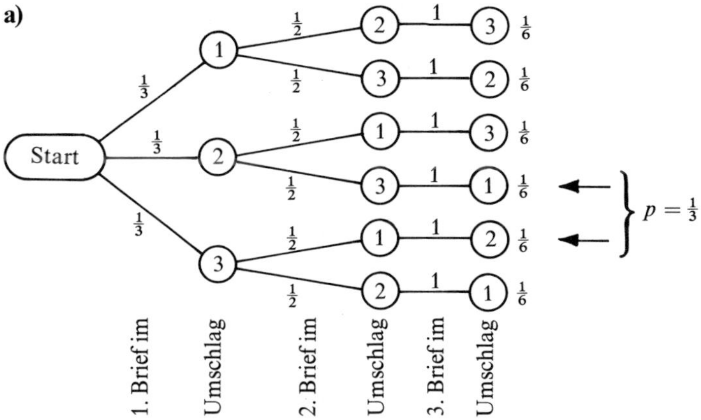

b) Lösung mit Hilfe der Formel von *Sylvester*:
$A :=$ »Kein Brief steckt im richtigen Umschlag«
A_i sei das Ereignis »Der Brief i steckt im richtigen Umschlag«. Aus der Symmetrie des Problems bezüglich i können wir $P(A_i) = \frac{1}{3}$ annehmen. Die Wahrscheinlichkeit $P(A_1 \cap A_2 \cap A_3)$ dafür, daß jeder Brief im richtigen Umschlag steckt, ist $\frac{1}{6}$, weil bei den 6 gleichwertigen Möglichkeiten der Vertauschungen dieser Fall nur einmal eintritt. Damit gilt auch $P(A_i \cap A_j) = \frac{1}{6}$ für $i \neq j$, da immer, wenn 2 Briefe im richtigen Umschlag sich befinden, auch der 3. in seinem Umschlag steckt.
Das Ereignis A bedeutet, daß weder der 1. noch der 2. noch der 3. Brief sich in den richtigen Umschlägen befinden. Man erhält also nach der Formel von *De Morgan* $A = \bar{A}_1 \cap \bar{A}_2 \cap \bar{A}_3 = \overline{A_1 \cup A_2 \cup A_3}$. Damit gilt wegen Satz 45.1 und Satz 65.1

$$\begin{aligned} P(A) &= P(\overline{A_1 \cup A_2 \cup A_3}) = 1 - P(A_1 \cup A_2 \cup A_3) = \\ &= 1 - [P(A_1) + P(A_2) + P(A_3) - P(A_1 \cap A_2) - P(A_1 \cap A_3) - P(A_2 \cap A_3) + \\ &\quad + P(A_1 \cap A_2 \cap A_3)] = \\ &= 1 - [\tfrac{1}{3} + \tfrac{1}{3} + \tfrac{1}{3} - \tfrac{1}{6} - \tfrac{1}{6} - \tfrac{1}{6} + \tfrac{1}{6}] = \\ &= \tfrac{1}{3}. \end{aligned}$$

c) In der Urne sind 3 mit 1, 2, 3 numerierte Kugeln. Man zieht ohne Zurücklegen. Kugel k beim i-ten Zug bedeutet i-ter Brief im Umschlag k.

Aufgaben zu 7.

82/1. $$\left.\begin{aligned} &A \cap \bar{A} = \emptyset \overset{\text{III}}{\Rightarrow} P(A \cup \bar{A}) = P(A) + P(\bar{A}) \\ &A \cup \bar{A} = \Omega \Rightarrow P(A \cup \bar{A}) = P(\Omega) \overset{\text{II}}{=} 1 \end{aligned}\right\} \Rightarrow P(A) + P(\bar{A}) = 1$$

82/2. Unter Verwendung von Aufgabe **1**: $\emptyset = \bar{\Omega}$, also $P(\emptyset) = 1 - P(\Omega) = 1 - 1 = 0$

82/3. Unter Verwendung von Aufgabe **1**:
$1 = P(A) + P(\bar{A}) \geqq P(A)$, da $P(\bar{A}) \geqq 0$ nach Axiom 1.

82/4. B läßt sich als Vereinigung der disjunkten Teilmengen $\bar{A} \cap B$ und $A \cap B$ darstellen. Unter Verwendung von Axiom III erhält man

$$\begin{aligned} P(A) + P(B) &= P(A) + P\big((\bar{A} \cap B) \cup (A \cap B)\big) = \\ &= P(A) + \big[P(\bar{A} \cap B) + P(A \cap B)\big] = \\ &= \big[P(A) + P(\bar{A} \cap B)\big] + P(A \cap B) = \end{aligned}$$

$$\stackrel{(1)}{=} P\big(A \cup (\bar{A} \cap B)\big) + P(A \cap B) =$$

$$\stackrel{(2)}{=} P\big((A \cup \bar{A}) \cap (A \cup B)\big) + P(A \cap B) =$$

$$\stackrel{(3)}{=} P\big(\Omega \cap (A \cup B)\big) + P(A \cap B) =$$

$$\stackrel{(4)}{=} P(A \cup B) + P(A \cap B).$$

(1) Verwendung von III, da A und $\bar{A} \cap B$ disjunkt sind.
(2) Distributivgesetz
(3) Eigenschaft des Komplements
(4) Ω ist neutrales Element für $\cap$.

82/5. Auf Grund der Voraussetzung gelten u. a. folgende $n-1$ Gleichungen:

$A_1 \cap A_n = \emptyset$
$A_2 \cap A_n = \emptyset$
. . . .
$A_{n-1} \cap A_n = \emptyset$

also auch

$$(A_1 \cap A_n) \cup (A_2 \cap A_n) \cup \ldots \cup (A_{n-1} \cap A_n) = \emptyset \Leftrightarrow (A_1 \cup A_2 \cup \ldots \cup A_{n-1}) \cap A_n = \emptyset$$

Somit kann man Axiom III anwenden auf

$$P\Big(\bigcup_{i=1}^{n} A_i\Big) = P\Big(\Big(\bigcup_{i=1}^{n-1} A_i\Big) \cup A_n\Big) = P\Big(\bigcup_{i=1}^{n-1} A_i\Big) + P(A_n).$$

In $\bigcup_{i=1}^{n-1} A_i$ kann man den Summanden A_{n-1} analog wie oben A_n abspalten. Man erhält dann

$$P\Big(\bigcup_{i=1}^{n} A_i\Big) = P\Big(\bigcup_{i=1}^{n-2} A_i\Big) + P(A_{n-1}) + P(A_n).$$

Fährt man so fort, so erhält man die Behauptung.

82/6.

$$P(B) = P\big((A \cap B) \cup (\bar{A} \cap B)\big) =$$

$$\stackrel{\text{III}}{=} P(A \cap B) + P(\bar{A} \cap B) =$$

$$\stackrel{\text{Vor.}}{=} P(A) + P(\bar{A} \cap B) \geqq P(A), \qquad \text{da wegen I } P(\bar{A} \cap B) \geqq 0$$

82/7. **a)** I ist erfüllt, da es nur 2 Wahrscheinlichkeitswerte gibt, und diese sind beide $\geqq 0$.
II auf Grund der Angabe im Modell erfüllt
III: Es gibt 2 Paare von disjunkten Ereignissen:

1) $\emptyset, \Omega$: $P(\emptyset \cup \Omega) = P(\Omega) = 1 = 0 + 1 = P(\emptyset) + P(\Omega)$.
2) $\emptyset, \emptyset$: $P(\emptyset \cup \emptyset) = P(\emptyset) = 0 = 0 + 0 = P(\emptyset) + P(\emptyset)$.

Damit ist auch III erfüllt.

b) Wähle $\Omega_1 := \{\omega_1, \omega_2\}$ mit

A	$\emptyset$	$\{\omega_1\}$	$\{\omega_2\}$	Ω_1
$P_1(A)$	0	$\frac{1}{2}$	$\frac{1}{2}$	1

I und II sind offensichtlich erfüllt. Für III sind jetzt 5 Paare von disjunkten Ereignissen zu überprüfen.

1) $A := \emptyset,\ B := \emptyset$ (siehe **a)** 2))

2) $A := \emptyset,\ B := \Omega$ (siehe **a)** 1))

3) und 4) $A := \emptyset,\ B_i := \{\omega_i\}$ $(i = 1;\ 2)$

$P_1(\emptyset \cup B_i) = P_1(B_i) = \frac{1}{2} = 0 + \frac{1}{2} = P_1(\emptyset) + P_1(B_i)$

5) $P_1(\{\omega_1\} \cup \{\omega_2\}) = P_1(\Omega) = 1 = \frac{1}{2} + \frac{1}{2} = P_1(\{\omega_1\}) + P_1(\{\omega_2\})$

Ω_1 und Ω aus **a)** sind nicht gleich mächtig, also sind die Modelle (Ω, P) und (Ω_1, P_1) nicht isomorph.

Aufgaben zu 8.1.

111/1. I: $0 \leqq |E| \leqq n \Rightarrow 0 \leqq \dfrac{|E|}{n} = P(E).$

II: $P(\Omega) = \dfrac{|\Omega|}{|\Omega|} = 1.$

III: $|E_1 \cup E_2| = |E_1| + |E_2| - |E_1 \cap E_2|.$

Für $E_1 \cap E_2 = \emptyset$ und $|\Omega| = n$ erhält man

$$\frac{|E_1 \cup E_2|}{n} = \frac{|E_1|}{n} + \frac{|E_2|}{n};$$

$$\Leftrightarrow P(E_1 \cup E_2) = P(E_1) + P(E_2).$$

111/2. **a)** 0,1 **b)** 0,2 **c)** 0,7 **d)** 0,4

111/3. **a)** 11 Möglichkeiten. Falls man die beiden S unterscheidet, 15 Möglichkeiten.

b) **1)** $\frac{1}{3}$ **2)** 0,6 **3)** 0,4

111/4. **a)** 0,5 **b)** 0,4 **c)** 0,3 **d)** 0

111/5. **a)** 0,2 **b)** 0,1 **c)** 0

111/6. $\Omega = \{ZZ, ZW, WZ, WW\},\ |\Omega| = 4$

$P(A) = \frac{2}{4} = \frac{1}{2}$ $P(B) = \frac{3}{4}$ $P(C) = \frac{3}{4}$

111/7. $\Omega = \{ZZZ, ZZW, \ldots, WWW\},\ |\Omega| = 8$

$P(A) = \frac{3}{8}$ $P(B) = \frac{1+3}{8} = \frac{1}{2}$ $P(C) = \frac{3+3+1}{8} = \frac{7}{8}.$

111/8. $P(\{110, 011, 111\}) = \frac{3}{8}$

111/9. $P(3|A) = \frac{1}{3}$ $P(5|A) = \frac{7}{36}$ $P(6|A) = \frac{1}{6}$

111/10. $P(\{11\}) = \frac{2}{36};\ P(\{12\}) = \frac{1}{36}.$

Es ist also doppelt so schwer, eine 12 zu würfeln, wie eine 11.

111/11. $\Omega = \{(a|b|c) | 1 \leqq a, b, c \leqq 6\};\ |\Omega| = 6^3 = 216.$

»10« $= \{(a|b|c) | a + b + c = 10 \wedge 1 \leqq a, b, c \leqq 6\}.$

zur Abzählung:

Tripel bestehend aus	1, 3, 6	1, 4, 5	2, 2, 6	2, 3, 5	2, 4, 4	3, 3, 4
Anzahl der Permutationen	6	6	3	6	3	3

also |»10«| = 27.

Für »9« gilt entsprechend

Tripel bestehend aus	1, 2, 6	1, 3, 5	1, 4, 4	2, 2, 5	2, 3, 4	3, 3, 3
Anzahl der Permutationen	6	6	3	3	6	1

also |»9«| = 25.

$P(»10«) - P(»9«) = \frac{27}{216} - \frac{25}{216} = \frac{2}{216} < 9{,}3‰$.

112/12. a)

Augensumme	2	3	4	5	6	7	8	9	10	11	12
Paare	11	12	13	14	15	16	26	36	46	56	66
		21	22	23	24	25	35	45	55	65	
			31	32	33	34	44	54	64		
				41	42	43	53	63			
					51	52	62				
						61					
Wahrscheinlichkeit	$\frac{1}{36}$	$\frac{1}{18}$	$\frac{1}{12}$	$\frac{1}{9}$	$\frac{5}{36}$	$\frac{1}{6}$	$\frac{5}{36}$	$\frac{1}{9}$	$\frac{1}{12}$	$\frac{1}{18}$	$\frac{1}{36}$

b) 1) $p_1 := P(»\text{Augensumme} = 6«) = \frac{5}{36}$

$p_2 := P(»\text{Augensumme} = 7«) = \frac{6}{36}$

$p_1 : p_2 = 5:6$. Ich würde auf die 7 setzen.

2) $p_3 := P(»\text{Augensumme} = 8«) = \frac{5}{36}$

$p_3 : p_2 = 5:6$. Ich würde auf die 7 setzen.

3) $p_4 := P(»\text{Augensumme 6 und 8 vor 2mal der 7}«)$

$p_5 := P(»\text{2mal die Augensumme 7 vor 6 und 8}«)$

Man vergröbert den Ergebnisraum zu $\Omega' := \{6, 7, 8\}$ mit $P'(\{6\}) = P'(\{8\}) = \frac{5}{16}$, $P'(\{7\}) = \frac{6}{16}$. Für den darauf folgenden Wurf vergröbert man erneut, nämlich z.B. zu $\Omega'' := \{7, 8\}$ mit $P''(\{7\}) = \frac{6}{11}$ und $P''(\{8\}) = \frac{5}{11}$, da nur mehr diese Ergebnisse interessieren. Alle anderen Resultate werden nicht beachtet. Man erhält somit folgenden Baum: (Siehe Seite 35).

$p_5 = P(»\text{2mal die Augensumme 7 vor 6 und 8}«) =$

$$= \frac{5}{16} \cdot \frac{6}{11} \cdot \frac{6}{11} + \frac{6}{16} \cdot \frac{5}{16} \cdot \frac{6}{11} + \frac{6}{16} \cdot \frac{6}{16} + \frac{6}{16} \cdot \frac{5}{16} \cdot \frac{6}{11} + \frac{5}{16} \cdot \frac{6}{11} \cdot \frac{6}{11} =$$

$$= \frac{14076}{30976} \approx$$

$$\approx 45{,}4\%.$$

Daher ist $p_4 = 1 - p_5 \approx 54{,}6\%$.

Ich würde nicht auf die Doppelsieben setzen!

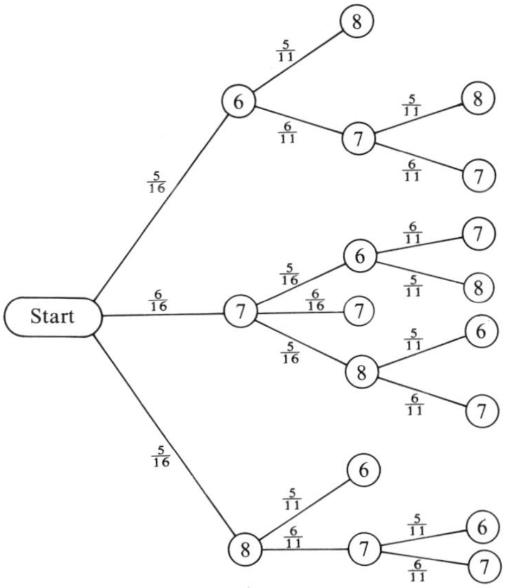

112/13. a) **I.** Lösung mit Hilfe einer geometrischen Reihe

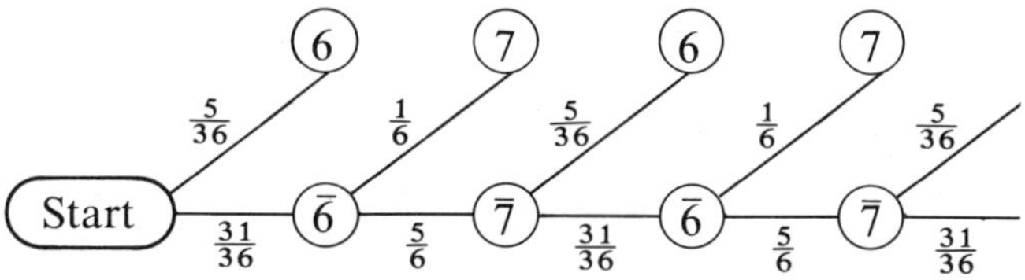

Meine Chance $= P(\text{»Ich gewinne«}) =$

$$= \tfrac{31}{36}\cdot\tfrac{1}{6} + \tfrac{31}{36}\cdot\tfrac{5}{6}\cdot\tfrac{31}{36}\cdot\tfrac{1}{6} + \tfrac{31}{36}\cdot\tfrac{5}{6}\cdot\tfrac{31}{36}\cdot\tfrac{5}{6}\cdot\tfrac{31}{36}\cdot\tfrac{1}{6} + \ldots =$$

$$= \tfrac{31}{216}\left(1 + \tfrac{155}{216} + \left(\tfrac{155}{216}\right)^2 + \ldots\right) =$$

$$= \tfrac{31}{216}\cdot\frac{1}{1-\frac{155}{216}} =$$

$$= \tfrac{31}{216}\cdot\tfrac{216}{61} =$$

$$= \tfrac{31}{61}.$$

$P(\text{»Der andere gewinnt«}) = 1 - \frac{31}{61} = \frac{30}{61}$.
Also verhalten sich die Chancen wie 31 : 30 für mich.

II. Lösung ohne einen unendlichen Prozeß in Anlehnung an die Schlußweise von *Huygens*.
a_i sei die Wahrscheinlichkeit dafür, daß ich gewinne unter der Bedingung, daß das Spiel im Zustand i ist.

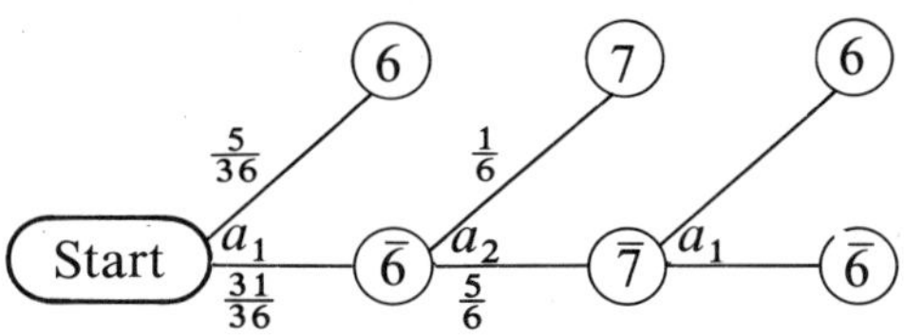

Dann gilt:

$$\left.\begin{aligned} a_1 &= \tfrac{5}{36}\cdot 0 + \tfrac{31}{36}\,a_2 \\ a_2 &= \tfrac{1}{6}\cdot 1 + \tfrac{5}{6}\,a_1 \end{aligned}\right\} \Rightarrow a_1 = \tfrac{31}{36}\cdot\tfrac{1}{6} + \tfrac{31}{36}\cdot\tfrac{5}{6}\cdot a_1 \Leftrightarrow 61a_1 = 31 \Leftrightarrow a_1 = \tfrac{31}{61}.$$

Der andere gewinnt also mit der Wahrscheinlichkeit $\frac{30}{61}$.

III. Die Aufgabe kann später mit Hilfe des Erwartungswertes ganz im Sinne von *Huygens* gelöst werden:
Sei der gesamte Einsatz a und bedeute a_i den Erwartungswert meines Gewinns im Zustand i, dann ist offensichtlich

$$a_1 = \tfrac{5}{36} \cdot 0 + \tfrac{31}{36} a_2 \quad \wedge \quad a_2 = \tfrac{1}{6} a + \tfrac{5}{6} a_1 \;\Rightarrow\; a_1 = \tfrac{31}{61} a.$$

Somit hat der andere $\tfrac{30}{61} a$ zu erwarten, also verhalten sich die Gewinnchancen wie 31 : 30 zu meinen Gunsten.

b) **I.** Lösung mit einer geometrischen Reihe

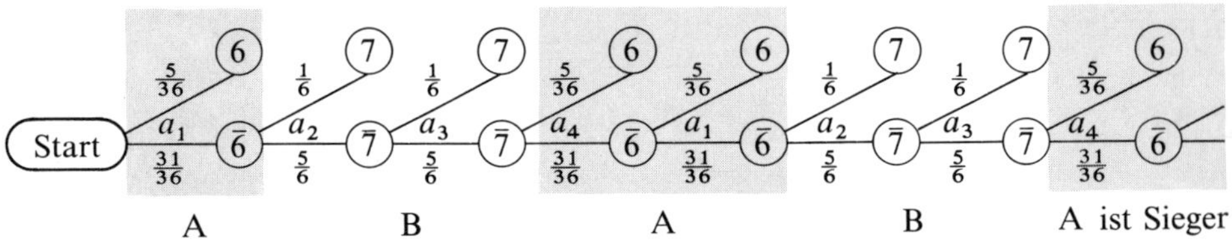

$$\begin{aligned} P(\text{»A siegt«}) &= \tfrac{5}{36} + \tfrac{31}{36} \cdot \left(\tfrac{5}{6}\right)^2 \left[\tfrac{5}{36} + \tfrac{31}{36} \cdot \tfrac{5}{36}\right] + \\ &\quad + \tfrac{31}{36} \cdot \left(\tfrac{5}{6}\right)^2 \cdot \left(\tfrac{31}{36}\right)^2 \cdot \left(\tfrac{5}{6}\right)^2 \cdot \left[\tfrac{5}{36} + \tfrac{31 \cdot 5}{36^2}\right] + \ldots = \\ &= \tfrac{5}{36} + \tfrac{31}{36} \cdot \left(\tfrac{5}{6}\right)^2 \cdot \left[\tfrac{335}{36^2}\right] \left(1 + \left(\tfrac{5}{6}\right)^2 \cdot \left(\tfrac{31}{36}\right)^2 + \ldots\right) = \tfrac{10355}{22631}. \\ P(\text{»B siegt«}) &= \tfrac{31}{36} \cdot \left[\tfrac{1}{6} + \tfrac{5}{6} \cdot \tfrac{1}{6}\right] + \tfrac{31}{36} \cdot \left(\tfrac{5}{6}\right)^2 \cdot \left(\tfrac{31}{36}\right)^2 \cdot \left[\tfrac{11}{36}\right] + \ldots = \\ &= \tfrac{31}{36} \cdot \tfrac{11}{36} \cdot \left(1 + \left(\tfrac{5 \cdot 31}{6 \cdot 36}\right)^2 + \left(\tfrac{5 \cdot 31}{6 \cdot 36}\right)^4 + \ldots\right) = \tfrac{12276}{22631}. \end{aligned}$$

$P(\text{»A siegt«}) : P(\text{»B siegt«}) = 10355 : 12276.$

II. Lösung nach *Huygens.*
a_i sei die Wahrscheinlichkeit für A, im Stadium i zu gewinnen.

$$\left.\begin{aligned} a_1 &= \tfrac{5}{36} \cdot 1 + \tfrac{31}{36} a_2 \\ a_2 &= \tfrac{1}{6} \cdot 0 + \tfrac{5}{6} \cdot a_3 \\ a_3 &= \tfrac{1}{6} \cdot 0 + \tfrac{5}{6} \cdot a_4 \\ a_4 &= \tfrac{5}{36} \cdot 1 + \tfrac{31}{36} \cdot a_1 \end{aligned}\right\} \Rightarrow a_1 = \tfrac{10355}{22631}.$$

Somit verbleibt für die Wahrscheinlichkeit, daß B siegt, der Wert $\tfrac{12276}{22631}$.

112/14. $P(A) = \tfrac{1}{4}$, $P(B) = \tfrac{1}{13}$, $P(C) = \tfrac{1}{52}$, $P(D) = \tfrac{4}{13}$, $P(E) = \tfrac{15}{52}$, $P(F) = \tfrac{3}{13}$, $P(G) = \tfrac{3}{52}$, $P(H) = \tfrac{9}{13}$

Der Name Bridge soll angeblich daher kommen, daß zwei einander gegenübersitzende Spieler eine Brücke (engl. *bridge*) bilden.

112/15. 2 Jungen: **a)** 0,1 **b)** 0,3 3 Jungen: **a)** 0,1 **b)** 0,2

112/16. 0,4

112/17. a) $\tfrac{1}{27}$ **b)** $\tfrac{12}{27} = \tfrac{4}{9}$

112/18. $\tfrac{21}{63} = \tfrac{1}{3}$ $\left(\tfrac{25}{63}\right)$

113/19. $\Omega = \{$ggff, gfgf, gffg, ffgg, fgfg, fggf$\}$
P(genau 2 Prüfungen nötig) $= \tfrac{2}{6}$;
P(genau 3 Prüfungen nötig) $= \tfrac{4}{6}$

Aufgaben zu 8.2.

113/20. **a)** $7 \cdot 4 = 28$ **b)** $7 \cdot 4 \cdot 9 = 252$

113/21. **a)** 3stellig: $9 \cdot 8 \cdot 7 = 504$
4stellig: $9 \cdot 8 \cdot 7 \cdot 6 = 3024$

b) 3stellig: $9 \cdot 9 \cdot 8 = 648$
4stellig: $9 \cdot 9 \cdot 8 \cdot 7 = 4536$

113/22. **a)** $5! = 120$; $(5! - 4! = 120 - 24 = 96)$
b) $5^5 = 3125$; $(4 \cdot 5^4 = 2500)$

113/23. **a)** ABC ACB BAC BCA CAB CBA

b)

ROMA	ORMA	*MORA*	*AMOR*
ROAM	*ORAM*	MOAR	AMRO
RMOA	OMRA	MROA	AOMR
RMAO	OMAR	MRAO	AORM
RAMO	OARM	MAOR	*ARMO*
RAOM	OAMR	*MARO*	AROM

Zur Fußnote:

ROMA Die Stadt Rom
RAMO dat./abl. sing. von *ramus* = Ast; Zweig
ORAM 1) acc. sing. von *ora* = a) Das Äußerste jeder Sache; Rand; Grenze; Küste.
b) Tau; Schiffsseil
2) conj. 1. Pers. sing. von *orare*: daß ich bete/rede.
MORA nom. sing.
1) Verzögerung; Rast; Pause; Länge der Zeit
2) eine Abteilung des spartanischen Heeres (400 bis 900 Mann)
MARO 1) nom. sing.
a) Familienname des Dichters *Publius Vergilius Maro* (70–19 v. Chr.)
b) Begleiter und Erzieher des jungen *Bacchus* (= *Dionysos*)
2) dat. sing. von *Marus*, Fluß in Dazien
AMOR 1) nom. sing. Der Gott der Liebe
2) 1. Person Präs. Passiv von *amare*: ich werde geliebt
ARMO 1) 1. Person Präs. Aktiv von *armare*: ich rüste aus
2) dat. sing. von *armus* = das Schulterblatt; der Oberarm

113/24. **a)** AAS, ASA, SAA

b) OTTO, OTOT, TOTO, TOOT, TTOO, OOTT

c) OOPPP, OPOPP, OPPOP, OPPPO, POOPP, POPOP, POPPO, PPOOP, PPOPO, PPPOO

113/25. **a)** ohne: AB BA CA
AC BC CB

mit: AA BA CA
AB BB CB
AC BC CC

b) ohne: AM MA OA RA
AO MO OM RM
AR MR OR RO

mit: AA MA OA RA
AM MM OM RM
AO MO OO RO
AR MR OR RR

113/26. a) Lösung von *Wallis*:

Dies 5040; Hoc est, Annos 14, demptis diebus 73, aut 74, prout incidere contingerit annos Bissextiles. (Lateinische Ausgabe des *Tractatus de Algebra*, 1693)

$7! = 5040$.

14 Jahre zu 365 Tagen ergeben 5110 Tage, also 70 Tage zuviel. Nun können aber während dieser 14 Jahre 3 oder 4 Schaltjahre stattgefunden haben, so daß die Antwort von *Wallis* lautet: 14 Jahre weniger 73 oder 74 Tage, je nach der Anzahl der Schaltjahre.*

Fußnote: $10! = 3\,628\,800$
$11! = 39\,916\,800$

* Gibt es unter den 14 Jahren ein nicht-schaltendes Säkularjahr, dann sogar »14 Jahre weniger 72 Tage«. *Wallis* lehnte bekanntlich den Gregorianischen Kalender ab.

b) $24! = 620\,448\,401\,733\,239\,439\,360\,000 \approx 6{,}204 \cdot 10^{23}$

α) 1) Lösung von *Voss*;

$$365\tfrac{1}{4}\,\frac{\mathrm{d}}{\mathrm{a}} \cdot 24\,\frac{\mathrm{h}}{\mathrm{d}} \cdot 60\,\frac{\mathrm{min}}{\mathrm{h}} = 525\,960\,\frac{\mathrm{min}}{\mathrm{a}}.$$

Das ergibt in den 6000 Jahren $525\,960 \cdot 5 \cdot 6000 = 15\,778\,800\,000 < 1{,}6 \cdot 10^{10}$ Permutationen, also rund 25 Billiardstel aller Permutationen.

2) Lösung der Änderung von *Wallis:*

$(525\,960 \cdot 6000) \cdot (10^7 \cdot 525\,960) \cdot 5 = 82\,990\,176\,480\,000\,000\,000\,000 <$
$< 8{,}3 \cdot 10^{22}$ Permutationen, also rund $\frac{1}{8}$ aller Permutationen.

β) 1) nach *Voss*:

$525\,960 \cdot 5 \cdot 2{,}1 \cdot 10^{10} = 55\,225\,800\,000\,000\,000 < 5{,}53 \cdot 10^{16}$,

also rund 89 Milliardstel aller Permutationen.

2) Änderung von *Wallis*:

$(525\,960 \cdot 2{,}1 \cdot 10^{10}) \cdot (10^7 \cdot 525\,960) \cdot 5 =$
$= 290\,465\,617\,680\,000\,000\,000\,000\,000\,000 > 2{,}9 \cdot 10^{29}$.

Man hätte 468154mal alle 24! Permutationen hinschreiben können!

113/27. a) 91 **d)** 10737573
b) 8855 **e)** 2250829575120
c) 969 **f)** 17310309456440

113/28. a) $7 \cdot 6 = 42$ **b)** $7^2 = 49$

114/29. a) $7 \cdot 6 \cdot 5 \cdot 4 \cdot 3 \cdot 2 = 7! = 5040$ **b)** $7^6 = 117\,649$ **c)** $7 \cdot 6 \cdot 5 = 210$

114/30. a) $\binom{8}{2} = 28$ **b)** $\binom{5}{2} = 10$ **c)** $\binom{3}{2} = 3$ **d)** $\binom{5}{1} \cdot \binom{3}{1} = 15$

114/31. aa) $\binom{4}{2} + 3 = 9$ **ab)** $\binom{3}{2} = 3$ **ac)** 0 **ad)** $3 \cdot 1 = 3$
ba) $\binom{11}{2} = 55$ **bb)** $\binom{7}{2} = 21$ **bc)** $\binom{4}{2} = 6$ **bd)** $\binom{4}{1} \cdot \binom{7}{1} = 28$

114/32. a) 1) $7 \cdot 6 \cdot 5 = 210$ **b)** $7 \cdot 6 = 42$
2) $1 \cdot 6 \cdot 5 = 30$
3) $3 \cdot 30 = 90$

114/33. $\binom{4}{1}\binom{6}{4} + \frac{1}{2} \cdot \binom{4}{2}\binom{6}{3} = \frac{1}{2} \cdot \binom{10}{5} - \binom{4}{0}\binom{6}{5} = 120$

114/34. $[\binom{6}{5}\cdot 5!]\cdot[\binom{6}{4}\cdot 4!]\cdot 3! = (6!)^2\cdot 3 = 1\,555\,200$

114/35. $2^5 = 32$; $(2^8 = 256)$

114/36. $|\text{Zeichenvorrat}| = 63$
$2^x \geqq 63;\quad x\in\mathbb{N}_0$
Die kleinste Zahl aus $\mathbb{N}_0$, die diese Aufgabe löst, ist 6.

114/37. $11^{16} = 45\,949\,729\,863\,572\,161$

114/38. **a)** **α)** $(20^2-9)(4999-99) = 1\,915\,900.$
β) 3870900
b) $(20^2-9)\cdot 99 + 20\cdot(9999-99) = 236\,709$
c) B und F können leicht miteinander und mit E verwechselt werden. Dasselbe gilt für die Buchstaben G, O, Q. Außerdem besteht bei O die Verwechslung mit der Null, ebenso wie bei I mit der 1.
Durch ein Schreiben des Bayerischen Staatsministeriums für Wirtschaft und Verkehr vom 20.8.81 (Nr. 7320 a 23 – VII/5c – 42546) sind die Kennzeichen KZ, SA, HJ und SS der Ausgabe entzogen worden. Sie sind Abkürzungen aus dem 3. Reich für
KZ = Konzentrationslager, SA = Sturmabteilung, HJ = Hitlerjugend,
SS = Schutzstaffel.
Im selben Schreiben werden CD und CC diesen Diensten vorbehalten:
CD = corps diplomatique, CC = corps consulaire.
München verzichtet überdies auf die Ausgabe von
NS = Nationalsozialismus,
KP = Kommunistische Partei und auf das international verständliche
WC = watercloset.

115/39. $\binom{n}{n-k} = \frac{n!}{(n-k)!\,(n-(n-k))!} = \frac{n!}{(n-k)!\,k!} = \binom{n}{k}.$

115/40. $$\binom{n}{k} + \binom{n}{k+1} = \frac{n!}{k!\,(n-k)!} + \frac{n!}{(k+1)!\,(n-k-1)!} =$$
$$= n!\cdot\frac{(k+1)+(n-k)}{(k+1)!\,(n-k)!} =$$
$$= \frac{n!\,(n+1)}{(k+1)!\,((n+1)-(k+1))!} =$$
$$= \binom{n+1}{k+1}.$$

115/41. Das Glied $a^{n-k}b^k$ kommt genau $\binom{n}{k}$-mal vor.

115/42. **a)** $2^n = (1+1)^n = \sum_{k=0}^{n}\binom{n}{k}1^{n-k}1^k$

b) Aus einer $2n$-Menge lassen $\binom{2n}{n}$ n-Mengen auswählen. Geschieht diese Auswahl stufenweise, so erhält man die Summe $\sum_{k=0}^{n}\binom{n}{k}\binom{n}{n-k}$, was wegen des Symmetriegesetzes auf die Behauptung führt.

c) $0 = (1-1)^n = \sum_{k=0}^{n} \binom{n}{k} \cdot 1^{n-k}(-1)^k$

115/43.

$$\begin{array}{ccccccccccccccc}
&&&&&&&1&&&&&&& \\
&&&&&&1&&1&&&&&& \\
&&&&&1&&2&&1&&&&& \\
&&&&1&&3&&3&&1&&&& \\
&&&1&&4&&6&&4&&1&&& \\
&&1&&5&&10&&10&&5&&1&& \\
&1&&6&&15&&20&&15&&6&&1& \\
1&&7&&21&&35&&35&&21&&7&&1
\end{array}$$

115/44. a) Nehmen wir zunächst an, die n Elemente seien alle unterscheidbar, dann gibt es $n!$ Permutationen. Seien nun n_1 dieser Elemente nicht mehr unterscheidbar, dann sind $n_1!$ der obigen Permutationen gleich. Die Anzahl der verschiedenen Permutationen ist also der $n_1!$-te Teil von $n!$. Und so weiter.

b) 24 a) $\frac{3!}{2!\,1!} = 3$ **24 b)** $\frac{4!}{2!\,2!} = 6$ **24 c)** $\frac{5!}{2!\,3!} = 10.$

117/45. Zunächst $6 \cdot 5 = 30$ Wörterbücher,
dann $9 \cdot 8 - 6 \cdot 5 = 42$ zusätzliche Wörterbücher.

117/46. a) $\binom{8}{7} \cdot \binom{6}{3} = 8 \cdot 20 = 160$ **b)** $\binom{8}{7} \cdot \binom{5}{2} = 8 \cdot 10 = 80$
c) $\binom{8}{7} \cdot \binom{4}{3} = 8 \cdot 4 = 32.$

117/47. a) 1) 4 Personen können auf $\binom{8}{4}$ Arten ausgewählt werden.
Das ergibt 70 Möglichkeiten.

2) $\binom{4}{4}\binom{4}{0} = 1$ **4)** $\binom{4}{2}\binom{4}{2} = 36$
3) $\binom{4}{3}\binom{4}{1} = 16$ **5)** $\binom{4}{1}\binom{4}{3} = 16$
6) $\binom{4}{0}\binom{4}{4} = 1$

b) $1 + 16 + 36 + 16 + 1 = 70$

117/48. a) $\binom{48}{13} = 192\,928\,249\,296$ **d)** $\binom{48}{13} + \binom{4}{1}\binom{48}{12} = 471\,602\,387\,168$
b) $\binom{4}{1}\binom{48}{12} = 278\,674\,137\,872$ **e)** $\binom{4}{2}\binom{48}{11} = 135\,571\,202\,208$
c) $\binom{52}{13} - \binom{48}{13} = 442\,085\,310\,304$ **f)** $\binom{4}{4}\binom{48}{9} = 1\,677\,106\,640$

117/49. a) $\frac{(n-1)!}{2}$; $n = 6$: $\frac{5!}{2} = 60$; $n = 7$: $\frac{6!}{2} = 360$

b) $\frac{(n-2)!\,2!}{2} = (n-2)!$; $n = 6$: $4! = 24$; $n = 7$: $5! = 120$

c) $\frac{(n-3)!\,3!}{2} = 3(n-3)!$; $n = 6$: $3 \cdot 3! = 18$; $n = 7$: $3 \cdot 4! = 72$

d) $\frac{(n-3)!\,2}{2} = (n-3)!$; $n = 6$: $3! = 6$; $n = 7$: $4! = 24.$

117/50. a) $\binom{5+2}{2} = 21$ **b)** $\binom{n+k-1}{k} = \binom{n+k-1}{n-1}$

117/51. a) $\binom{4+4-1}{4} = \binom{7}{4} = 35$ **b)** $\binom{4+5-1}{5} = \binom{8}{5} = 56$ **c)** $\binom{4+7-1}{7} = \binom{10}{7} = 120$

d) Bei 4 Astragali: $4^4 = 256$.
Bei 5 Astragali: $4^5 = 1024$.
Bei 7 Astragali: $4^7 = 16\,384$.

e)

Anzahl der Würfel	ohne Reihenfolge	mit Reihenfolge
4	$\binom{6+4-1}{4} = 126$	$6^4 = 1296$
5	$\binom{6+5-1}{5} = 252$	$6^5 = 7776$
7	$\binom{6+7-1}{7} = 792$	$6^7 = 279\,936$

118/52. $\binom{6+3-1}{3} = \binom{8}{3} = 56$

Aufgaben zu 8.3.

119/53. a) $P(A) = \dfrac{\binom{13}{2}}{\binom{52}{2}} = \frac{1}{17} \approx 5{,}9\%$

$P(B) = \dfrac{\binom{4}{2}}{\binom{52}{2}} = \frac{1}{221} \approx 0{,}45\%$

$P(C) = \dfrac{1}{\binom{52}{2}} = \frac{1}{1326} \approx 0{,}075\%$

b) $\dfrac{4}{\binom{52}{13}} = \frac{1}{158\,753\,389\,900} \approx 6{,}3 \cdot 10^{-10}\,\%$

c) $P(\text{»verschiedene Farben«}) = \dfrac{\binom{10}{1}\binom{10}{1}\binom{10}{1}\binom{10}{1}}{\binom{40}{4}} = \frac{1\,000}{9\,139}$;

Einsatz von A: Einsatz von B = 1000: 8139.

119/54.

k	1	2	3	...	k	...	10
p	$\frac{1}{2}$	$\frac{1}{4}$	$\frac{1}{8}$	...	$\left(\frac{1}{2}\right)^k$	...	$\frac{1}{1024}$

119/55. a) $\dfrac{\binom{1}{1}\binom{7}{1}}{\binom{8}{2}} = \frac{1}{4}$ **b)** $1 - \dfrac{\binom{2}{2}}{\binom{8}{2}} = 1 - \frac{1}{28} = \frac{27}{28}$

c) $0 < n \leqq 8 \wedge \dfrac{\binom{n}{2}\binom{8-n}{0} + \binom{n}{1}\binom{8-n}{1}}{\binom{8}{2}} > \frac{1}{2}$;

$\Leftrightarrow 0 < n \leqq 8 \wedge \frac{1}{2}(15 - \sqrt{113}) < n < \frac{1}{2}(15 + \sqrt{113})$
$n = 3$ ist die kleinste natürliche Zahl, die diese Aufgabe löst.

119/56. a) $1 - \dfrac{\binom{2}{0}\binom{3}{3}}{\binom{5}{3}} = \frac{9}{10}$ **b)** $\dfrac{\binom{1}{1}\binom{4}{2}}{\binom{5}{3}} = \frac{6}{10}$ **c)** $\dfrac{\binom{2}{2}\binom{3}{1}}{\binom{5}{3}} = \frac{3}{10}$.

119/57. a) $\frac{1 \cdot 1}{25} = \frac{1}{25}$ **b)** $\frac{5 \cdot 1}{25} = \frac{5}{25}$ **c)** $\frac{2 \cdot 2}{25} = \frac{4}{25}$

119/58. $|\Omega| = 216$

$P(A) = \frac{125}{216}$

$P(B) = \frac{75}{216}$

$P(C) = \frac{15}{216}$

$P(D) = \frac{1}{216}$

119/59. a) $\frac{\binom{6}{2}}{\binom{12}{2}} = \frac{5}{22}$

b) $\frac{5}{22}$

c) $\frac{36}{\binom{12}{2}} = \frac{6}{11}$

d) $\frac{6}{\binom{12}{2}} = \frac{1}{11}$

119/60. a) $\frac{4 \cdot 3! \cdot 3!}{6!} = \frac{1}{5}$

b) $\frac{1}{2}$

c) $\frac{2 \cdot 3! \cdot 3!}{6!} = \frac{1}{10}$

120/61. Siehe rechte Spalte.

120/62. Auf dem Schein sind die Zahlen $z_1, z_2, \ldots, z_6$ angekreuzt. Wir fassen sie zur Menge Z zusammen.
Der Ergebnisraum des Zufallsexperiments »Ziehen von 6 Zahlen ohne Zurücklegen und anschließendes Ziehen einer weiteren Zahl« besteht aus allen Paaren der Form $(\{a, b, c, d, e, f\} | g)$, wobei die Zahlen $a, b, \ldots, g$ der Menge $\{1, 2, \ldots, 49\}$ ohne Zurücklegen entnommen wurden. Er hat die Mächtigkeit $|\Omega| = \binom{49}{6} \cdot \binom{43}{1}$.

120/61.

Lottotyp	**a)** P(»Haupttreffer«)	$\frac{P(\text{»Haupttreffer«})}{P(\text{»Haupttreffer in } \binom{49}{6}\text{«})}$	**b)** Zähler von P(»genau 4 Richtige«)	Wert in ‰	Verhältnis	**c)** Zähler von P(»genau 2 Richtige weniger«)	Wert in ‰	Verhältnis
7 aus 38	$\frac{1}{12\,620\,256} \approx 0{,}79 \cdot 10^{-7}$	1,11	157 325	12,47	12,87	9765	0,77	0,80
6 aus 60	$\frac{1}{50\,063\,860} \approx 0{,}20 \cdot 10^{-7}$	0,28	21 465	0,429	0,44	wie **b)**		
6 aus 49	$\frac{1}{13\,983\,816} \approx 0{,}72 \cdot 10^{-7}$	1	13 545	0,987	1			
6 aus 45	$\frac{1}{8\,145\,060} \approx 1{,}23 \cdot 10^{-7}$	1,72	11 115	1,36	1,41			
6 aus 41	$\frac{1}{4\,496\,388} \approx 2{,}22 \cdot 10^{-7}$	3,11	8 925	1,98	2,05			
6 aus 40	$\frac{1}{3\,838\,380} \approx 2{,}61 \cdot 10^{-7}$	3,64	8 415	2,19	2,26			
6 aus 36	$\frac{1}{1\,947\,792} \approx 5{,}13 \cdot 10^{-7}$	7,18	6 525	3,35	3,46			
5 aus 90	$\frac{1}{43\,949\,268} \approx 0{,}23 \cdot 10^{-7}$	0,32	425	$9{,}7 \cdot 10^{-3}$	0,01	35 700	0,81	0,84
5 aus 45	$\frac{1}{1\,221\,759} \approx 8{,}18 \cdot 10^{-7}$	11,4	200	0,16	0,17	7800	6,38	6,59
5 aus 36	$\frac{1}{376\,992} \approx 26{,}5 \cdot 10^{-7}$	37,1	155	0,41	0,42	4650	12,3	12,7
5 aus 35	$\frac{1}{324\,632} \approx 30{,}8 \cdot 10^{-7}$	43,1	150	0,46	0,48	4350	13,4	13,8
4 aus 10	$\frac{1}{210} \approx 47619 \cdot 10^{-7}$	66 589,6	1	4,76	4,92	90	429	442

Gewinnklasse II:
Das Ereignis »5 Richtige mit Zusatzzahl« besteht aus den Paaren $(\{z_{i_1}, z_{i_2}, z_{i_3}, z_{i_4}, z_{i_5}, x\} \mid z_{i_6})$; dabei sind die $z_{ij} \in Z$ und $z_{i_k} \neq z_{i_l}$.
Für die gezogene Zahl x gilt: $x \in \{1, 2, \ldots, 49\} \setminus Z$.
Zur Berechnung der Mächtigkeit dieses Ereignisses überlegen wir:

1) Von den zunächst gezogenen 6 Zahlen stimmen 5 mit den 6 angekreuzten Zahlen überein. Dafür gibt es $\binom{6}{5} \cdot \binom{43}{1}$ Möglichkeiten.
2) Die als Zusatzzahl gezogene Zahl stimmt mit der noch verbliebenen angekreuzten Zahl überein. Dafür gibt es $\binom{1}{1} \cdot \binom{42}{0}$ Möglichkeiten.

Somit gilt:

$$P(\text{»5 Richtige mit Zusatzzahl«}) = \frac{\binom{6}{5} \cdot \binom{43}{1} \cdot \binom{1}{1} \cdot \binom{42}{0}}{\binom{49}{6} \cdot \binom{43}{1}} = \frac{6}{13983816} = \frac{1}{2330636} \approx$$
$$\approx 4{,}29 \cdot 10^{-5}\,\%.$$

Die Wahrscheinlichkeit für einen Treffer in der Gewinnklasse II ist also 6mal so groß wie die für einen Treffer in der Gewinnklasse I.

Gewinnklasse III:
Das Ereignis »5 Richtige« besteht aus den Paaren, die folgendes leisten:

1) Von den zunächst gezogenen 6 Zahlen stimmen 5 mit den 6 angekreuzten Zahlen überein. Dafür gibt es $\binom{6}{5} \cdot \binom{43}{1}$ Möglichkeiten.
2) Die als Zusatzzahl gezogene Zahl stimmt mit der noch verbliebenen angekreuzten Zahl nicht überein. Dafür gibt es $\binom{42}{1} \cdot \binom{1}{0}$ Möglichkeiten.

Somit gilt

$$P(\text{»5 Richtige«}) = \frac{\binom{6}{5} \cdot \binom{43}{1} \cdot \binom{42}{1} \cdot \binom{1}{0}}{\binom{49}{6} \cdot \binom{43}{1}} = \frac{42}{2330636} = \frac{3}{166474} \approx 1{,}80 \cdot 10^{-3}\,\%.$$

Bemerkung; Die Summe der Wahrscheinlichkeiten für die beiden Gewinnklassen II und III ergibt die Wahrscheinlichkeit P(»5 Richtige«) beim Lotto »6 aus 49«, wenn ohne Zusatzzahl gespielt wird.

120/63. a) Es gibt 13 Viererpasche und $4 \cdot 10 = 40$ Farbfolgen.

b) $$P(\text{»Viererpasch«}) = \frac{13 \cdot 48}{\binom{52}{5}} = \frac{1}{4165} \approx 2{,}4 \cdot 10^{-2}\,\%$$

$$P(\text{»Farbfolge«}) = \frac{40}{\binom{52}{5}} = \frac{1}{64974} \approx 1{,}5 \cdot 10^{-3}\,\%.$$

120/64. a) $$P(\text{»1. schwarzer König ist an } k\text{-ter Stelle«}) = \frac{52-k}{\binom{52}{2}} = \frac{52-k}{26 \cdot 51}.$$

b) P(»2. schwarzer König ist an i-ter Stelle«) $= P$(»1. schwarzer König ist an $(53-i)$-ter Stelle bei umgekehrtem Stapel«) $= \dfrac{i-1}{26 \cdot 51}$.

120/65. a) Ω = Menge aller Quadrupel aus der Menge $\{1, 2, \ldots, 6\} \Rightarrow |\Omega| = 6^4$.
$\bar{A}$ = Menge aller Quadrupel aus der Menge $\{1, 2, \ldots, 5\} \Rightarrow |\bar{A}| = 5^4$.

$$P(A) = \frac{6^4 - 5^4}{6^4} = \frac{1296 - 625}{1296} = \frac{671}{1296} > 0{,}517 > \frac{1}{2}.$$

b) Ω = Menge aller 24-Tupel aus der Menge aller Paare, die aus der Menge $\{1, 2, \ldots, 6\}$ gebildet werden können. $|\Omega| = (6^2)^{24} = 36^{24}$.
$\bar{B}$ = Menge aller 24-Tupel aus Ω, die das Paar $(6|6)$ nicht als Komponente enthalten. Für jede Komponente dieser Tupel stehen also 35 Paare zur Verfügung.
$\Rightarrow |\bar{B}| = 35^{24}$.

$$P(B) = \frac{36^{24} - 35^{24}}{36^{24}} = 1 - \left(\frac{35}{36}\right)^{24} < 0{,}492 < \frac{1}{2}.$$

120/66. $\dfrac{\binom{4}{2}}{\binom{32}{2}} = \frac{3}{248} \approx 1{,}21\%$.

121/67. $2 \cdot \dfrac{\binom{17}{7}}{\binom{20}{10}} \approx 21{,}05\%$.

121/68. $E :=$ »bei n Würfen mindestens einmal 1 und mindestens einmal 6«
$\bar{E} :=$ »bei n Würfen keine 1 oder keine 6« $= A \cup B$.

$$\begin{aligned} P(E) = 1 - P(\bar{E}) = 1 - P(A \cup B) &= \\ &= 1 - [P(A) + P(B) - P(A \cap B)] = \\ &= 1 - [(\tfrac{5}{6})^n + (\tfrac{5}{6})^n - (\tfrac{4}{6})^n] = \\ &= 1 - [2 \cdot (\tfrac{5}{6})^n - (\tfrac{4}{6})^n]. \end{aligned}$$

$n = 10\colon P(E) \approx 0{,}6943$ $\qquad$ $n = 20\colon P(E) \approx 0{,}9481$

121/69. $\dfrac{12!}{12^{12}} = \dfrac{5^2 \cdot 7 \cdot 11}{12^7} = \dfrac{1925}{35\,831\,808} \approx 0{,}0000\,5372$.

121/70. $\dfrac{2}{\frac{10!}{5!\,5!}} = \frac{1}{126}$

121/71. Anzahl der 9-Tupel aus {Do, Fr, So}, in denen jedes Element aus {Do, Fr, So} mindestens einmal vorkommt $= 3^9 - 3 \cdot 2^9 + 3 \cdot 1^9$

$$\frac{3^9 - 3 \cdot 2^9 + 3}{7^9} = \frac{18\,150}{40\,353\,607} < 0{,}000450\,.$$

Aus der geringen Wahrscheinlichkeit darf geschlossen werden, daß die Polizei bevorzugt an den genannten Tagen kontrolliert.

121/72. a) $\dfrac{2^{11}}{3^{11}} = \dfrac{2048}{177\,147} \approx 0{,}0116$.

b) $\dfrac{\binom{6}{0}\binom{43}{6}}{\binom{49}{6}} = \dfrac{43 \cdot 42 \cdot 41 \cdot 40 \cdot 39 \cdot 38}{49 \cdot 48 \cdot 47 \cdot 46 \cdot 45 \cdot 44} = \dfrac{435\,461}{998\,844} \approx 0{,}4360$.

121/73. $p = 1 - (\frac{364}{365})^n$;
Wetten lohnt sich, falls $\frac{1}{2} < p \Leftrightarrow (\frac{364}{365})^n < \frac{1}{2}$;
$\Leftrightarrow n(\lg 364 - \lg 365) < -\lg 2$;
$\Leftrightarrow n > 252{,}65$
$\Rightarrow n \geqq 253$.

121/74. a) $\dfrac{1}{2^6} = \dfrac{1}{64}$ $\quad$ **b)** $\dfrac{\binom{6}{2}}{2^6} = \dfrac{15}{64}$ $\quad$ **c)** $\dfrac{\binom{6}{3}}{2^6} = \dfrac{20}{64} = \dfrac{5}{16}$ $\quad$ **d)** 0

121/75. $\dfrac{\binom{4}{2} + \binom{6}{2} + \binom{2}{2}}{\binom{12}{2}} = \dfrac{6 + 15 + 1}{66} = \dfrac{1}{3}$ $\quad$ (Da es 3 Farben sind, genügt es, 4 Socken zu entnehmen, um mit Wahrscheinlichkeit 1 ein passendes Paar zu erhalten.)

121/76. a) 1) 2 Handschuhe: $p = \frac{20 \cdot 18}{20 \cdot 19} = \frac{18}{19} = 94{,}74\%$
4 Handschuhe: $p = \frac{20 \cdot 18 \cdot 16 \cdot 14}{20 \cdot 19 \cdot 18 \cdot 17} = \frac{224}{323} = 69{,}35\%$

2) 2 Handschuhe: $p = \frac{1}{19} \approx 5{,}26\%$
4 Handschuhe: $p = \frac{99}{323} \approx 30{,}65\%$

b) $2m$ Handschuhe werden den n Paaren entnommen.

1) Für die Auswahl des 1. Handschuhs bestehen $2n$ Möglichkeiten. Damit beim nächsten Zug kein passendes Paar entsteht, bestehen für den 2. Handschuh nur mehr $2n-2$ Möglichkeiten. Dieses Verfahren wird fortgesetzt bis zum $2m$-ten Handschuh, für den noch $2n - 2\cdot(2m-1)$ Möglichkeiten bestehen, wenn er nicht zu einem der schon gezogenen passen soll. Man erhält also $2n\cdot(2n-2)\cdot\ldots\cdot[2n-2\cdot(2m-1)]$ Möglichkeiten, nicht-passende Handschuhe in einer bestimmten Reihenfolge (z. B. Farbe) zu ziehen.
Mögliche Zugfolgen gibt es jedoch $2n\cdot(2n-1)\cdot\ldots\cdot[2n-(2m-1)]$. Somit gilt für die gesuchte Wahrscheinlichkeit

$$\frac{2n\cdot(2n-2)\cdot\ldots\cdot[2n-2(2m-1)]}{2n\cdot(2n-1)\cdot\ldots\cdot[2n-(2m-1)]} = \frac{2^{2m}\cdot n(n-1)\ldots[n-(2m-1)]}{\frac{(2n)!}{(2n-2m)!}} =$$

$$= \frac{2^{2m}\cdot\frac{n!}{(n-2m)!}}{\binom{2n}{2m}\cdot(2m)!} = \frac{2^{2m}\cdot\binom{n}{2m}\cdot(2m)!}{\binom{2n}{2m}\cdot(2m)!} = \frac{2^{2m}\cdot\binom{n}{2m}}{\binom{2n}{2m}}.$$

2) Die gesuchte Wahrscheinlichkeit ist die Gegenwahrscheinlichkeit zu **1)**; also

$$1 - \frac{2^{2m}\cdot\binom{n}{2m}}{\binom{2n}{2m}}.$$

121/77. $|\Omega| = 6^n$

n	2	3	4	5	6	7
Anzahl der günstigen Fälle	$6\cdot5$	$6\cdot5\cdot4$	$6\cdot5\cdot4\cdot3$	$6\cdot5\cdot4\cdot3\cdot2$	$6!$	0
p	$\frac{5}{6}$	$\frac{5}{9}$	$\frac{5}{18}$	$\frac{5}{54}$	$\frac{5}{324}$	0
Wette	günstig	günstig	ungünstig	ungünstig	ungünstig	ungünstig

121/78. $E :=$ »Bei n Würfen tritt mindestens einmal 1 und mindestens einmal 2 und ... und mindestens einmal 6 auf«
$E_i =$ »Bei n Würfen tritt die Augenzahl i nicht auf«
Dann ist

$$\bar{E} = E_1 \cup E_2 \cup E_3 \cup E_4 \cup E_5 \cup E_6 = \bigcup_{i=1}^{6} E_i$$

$$P(E) = 1 - P(\bar{E}) = 1 - P\Big(\bigcup_{i=1}^{6} E_i\Big).$$

Berechnung nach der Formel von *Sylvester*:

$P(E_i) = (\frac{5}{6})^n$;

$P(E_i \cap E_j) = (\frac{4}{6})^n$; $(i < j)$

$P(E_i \cap E_j \cap E_k) = (\frac{3}{6})^n$; $(i < j < k)$

$P(E_i \cap E_j \cap E_k \cap E_l) = (\frac{2}{6})^n$; $(i < j < k < l)$

$P(E_i \cap E_j \cap E_k \cap E_l \cap E_m) = (\frac{1}{6})^n$; $(i < j < k < l < m)$

$P(\bigcap_{i=1}^{6} E_i) = 0$;

also $P(E) = 1 - [6(\frac{5}{6})^n - \binom{6}{2}(\frac{4}{6})^n + \binom{6}{3}(\frac{3}{6})^n - \binom{6}{4}(\frac{2}{6})^n + \binom{6}{5}(\frac{1}{6})^n] =$

$= 1 - 6^{-n}[6 \cdot 5^n - 15 \cdot 4^n + 20 \cdot 3^n - 15 \cdot 2^n + 6]$.

Für $n = 10$ erhält man $P(E) \approx 0{,}2719$.

121/79. a) Nach Tabelle 103.1 gilt: $p \approx 1 - 0{,}3679 = 0{,}6321$

b) $n = 1$ und ab $n = 3$.

Für $n = 2$ ist die Gewinnwahrscheinlichkeit genau $\frac{1}{2}$. (Siehe Tabelle 103.1.)

121/80. a) k der n Briefe sollen richtig stecken. Diese k Briefe können auf $\binom{n}{k}$ Arten aus den n Briefen ausgewählt werden. Von den restlichen $n - k$ Briefen darf keiner richtig stecken. Die Wahrscheinlichkeit dieses Ereignisses ist $\sum_{i=0}^{n-k} \frac{(-1)^i}{i!}$. (Beispiel 7, Seite 102). Wir benötigen aber die Mächtigkeit dieses Ereignisses.
Wegen $|A| = |\Omega| \cdot P(A)$ schließen wir:

Da es $(n - k)!$ mögliche gleichwahrscheinliche Anordnungen für diese $n - k$ Briefe gibt, gibt es also $(n - k)! \cdot \sum_{i=0}^{n-k} \frac{(-1)^i}{i!}$ Anordnungen dieser $n - k$ Briefe, bei denen jeder dieser Briefe falsch steckt. Damit erhalten wir

$$P(\text{»Genau } k \text{ der } n \text{ Briefe stecken richtig«}) = \frac{\binom{n}{k}(n-k)! \cdot \sum_{i=0}^{n-k} \frac{(-1)^i}{i!}}{n!} = \frac{1}{k!} \cdot \sum_{i=0}^{n-k} \frac{(-1)^i}{i!}.$$

b) 1) P(»Genau 5 der 10 Sportler erreichen die Startnummer«) =

$$= \frac{1}{5!} \sum_{i=0}^{5} \frac{(-1)^i}{i!} = \frac{1}{120}(1 - 1 + \frac{1}{2} - \frac{1}{6} + \frac{1}{24} - \frac{1}{120}) = \frac{11}{3600} \approx 0{,}00306.$$

2) P(»Mehr als die Hälfte der 10 Sportler erreichen ihre Startnummer«) =

$$= \sum_{k=6}^{10} \left(\frac{1}{k!} \sum_{i=0}^{n-k} \frac{(-1)^i}{i!} \right) =$$

$$= \frac{1}{6!}(1 - 1 + \frac{1}{2} - \frac{1}{6} + \frac{1}{24}) + \frac{1}{7!}(1 - 1 + \frac{1}{2} - \frac{1}{6}) + \frac{1}{8!}(1 - 1 + \frac{1}{2}) +$$

$$+ \frac{1}{9!}(1 - 1) + \frac{1}{10!} \cdot 1 = \frac{1}{6!} \cdot \frac{3}{8} + \frac{1}{7!} \cdot \frac{1}{3} + \frac{1}{8!} \cdot \frac{1}{2} + \frac{1}{10!} =$$

$$= \frac{1}{10!}(1890 + 240 + 45 + 1) = \frac{2176}{10!} = \frac{17}{28\,350} \approx 0{,}0006.$$

122/81. a) Im günstigsten Fall erfolgt nur genau eine deutsch-deutsche Paarung. Dieser tritt ein, wenn keiner der drei nicht-deutschen Vereine gegen einen nicht-deutschen Verein spielt. Wir stellen uns vor, daß das Ergebnis der Auslosung in einer 4×2-Tabelle, bestehend aus 4 Zeilen und 2 Spalten, festgehalten wird. Der erste ausländische Verein kann jedes der 8 Felder besetzen. Für den zweiten stehen 7 Felder zur Verfügung. Damit er nicht gegen den ersten ausländischen Verein spielen muß, muß er für eine neue Zeile ausgelost werden. Die Wahrscheinlichkeit hierfür ist $\frac{6}{7}$. Für den dritten ausländischen Verein stehen 6 Felder zur Verfügung. Damit er nicht gegen einen der beiden bereits ausgelosten ausländischen Vereine spielen kann, muß er wieder für eine neue Zeile ausgelost werden. Das geschieht mit der Wahrscheinlichkeit $\frac{4}{6}$. Somit tritt der für die deutschen Vereine günstigste Fall mit der Wahrscheinlichkeit $\frac{8}{8} \cdot \frac{6}{7} \cdot \frac{4}{6} = \frac{4}{7}$ ein.

b) Man unterscheidet zwei Fälle:

1) Ist $k \leqq 2^{n-1}$, dann besteht der günstigste Fall darin, daß keine deutsch-deutsche Paarung auftritt. Die Auslosung wird in einer $2^{n-1} \times 2$-Tabelle festgehalten. Kein deutscher Verein darf für die Zeile ausgelost werden, in der bereits ein ausgeloster deutscher Verein steht. Dies geschieht mit der Wahrscheinlichkeit

$$\frac{2^n}{2^n} \cdot \frac{2^n-2}{2^n-1} \cdot \frac{2^n-2\cdot 2}{2^n-2} \cdot \frac{2^n-3\cdot 2}{2^n-3} \cdot \ldots \cdot \frac{2^n-(k-1)\cdot 2}{2^n-(k-1)} =$$

$$= 2^k \cdot \frac{2^{n-1}(2^{n-1}-1)(2^{n-1}-2)(2^{n-1}-3)\ldots\big(2^{n-1}-(k-1)\big)}{2^n(2^n-1)(2^n-2)(2^n-3)\ldots\big(2^n-(k-1)\big)} =$$

Fortsetzung siehe Seite 270

122/82. a) Jedes der n Teilchen kann in jeder der z Zellen liegen. Das ergibt $|\Omega| = z^n$. Es gibt $n!$ Möglichkeiten, die n Teilchen anzuordnen, wobei n_1 Teilchen in der Zelle 1, die folgenden n_2 Teilchen in der Zelle 2 liegen usw.
Eine Permutation der Teilchen einer Zelle ändert die Verteilung nicht. Somit ist die gesuchte Wahrscheinlichkeit $\dfrac{\dfrac{n!}{n_1!\,n_2!\cdot\ldots\cdot n_z!}}{z^n}$.

b)

Anordnung	Wahrscheinlichkeit dieser Anordnung	Anzahl dieser Anordnungen	Wahrscheinlichkeit des Typs
40000	$\frac{1}{625}$	$\binom{5}{1} = 5$	$\frac{5}{625}$
31000	$\frac{4}{625}$	$\binom{5}{1}\binom{4}{1} = 20$	$\frac{80}{625}$
22000	$\frac{6}{625}$	$\binom{5}{1}\binom{4}{1} \cdot \frac{1}{2!} = 10$	$\frac{60}{625}$
21100	$\frac{12}{625}$	$\binom{5}{1} \cdot \binom{4}{1} \cdot \binom{3}{1} \cdot \frac{1}{2!} = 30$	$\frac{360}{625}$
11110	$\frac{24}{625}$	$\binom{5}{1} = 5$	$\frac{120}{625}$

c)

Anordnung	Wahrscheinlichkeit dieser Anordnung	Anzahl dieser Anordnungen	Wahrscheinlichkeit des Typs
5000	$\frac{1}{1024}$	4	$\frac{4}{1024}$
4100	$\frac{5}{1024}$	12	$\frac{60}{1024}$
3200	$\frac{10}{1024}$	12	$\frac{120}{1024}$
3110	$\frac{20}{1024}$	12	$\frac{240}{1024}$
2210	$\frac{30}{1024}$	12	$\frac{360}{1024}$
2111	$\frac{60}{1024}$	4	$\frac{240}{1024}$

d) $z^n = 3^2 = 9$.

Anordnung	Wahrscheinlichkeit dieser Anordnung	Anzahl dieser Anordnungen	Wahrscheinlichkeit des Typs
200	$\frac{1}{9}$	$\binom{3}{1} = 3$	$\frac{3}{9}$
110	$\frac{2}{9}$	$\binom{3}{2} = 3$	$\frac{6}{9}$

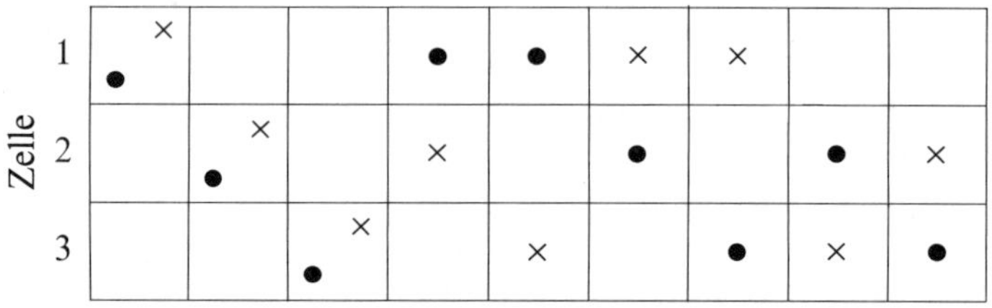

Die Maxwell-Boltzmann-Statistik ist gültig für Würfel.
Interpretation von **d)**: 2 Würfel. Die Zellen sind die Augenzahlen mod 3.

122/83. Gültig für Bosonen, also für Photonen, π-Mesonen, α-Teilchen, Atome mit einer geraden Anzahl von Nukleonen.

a) $\frac{1}{\binom{n+z-1}{z-1}} = \frac{1}{\binom{n+z-1}{n}}$.

b) $\frac{1}{\binom{4+5-1}{4}} = \frac{1}{\binom{8}{4}} = \frac{1}{70}$.

Es gibt dieselben Anordnungen mit derselben absoluten Häufigkeit wie in **82. b)**.

c) $\frac{1}{\binom{5+4-1}{5}} = \frac{1}{\binom{8}{5}} = \frac{1}{56}$.

Es gibt dieselben Anordnungen mit derselben absoluten Häufigkeit wie in **82. c)**.

d) $\frac{1}{\binom{2+3-1}{2}} = \frac{1}{\binom{4}{2}} = \frac{1}{6}$

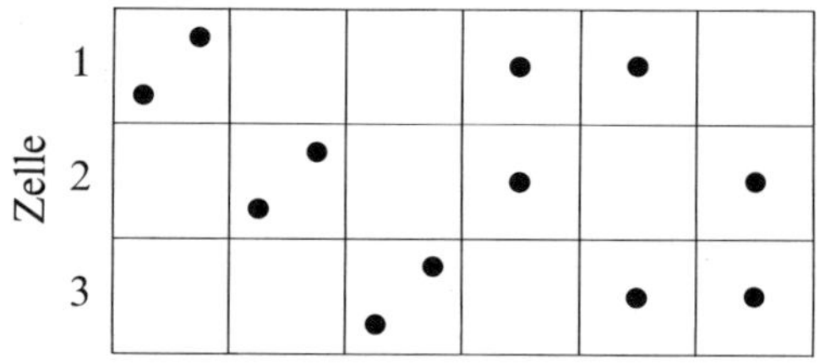

122/84. Gültig für Fermionen, also für Elektronen, Nukleonen, μ-Mesonen.

a) $\frac{1}{\binom{z}{n}}$.

b) $\frac{1}{\binom{5}{4}} = \frac{1}{5}$.

82. c) ist in diesem Fall nicht möglich!
Für $n = 2$ und $z = 3$ hat jede Anordnung die Wahrscheinlichkeit $\frac{1}{\binom{3}{2}} = \frac{1}{3}$.

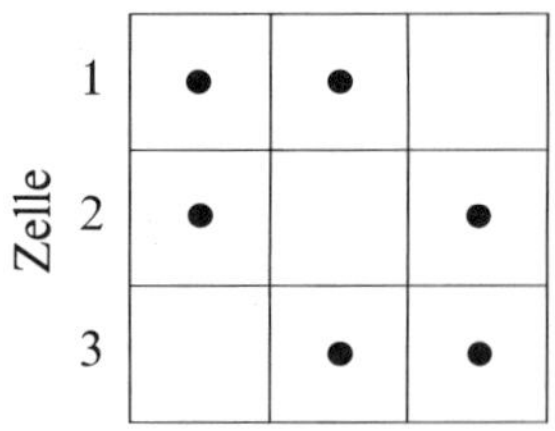

Aufgaben zu 8.4.

122/85. $P(Z=5)=\dfrac{\binom{11}{5}\binom{15}{5}}{\binom{26}{10}}\approx 0{,}261$

122/86. a) $P(Z=3)=\dfrac{\binom{4}{3}\binom{28}{7}}{\binom{32}{10}}\approx 0{,}073$ **b)** $P(Z=3)=\dfrac{\binom{3}{3}\binom{1}{0}\binom{28}{7}}{\binom{32}{10}}\approx 0{,}018$

c) $P(Z\geqq 3)=\dfrac{\binom{4}{3}\binom{28}{7}+\binom{4}{4}\binom{28}{6}}{\binom{32}{10}}\approx 0{,}078$

122/87. $P(Z=0)=\dfrac{\binom{10}{0}\cdot\binom{100-10}{10-0}}{\binom{100}{10}}=\dfrac{\binom{90}{10}}{\binom{100}{10}}=$

$$=\frac{90!\cdot 10!\cdot 90!}{10!\cdot 80!\cdot 100!}=$$

$$=\frac{81\cdot 82\cdot 83\cdot 84\cdot 85\cdot 86\cdot 87\cdot 88\cdot 89\cdot 90}{91\cdot 92\cdot 93\cdot 94\cdot 95\cdot 96\cdot 97\cdot 98\cdot 99\cdot 100}\approx$$

$\approx 0{,}330.$

122/88. a) 1) $P(Z=0)=\dfrac{\binom{k}{0}\binom{n-k}{m}}{\binom{n}{m}}$

2) $P(Z=0)=\dfrac{\binom{20-6}{10}}{\binom{20}{10}}=\dfrac{\binom{14}{10}}{\binom{20}{10}}=\dfrac{\binom{14}{4}}{\binom{20}{10}}=\dfrac{7}{7\cdot 17\cdot 19}=\dfrac{7}{1292}\approx 0{,}00541\approx 5{,}4\,‰.$

b) 1) $P(Z\geqq 1)=1-0{,}00541\approx 99{,}46\%.$

2) $P(Z=1)=\dfrac{\binom{6}{1}\cdot\binom{20-6}{10-1}}{\binom{20}{10}}=\dfrac{6\cdot\binom{14}{9}}{\binom{20}{10}}=\dfrac{6\cdot\binom{14}{5}}{\binom{20}{10}}=\frac{21}{323}\approx 0{,}0650=6{,}5\%.$

3) $P(Z\leqq 3)=\sum\limits_{i=0}^{3}P(Z=i)=\frac{7}{1292}+\frac{84}{1292}+\frac{315}{1292}+\frac{480}{1292}\approx 0{,}6858\approx 68{,}6\%.$

4) $P(Z=6)=\dfrac{\binom{6}{6}\binom{20-6}{10-6}}{\binom{20}{10}}=\dfrac{\binom{14}{4}}{\binom{20}{10}}=\frac{7}{1292}\approx 5{,}4\,‰.$

123/89. Urneninhalt: $2n$ ($4n$) Kugeln, davon sind 2 schwarz.

a) $2n$ $p:=2\cdot P(Z=2)=\dfrac{2\cdot\binom{2}{2}\binom{2n-2}{n-2}}{\binom{2n}{n}}=\dfrac{n-1}{2n-1}$

b) $4n$ $p:=4\cdot P(Z=2)=\dfrac{4\cdot\binom{2}{2}\binom{4n-2}{n-2}}{\binom{4n}{n}}=\dfrac{n-1}{4n-1}$

zu **a)** für $n=4$: $p=\frac{3}{7}$ zu **b)** für $n=4$: $p=\frac{1}{5}$
für $n=8$: $p=\frac{7}{15}$ für $n=8$: $p=\frac{7}{31}$.

123/90. Ziehen mit Zurücklegen

a) $P(Z_W=5)=\binom{11}{5}\left(\frac{11}{26}\right)^5\left(\frac{15}{26}\right)^6=23{,}1\%.$

b) $P(Z_S=6)=P(Z_W=5).$

c) $P(Z_W=0)=\binom{11}{0}\left(\frac{11}{26}\right)^0\left(\frac{15}{26}\right)^{11}=\left(\frac{15}{26}\right)^{11}=0{,}2\%.$

d) $P(Z_W \geqq 3) = 1 - P(Z_W \leqq 2) =$

$= 1 - P(Z_W = 0) - P(Z_W = 1) - P(Z_W = 2) =$

$= 1 - \left(\frac{15}{26}\right)^{11} - 11 \cdot \left(\frac{11}{26}\right)\left(\frac{15}{26}\right)^{10} - 55 \cdot \left(\frac{11}{26}\right)^2 \left(\frac{15}{26}\right)^9 =$

$= 90{,}9\%.$

e) $P(Z_W \leqq 3) = P(Z_W = 3) + \left(1 - P(Z_W \geqq 3)\right) =$

$= 15{,}3\% + 9{,}1\% = 24{,}4\%.$

Ziehen ohne Zurücklegen

a) $P(Z_W = 5) = \dfrac{\binom{11}{5}\binom{15}{6}}{\binom{26}{11}} = \frac{2\,312\,310}{7\,726\,160} = 29{,}9\%$

b) $P(Z_S = 6) = P(Z_W = 5)$

c) $P(Z_W = 0) = \dfrac{\binom{11}{0}\binom{15}{11}}{\binom{26}{11}} = \frac{1\,365}{7\,726\,160} = 0{,}018\%$

d) $P(Z_W \geqq 3) = 1 - P(Z_W \leqq 2) =$

$= 1 - \dfrac{\binom{11}{0}\binom{15}{11} + \binom{11}{1}\binom{15}{10} + \binom{11}{2}\binom{15}{9}}{\binom{26}{11}} =$

$= 1 - \frac{1\,365 + 33\,033 + 275\,275}{7\,726\,160} =$

$= 1 - \frac{309\,673}{7\,726\,160} =$

$= \frac{7\,416\,487}{7\,726\,160} = 96{,}0\%$

e) $P(Z_W \leqq 3) = P(Z_W = 3) + \left(1 - P(Z_W \geqq 3)\right) =$

$= \dfrac{\binom{11}{3}\binom{15}{8}}{\binom{26}{11}} + \frac{309\,673}{7\,726\,160} =$

$= \frac{1\,061\,775 + 309\,673}{7\,726\,160} =$

$= \frac{1\,371\,448}{7\,726\,160} = 17{,}8\%.$

Günstiger ist Ziehen ohne Zurücklegen bei **a)**, **b)** und **d)**.

123/91. $Z :=$ Anzahl der Mädchen

a) $P(Z = 2) = \binom{5}{2} \cdot \left(\frac{1}{2}\right)^2 \cdot \left(\frac{1}{2}\right)^3 = \frac{10}{32} = 0{,}3125 = 31{,}25\%$

b) $P(Z = 5) = \binom{5}{5} \cdot \left(\frac{1}{2}\right)^5 \cdot \left(\frac{1}{2}\right)^0 = \frac{1}{32} = 0{,}03125 = 3{,}125\%$

c) $\frac{1}{2} = 50\%.$

d) **a)** $P(Z = 2) = \binom{5}{2} \cdot 0{,}486^2 \cdot 0{,}514^3 = 32{,}07\%$

b) $P(Z = 5) = \binom{5}{5} \cdot 0{,}486^5 \cdot 0{,}514^0 = 2{,}71\%$

c) $0{,}514 = 51{,}4\%.$

123/92. a) Urneninhalt: 1 schwarze und 5 weiße Kugeln.

$P(Z = 0) = \binom{10}{0}\left(\frac{1}{6}\right)^0 \cdot \left(\frac{5}{6}\right)^{10} = \left(\frac{5}{6}\right)^{10} \approx 16{,}15\%.$

b) $P(Z \geqq 1) = 1 - P(Z = 0) =$

$= 1 - \binom{3}{0}\left(\frac{1}{6}\right)^0\left(\frac{5}{6}\right)^3 \approx$

$\approx 1 - 0{,}5787 =$

$= 42{,}13\%.$

c) Bedingung: $P(Z \geqq 1) \geqq 0{,}5$

$\Leftrightarrow 1 - \binom{n}{0}\left(\frac{1}{6}\right)^0 \cdot \left(\frac{5}{6}\right)^n \geqq 0{,}5;$

$\Leftrightarrow n \geqq \dfrac{\lg 2}{\lg 6 - \lg 5} > 3{,}80.$ Das kleinste n ist 4.

123/93. a) $P(Z=0) = (\frac{4}{5})^{20} \approx 0{,}0115$

$P(Z=0) = (\frac{4}{5})^{200} \approx 4{,}2 \cdot 10^{-20}$.

b) $P(Z=4) = \binom{20}{4} \cdot (\frac{1}{5})^4 (\frac{4}{5})^{16} \approx 0{,}2182$

$p := P(Z=40) = \binom{200}{40} (\frac{1}{5})^{40} (\frac{4}{5})^{160}$.

entweder: $\lg p = \lg 200! - \lg 40! - \lg 160! + 40 \lg 0{,}2 + 160 \cdot \lg 0{,}8 =$
$= 374{,}8969 - 47{,}9116 - 284{,}6735 + 12{,}040 - 40 + 144{,}496 - 160 =$
$= 0{,}8478 - 2;$

$p \approx 0{,}0704.$

oder:
$$p = \frac{200!}{40!\,160!} \cdot (\tfrac{1}{5})^{40} \cdot (\tfrac{4}{5})^{160} =$$
$$= \frac{7{,}886579 \cdot 10^{374}}{8{,}159153 \cdot 10^{47} \cdot 4{,}714724 \cdot 10^{284}} \cdot (\tfrac{1}{5})^{40} \cdot (\tfrac{4}{5})^{160} \approx$$
$$\approx 0{,}07037$$

123/94. a) $\frac{2}{3}$. **b)** $\frac{1 \cdot 4 + 1 \cdot 2}{12} = \frac{1}{2}$.

123/95. Urneninhalt: 1 schwarze, 5 weiße Kugeln.
12 Züge mit Zurücklegen.
Wahrscheinlichkeit für einen »guten Würfel«:

$$P(1 \leqq Z \leqq 3) = \binom{12}{1}(\tfrac{1}{6})^1(\tfrac{5}{6})^{11} + \binom{12}{2}(\tfrac{1}{6})^2(\tfrac{5}{6})^{10} + \binom{12}{3}(\tfrac{1}{6})^3 \cdot (\tfrac{5}{6})^9 =$$
$$= \frac{12 \cdot 5^{11} + 66 \cdot 5^{10} + 220 \cdot 5^9}{6^{12}} =$$
$$= \frac{5^9(12 \cdot 5^2 + 66 \cdot 5 + 220)}{6^{12}} =$$
$$= \frac{1\,953\,125\,(300 + 330 + 220)}{10\,077\,696 \cdot 216} =$$
$$= \frac{1\,953\,125 \cdot 850}{10\,077\,696 \cdot 216} =$$
$$= \frac{830\,078\,125}{1\,088\,391\,168} \approx$$
$$\approx 0{,}7626.$$

Der Vorwurf des Betrugs kann nicht aufrechterhalten werden, da unter Verwendung von Laplace-Würfeln bei diesem Verfahren 24% »schlechte« Würfel auftreten.

123/96. Urneninhalt: 1 schwarze und 1 weiße Kugel.
10 Züge mit Zurücklegen.

$$P(Z \leqq 3) = \binom{10}{0} 0{,}5^{10} + \binom{10}{1} 0{,}5^{10} + \binom{10}{2} 0{,}5^{10} + \binom{10}{3} 0{,}5^{10} =$$
$$= \frac{1 + 10 + 45 + 120}{1024} = \frac{176}{1024} \approx 0{,}1719.$$

In 17% aller Fälle liefert das alte Verfahren denselben Ausschuß. Man kann daher das neue Verfahren noch nicht als besser bezeichnen.

123/97. a) $\frac{5}{9} \cdot \frac{1}{2} \cdot \frac{4}{7} \cdot \frac{1}{2} = \frac{5}{63} = 7{,}9\%$ **b)** $(\frac{5}{9})^3 \cdot \frac{4}{9} = \frac{500}{6561} = 7{,}6\%$.

124/98. $X :=$ »X erhält einen Preis«

I. Ziehen ohne Zurücklegen

a)

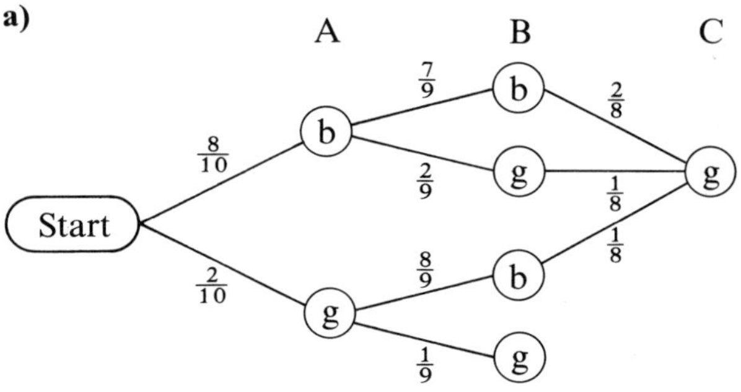

$P(A) = \frac{2}{10} = \frac{1}{5}$

$P(B) = \frac{8}{10} \cdot \frac{2}{9} + \frac{2}{10} \cdot \frac{1}{9} = \frac{1}{5}$

$P(C) = \frac{8}{10} \cdot \frac{7}{9} \cdot \frac{2}{8} + \frac{8}{10} \cdot \frac{2}{9} \cdot \frac{1}{8} + \frac{2}{10} \cdot \frac{8}{9} \cdot \frac{1}{8} = \frac{1}{5}$

b) $\left.\begin{array}{l} P(A) = \frac{1}{5} \\ P(B) = \frac{8}{10} \cdot \frac{2}{9} = \frac{8}{45} \\ P(C) = \frac{8}{10} \cdot \frac{7}{9} \cdot \frac{2}{8} = \frac{7}{45} \end{array}\right\} \Rightarrow P(C) < P(B) < P(A)$

c)

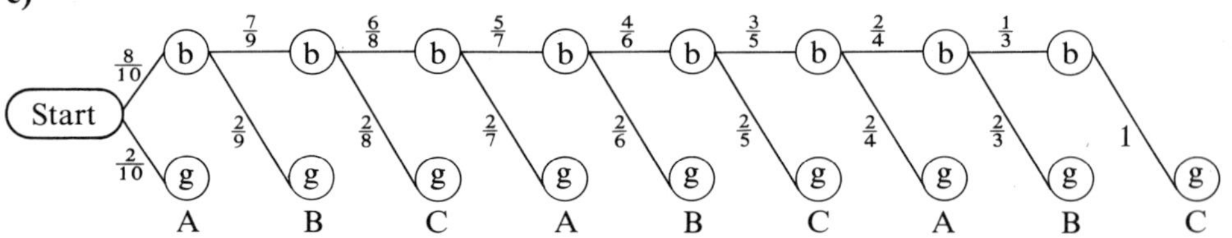

$P(A) = \frac{2}{10} + \frac{8}{10} \cdot \frac{7}{9} \cdot \frac{6}{8} \cdot \frac{2}{7} + \frac{8}{10} \cdot \frac{7}{9} \cdot \frac{6}{8} \cdot \frac{5}{7} \cdot \frac{4}{6} \cdot \frac{3}{5} \cdot \frac{2}{4} = \frac{2}{5}$

$P(B) = \frac{8}{10} \cdot \frac{2}{9} + \frac{8}{10} \cdot \frac{7}{9} \cdot \frac{6}{8} \cdot \frac{5}{7} \cdot \frac{2}{6} + \frac{8}{10} \cdot \frac{7}{9} \cdot \frac{6}{8} \cdot \frac{5}{7} \cdot \frac{4}{6} \cdot \frac{3}{5} \cdot \frac{2}{4} \cdot \frac{2}{3} = \frac{1}{3}$

$P(C) = \frac{8}{10} \cdot \frac{7}{9} \cdot \frac{2}{8} + \frac{8}{10} \cdot \frac{7}{9} \cdot \frac{6}{8} \cdot \frac{5}{7} \cdot \frac{4}{6} \cdot \frac{2}{5} + \frac{8}{10} \cdot \frac{7}{9} \cdot \frac{6}{8} \cdot \frac{5}{7} \cdot \frac{4}{6} \cdot \frac{3}{5} \cdot \frac{2}{4} \cdot \frac{1}{3} \cdot 1 = \frac{4}{15}$

II. Ziehen mit Zurücklegen

a) $P(A) = P(B) = P(C) = \frac{1}{5}$

b) $\left.\begin{array}{l} P(A) = \frac{1}{5} \\ P(B) = \frac{4}{5} \cdot \frac{1}{5} = \frac{4}{25} \\ P(C) = \frac{4}{5} \cdot \frac{4}{5} \cdot \frac{1}{5} = \frac{16}{125} \end{array}\right\} \Rightarrow P(C) < P(B) < P(A)$

c)

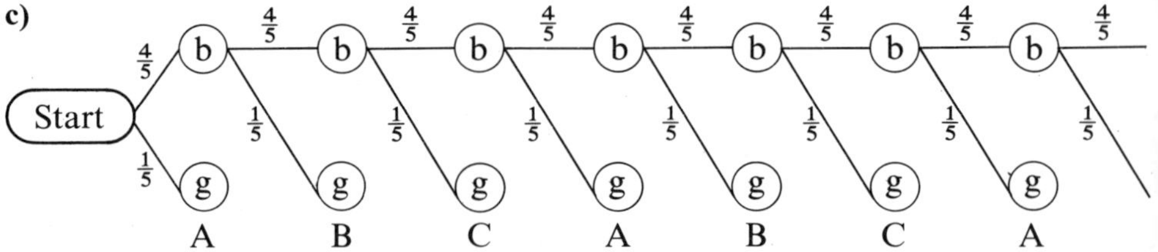

$$\begin{aligned}P(A) &= \tfrac{1}{5} + (\tfrac{4}{5})^3 \cdot \tfrac{1}{5} + (\tfrac{4}{5})^6 \cdot \tfrac{1}{5} + \ldots = \\ &= \tfrac{1}{5}(1 + (\tfrac{4}{5})^3 + (\tfrac{4}{5})^6 + \ldots) = \\ &= \tfrac{1}{5} \cdot \frac{1}{1-(\tfrac{4}{5})^3} = \\ &= \tfrac{25}{61}.\end{aligned}$$

$$\begin{aligned}P(B) &= \tfrac{4}{5} \cdot \tfrac{1}{5} + \tfrac{4}{5}(\tfrac{4}{5})^3 \cdot \tfrac{1}{5} + \tfrac{4}{5} \cdot (\tfrac{4}{5})^6 \cdot \tfrac{1}{5} + \ldots = \\ &= \tfrac{4}{25}\left(1 + (\tfrac{4}{5})^3 + (\tfrac{4}{5})^6 + \ldots\right) = \\ &= \tfrac{20}{61}.\end{aligned}$$

$$\begin{aligned}P(C) &= (\tfrac{4}{5})^2 \cdot \tfrac{1}{5} + (\tfrac{4}{5})^2 \cdot (\tfrac{4}{5})^3 \cdot \tfrac{1}{5} + (\tfrac{4}{5})^2 \cdot (\tfrac{4}{5})^6 \cdot \tfrac{1}{5} + \ldots = \\ &= \tfrac{16}{125}\left(1 + (\tfrac{4}{5})^3 + (\tfrac{4}{5})^6 + \ldots\right) = \\ &= \tfrac{16}{61}.\end{aligned}$$

124/99. $X :=$ »X siegt«

a)

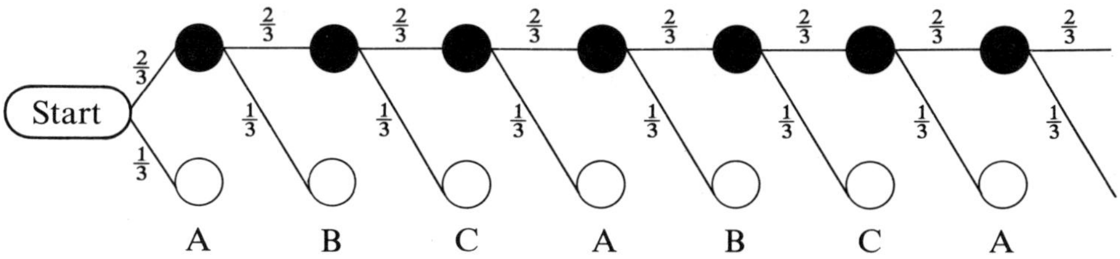

$$P(A) = \tfrac{1}{3} + (\tfrac{2}{3})^3 \cdot \tfrac{1}{3} + (\tfrac{2}{3})^6 \cdot \tfrac{1}{3} + \ldots = \tfrac{1}{3} \cdot \frac{1}{1-(\tfrac{2}{3})^3} = \tfrac{9}{19}$$

$$P(B) = \tfrac{2}{3} \cdot \tfrac{1}{3} + \tfrac{2}{3} \cdot (\tfrac{2}{3})^3 \cdot \tfrac{1}{3} + \tfrac{2}{3} \cdot (\tfrac{2}{3})^6 \cdot \tfrac{1}{3} + \ldots = \tfrac{2}{9} \cdot \frac{1}{1-(\tfrac{2}{3})^3} = \tfrac{6}{19}$$

$$P(C) = (\tfrac{2}{3})^2 \cdot \tfrac{1}{3} + (\tfrac{2}{3})^2 \cdot (\tfrac{2}{3})^3 \cdot \tfrac{1}{3} + (\tfrac{2}{3})^2 (\tfrac{2}{3})^6 \cdot \tfrac{1}{3} + \ldots = \tfrac{4}{27} \cdot \frac{1}{1-(\tfrac{2}{3})^3} = \tfrac{4}{19}$$

Also $\quad P(A) : P(B) : P(C) = 9 : 6 : 4.$

b)

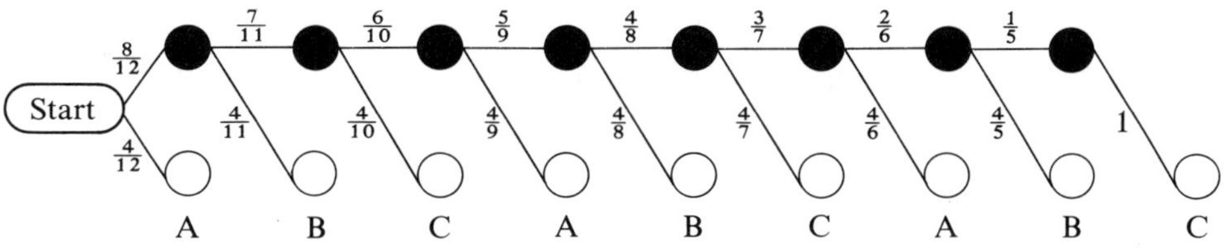

$$P(A) = \tfrac{4}{12} + \tfrac{8 \cdot 7 \cdot 6}{12 \cdot 11 \cdot 10} \cdot \tfrac{4}{9} + \tfrac{8 \cdot 7 \cdot 6 \cdot 5 \cdot 4 \cdot 3}{12 \cdot 11 \cdot 10 \cdot 9 \cdot 8 \cdot 7} \cdot \tfrac{4}{6} = \tfrac{77}{165}$$

$$P(B) = \tfrac{8}{12} \cdot \tfrac{4}{11} + \tfrac{8 \cdot 7 \cdot 6 \cdot 5}{12 \cdot 11 \cdot 10 \cdot 9} \cdot \tfrac{4}{8} + \tfrac{8 \cdot 7 \cdot 6 \cdot 5 \cdot 4 \cdot 3 \cdot 2}{12 \cdot 11 \cdot 10 \cdot 9 \cdot 8 \cdot 7 \cdot 6} \cdot \tfrac{4}{5} = \tfrac{53}{165}$$

$$P(C) = \tfrac{8 \cdot 7}{12 \cdot 11} \cdot \tfrac{4}{10} + \tfrac{8 \cdot 7 \cdot 6 \cdot 5 \cdot 4}{12 \cdot 11 \cdot 10 \cdot 9 \cdot 8} \cdot \tfrac{4}{7} + \tfrac{8 \cdot 7 \cdot 6 \cdot 5 \cdot 4 \cdot 3 \cdot 2 \cdot 1}{12 \cdot 11 \cdot 10 \cdot 9 \cdot 8 \cdot 7 \cdot 6 \cdot 5} \cdot 1 = \tfrac{7}{33} = \tfrac{35}{165}.$$

Also $\quad P(A) : P(B) : P(C) = 77 : 53 : 35.$

Hudde hatte sich anfänglich verrechnet. Die oben angegebenen Werte stehen erst im Brief vom 29.6.1665 an *Huygens*.

c)

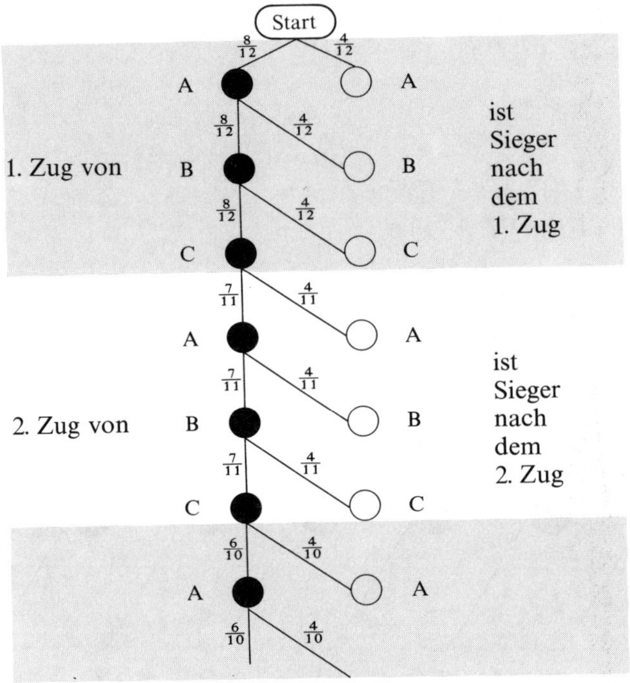

$$P(A) = \frac{4}{12} + \left(\frac{8}{12}\right)^3 \cdot \frac{4}{11} + \left(\frac{8\cdot 7}{12\cdot 11}\right)^3 \cdot \frac{4}{10} + \ldots + \left(\frac{8\cdot 7\cdot \ldots \cdot 1}{12\cdot 11\cdot \ldots \cdot 5}\right)^3 \cdot \frac{4}{4} =$$

$$= 4 \cdot \sum_{k=0}^{8} \frac{1}{12-k} \left[\frac{\binom{8}{k}}{\binom{12}{k}}\right]^3$$

Zur praktischen Berechnung kürzt man erst in den jeweiligen Summanden und erhält

$$P(A) = \frac{1}{3} + \frac{4}{11} \cdot \left(\frac{2}{3}\right)^3 + \frac{2}{5} \cdot \left(\frac{2\cdot 7}{3\cdot 11}\right)^3 + \frac{4}{9} \cdot \left(\frac{14}{55}\right)^3 + \frac{7^3\cdot 2^2}{99^3} +$$

$$+ \frac{4\cdot 7^2}{99^3} + \frac{2}{3} \cdot \left(\frac{1}{33}\right)^3 + \frac{4}{5} \cdot \left(\frac{1}{99}\right)^3 + \left(\frac{1}{495}\right)^3 = \frac{58\,288\,932}{121\,287\,375}.$$

$$P(B) = \frac{8}{12} \cdot \frac{4}{12} + \left(\frac{8}{12}\right)^3 \cdot \frac{7}{11} \cdot \frac{4}{11} + \left(\frac{8\cdot 7}{12\cdot 11}\right)^3 \cdot \frac{6}{10} \cdot \frac{4}{10} + \ldots +$$

$$+ \left(\frac{8\cdot 7\cdot \ldots \cdot 2}{12\cdot 11\cdot \ldots \cdot 6}\right)^3 \cdot \frac{1}{5} \cdot \frac{4}{5} =$$

$$= 4 \cdot \sum_{k=0}^{7} \frac{8-k}{(12-k)^2} \left[\frac{\binom{8}{k}}{\binom{12}{k}}\right]^3 = \frac{38\,082\,330}{121\,287\,375}.$$

$$P(C) = \left(\frac{8}{12}\right)^2 \cdot \frac{4}{12} + \left(\frac{8}{12}\right)^3 \cdot \left(\frac{7}{11}\right)^2 \cdot \frac{4}{11} + \ldots + \left(\frac{8\cdot 7\cdot \ldots \cdot 2}{12\cdot 11\cdot \ldots \cdot 6}\right)^3 \cdot \frac{1}{25} \cdot \frac{4}{5} =$$

$$= 4 \cdot \sum_{k=0}^{7} \frac{(8-k)^2}{(12-k)^3} \left[\frac{\binom{8}{k}}{\binom{12}{k}} \right]^3 =$$

$$= 4 \cdot (\tfrac{2}{3})^3 \cdot \sum_{k=0}^{7} \frac{1}{8-k} \left[\frac{\binom{7}{k}}{\binom{11}{k}} \right]^3 = \frac{24916113}{121287375}.$$

Da alle Zähler durch 9 teilbar sind, erhält man
$P(A):P(B):P(C) = 6476548 : 4231370 : 2768457.$

124/100. a) Urneninhalt: 1 schwarze und 1 weiße Kugel
2 Züge mit Zurücklegen
$P(Z=2) = \binom{2}{2}(\frac{1}{2})^2 = \frac{1}{4} = 25\%.$

b) Urneninhalt: 1 schwarze und 2 weiße Kugeln
3 Züge mit Zurücklegen
$P(Z=3) = \binom{3}{3}(\frac{1}{3})^3 = \frac{1}{27} \approx 3{,}7\%.$

c) $P(Z=n) = \binom{n}{n} \cdot p^n = p^n.$

d) $(\frac{1}{2})^n \leqq 5\%$
$\Leftrightarrow 5 \leqq n.$

124/101. a) $P(Z=1) = \dfrac{\binom{5}{1}\binom{95}{19}}{\binom{100}{20}} = 0{,}4201.$

b) $P(Z=1) = \binom{20}{1} \cdot (\frac{5}{100})^1 (\frac{95}{100})^{19} = 0{,}3774.$

c) a) $P(Z>1) = 1 - (P(Z=0) + P(Z=1)) =$
$= 1 - (0{,}3193 + 0{,}4201) =$
$= 0{,}2606.$

b) $P(Z>1) = 1 - \binom{20}{0}(\frac{5}{100})^0 \cdot (\frac{95}{100})^{20} - \binom{20}{1}(\frac{5}{100})^1 \cdot (\frac{95}{100})^{19} =$
$= 1 - 0{,}3585 - 0{,}3774 =$
$= 0{,}2641.$

125/102. a) Für den Doppelzug gibt es $N(N-1)$ Möglichkeiten. Günstige Ergebnisse sind die Fälle »Weiß–Schwarz« und »Schwarz–Schwarz«.
Damit gilt:

$$p = \frac{(N-S)S + S(S-1)}{N(N-1)} = \frac{S}{N}.$$

Die Wahrscheinlichkeit, beim 2. Zug eine schwarze Kugel zu ziehen, ist dieselbe wie die, beim 1. Zug eine schwarze Kugel zu ziehen, obwohl der Urneninhalt verändert wurde.

b) Man denke sich die N Kugeln von 1 bis N numeriert, wobei die schwarzen Kugeln die Nummern 1 bis S tragen. Als Ω wählen wir die Menge aller n-Permutationen aus der N-Menge, die alle gleichwahrscheinlich sind; $|\Omega| = \dfrac{N!}{(N-n)!}$. Das Ereignis »Die Kugel des k-ten Zugs ist schwarz« besteht aus all den n-Permutationen, die an der k-ten Stelle eine der Nummern 1 bis S tragen; das sind nach dem Zählprinzip $S \cdot \dfrac{(N-1)!}{((N-1)-(n-1))!} = \dfrac{S \cdot (N-1)!}{(N-n)!}$. Damit erhält man
$P(\text{»Beim } k\text{-ten Zug wird eine schwarze Kugel gezogen«}) = \dfrac{S \cdot (N-1!(N-n)!}{(N-n)! \cdot N!} =$
$= \dfrac{S}{N} = P(\text{»Beim 1. Zug wird eine schwarze Kugel gezogen«}).$

125/103. **a)** $p_1 = \frac{S}{N}$; **b)** $p_2 = \frac{S-1}{N-1}$;

c) $$\Delta p = \frac{S}{N} - \frac{S-1}{N-1} = \frac{NS - S - NS + N}{N(N-1)} = \frac{N-S}{N(N-1)} =$$

$$= \frac{1 - \frac{S}{N}}{N-1} \to 0 \quad \text{für} \quad N \to \infty .$$

N \ $\frac{S}{N}$	1%	5%	50%	95%
100	1%	0,96%	0,51%	0,05%
500	0,20%	0,19%	0,10%	0,01%
1000	0,099%	0,095%	0,050%	0,005%

125/104. 1. Schritt: Wahrscheinlichkeit dafür, daß ein Teilnehmer bei einem Ratevorgang mindestens 9 Richtige hat:

$p_1 = \binom{10}{9}\left(\frac{1}{2}\right)^9\left(\frac{1}{2}\right)^1 + \binom{10}{10}\left(\frac{1}{2}\right)^{10}\left(\frac{1}{2}\right)^0 = \frac{11}{1024}$.

2. Schritt: Wahrscheinlichkeit dafür, daß keiner der 500 Teilnehmer mindestens 9 Richtige hat:

$p_2 = \binom{500}{0} p_1^0 (1-p_1)^{500} = \left(1 - \frac{11}{1024}\right)^{500} = \left(\frac{1013}{1024}\right)^{500} \approx 0{,}00452$.

3. Schritt: Wahrscheinlichkeit dafür, daß mindestens einer der Teilnehmer mindestens 9 Richtige hat:

$p = 1 - \left(1 - \frac{11}{1024}\right)^{500} \approx 0{,}99548 \approx 99{,}5\%$.

Aufgaben zu 8.5.

125/105. Menge zu $\omega_3 := \{$PxyzwQ, QPxyzw, xQPyzw, xyQPzw, xyzQPw, xyzwQP$|$xyzw ist eine Permutation der anderen 4 Personen$\}$
Mächtigkeit $= 6 \cdot 4!$

Menge zu $\omega_4 := \{$PQxyzw, QPxyzw$|$xyzw ist eine Permutation der anderen 4 Personen$\}$
Mächtigkeit $= 2 \cdot 4!$

Menge zu $\omega_5 :=$ Menge zu ω_4

Menge zu $\omega_6 := \{$PxyQzw, xPyzQw, xyPzwQ, QxyPzw, xQyzPw, xyQzwP$|$xyzw ist eine Permutation der anderen 4 Personen$\}$
Mächtigkeit $= 6 \cdot 4!$

125/106.

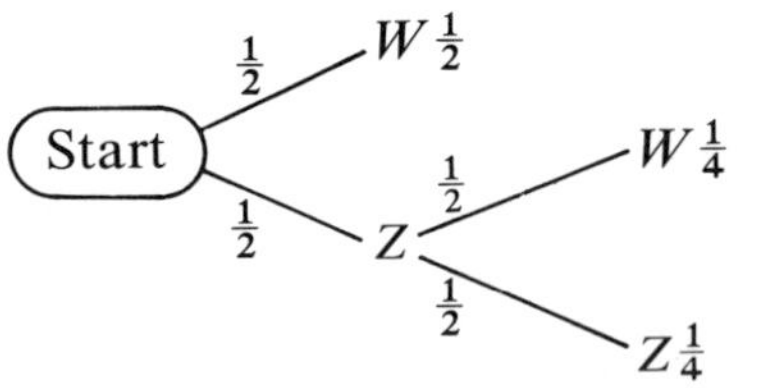

Die drei Fälle von *d'Alembert* sind nicht gleichwahrscheinlich.

125/107. Nehmen wir an, zwei der drei Münzen zeigen Z.
Das gibt folgende Muster: ZZ● Z●Z ●ZZ

Zeigt die fehlende Münze W, so gibt es 3 verschiedene Fälle; zeigt sie Z, so gibt es nur 1 Fall: ZZZ.
Die günstigen Fälle verhalten sich also zu den möglichen wie 1 : 4.

126/108. Jeder der drei vorhandenen Einser kann oben liegen. In zweien dieser Fälle ist die Rückseite auch eine Eins. Also ist die Wahrscheinlichkeit für eine Eins auf der Rückseite gleich $\frac{2}{3}$.

126/109. Lösung 1: falsch!
Die Fälle sind nicht gleich wahrscheinlich, vgl. Baum von Lösung 7.
Lösung 2: falsch! siehe oben.
Lösung 3: Ω stimmt, P ist falsch! siehe oben.
Lösung 4: richtig!
Lösung 5: Bei der 2. gezogenen Kugel ist die Wahrscheinlichkeit dafür, die Farbe der 1. Kugel zu haben,nur noch $\frac{1}{3}$.
Lösung 6: richtig!
Lösung 7: richtig!

126/110. 2 gleichwertige Möglichkeiten für den Urneninhalt: ww, ws.
3 gleichwertige Möglichkeiten, eine weiße Kugel zu ziehen; davon sind 2 günstig für ww. Also $p = \frac{2}{3}$.

126/111. a) Verfahren A:

Lage von T_1	Lage von T_2	Länge von a_1	Länge von a_2	Länge von a_3	Möglichkeit, ein Dreieck zu bilden
1	2	1	1	3	nein
1	3	1	2	2	**ja**
1	4	1	3	1	nein
2	3	2	1	2	**ja**
2	4	2	2	1	**ja**
3	4	3	1	1	nein

P(»Es läßt sich ein Dreieck bilden«) $= \frac{1}{2}$

Verfahren B:

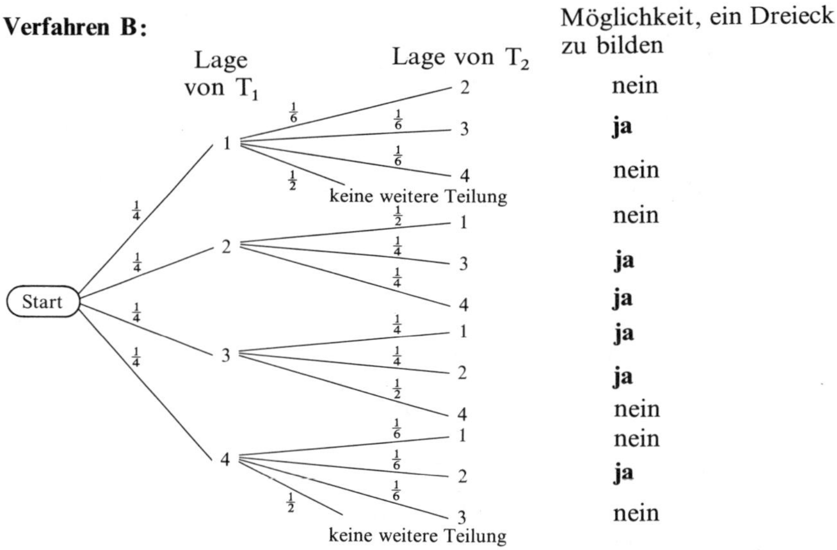

P(»Es läßt sich ein Dreieck bilden«) $= \frac{2+3+3+3+3+2}{48} = \frac{16}{48} = \frac{1}{3}$

b)

a	P(»Es läßt sich ein Dreieck bilden«) nach Verfahren A	Verfahren B
3	1	$\frac{1}{2}$
4	0	0
6	$\frac{1}{10}$	$\frac{1}{15}$
7	$\frac{2}{5}$	$\frac{17}{60}$

Aufgaben zu 9.1.

138/1. **a)** **1)** $P_M(S)$ **2)** $P(M \cap S)$ **3)** $P_S(M)$

b) Mit den Daten aus **9.1.** ergibt sich

$$P_M(S) = \frac{P(S \cap M)}{P(M)} = \frac{\frac{17}{612}}{\frac{292}{612}} = \frac{17}{292} \approx 5{,}8\%$$

$$P(M \cap S) = \frac{17}{612} \approx 2{,}8\%$$

$$P_S(M) = \frac{P(M \cap S)}{P(S)} = \frac{\frac{17}{612}}{\frac{48}{612}} = \frac{17}{48} \approx 35{,}4\%$$

138/2. $A :=$ »Der Schwarze schlägt den Weißen«
$B :=$ »Der Schwarze kommt heraus«

$$P(B) = \tfrac{1}{6} + \tfrac{5}{36} + \tfrac{25}{216} = \tfrac{91}{216}$$

$$P(A \cap B) = \tfrac{1}{6} \cdot \tfrac{1}{6} + \tfrac{5}{6} \cdot \tfrac{1}{6} \cdot \tfrac{1}{6} + \tfrac{25}{36} \cdot \tfrac{1}{6} \cdot \tfrac{1}{6} = \tfrac{91}{1296}$$

$$P_B(A) = \frac{91 \cdot 6^{-4}}{91 \cdot 6^{-3}} = \tfrac{1}{6}.$$

138/3. **a)** $P(A) = \frac{1}{2} = 50\%$ $P(C) = 25\%$
$P(B) = 33\%$ $P(D) = 8\%$

b) **1)** $P_A(B) =$ Wahrscheinlichkeit für eine durch 3 teilbare Zahl unter der Bedingung, daß sie durch 2 teilbar ist =

$$= \frac{P(A \cap B)}{P(A)} = \frac{0{,}16}{0{,}5} = \tfrac{8}{25} = 32\%$$

$P_B(A) =$ Wahrscheinlichkeit für eine gerade Zahl unter der Bedingung, daß sie durch 3 teilbar ist =

$$= \frac{P(A \cap B)}{P(B)} = \frac{0{,}16}{0{,}33} = \tfrac{16}{33} \approx 48{,}5\%$$

2) $$P_A(C) = \frac{P(A \cap C)}{P(A)} = \frac{P(C)}{P(A)} = \frac{0{,}25}{0{,}5} = 50\%$$

$$P_C(A) = \frac{P(C)}{P(C)} = 100\%$$

3) $P_A(D) = \dfrac{P(A \cap D)}{P(A)} = \dfrac{0{,}08}{0{,}5} = 16\%$

$P_D(A) = \dfrac{P(A \cap D)}{P(D)} = 100\%$

4) $P_B(C) = \dfrac{P(B \cap C)}{P(B)} = \dfrac{P(D)}{P(B)} = \frac{8}{33} \approx 24{,}2\%$

$P_C(B) = \dfrac{P(D)}{P(C)} = \frac{8}{25} = 32\%$

5) $P_B(D) = \dfrac{P(B \cap D)}{P(B)} = \dfrac{P(D)}{P(B)} = \frac{8}{33} \approx 24{,}2\%$

$P_D(B) = \dfrac{P(D)}{P(D)} = 100\%$

6) $P_C(D) = \dfrac{P(C \cap D)}{P(C)} = \dfrac{P(D)}{P(C)} = \frac{8}{25} = 32\%$

$P_D(C) = 100\%.$

138/4. **a)** P(»Beim 2. Mal fällt Adler«) $= \frac{1}{2}$

b) **1)** $\dfrac{P(\{110, 011, 111\})}{P(\{110, 101, 011, 111\})} = \dfrac{\frac{3}{8}}{\frac{4}{8}} = \frac{3}{4}$ **2)** $\dfrac{P(\{110, 011\})}{P(\{110, 101, 011\})} = \dfrac{\frac{2}{8}}{\frac{3}{8}} = \frac{2}{3}$

3) $\dfrac{P(\{010, 110, 011\})}{P(\{000, 100, 010, 001, 110, 101, 011\})} = \dfrac{\frac{3}{8}}{\frac{7}{8}} = \frac{3}{7}$

kürzer: $\dfrac{P(\{010, 110, 011\})}{1 - P(\{111\})} = \dfrac{\frac{3}{8}}{1 - \frac{1}{8}} = \frac{3}{7};$

4) $\dfrac{P(\{110, 111\})}{\frac{1}{2}} = \dfrac{\frac{2}{8}}{\frac{1}{2}} = \frac{1}{2}$ **5)** $\dfrac{P(\{111\})}{P(\{111\})} = 1$ **6)** $\dfrac{P(\emptyset)}{P(\{000\})} = 0$

7) $\dfrac{P(\{011, 110\})}{P(\{001, 011, 100, 110\})} = \dfrac{\frac{2}{8}}{\frac{4}{8}} = \frac{1}{2}$

8) $\dfrac{P(\{011, 110, 010\})}{P(\{011, 101, 110, 100, 010, 001\})} = \dfrac{\frac{3}{8}}{\frac{6}{8}} = \frac{1}{2}$

139/5. **a)** $\dfrac{P(\text{»1. Würfel zeigt 6 und Augensumme mindestens 10«})}{P(\text{»Augensumme mindestens 10«})} = \dfrac{\frac{1+1+1}{36}}{\frac{3+2+1}{36}} = \frac{1}{2}$

b) $\dfrac{P(\text{»Augensumme mindestens 10 und 1. Würfel zeigt 6«})}{P(\text{»1. Würfel zeigt 6«})} = \dfrac{\frac{3}{36}}{\frac{1}{6}} = \frac{1}{2}$

139/6. **a)** $P_B(A \cap B) = \dfrac{P((A \cap B) \cap B)}{P(B)} = \dfrac{P(A \cap (B \cap B))}{P(B)} = \dfrac{P(A \cap B)}{P(B)} = P_B(A)$

[Verwendung des Assoziativ- und des Idempotenzgesetzes]

b) $P_A(A) = \dfrac{P(A \cap A)}{P(A)} = \dfrac{P(A)}{P(A)} = 1$

$P_{\bar{A}}(A) = \dfrac{P(A \cap \bar{A})}{P(\bar{A})} = \dfrac{P(\emptyset)}{P(\bar{A})} = 0$

$P_\Omega(A) = \dfrac{P(A \cap \Omega)}{P(\Omega)} = \dfrac{P(A)}{1} = P(A)$

$P_A(\Omega) = \dfrac{P(\Omega \cap A)}{P(A)} = \dfrac{P(A)}{P(A)} = 1$

139/7. $(A_1 \cap B) \cap (A_2 \cap B) =$

$= (B \cap A_1) \cap (A_2 \cap B) =$	Kommutativgesetz
$= B \cap [A_1 \cap (A_2 \cap B)] =$	Assoziativgesetz
$= B \cap [(A_1 \cap A_2) \cap B] =$	Assoziativgesetz
$= B \cap [\emptyset \cap B] =$	Voraussetzung
$= B \cap \emptyset =$	Dominanz
$= \emptyset$	Dominanz

139/8. **a)** $P_B(\{\omega\}) = \dfrac{P(\{\omega\} \cap B)}{P(B)} = \dfrac{P(\{\omega\})}{P(B)} \geqq P(\{\omega\})$, da $0 < P(B) \leqq 1$.

b) Für alle A mit $A \cap B = \emptyset$ und $P(A) > 0$ ist $P_B(A) = 0 < P(A)$.

c) $P_A(B) = P_B(A) \Leftrightarrow \dfrac{P(A \cap B)}{P(A)} = \dfrac{P(A \cap B)}{P(B)} \Leftrightarrow P(A \cap B)\big(P(A) - P(B)\big) = 0$

Man erkennt: Sind A und B unvereinbar, dann ist der erste Faktor 0, die Aussage also wahr.

d) Gemäß **c)** ist $P_A(B) = P_B(A) \Leftrightarrow P(A \cap B)(P(A) - P(B)) = 0$. Sind A und B gleichwahrscheinlich, so ist der 2. Faktor 0. Wegen $P(A) \cdot P(B) > 0$ ist dann die Behauptung wahr.

139/9. $A :=$ »Augensumme ist 7« $\quad P(A) = \frac{1}{6}$

$B :=$ »Augensumme ist ungerade« $\quad P(B) = \frac{1}{2}$

$C :=$ »Augensumme ist prim« $\quad P(C) = \frac{15}{36}$

$D :=$ »Augensumme ist gerade« $\quad P(D) = \frac{1}{2}$

a) $A \cap B = A \qquad P_B(A) = \dfrac{\frac{1}{6}}{\frac{1}{2}} = \frac{1}{3}$

b) $A \cap C = A \qquad P_C(A) = \dfrac{\frac{1}{6}}{\frac{15}{36}} = \frac{2}{5}$

c) $A \cap D = \emptyset \qquad P_D(A) = 0$

139/10. $A :=$ »Augensumme ist ungerade«
$B :=$ »Augensumme ist prim«
$A \cap B :=$ »Augensumme ist eine ungerade Primzahl«

$$\left.\begin{array}{ll} P(A) & = \frac{1}{2} \\ P(B) & = \frac{15}{36} \\ P(A \cap B) & = \frac{7}{18} \end{array}\right\} \Rightarrow P_A(B) = \dfrac{\frac{7}{18}}{\frac{1}{2}} = \frac{7}{9}$$

139/11. $R :=$ »Die 5 Karten sind rot« $\qquad H :=$ »Die 5 Karten sind Herzen«

$$P(R) = \frac{\binom{26}{5}\binom{26}{0}}{\binom{52}{5}} = \frac{65\,780}{2\,598\,960} = \frac{253}{9996} \approx 2{,}5\%$$

$$P(R \cap H) = P(H) = \frac{\binom{13}{5}\binom{39}{0}}{\binom{52}{5}} = \frac{33}{66\,640} \approx 5 \cdot 10^{-2}\,\%$$

$$P_R(H) = \frac{33 \cdot 9996}{66\,640 \cdot 253} = \frac{9}{460} \approx 1{,}96\%$$

139/12. a) P(»Produkt gerade und Summe gerade«) = 25%
P(»Summe gerade«) = 50%
$P_{\text{»Summe gerade«}}$(»Produkt gerade«) = $\frac{1}{2}$

b) P(»Produkt gerade und Summe = 7«) = 8%
P(»Summe = 7«) = 8%
$P_{\text{»Summe = 7«}}$(»Produkt gerade«) = 1

c) P(»Produkt gerade und Summe prim«) = 36%
P(»Summe prim«) = 37%
$P_{\text{»Summe prim«}}$(»Produkt gerade«) = $\frac{36}{37}$

d) P(»Produkt gerade und Summe durch 3 teilbar«) = 26%
P(»Summe durch 3 teilbar«) = 34%
$P_{\text{»Summe durch 3 teilbar«}}$(»Produkt gerade«) = $\frac{13}{17}$

e) P(»Produkt gerade und Summe > 5«) = 57%
P(»Summe > 5«) = 79%
$P_{\text{»Summe > 5«}}$(»Produkt gerade«) = $\frac{57}{79}$

139/13. a) $A :=$ »10 Wappen oben; $P(A) = \frac{1}{2^{10}}$.
$B :=$ »1. Münze zeigt Wappen«; $P(B) = \frac{1}{2}$.
$A \cap B = A$, also

$$P_B(A) = \frac{P(A)}{P(B)} = \frac{1}{2^9} = \frac{1}{512}.$$

b) $C :=$ »Mindestens eine Münze zeigt Wappen«; $P(C) = \frac{1023}{1024}$.
$A \cap C = A$;
$P_C(A) = \frac{1}{1023}$.

c) $D :=$ »Mehr als 4 Wappen«

$$P(D) = \frac{1}{2^{10}}\left(\binom{10}{5} + \binom{10}{6} + \binom{10}{7} + \binom{10}{8} + \binom{10}{9} + \binom{10}{10}\right) =$$

$$= \frac{1}{2^{10}}(252 + 210 + 120 + 45 + 10 + 1) =$$

$$= \frac{638}{1024};$$

$A \cap D = A$;
$P_D(A) = \frac{1}{638}$.

139/14. a) $A :=$ »Mindestens ein Junge«; $P(A) = \frac{3}{4}$
$B :=$ »Beides Jungen«; $P(B) = \frac{1}{4}$
$B \cap A = B$
$P_A(B) = \frac{1}{3}$

b) $C :=$ »Das ältere Kind ist ein Junge«; $P(C) = \frac{1}{2}$
$B \cap C = B$
$P_C(B) = \frac{1}{2}$

139/15. a) $A :=$ »Mindestens 1 As«
$B :=$ »Mindestens 2 Asse«

$$P_A(B) = \frac{P(A \cap B)}{P(A)} = \frac{P(B)}{P(A)} = \frac{\binom{52}{13} - \binom{48}{13} - 4\binom{48}{12}}{\binom{52}{13} - \binom{48}{13}} \approx 37\%$$

b) $C :=$ »Pik-As«

$$P_C(B) = \frac{P(C \cap B)}{P(C)} = \frac{\binom{51}{12} - \binom{48}{12}}{\binom{51}{12}} \approx 56\%$$

139/16. a) $B :=$ »Mindestens 4 Richtige«

$P(B) = \frac{13\,804}{13\,983\,816}$

$A :=$ »Genau 6 Richtige«

$P(A) = \frac{1}{13\,983\,816}$;

$A \cap B = A$, also

$P_B(A) = \frac{1}{13\,804} \approx 7{,}2 \cdot 10^{-3}\%$

b) $C :=$ »Genau 5 Richtige«

$P(C) = \frac{258}{13\,983\,816}$; $\quad C \cap B = C$

$P_B(C) = \frac{258}{13\,804} \approx 1{,}9\%$

c) 1) P(»2 weitere Richtige«) $= \frac{\binom{2}{2}}{\binom{45}{2}} = \frac{1}{990} \approx 0{,}1\%$

2) P(»1 weitere richtige Zahl«) $= \frac{\binom{2}{1}\binom{43}{1}}{\binom{45}{2}} = \frac{43}{495} \approx 8{,}7\%$

140/17. a) $A :=$ »Augensumme ist 9, 10 oder 11«

$B_i :=$ »Der 1. Würfel zeigt i Augen«

$P(B_i) = \frac{1}{6}$.

i	$A \cap B_i$	$P(A \cap B_i)$	$P_{B_i}(A)$
1	$\emptyset$	0	0
2	$\emptyset$	0	0
3	$\{(3\|6)\}$	$\frac{1}{36}$	$\frac{1}{6}$
4	$\{(4\|5), (5\|4)\}$	$\frac{1}{18}$	$\frac{1}{3}$
5	$\{(5\|4), (5\|5), (5\|6)\}$	$\frac{1}{12}$	$\frac{1}{2}$
6	$\{(6\|3), (6\|4), (6\|5)\}$	$\frac{1}{12}$	$\frac{1}{2}$

b) $C_i :=$ »Mindestens ein Würfel zeigt i Augen« $\quad P(C_i) = \frac{11}{36}$

i	$A \cap C_i$	$P(A \cap C_i)$	$P_{C_i}(A)$
1	$\emptyset$	0	0
2	$\emptyset$	0	0
3	$\{(3\|6), (6\|3)\}$	$\frac{2}{36}$	$\frac{2}{11}$
4	$\{(4\|5), (5\|4), (4\|6), (6\|4)\}$	$\frac{4}{36}$	$\frac{4}{11}$
5	$\{(5\|4), (4\|5), (5\|5), (5\|6), (6\|5)\}$	$\frac{5}{36}$	$\frac{5}{11}$
6	$\{(6\|3), (3\|6), (6\|4), (4\|6), (5\|6), (6\|5)\}$	$\frac{6}{36}$	$\frac{6}{11}$

140/18. a) $P_{N \cap W}(T) = \frac{8365}{4\,675\,174} = 1{,}79‰$

$P_{\overline{N} \cap W}(T) = \frac{131}{80\,895} = 1{,}62‰$

$P_{N \cap \overline{W}}(T) = \frac{513}{91\,709} = 5{,}59‰$

$P_{\overline{N} \cap \overline{W}}(T) = \frac{155}{46\,733} = 3{,}32‰$

$P_N(T) = \frac{8878}{4\,766\,883} = 1{,}86‰$

$P_{\overline{N}}(T) = \frac{286}{127\,628} = 2{,}24‰$

Also $P_{N \cap W}(T) > P_{\overline{N} \cap W}(T)$

und $P_{N \cap \overline{W}}(T) > P_{\overline{N} \cap \overline{W}}(T)$,

aber $P_N(T) < P_{\overline{N}}(T)$.

Es gelten die Entsprechungen

$T = A$

$N = B$

$W = C$.

b) $P_{B\cap C}(A) = \frac{\frac{8}{52}}{\frac{13}{52}} = \frac{8}{13} = \frac{56}{91}$

$P_{\bar{B}\cap C}(A) = \frac{\frac{4}{52}}{\frac{7}{52}} = \frac{4}{7} = \frac{52}{91}$

$\Rightarrow P_{B\cap C}(A) > P_{\bar{B}\cap C}(A)$

$P_{B\cap \bar{C}}(A) = \frac{\frac{12}{52}}{\frac{27}{52}} = \frac{4}{9} = \frac{20}{45}$

$P_{\bar{B}\cap \bar{C}}(A) = \frac{\frac{2}{52}}{\frac{5}{52}} = \frac{2}{5} = \frac{18}{45}$

$\Rightarrow P_{B\cap \bar{C}}(A) > P_{\bar{B}\cap \bar{C}}(A)$

$P_B(A) = \frac{\frac{20}{52}}{\frac{40}{52}} = \frac{1}{2}$

$P_{\bar{B}}(A) = \frac{\frac{6}{52}}{\frac{12}{52}} = \frac{1}{2}$

$\Rightarrow P_B(A) = P_{\bar{B}}(A)$

Die letzte Gleichung bedeutet:
Die Überlebenswahrscheinlichkeit ist unabhängig davon, ob das neue Medikament verwendet wird oder nicht.
Die erste Ungleichung besagt:
Verwendet man das neue Medikament bei Männern, so ist die Überlebenswahrscheinlichkeit größer als bei Nichtanwendung.
Die zweite Ungleichung besagt dasselbe für Frauen.
Soll man das Medikament verwenden?

140/19. $V :=$ »Die beiden Augenzahlen sind verschieden«. $P(V) = \frac{30}{36}$

a) $P_V(A) = \frac{\frac{10}{36}}{\frac{30}{36}} = \frac{1}{3}$ **b)** $P_V(B) = P_V(A)$ **c)** $P_V(C) = \frac{5}{30} = \frac{1}{6}$

d) $P_V(D) = \frac{4}{30} = \frac{2}{15}$ **e)** $P_V(E) = 1 - P_V(\bar{E}) = 1 - \frac{8}{30} = \frac{11}{15}$

141/20. $A :=$ »Die 1. Karte ist ein As«
$B :=$ »Die 2. Karte ist ein As«
$C :=$ »Die 3. Karte ist ein As«
$P(A) = P(B) = P(C) = \frac{1}{13}$

a) $\frac{1}{13}$ **b)** $\frac{1}{13}$

c) $P(A \cap B) = \frac{1}{221}$ $P_A(B) = \frac{1}{17}$

d) $P(A \cap C) = \frac{1}{221}$ $P_A(C) = \frac{1}{17}$

e) $P(B \cap C) = \frac{1}{221}$ $P_B(C) = \frac{1}{17}$

f) $P(A \cap B \cap C) = \frac{1}{5525}$ $P_{A\cap B}(C) = \frac{1}{25}$

g) $P(A \cap \bar{B} \cap C) = \frac{24}{5525}$ $P_{A\cap \bar{B}}(C) = \frac{3}{50}$

$P(A \cap \bar{B}) = \frac{16}{221}$

h) $D :=$ »Die 1. Karte ist das Herz-As«
$P(D) = \frac{1}{52}$
$P(D \cap C) = \frac{1}{884}$ $P_D(C) = \frac{1}{17}$

i) $H :=$ »Die 1. Karte ist eine Herz-Karte«
$P(H) = \frac{1}{4}$
$P(H \cap C) = \frac{1}{52}$ $(= \frac{1 \cdot 3 + 12 \cdot 4}{52 \cdot 51})$
$P_H(C) = \frac{1}{13}$

j) $K :=$ »Die 2. Karte ist keine Herz-Karte«

$P(H \cap K) = \frac{13 \cdot 39}{52 \cdot 51} = \frac{13}{68}$

$P(H \cap K \cap C) = \frac{12 \cdot 36 \cdot 4 + 1 \cdot 36 \cdot 3 + 12 \cdot 3 \cdot 3 + 1 \cdot 3 \cdot 2}{52 \cdot 51 \cdot 50} = \frac{1}{68}$

$$P_{H \cap K}(C) = \frac{P(H \cap K \cap C)}{P(H \cap K)} = \frac{\frac{1}{68}}{\frac{13}{68}} = \frac{1}{13}$$

141/21. a) $A :=$ »A hat 3 Asse«

$C :=$ »C hat 1 As«

$$\left.\begin{aligned} P(A) &= \frac{\binom{4}{3} \cdot \binom{48}{10}}{\binom{52}{13}} \\ P(A \cap C) &= \frac{\binom{4}{3}\binom{48}{10}\binom{1}{1}\binom{38}{12}}{\binom{52}{13}\binom{39}{13}} \end{aligned}\right\} P_A(C) = \tfrac{1}{3}, \text{ wie ohne Rechnung leicht einzusehen ist.}$$

b) $A :=$ »A hat 10 Herzkarten«

$B :=$ »B oder D hat 3 Herzkarten«

$$P(A) = \frac{\binom{13}{10}\binom{39}{3}}{\binom{52}{13}}$$

$$P(A \cap B) = 2 \cdot \frac{\binom{13}{10}\binom{39}{3}\binom{3}{3}\binom{36}{10}}{\binom{52}{13}\binom{39}{13}}$$

$$P_A(B) = \frac{2 \cdot \binom{36}{10}}{\binom{39}{13}} = \frac{44}{703} \approx 6{,}3\%$$

141/22. $H :=$ »10 Herz-Karten unter den 13 Karten«

$B :=$ »Unter den ersten 6 Karten sind 5 Herz-Karten«

$$P(B) = \frac{\binom{13}{5}\binom{39}{1}}{\binom{52}{6}}.$$

Betrachtet man als Ergebnisse alle möglichen 13-Permutationen aus $\{1, 2, \ldots, 52\}$, so erhält man

$$P(H \cap B) = \frac{\binom{6}{1} \cdot 13 \cdot 12 \cdot 11 \cdot 10 \cdot 9 \cdot 39 \cdot \binom{7}{2} \cdot 8 \cdot 7 \cdot 6 \cdot 5 \cdot 4 \cdot 38 \cdot 37}{\frac{52!}{39!}}.$$

Somit $P_B(H) = \frac{4921}{6\,690\,585} \approx 7{,}36 \cdot 10^{-4}$.

Mit dem Zählprinzip erhält man $P(B \cap H) = \frac{\binom{13}{5} \cdot \binom{39}{1}}{\binom{52}{6}} \cdot \frac{\binom{8}{5}\binom{38}{2}}{\binom{46}{7}}$.

Somit $P_B(H) = \frac{\binom{8}{5}\binom{38}{2}}{\binom{46}{7}} = \frac{4921}{6\,690\,585} \approx 7{,}36 \cdot 10^{-4}$.

141/23. a) $B :=$ »Florian erhält genau 2 Buben«

$$P(B) = \frac{\binom{4}{2}\binom{28}{8}}{\binom{32}{10}}$$

$S :=$ »Im Skat liegt genau 1 Bube«

$$P(S \cap B) = \frac{\binom{4}{2}\binom{28}{8} \cdot \binom{2}{1}\binom{20}{1}}{\binom{32}{10} \cdot \binom{22}{2}}$$

$$P_B(S) = \frac{\binom{2}{1}\binom{20}{1}}{\binom{22}{2}} = \frac{40}{231} \approx 17{,}3\%$$

b) 1) $A :=$ »Florians Buben sind der Herz- und der Karobube«

$$P(A) = \frac{\binom{28}{8}}{\binom{30}{8}}$$

$$P(S \cap A) = \frac{\binom{28}{8}\binom{2}{1}\binom{20}{1}}{\binom{30}{8}\binom{22}{2}}$$

$$P_A(S) = \tfrac{40}{231} \approx 17{,}3\%$$

2) $K :=$ »Im Skat liegt nur der Kreuzbube«

$$P(K \cap A) = \frac{\binom{28}{8}\binom{20}{1}}{\binom{30}{8} \cdot \binom{22}{2}}$$

$$P_A(K) = \frac{\binom{20}{1}}{\binom{22}{2}} = \tfrac{20}{231} \approx 8{,}7\%$$

141/24. $B :=$ »Genau ein Brite«
$V :=$ »Verschiedene Nationalität«

$$P(V) = \frac{10 \cdot 11 + 5 \cdot 16 + 6 \cdot 15}{21 \cdot 20} = \tfrac{2}{3}$$

$$P(B \cap V) = \frac{10 \cdot 11 + 11 \cdot 10}{21 \cdot 20} = \tfrac{11}{21}$$

$$P_V(B) = \frac{\frac{11}{21}}{\frac{2}{3}} = \tfrac{11}{14}.$$

Aufgaben zu 9.2.

141/25. a) 99% (gegeben!)

b) $P(B \cap K) = P(B) \cdot P_B(K) = 0{,}01 \cdot 0{,}99 = 0{,}0099 = 9{,}9‰ \approx 1\%$

141/26. Inhalt: $\begin{bmatrix} r \\ w \end{bmatrix}$; Weg nach oben $\hat{=}$ Zug einer roten Kugel

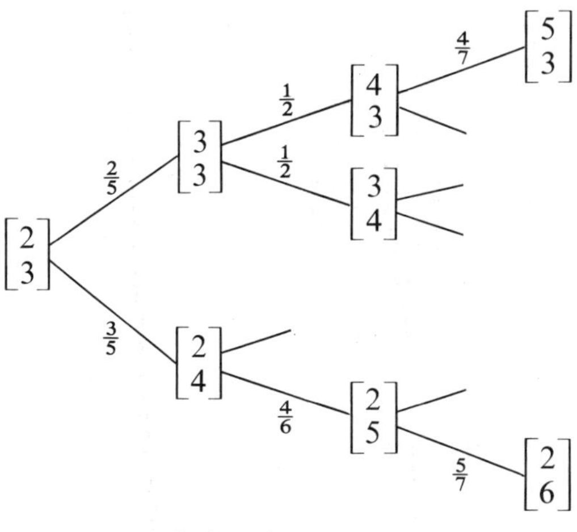

a) $P(\{rr\}) = \frac{2}{5} \cdot \frac{1}{2} = \frac{1}{5} = 20\%$,

b) $P(\{rrr\}) = \frac{2}{5} \cdot \frac{1}{2} \cdot \frac{4}{7} = \frac{4}{35} = 11{,}4\%$,

c) $P(\{www\}) = \frac{3}{5} \cdot \frac{4}{6} \cdot \frac{5}{7} = \frac{2}{7} = 28{,}6\%$.

Bei **a)** und erst recht bei **b)** breitet sich die Krankheit am stärksten aus; die Ansteckungsgefahr wächst extrem. Bei **c)** gilt dasselbe für die Immunität.

142/27.

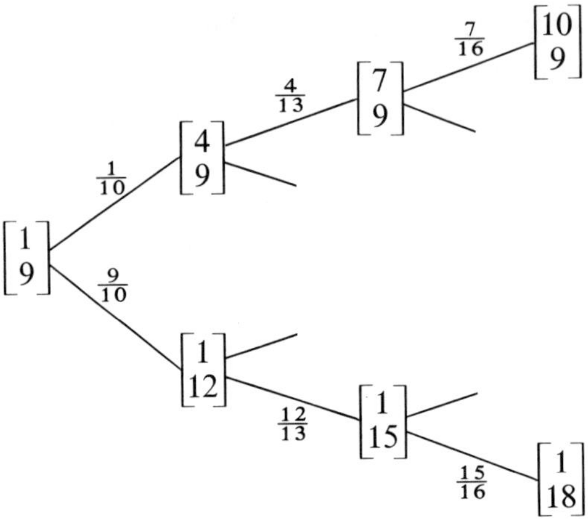

$P(\{\text{rr}\}) = \frac{1}{10} \cdot \frac{4}{13} = \frac{2}{65} = 3{,}1\%$,
$P(\{\text{rrr}\}) = \frac{2}{65} \cdot \frac{7}{16} = \frac{7}{520} = 1{,}3\%$,
$P(\{\text{www}\}) = \frac{9}{10} \cdot \frac{12}{13} \cdot \frac{15}{16} = \frac{81}{104} = 77{,}9\%$.
Der www-Pfad ändert sich:

$$\begin{bmatrix}1\\9\end{bmatrix} \overset{\frac{9}{10}}{\text{———}} \begin{bmatrix}1\\10\end{bmatrix} \overset{\frac{10}{11}}{\text{———}} \begin{bmatrix}1\\11\end{bmatrix} \overset{\frac{11}{12}}{\text{———}} \begin{bmatrix}1\\12\end{bmatrix}$$

$P(\{\text{www}\}) = \frac{9}{10} \cdot \frac{10}{11} \cdot \frac{11}{12} = \frac{3}{4} = 75\%$.

142/28. **a)** $P(A \cap B \cap C) = P((A \cap B) \cap C) =$
$= P(A \cap B) \cdot P_{A \cap B}(C) =$
$= P(A) \cdot P_A(B) \cdot P_{A \cap B}(C)$

b) $P(A_1 \cap A_2 \cap \ldots \cap A_{n-1}) \neq 0 \Rightarrow$
$\Rightarrow P(A_1 \cap A_2 \cap \ldots \cap A_n) = P(A_1) \cdot P_{A_1}(A_2) \cdot \ldots \cdot P_{A_1 \cap A_2 \cap \ldots \cap A_{n-1}}(A_n)$.
Beweis: Es gilt folgende Identität:

$P(A_1 \cap \ldots \cap A_n) =$

$$= P(A_1) \cdot \frac{P(A_1 \cap A_2)}{P(A_1)} \cdot \frac{P(A_1 \cap A_2 \cap A_3)}{P(A_1 \cap A_2)} \cdot \ldots \cdot \frac{P(A_1 \cap \ldots \cap A_{n-1} \cap A_n)}{P(A_1 \cap \ldots \cap A_{n-1})} =$$

$$= P(A_1) \cdot P_{A_1}(A_2) \cdot P_{A_1 \cap A_2}(A_3) \cdot \ldots \cdot P_{A_1 \cap \ldots \cap A_{n-1}}(A_n).$$

Aufgaben zu 9.3.

142/29. **a)** $P(F \cap M) = P(M) \cdot P_M(F) = \frac{292}{612} \cdot 0{,}08 = 3{,}8\%$

b) $P(F \cap \overline{M}) = P(\overline{M}) \cdot P_{\overline{M}}(F) = \frac{320}{612} \cdot 0{,}006 = 0{,}3\%$

c) $P(F) = P(F \cap M) + P(F \cap \overline{M}) = 3{,}8\% + 0{,}3\% = 4{,}1\%$.

142/30. $P(\text{»blau«}) = \frac{1}{3} \cdot 0 + \frac{1}{3} \cdot \frac{2}{7} + \frac{1}{3} \cdot \frac{3}{14} = \frac{1}{6} \approx 16{,}7\%$,
$P(\text{»rot«}) = \frac{32}{105} \approx 30{,}5\%$,
$P(\text{»grün«}) = \frac{111}{210} \approx 52{,}9\%$.

142/31. $A_i :=$ »Betriebssprecher stammt aus Abteilung i« $(i = 1; 2)$

$F :=$ »Betriebssprecher ist eine Frau«

$$P(F) = \sum_{i=1}^{2} P(A_i \cap F) = \sum_{i=1}^{2} P(A_i) \cdot P_{A_i}(F) = \tfrac{1}{2} \cdot \tfrac{5}{20} + \tfrac{1}{2} \cdot \tfrac{4}{12} = \tfrac{7}{24} \approx 29{,}2\%$$

142/32. $P(A) = \tfrac{1}{2}$; $P(B) = \tfrac{1}{3}$; $P(C) = \tfrac{1}{6}$

$D :=$ »Schalter defekt« $E :=$ »Schalter wird als defekt erkannt«

$P_A(D) = \tfrac{1}{10}$; $P_B(D) = \tfrac{1}{20}$; $P_C(D) = \tfrac{1}{100}$.

$P_D(E) = 0{,}95 \Rightarrow P_D(\bar{E}) = 0{,}05$

$P(D) = P(A) \cdot P_A(D) + P(B) \cdot P_B(D) + P(C) \cdot P_C(D) = \tfrac{1}{20} + \tfrac{1}{60} + \tfrac{1}{600} = \tfrac{41}{600}$

$P D \cap \bar{E}) = P(D) \cdot P_D(\bar{E}) = P(D) \cdot P_D(\bar{E}) = \tfrac{41}{600} \cdot \tfrac{1}{20} = \tfrac{41}{12000}$

$P(\bar{D} \cap \bar{E}) = P(\bar{D}) \cdot P_D(\bar{E}) = \tfrac{559}{600} \cdot 1 = \tfrac{559}{600}$

$P(\bar{E}) = P(D \cap \bar{E}) + P(\bar{D} \cap \bar{E}) = \tfrac{41}{12000} + \tfrac{559}{600} = \tfrac{11221}{12000}$

$$P_{\bar{E}}(D) = \frac{P(D \cap \bar{E})}{P(\bar{E})} = \tfrac{41}{11221} \approx 3{,}7‰$$

142/33. Gegeben: $P(\bar{R}) = 0{,}2 \Leftrightarrow P(R) = 0{,}8$,
$P(G) = 0{,}6 \Leftrightarrow P(\bar{G}) = 0{,}4$,
$P_{\bar{R}}(G) = 0{,}1$.

Daraus erhält man

$P(G \cap \bar{R}) = P_{\bar{R}}(G) \cdot P(\bar{R}) = 0{,}1 \cdot 0{,}2 = 0{,}02$.

a) $P(R \cap G)$ = Wahrscheinlichkeit, daß eine Tulpe rote Farbe und glatte Blätter haben wird =

$= P(G) - P(G \cap \bar{R}) = 0{,}6 - 0{,}02 = 0{,}58$.

$P_G(R)$ = Wahrscheinlichkeit, daß eine Tulpe rot wird, falls sie glatte Blätter haben wird =

$$= \frac{P(R \cap G)}{P(G)} = \frac{0{,}58}{0{,}6} = \frac{29}{30} \approx 96{,}7\%.$$

$P_R(G)$ = Wahrscheinlichkeit, daß eine rote Tulpe glatte Blätter haben wird =

$$= \frac{P(G \cap R)}{P(R)} = \frac{0{,}58}{0{,}8} = \tfrac{29}{40} = 72{,}5\%.$$

$P_{\bar{G}}(R)$ = Wahrscheinlichkeit, daß eine spitzblättrige Tulpe rot wird =

$$= \frac{P(R \cap \bar{G})}{P(\bar{G})} = \frac{P(R) - P(R \cap G)}{P(\bar{G})} = \frac{0{,}8 - 0{,}58}{0{,}4} = \frac{11}{20} = 55\%$$

b) $P_{R \cap G}(R \cup G)$ = Wahrscheinlichkeit, daß eine Tulpe rot oder glattblättrig wird, falls sie rot und glattblättrig wird =

$$= \frac{P\big((R \cup G) \cap (R \cap G)\big)}{P(R \cap G)} = \frac{P(R \cap G)}{P(R \cap G)} = 1,$$

da $(R \cup G) \cap (R \cap G) = [R \cap (R \cap G)] \cup [G \cap (R \cap G)] =$
$= [R \cap G] \cup [R \cap G] =$
$= R \cap G$.

$P_{R \cap \bar{G}}(\bar{R} \cup G)$ = Wahrscheinlichkeit, daß eine Tulpe gelb oder glattblättrig wird, falls sie rot und spitzblättrig wird =

$= P_{R \cap \bar{G}}(\overline{R \cap \bar{G}}) = 0$ [nach Aufgabe 139/**6. b)**]

Oder:

$$\begin{aligned}(\bar{R}\cup G)\cap(R\cap\bar{G}) &= [\bar{R}\cap(R\cap\bar{G})]\cup[G\cap(R\cap\bar{G})] = \\ &= [(\bar{R}\cap R)\cap\bar{G}]\cup[(G\cap\bar{G})\cap R] = \\ &= (\emptyset\cap\bar{G})\cup(\emptyset\cap R) = \\ &= \emptyset\cup\emptyset = \\ &= \emptyset, \quad \text{also}\end{aligned}$$

$$P_{R\cap\bar{G}}(\bar{R}\cup G) = \frac{P(\emptyset)}{P(R\cap\bar{G})} = 0.$$

$P_{R\cap\bar{G}}(R\cup G)$ = Wahrscheinlichkeit, daß eine Tulpe rot oder glattblättrig wird, falls sie rot und spitzblättrig wird =

$$= \frac{P(R\cap\bar{G})}{P(R\cap\bar{G})} = 1,$$

da $(R\cup G)\cap(R\cap\bar{G}) = [R\cap(R\cap\bar{G})]\cup[G\cap(R\cap\bar{G})] = (R\cap\bar{G})\cup\emptyset = R\cap\bar{G}$.

c) $P_{R\cup G}(R\cap G)$ = Wahrscheinlichkeit dafür, daß eine Tulpe rot und glattblättrig wird, falls man weiß, daß sie rot oder glattblättrig sein wird =

$$= \frac{P((R\cap G)\cap(R\cup G))}{P(R\cup G)} = \frac{P(R\cap G)}{P(R\cup G)} =$$

$$= \frac{P(R\cap G)}{P(R)+P(G)-P(R\cap G)} =$$

$$= \frac{0{,}58}{0{,}8+0{,}6-0{,}58} = \frac{0{,}58}{0{,}82} = \frac{29}{41} \approx 70{,}7\%$$

$P_{R\cup\bar{G}}(\bar{R}\cap G)$ = Wahrscheinlichkeit, daß eine Tulpe nicht rot, aber glattblättrig wird, falls man weiß, daß sie rot oder spitzblättrig wird =

$= P_{R\cup\bar{G}}(\overline{R\cup\bar{G}}) = 0$ [Aufgabe 139/**6. b)**]

$P_{R\cup\bar{G}}(R\cap G)$ = Wahrscheinlichkeit dafür, daß eine Tulpe rot und glattblättrig wird, falls man weiß, daß sie rot oder spitzblättrig wird =

$$= \frac{P((R\cap G)\cap(R\cup\bar{G}))}{P(R\cup\bar{G})} =$$

$$= \frac{P((R\cap G\cap R)\cup(R\cap G\cap\bar{G}))}{P(\overline{\bar{R}\cap G})} =$$

$$= \frac{P(R\cap G)}{1-P(\bar{R}\cap G)} =$$

$$= \frac{0{,}58}{1-0{,}02} = \frac{29}{49} \approx 59{,}2\%.$$

Lösung mittels Vierfeldertafel:

	$\bar{R}$	R	
G	0,02	0,58	0,6
$\bar{G}$	0,18	0,22	0,4
	0,2	0,8	

143/34. a)

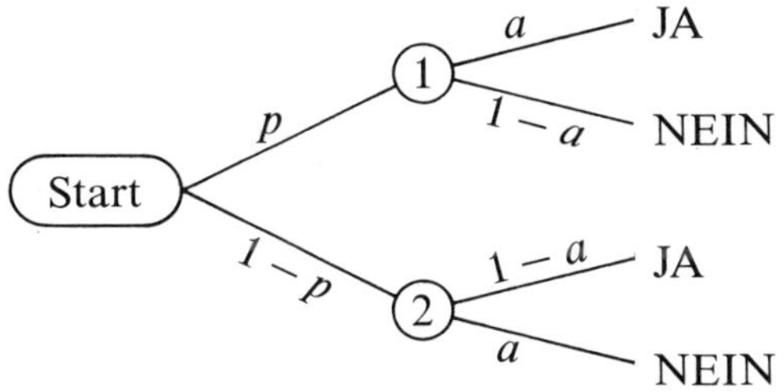

$$P(\text{»JA«}) = ap + (1-p)(1-a) = \frac{m}{n}$$

$$\Leftrightarrow\ 2ap - a = \frac{m}{n} - 1 + p$$

$$\Leftrightarrow\ a(2p-1) = \frac{m-n+np}{n}$$

$$p \neq \tfrac{1}{2}\ \Rightarrow\ a = \frac{m - n(1-p)}{n(2p-1)}$$

b) Sehen wir von Schaltjahren ab, so ist die Wahrscheinlichkeit, am 7. eines Monats geboren zu sein, $\frac{12}{365}$.
Damit

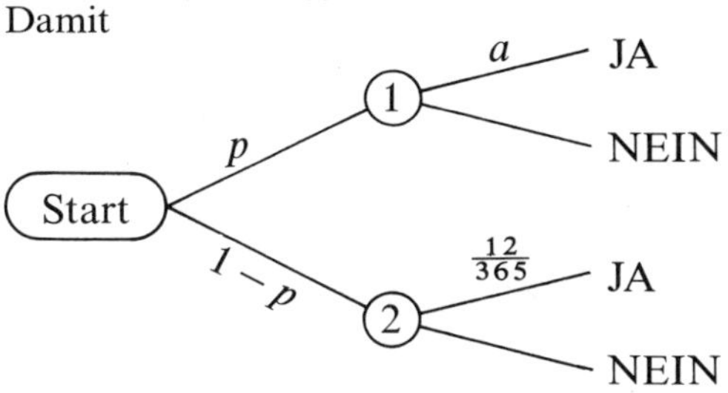

$$P(\text{»JA«}) =$$

$$= pa + (1-p)\tfrac{12}{365} = \frac{m}{n}$$

$$\Leftrightarrow\ a = \frac{m}{np} - \frac{12}{365}\cdot\frac{1-p}{p}.$$

Aufgaben zu 9.4.

143/35. Lösung mit einem Baumdiagramm:

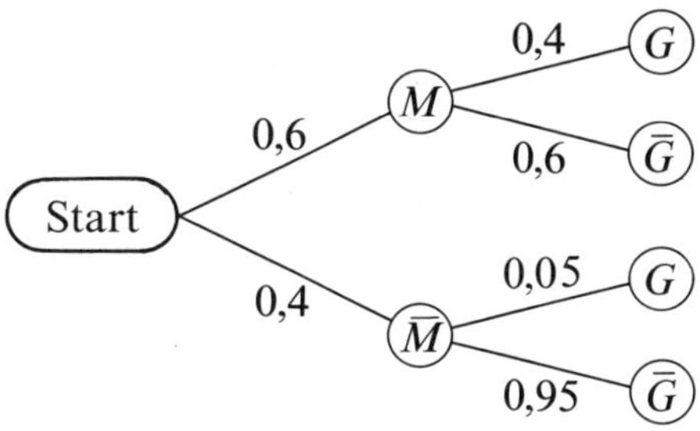

$$P_{\overline{G}}(\overline{M}) = \frac{0{,}38}{0{,}74} = \frac{19}{37} \approx 51{,}4\%.$$

Lösung mit einer Vierfeldertafel:

	G	$\overline{G}$	
M	0,24	0,36	0,6
$\overline{M}$	0,02	0,38	0,4
	0,26	0,74	

$$P_{\overline{G}}(\overline{M}) = \frac{0{,}38}{0{,}74} = \frac{19}{37} \approx 51{,}4\%$$

Lösung mit der *Bayes*-Formel:

$$P_{\overline{G}}(\overline{M}) = \frac{P(\overline{M})\cdot P_{\overline{M}}(\overline{G})}{P(\overline{M})\cdot P_{\overline{M}}(\overline{G}) + P(M)\cdot P_M(\overline{G})} = \frac{0{,}4\cdot 0{,}95}{0{,}4\cdot 0{,}95 + 0{,}6\cdot 0{,}6} \approx 51{,}4\%.$$

143/36. a) $P_B(F) = \frac{0{,}12}{0{,}36} = \frac{1}{3} = 33{,}3\%$

b) $P_{\overline{B}}(F) = \frac{0{,}48}{0{,}64} = \frac{3}{4} = 75\%$

c) $P_{\overline{B}}(D) = \frac{0{,}16}{0{,}64} = \frac{1}{4} = 25\%.$

143/37.

	B	$\bar{B}$	
D	$\frac{1}{5}$	$\frac{2}{15}$	$\frac{1}{3}$
F	$\frac{1}{10}$	$\frac{2}{5}$	$\frac{1}{2}$
I	$\frac{1}{60}$	$\frac{3}{20}$	$\frac{1}{6}$
	$\frac{19}{60}$	$\frac{41}{60}$	

a) $P_B(F) = \frac{\frac{1}{10}}{\frac{19}{60}} = \frac{6}{19} \approx 31{,}6\%$

b) $P_{\bar{B}}(F) = \frac{\frac{2}{5}}{\frac{41}{60}} = \frac{24}{41} \approx 58{,}5\%$

c) $P_{\bar{B}}(D) = \frac{\frac{2}{15}}{\frac{41}{60}} = \frac{8}{41} \approx 19{,}5\%$

143/38.

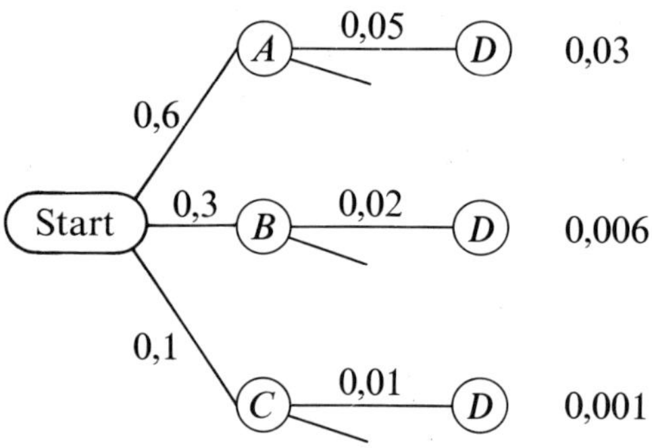

$$P_D(A) = \frac{0{,}03}{0{,}037} = \frac{30}{37} \approx 81{,}1\%.$$

143/39.

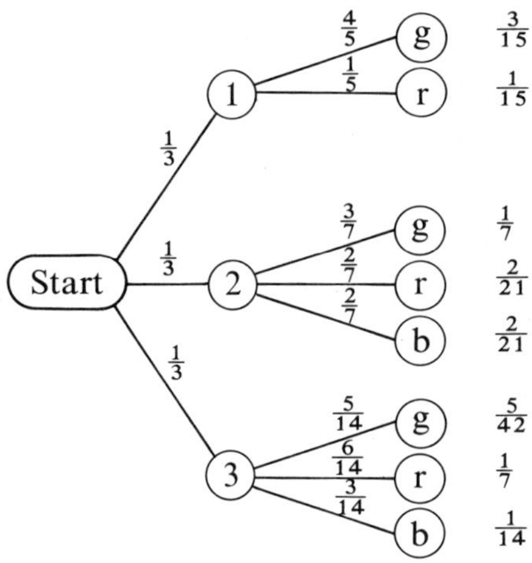

$B :=$ »Die gezogene Kugel ist blau«
R, G analog.

a) $P_B(2) = \frac{\frac{2}{21}}{\frac{7}{42}} = \frac{4}{7} \approx 57{,}1\%$

b) $P_R(2) = \frac{\frac{2}{21}}{\frac{32}{105}} = \frac{10}{32} \approx 31{,}3\%$

c) $P_G(2) = \frac{\frac{1}{7}}{\frac{97}{210}} = \frac{30}{97} \approx 30{,}9\%$

143/40. $P_F(BY) = \dfrac{P(F \cap BY)}{P(F)} =$

$$= \frac{P(BY) \cdot P_{BY}(F)}{P(F)} =$$

$$= \frac{0{,}198 \cdot 0{,}085}{0{,}12} \approx 14{,}0\%.$$

143/41.

	N 40%		$\bar{N}$ 60%		
K	10%	0	10%	10%	30%
$\bar{K}$	20%	10%	10%	30%	70%

30%
L
$\bar{L}$

$N :=$ »Freund ist langnasig«
$K :=$ »Freund ist kurzbeinig«
$L :=$ »Freund ist Lügner«

Offensichtlich ist $P(L) = 30\%$.

a) $\left.\begin{array}{l} P(K) = 30\% \\ P(K \cap L) = 10\% \end{array}\right\} \Rightarrow P_K(L) = \frac{1}{3}$ **b)** $\left.\begin{array}{l} P(N) = 40\% \\ P(N \cap L) = 10\% \end{array}\right\} \Rightarrow P_N(L) = \frac{1}{4}$

c) $\left.\begin{array}{l} P(K \cap \bar{N}) = 20\% \\ P(K \cap \bar{N} \cap L) = 10\% \end{array}\right\} \Rightarrow P_{K \cap \bar{N}}(L) = \frac{1}{2}$

143/42.

	R	$\bar{R}$	
M	10%	50%	60%
$\bar{M}$	20%	20%	40%
	30%	70%	

$R :=$ »Raucher«
$M :=$ »Mann«

a) 20%

b) 1) $P_R(\bar{M}) = \dfrac{P(R \cap \bar{M})}{P(R)} = \dfrac{20\%}{30\%} = \dfrac{2}{3}$

2) $P_R(M) = \dfrac{P(R \cap M)}{P(R)} = \dfrac{10\%}{30\%} = \dfrac{1}{3}$

3) $P_M(R) = \dfrac{P(R \cap M)}{P(M)} = \dfrac{10\%}{60\%} = \dfrac{1}{6}$

c) Es sei x der Anteil der weiblichen Raucher, der sich das Rauchen abgewöhnen soll, damit

$P_M(R) > P_{\bar{M}}(R)$, d. h.,

$\frac{1}{6} > \frac{1}{2}(1 - x)$

$\Leftrightarrow \frac{1}{3} > 1 - x$

$\Leftrightarrow x > \frac{2}{3} = 66\frac{2}{3}\%$

Anders: vorher: $P_{\bar{M}}(R) = \frac{1}{2}$

nachher: $P_{\bar{M}}(R) < \frac{1}{6}$

also: $\left|\dfrac{\Delta P_{\bar{M}}(R)}{P_{\bar{M}}(R)_{\text{vorher}}}\right| > \dfrac{\frac{1}{2} - \frac{1}{6}}{\frac{1}{2}} = \frac{2}{3}$

144/43.

	F	$\bar{F}$
M	5%	10%
$\bar{M}$	15%	70%

$D :=$ »Der Schüler ist durchgefallen«
$M :=$ »Wegen Mathematik durchgefallen«
$F :=$ »Wegen einer Fremdsprache durchgefallen«

a) $P_D(M \cap \bar{F}) = \dfrac{10\%}{30\%} = \frac{1}{3}$ **b)** $P_D(\bar{M} \cap F) = \frac{1}{2}$ **c)** $P_D(M \cap F) = \frac{1}{6}$

144/44.

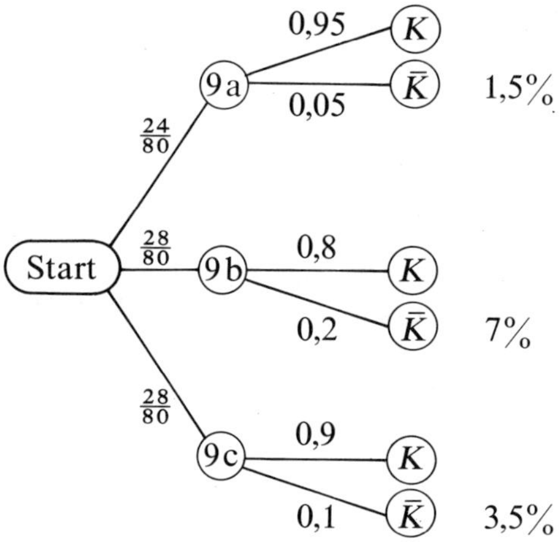

$P(\bar{K}) = 12\%$

$P_{\bar{K}}(9\,\mathrm{a}) = \frac{1{,}5}{12} = 12{,}5\%$

$P_{\bar{K}}(9\,\mathrm{b}) = \frac{7}{12} = 58\frac{1}{3}\%$

$P_{\bar{K}}(9\,\mathrm{c}) = \frac{7}{24} = 29\frac{1}{6}\%$

144/45. $G :=$ »In der gezogenen Schublade liegt eine Goldmünze«
$GG :=$ »Die gezogene Schublade gehört zum Gold-Gold-Kasten«
S, GS, SS analog.

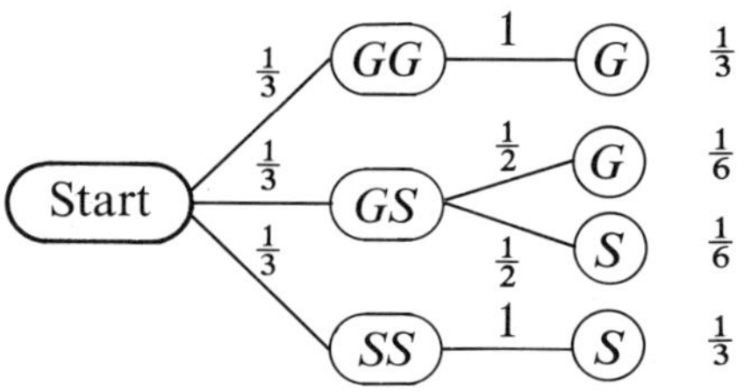

$$P_G(GG) = \frac{P_{GG}(G) \cdot P(GG)}{P_{GG}(G) \cdot P(GG) + P_{GS}(G) \cdot P(GS)} = \frac{1 \cdot \frac{1}{3}}{1 \cdot \frac{1}{3} + \frac{1}{2} \cdot \frac{1}{3}} = \frac{2}{3}.$$

$$P_G(GS) = \frac{P_{GS}(G) \cdot P(GS)}{P_{GS}(G) \cdot P(GS) + P_{GG}(G) \cdot P(GG)} = \frac{\frac{1}{2} \cdot \frac{1}{3}}{\frac{1}{2} \cdot \frac{1}{3} + 1 \cdot \frac{1}{3}} = \frac{1}{3}.$$

144/46.

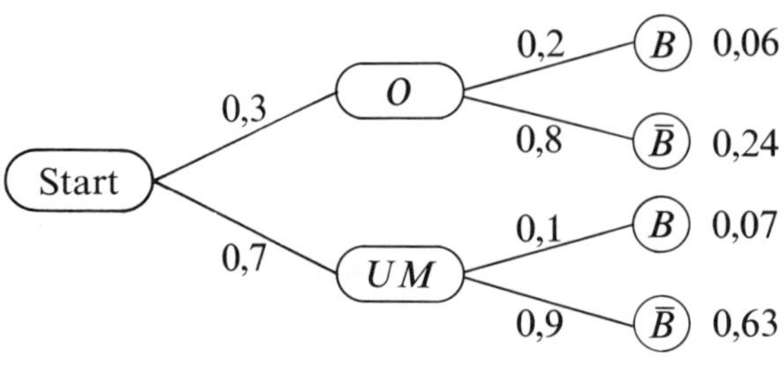

$$P_B(O) = \frac{0{,}06}{0{,}13} = \frac{6}{13}$$

144/47. a) $Tbc :=$ »Patient an Tbc erkrankt«.
$D\,Tbc :=$ »Diagnose lautet: Tbc-krank«.
$D\,\overline{Tbc} :=$ »Diagnose lautet: Nicht Tbc-krank«.
Wahrscheinlichkeit für einen Fehler 1. Art $= P_{Tbc}(D\,\overline{Tbc}) = 10\%$
Wahrscheinlichkeit für einen Fehler 2. Art $= P_{\overline{Tbc}}(D\,Tbc) = 1\%$

b)

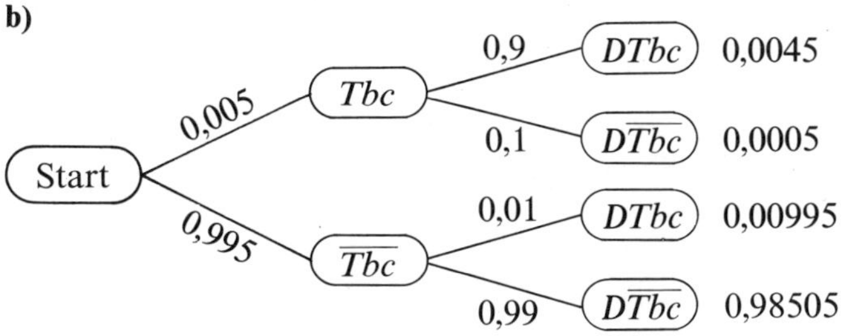

$P_{DTbc}(Tbc) = \frac{0,0045}{0,01445} = \frac{450}{1445} = 31,1\%$

c) $P_{D\overline{Tbc}}(\overline{Tbc}) = \frac{0,98505}{0,98555} = 99,95\%$

d)

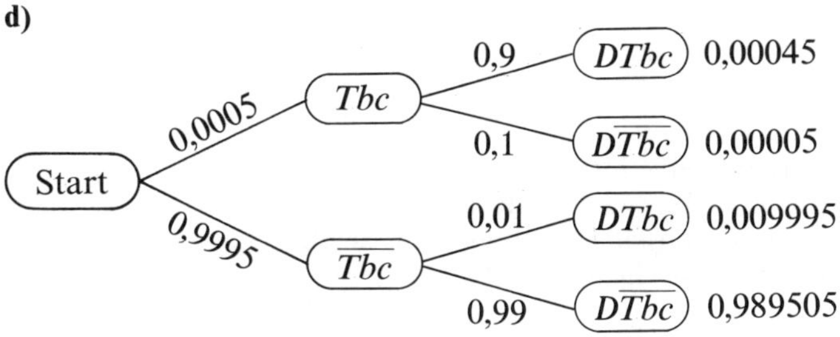

$P_{DTbc}(Tbc) = \frac{0,00045}{0,010445} = 4,3\%$

$P_{D\overline{Tbc}}(\overline{Tbc}) = \frac{0,989505}{0,989555} = 99,995\%$

144/48. a) $K :=$ »Patientin ist an Brustkrebs erkrankt«
$DK :=$ »Sonographie-Diagnose lautet: Brustkrebs«
$D\overline{K} :=$ »Sonographie-Diagnose lautet: kein Brustkrebs«
$85,0\% = P_K(DK)$
$83,0\% = P_{\overline{K}}(D\overline{K})$

b)

	DK	$D\overline{K}$	
K	1003	177	1180
$\overline{K}$	159	779	938
	1162	956	2118

	DK	$D\overline{K}$	
K	47,4	8,4	55,8
$\overline{K}$	7,5	36,8	44,3
	54,9	45,2	100,1

c)

	DK	$D\bar{K}$	
K	0,0425	0,0075	0,05
$\bar{K}$	0,1615	0,7885	0,95
	0,204	0,796	

$P_{DK}(K) = \frac{425}{2040} = 20{,}8\%$

$P_{D\bar{K}}(K) = \frac{75}{7960} = 0{,}9\%$

145/49. $A :=$ »Alarm«
$F :=$ »Feuer«

a)

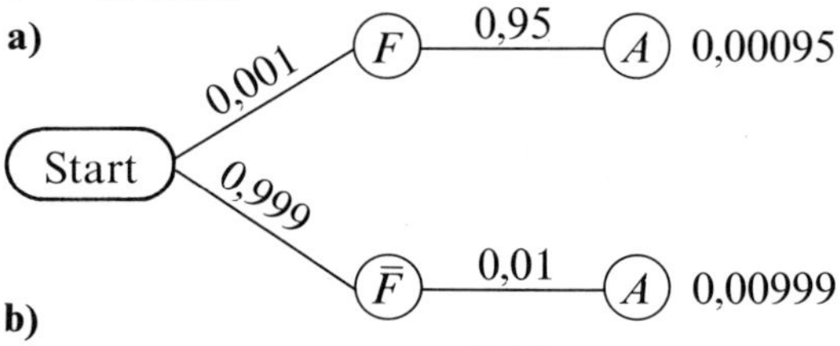

$P_A(F) = \frac{95}{1094} = 8{,}7\%$

b)

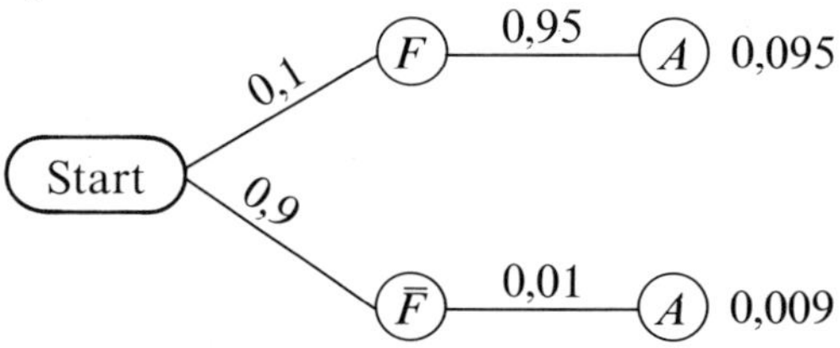

$P_A(F) = \frac{95}{104} = 91{,}3\%$

145/50. $G :=$ »Morgen ist das Wetter gut.«
$S :=$ »Morgen ist das Wetter schlecht.«
$\tilde{G} :=$ »Für morgen wird gutes Wetter angesagt.«
$\tilde{W} :=$ »Für morgen wird wechselhaftes Wetter angesagt.«
$\tilde{S} :=$ »Für morgen wird schlechtes Wetter angesagt.«

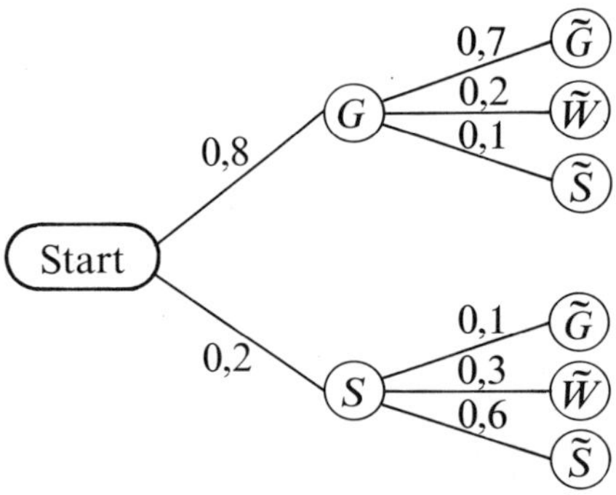

$P_G(\tilde{G}) = 0{,}7;$ $\quad P_S(\tilde{G}) = 0{,}1;$
$P_G(\tilde{W}) = 0{,}2;$ $\quad P_S(\tilde{W}) = 0{,}3;$
$P_G(\tilde{S}) = 0{,}1;$ $\quad P_S(\tilde{S}) = 0{,}6;$

$P(\tilde{G}) = 0{,}8 \cdot 0{,}7 + 0{,}2 \cdot 0{,}1 = 0{,}58;$
$P(\tilde{S}) = 0{,}2 \cdot 0{,}6 + 0{,}8 \cdot 0{,}1 = 0{,}20;$

$P_{\tilde{S}}(S) = \frac{0{,}6 \cdot 0{,}2}{0{,}6 \cdot 0{,}2 + 0{,}1 \cdot 0{,}8} = \frac{3}{5};$

$P_{\tilde{G}}(G) = \frac{28}{29}.$

145/51. $G :=$ »Theodor wählt Goldtruhe.«
$T :=$ »Dorothea öffnet Todestruhe.«

a)

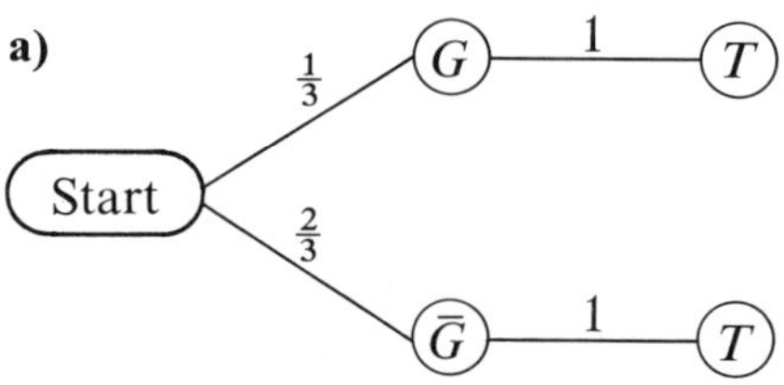

$P_T(G) = \frac{\frac{1}{3}}{1} = \frac{1}{3}.$

Theodor irrt sich!

b)

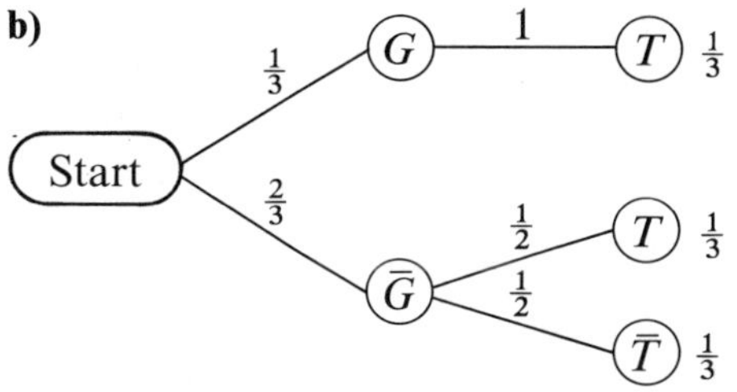

$P_T(G) = \frac{\frac{1}{3}}{\frac{2}{3}} = \frac{1}{2}$.

Theodor hat recht!

145/52. $P_{\text{»richtig angekreuzt«}}$ (»gut vorbereitet«) $= \dfrac{p}{p + (1-p)\cdot\frac{1}{n}}$. Dieser Ausdruck wächst monoton mit n; Grenzwert für $n \to \infty$ gleich 1.

145/53. a) $F :=$ »f weiße Kugeln werden gezogen«.

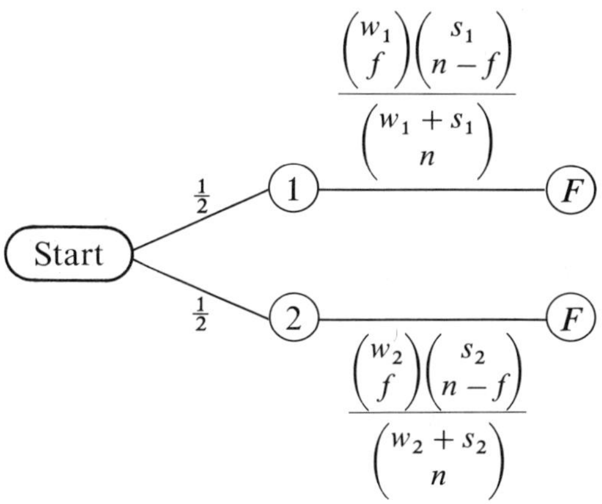

$$P_F(1) = \frac{\dfrac{\binom{w_1}{f}\binom{s_1}{n-f}}{2\binom{w_1+s_1}{n}}}{\dfrac{\binom{w_1}{f}\binom{s_1}{n-f}}{2\binom{w_1+s_1}{n}} + \dfrac{\binom{w_2}{f}\binom{s_2}{n-f}}{2\binom{w_2+s_2}{n}}} =$$

$$= \frac{\binom{w_1}{f}\binom{s_1}{n-f}\binom{w_2+s_2}{n}}{\binom{w_1}{f}\binom{s_1}{n-f}\binom{w_2+s_2}{n} + \binom{w_2}{f}\binom{s_2}{n-f}\binom{w_1+s_1}{n}}.$$

$P_F(2) = 1 - P_F(1)$.

b) $P_F(1) = \dfrac{\binom{8}{4}\binom{7}{2}\binom{20}{6}}{\binom{8}{4}\binom{7}{2}\binom{20}{6} + \binom{5}{4}\binom{15}{2}\binom{15}{6}} = \dfrac{70\cdot 21\cdot 38\,760}{70\cdot 21\cdot 38\,760 + 5\cdot 105\cdot 5005} =$

$= \frac{2\cdot 7752}{2\cdot 7752 + 715} = \frac{15\,504}{16\,219} = 95{,}6\,\%$.

$P_F(2) = \frac{715}{16\,219} = 4{,}4\,\%$.

146/54. a) $U_i :=$ »Die Urne enthält i weiße Kugeln«
$W :=$ »Es werden m weiße Kugeln gezogen«
Mit $p := \frac{i}{3}$ erhält man nach Satz 107.1 $P_{U_i}(W) = \binom{m}{m}(\frac{i}{3})^m(1 - \frac{i}{3})^0 = (\frac{i}{3})^m$.

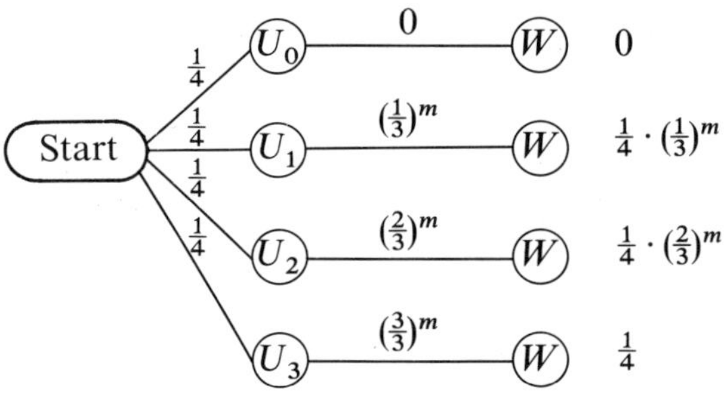

$P(W) = \frac{1}{4}\left(1 + (\frac{1}{3})^m + (\frac{2}{3})^m\right)$

$$P_W(U_0) = \frac{\frac{1}{4} \cdot 0}{P(W)} = 0$$

$$P_W(U_1) = \frac{\frac{1}{4} \cdot (\frac{1}{3})^m}{\frac{1}{4}\left(1 + (\frac{1}{3})^m + (\frac{2}{3})^m\right)} = \frac{1}{3^m + 2^m + 1}$$

$$P_W(U_2) = \frac{\frac{1}{4} \cdot (\frac{2}{3})^m}{\frac{1}{4}\left(1 + (\frac{1}{3})^m + \frac{2}{3})^m\right)} = \frac{2^m}{3^m + 2^m + 1}$$

$$P_W(U_3) = \frac{\frac{1}{4} \cdot 1}{\frac{1}{4}\left(1 + (\frac{1}{3})^m + (\frac{2}{3})^m\right)} = \frac{3^m}{3^m + 2^m + 1}$$

b) $P_W(U_3) = 1; \quad P_W(U_i) = 0$ für $i = 0, 1, 2$.

146/55. $U_i :=$ »Die Urne enthält i weiße Kugeln«.
a) $W := \{www\}$. Mit Satz 107.1 erhält man:

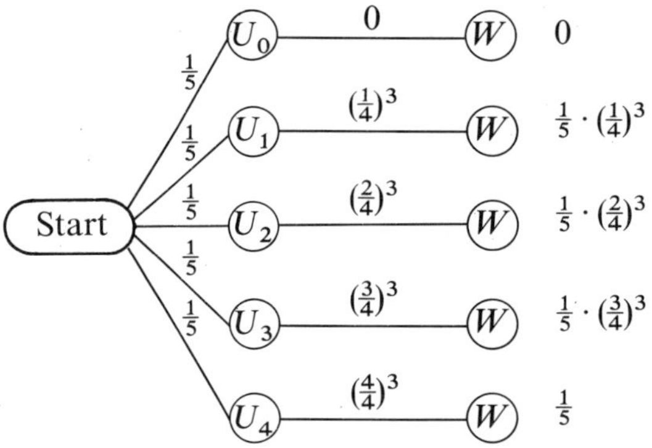

Allgemein gilt $P(U_i \cap W) = \frac{i^3}{5 \cdot 4^3}$. Damit erhält man nach Satz 134.1:

$$P_W(U_i) = \frac{\frac{i^3}{5 \cdot 4^3}}{\frac{0^3 + 1^3 + 2^3 + 3^3 + 4^3}{5 \cdot 4^3}} = \frac{i^3}{1^3 + 2^3 + 3^3 + 4^3} = \frac{i^3}{100},$$

also $P_W(U_0) = 0$; $P_W(U_1) = 1\%$; $P_W(U_2) = 8\%$; $P_W(U_3) = 27\%$; $P_W(U_4) = 64\%$;

b)

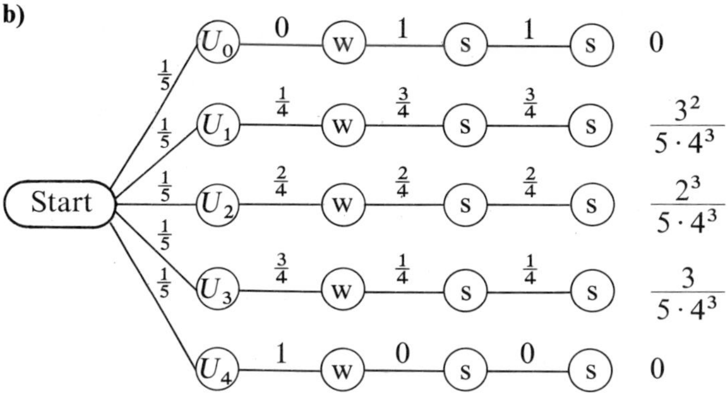

$$P(U_i \cap \{\text{wss}\}) = \frac{i \cdot (4-i)^2}{5 \cdot 4^3}; \quad P_{\{\text{wss}\}}(U_i) = \frac{i \cdot (4-i)^2}{3^2 + 2^3 + 3} = \frac{i \cdot (4-i)^2}{20}$$

$P_{\{\text{wss}\}}(U_0) = 0$; $P_{\{\text{wss}\}}(U_1) = \frac{9}{20} = 45\%$; $P_{\{\text{wss}\}}(U_2) = \frac{8}{20} = 40\%$;

$P_{\{\text{wss}\}}(U_3) = \frac{3}{20} = 15\%$; $P_{\{\text{wss}\}}(U_4) = 0$.

146/56. Lösung analog zu Aufgabe **55**.
Beim 2. Schritt sind die a-priori-Wahrscheinlichkeiten $\frac{1}{5}$ durch die a-posteriori-Wahrscheinlichkeiten $P_{\{w\}}(U_i)$ zu ersetzen, usw.

Fall **55. a)**

	U_0	U_1	U_2	U_3	U_4
$P(U_i)$	$\frac{1}{5}$	$\frac{1}{5}$	$\frac{1}{5}$	$\frac{1}{5}$	$\frac{1}{5}$
$P_{\{w\}}(U_i)$	0	$\frac{1}{10}$	$\frac{2}{10}$	$\frac{3}{10}$	$\frac{4}{10}$
$P_{\{ww\}}(U_i)$	0	$\frac{1}{30}$	$\frac{4}{30}$	$\frac{9}{30}$	$\frac{16}{30}$
$P_{\{www\}}(U_i)$	0	$\frac{1}{100}$	$\frac{8}{100}$	$\frac{27}{100}$	$\frac{64}{100}$

Fall **55. b)**

	U_0	U_1	U_2	U_3	U_4
$P(U_i)$	$\frac{1}{5}$	$\frac{1}{5}$	$\frac{1}{5}$	$\frac{1}{5}$	$\frac{1}{5}$
$P_{\{w\}}(U_i)$	0	$\frac{1}{10}$	$\frac{2}{10}$	$\frac{3}{10}$	$\frac{4}{10}$
$P_{\{ws\}}(U_i)$	0	$\frac{3}{10}$	$\frac{4}{10}$	$\frac{3}{10}$	0
$P_{\{wss\}}(U_i)$	0	$\frac{9}{20}$	$\frac{8}{20}$	$\frac{3}{20}$	0

146/57. a)

	Schritt	Mischungsverhältnisse	tatsächliche Sicherheit
Fall **55. a)**	w	{100%, 75%}	70%
	ww	{100%, 75%}	83,3%
	www	{100%}	64%
Fall **55. b)**	w	{100%, 75%}	70%
	ws	{50%, 75%} oder {25%, 50%}	70%
	wss	{25%, 50%}	85%

b)

	Schritt	Mischungsverhältnisse	tatsächliche Sicherheit
Fall **55. a)**	w	{100%, 75%, 50%}	90%
	ww	{100%, 75%, 50%}	96,7%
	www	{100%, 75%}	91%
Fall **55. b)**	w	{100%, 75%, 50%}	90%
	ws	{75%, 50%, 25%}	100%
	wss	{25%, 50%}	85%

146/58. a) Zugfolge: www

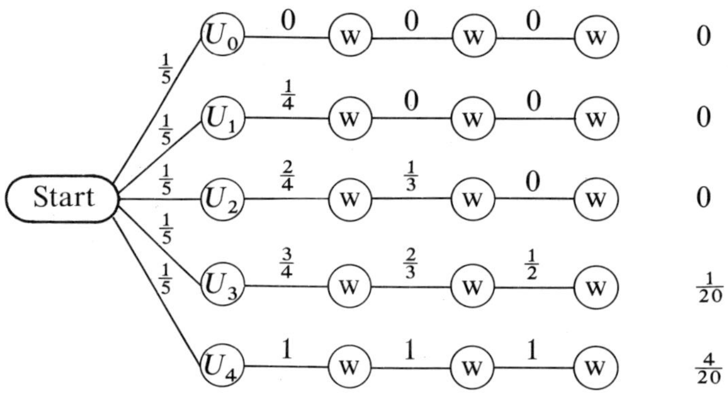

$P_{\{www\}}(U_0) = P_{\{www\}}(U_1) = P_{\{www\}}(U_2) = 0$
$P_{\{www\}}(U_3) = \frac{1}{5}$
$P_{\{www\}}(U_4) = \frac{4}{5}.$

Zugfolge: wss

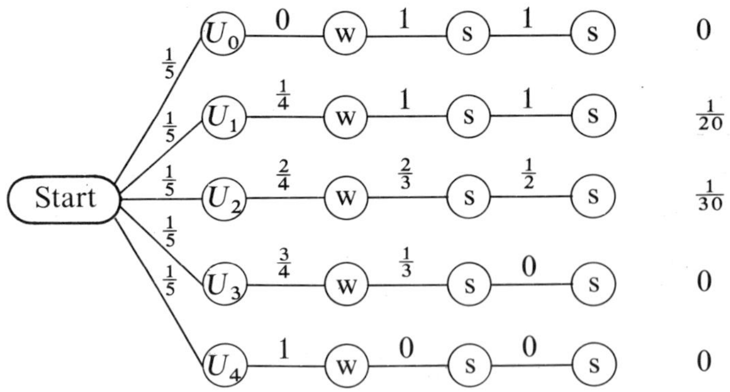

$P_{\{wss\}}(U_0) = P_{\{wss\}}(U_3) = P_{\{wss\}}(U_4) = 0$
$P_{\{wss\}}(U_1) = \frac{3}{5}$
$P_{\{wss\}}(U_2) = \frac{2}{5}.$

b) Zugfolge: www

	U_0	U_1	U_2	U_3	U_4
$P(U_i)$	$\frac{1}{5}$	$\frac{1}{5}$	$\frac{1}{5}$	$\frac{1}{5}$	$\frac{1}{5}$
$P_{\{w\}}(U_i)$	0	$\frac{1}{10}$	$\frac{2}{10}$	$\frac{3}{10}$	$\frac{4}{10}$
$P_{\{ww\}}(U_i)$	0	0	$\frac{1}{10}$	$\frac{3}{10}$	$\frac{6}{10}$
$P_{\{www\}}(U_i)$	0	0	0	$\frac{1}{5}$	$\frac{4}{5}$

Zugfolge: wss

	U_0	U_1	U_2	U_3	U_4
$P(U_i)$	$\frac{1}{5}$	$\frac{1}{5}$	$\frac{1}{5}$	$\frac{1}{5}$	$\frac{1}{5}$
$P_{\{w\}}(U_i)$	0	$\frac{1}{10}$	$\frac{2}{10}$	$\frac{3}{10}$	$\frac{4}{10}$
$P_{\{ws\}}(U_i)$	0	$\frac{3}{10}$	$\frac{4}{10}$	$\frac{3}{10}$	0
$P_{\{wss\}}(U_i)$	0	$\frac{3}{5}$	$\frac{2}{5}$	0	0

Aufgaben zu 10.1.

156/1. **a)** $\left.\begin{array}{l} P(A) = \frac{18}{37} \\ P(B) = \frac{12}{37} \\ P(C) = \frac{18}{37} \end{array}\right\} \Rightarrow \quad \begin{array}{l} P(A \cap B) = \frac{6}{37} \neq P(A) \cdot P(B) \\ P(B \cap C) = \frac{6}{37} \neq P(B) \cdot P(C) \\ P(C \cap A) = \frac{8}{37} \neq P(C) \cdot P(A). \end{array}$

Es liegt jedesmals Abhängigkeit vor.

b) $\left.\begin{array}{l} P(A) = \frac{1}{2} \\ P(B) = \frac{1}{3} \\ P(C) = \frac{1}{2} \end{array}\right\} \Rightarrow \quad \begin{array}{l} P(A \cap B) = \frac{1}{6} = P(A) \cdot P(B) \\ P(B \cap C) = \frac{1}{6} = P(B) \cdot P(C) \\ P(C \cap A) = \frac{2}{9} \neq P(C) \cdot P(A). \end{array}$

A und B sowie B und C sind stochastisch unabhängig, A und C dagegen abhängig.

156/2.

	S	$\bar{S}$	
V	471	151	622
$\bar{V}$	148	230	378
	619	381	1000

	S	$\bar{S}$	
V	47,1%	15,1%	62,2%
$\bar{V}$	14,8%	23,0%	37,8%
	61,9%	38,1%	

$\left.\begin{array}{l} P(V \cap S) = 47{,}1\% \\ P(V) \cdot P(S) = 0{,}622 \cdot 0{,}619 \approx 0{,}385 \end{array}\right\} \Rightarrow V$ und S stochastisch abhängig

Man wird daher auch für die Realität mit großer Sicherheit auf eine Abhängigkeit der Augenfarben schließen. Und da $P(V \cap S) > P(V) \cdot P(S)$, spricht dies für eine Übereinstimmung der Augenfarben von Vater und Sohn.

156/3. **a)** Wir numerieren die Kugeln jeder Urne, wobei die weißen Kugeln die niedrigsten Nummern erhalten. Dann ist ein möglicher Ergebnisraum

$\Omega = \{(a|b) | 1 \leqq a \leqq 8 \wedge 1 \leqq b \leqq 10\}, \qquad |\Omega| = 80$

$W_1 = \{(a|b) | 1 \leqq a \leqq 3 \wedge 1 \leqq b \leqq 10\}, \qquad |W_1| = 30$

$W_2 = \{(a|b) | 1 \leqq a \leqq 8 \wedge 1 \leqq b \leqq 2\}, \qquad |W_2| = 16$

$W_1 \cap W_2 = \{(a|b) | 1 \leqq a \leqq 3 \wedge 1 \leqq b \leqq 2\}, \; |W_1 \cap W_2| = 6$

$$\left.\begin{array}{l} \left.\begin{array}{l} P(W_1) = \frac{30}{80} \\ P(W_2) = \frac{16}{80} \end{array}\right\} \Rightarrow P(W_1) \cdot P(W_2) = \frac{3}{40} \\ P(W_1 \cap W_2) = \frac{6}{80} = \frac{3}{40} \end{array}\right\} \Rightarrow W_1 \text{ und } W_2 \text{ sind stochastisch unabhängig.}$$

b) Wir numerieren die 18 Kugeln der Urne so, daß die weißen Kugeln die Nummern 1 bis 5 tragen. Dann gilt mit

$\Omega = \{(x|y) | 1 \leqq x, y \leqq 18\}, \qquad |\Omega| = 18^2 = 324$

$W_1 = \{(x|y) | 1 \leqq x \leqq 5 \wedge 1 \leqq y \leqq 18\}, \quad |W_1| = 5 \cdot 18$

$W_2 = \{(x|y) | 1 \leqq x \leqq 18 \wedge 1 \leqq y \leqq 5\}, \quad |W_2| = 18 \cdot 5$

$W_1 \cap W_2 = \{(x|y) | 1 \leqq x, y \leqq 5\}, \qquad |W_1 \cap W_2| = 25$

$$\left.\begin{array}{l} \left.\begin{array}{l} P(W_1) = \frac{5}{18} \\ P(W_2) = \frac{5}{18} \end{array}\right\} \Rightarrow P(W_1) \cdot P(W_2) = \frac{25}{324} \\ P(W_1 \cap W_2) = \frac{25}{324} \end{array}\right\} \Rightarrow W_1 \text{ und } W_2 \text{ sind stochastisch unabhängig.}$$

157/4. Die Kugeln seien numeriert, und zwar schwarz mit 1 bis 10, rot mit 11 bis 13 und grün mit 14 und 15.

a) Ω ist die Menge aller Quintupel aus $\{1, 2, \ldots, 15\}$, $|\Omega| = 15^5$.
A ist die Menge aller Quintupel aus Ω, die an der 1. Stelle die Zahlen 1 bis 10 aufweisen; also $|A| = 10 \cdot 15^4$.
B ist die Menge aller Quintupel aus Ω, die an der 5. Stelle die Zahlen 1 bis 13 aufweisen; also $|B| = 15^4 \cdot 13$.
$A \cap B$ ist die Menge aller Quintupel aus Ω, die an der 1. Stelle die Zahlen 1 bis 10 und an der 5. Stelle die Zahlen 1 bis 13 aufweisen; also $|A \cap B| = 10 \cdot 15^3 \cdot 13$.
Da ein Laplace-Experiment vorliegt, erhält man $P(A \cap B) = \dfrac{10 \cdot 13}{15^2} = P(A) \cdot P(B)$, d.h. stochastische Unabhängigkeit von A und B.

b) Ω ist die Menge aller 5-Permutationen aus $\{1, 2, \ldots, 15\}$, also $|\Omega| = \frac{15!}{10!}$.
A ist die Menge aller 5-Permutationen aus Ω, die an der 1. Stelle eine der Zahlen von 1 bis 10 aufweisen; die restlichen 4 Stellen sind eine der möglichen 4-Permutationen aus noch übrigen 14 Zahlen. Somit ist $|A| = 10 \cdot \frac{14!}{10!}$.
B ist die Menge aller 5-Permutationen aus Ω, die an der 5. Stelle eine der Zahlen von 1 bis 13 aufweisen; die ersten 4 Stellen erhält man wie bei A. Damit ist $|B| = \frac{14!}{10!} \cdot 13$.
$A \cap B$ besteht dann aus all den 5-Permutationen aus Ω, die an der 1. Stelle eine der Zahlen von 1 bis 10 und an der 5. Stelle eine der Zahlen von 1 bis 13 aufweisen, ausgenommen diejenige, die schon an der 1. Stelle steht; ferner gilt, daß die 3 mittleren Stellen eine der möglichen 3-Permutationen aus den noch übrigen 13 Zahlen sind. Damit erhält man $|A \cap B| = 10 \cdot 12 \cdot \frac{13!}{10!}$.
Da alle 5-Permutationen gleichwahrscheinlich sind, gewinnt man

$$\left.\begin{array}{l} \left.\begin{array}{l} P(A) = \frac{10 \cdot 14!}{15!} = \frac{2}{3} \\ P(B) = \frac{14! \cdot 13}{15!} = \frac{13}{15} \end{array}\right\} \Rightarrow P(A) \cdot P(B) = \frac{26}{45} \\ P(A \cap B) = \frac{10 \cdot 12 \cdot 13!}{15!} = \frac{4}{7} \end{array}\right\} \Rightarrow A \text{ und } B \text{ sind stochastisch abhängig.}$$

157/5.

ω	rr	rg	gr	gg
$P(\{\omega\})$	$\frac{4}{9}$	$\frac{2}{9}$	$\frac{2}{9}$	$\frac{1}{9}$

$|\mathfrak{P}(\Omega)| = 2^4 = 16$. In $\mathfrak{P}(\Omega)$ gibt es die folgenden 6 zweielementigen Ereignisse:

R_1 = »1. Kugel rot«, $\bar{R}_1$ = »1. Kugel grün«
R_2 = »2. Kugel rot«, $\bar{R}_2$ = »2. Kugel grün«
A = »gleichfarbige Kugeln«,
$\bar{A}$ = »verschiedenfarbige Kugeln«.

E	R_1	R_2	A	$R_1 \cap R_2$	$R_1 \cap A$	$R_2 \cap A$
$P(E)$	$\frac{2}{3}$	$\frac{2}{3}$	$\frac{5}{9}$	$\frac{4}{9}$	$\frac{4}{9}$	$\frac{4}{9}$

Unabhängig: R_1 und R_2, R_1 und $\bar{R}_2$, $\bar{R}_1$ und R_2, $\bar{R}_1$ und $\bar{R}_2$.
Alle anderen Paare sind abhängig.

157/6. **a)** P(»Durch 2 teilbar«) $= \frac{1}{2}$; P(»Durch 3 teilbar«) $= \frac{1}{3}$;
P(»Durch 2 und 3 teilbar«) $= \frac{1}{6}$. Unabhängigkeit!
(Beruht darauf, daß 2 und 3 teilerfremd sind.)

b) Teilbarkeit durch 10 $\Rightarrow$ Teilbarkeit durch 5 – Abhängigkeit!

c)

Teilbar durch	2	3	6	5	10
Wahrscheinlichkeit	$\frac{1}{2}$	$\frac{4}{10}$	$\frac{2}{10}$	$\frac{2}{10}$	$\frac{1}{10}$

Gleiche Resultate wie in **a)** und **b)**!

157/7. **a)** $P(\text{Verdienst} \geqq 3000 \text{ Dollar}) = \frac{375}{7460} = 5{,}0\%$

b) $P(10 \text{ bis } 20 \text{ Zigaretten täglich}) = 14{,}3\%$

c) $P(\text{Verdienst} \geqq 3000 \text{ Dollar und } 10 \text{ bis } 20 \text{ Zigaretten täglich geraucht}) =$

$$= \frac{375 \cdot 27{,}6\%}{7460} = 1{,}39\%$$

d) Abhängigkeit, da $5{,}0\% \cdot 14{,}3\% \neq 1{,}39\%$, oder einfacher wegen $27{,}6 \neq 14{,}3$.

157/8. $P(\text{T gesund}) = \frac{2}{3}$, $P(\text{D gesund}) = \frac{1}{2}$, $P(\text{Beide gesund}) = \frac{2}{5} \neq \frac{2}{3} \cdot \frac{1}{2}$, also Abhängigkeit wegen Satz 151.1.

157/9. Kundenanruf und Anwesenheit im Büro haben keinen erkennbaren Einfluß aufeinander.
$P(\text{Kunde verärgert}) = P(\text{Kunde ruft an}) \cdot P(\text{Angestellter nicht mehr da}) = 0{,}033$.

157/10. $F :=$ »Herr A besitzt eine Fahrkarte«, $P(F) = 0{,}97$
$K :=$ »Herr A wird kontrolliert«, $P(K) = \frac{1}{20}$.

	F	$\bar{F}$	
K	0,048	0,002	0,050
$\bar{K}$	0,922	0,028	0,950
	0,970	0,030	

F und K sind abhängig wegen $0{,}05 \cdot 0{,}97 = 0{,}0485 \neq 0{,}048$.
Da es sich aber bei den Zahlenwerten im Grunde um relative Häufigkeiten handelt, läßt die geringe Abweichung eher Unabhängigkeit vermuten.

157/11. Sechsfeldertafel:

	G_1	G_2	G_3	
D	2	4	7	13
$\bar{D}$	6	20	13	39
	8	24	20	

a) Anteil der Damen insgesamt: $\frac{1}{4}$.
Dies stimmt nur mit dem Anteil in G_1 überein. Daher D und G_i unabhängig für $i = 1$, abhängig für $i = 2$ und 3.

b) Die Ereignisse schließen einander aus, daher Abhängigkeit.

c) Bei $G_1 \cup G_k$ Abhängigkeit, vgl. **a)**; in $G_2 \cup G_3$ ist der Damenanteil gleich $\frac{1}{4}$, daher hier Unabhängigkeit.

158/12. Es bedeute $1 := $ Schalter 1 oben, $2 := $ Schalter 2 oben. $P(1) = P(2) = \frac{1}{2}$.

a) $P(\text{Licht brennt}) = P(1 \cap 2) + P(\bar{1} \cap \bar{2}) = \frac{1}{4} + \frac{1}{4} = \frac{1}{2}$.

b) $P(1 \cap \text{Licht brennt}) = P(1 \cap 2) = \frac{1}{4}$. Unabhängigkeit!

158/13. Ergebnistabelle:

Augenzahl beim 1. Wurf	Augenzahl beim 2. Wurf: 1	2	3	4	5	6	
1	14,6	20,9	15,2	12,7	17,3	14,4	95
2	17,2	24,6	17,9	14,9	20,3	17,0	112
3	16,6	23,8	17,3	14,4	19,6	16,4	108
4	11,5	16,5	12,0	10,0	13,6	11,4	75
5	15,5	22,2	16,2	13,5	18,3	15,3	101
6	16,7	24,0	17,4	14,5	19,8	16,5	109
	92	132	96	80	109	91	600

a) Gesamtzahl von Einsen usw. beim 1. Wurf: Rechter Rand der Tabelle.
Gesamtzahl von Einsen usw. beim 2. Wurf: Unterer Rand der Tabelle.

b) »Idealwerte«: Feld der Tabelle.

Beispiel: Doppel-Eins: $\frac{92 \cdot 95}{600} = 14{,}6$.

158/14.

	9	$\bar{9}$	
7		10,92%	12%
$\bar{7}$		80,08%	88%
	9%	91%	

158/15. a)

	Pkw	Lkw	
1	$\frac{1}{2}$	$\frac{3}{10}$	$\frac{4}{5}$
$\geqq 2$	$\frac{1}{6}$	$\frac{1}{30}$	$\frac{1}{5}$
	$\frac{2}{3}$	$\frac{1}{3}$	

$\frac{1}{3} \cdot \frac{1}{5} \neq \frac{1}{30}$

b)

	Pkw	Lkw
1	$\frac{3}{4}(1-p)$	$\frac{9}{10}p$
$\geqq 2$	$\frac{1}{4}(1-p)$	$\frac{1}{10}p$
	$1-p$	p

$$p\left(\frac{1-p}{4} + \frac{p}{10}\right) = \frac{p}{10}$$

$\Leftrightarrow p(p-1) = 0$

$\Leftrightarrow p = 0 \vee p = 1$

d.h. keine Lkw oder nur Lkw.

158/16. $P_B(A) = P(A)$

$$\Leftrightarrow \frac{P(A \cap B)}{P(B)} = P(A)$$

$$\Leftrightarrow P(A \cap B) = P(A) \cdot P(B) \Leftrightarrow \frac{P(A \cap B)}{P(A)} = P(B)$$

$$\Leftrightarrow P_A(B) = P(B)$$

158/17. a) Der Satz ist falsch, wie die Ergebnisse von 156/**1. b**) zeigen.

b) $\Omega := \{1, 2, 3, \ldots, 36\}$.
$A :=$ »douze premier«
$B := \{1\}$
$C :=$ »pair«.

$$\left.\begin{aligned} P(A) &= \tfrac{1}{3} \\ P(B) &= \tfrac{1}{36} \\ P(C) &= \tfrac{1}{2} \end{aligned}\right\} \Rightarrow \quad \begin{aligned} P(A \cap B) &= \tfrac{1}{3} \neq P(A) \cdot P(B) \\ P(B \cap C) &= 0 \neq P(B) \cdot P(C) \\ P(C \cap A) &= \tfrac{1}{6} = P(C) \cdot P(A). \end{aligned}$$

A und B bzw. B und C sind abhängig, A und C jedoch unabhängig.

159/18. a)

	B	$\bar{B}$	
A	0,4	0,1	0,5
$\bar{A}$	0,4	0,1	0,5
	0,8	0,2	

b)

	B	$\bar{B}$	
A	0,12	0,08	0,2
$\bar{A}$	0,48	0,32	0,8
	0,6	0,4	

Mit $x := P(A \cap \bar{B})$:
$0{,}12 = (x + 0{,}12) \cdot (1 - x - 0{,}32)$
$\Leftrightarrow x = 0{,}08 \vee x = 0{,}48$

159/19.

	B	$\bar{B}$	
A	ab	$a(1-b)$	a
$\bar{A}$	$(1-a)b$	$(1-a)(1-b)$	$1-a$
	b	$1-b$	

a) $P(\bar{A} \cap \bar{B}) = (1-a)(1-b)$

b) $P(A \cup B) - P(A \cap B) = a + b - 2ab$

c) $P(A \cup B) = a + b - ab$

d) $P(\overline{A \cap B}) = 1 - ab$

159/20. a) 1)

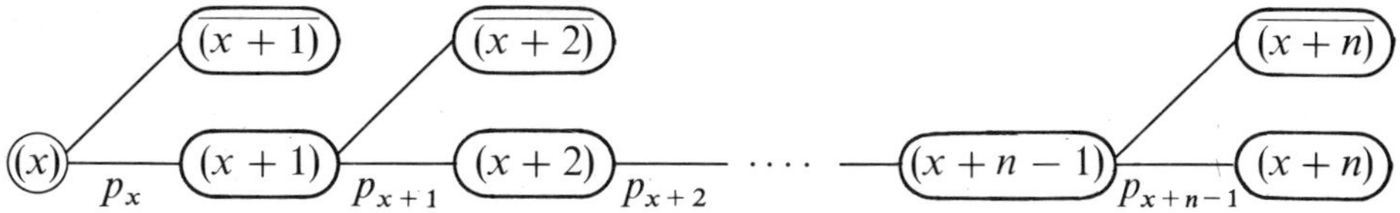

Oder:

$_nP_x = P(\text{»}(x) \text{ wird } (x+1) \ \wedge \ (x+1) \text{ wird } (x+2) \ \wedge \ldots \wedge \ (x+n-1) \text{ wird } (x+n)\text{«}) =$
$= P(\text{»}(x) \text{ wird } (x+1)\text{«}) \cdot P(\text{»}(x+1) \text{ wird } (x+2)\text{«}) \cdot \ldots \cdot P(\text{»}(x+n-1) \text{ wird } (x+n)\text{«}) =$
$= p_x \cdot p_{x+1} \cdot \ldots \cdot p_{x+n-1}$.

2)

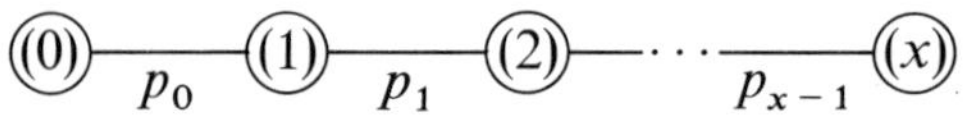

$$\left.\begin{array}{l} l_1 = p_0 l_0 \\ l_2 = p_1 l_1 \\ \dots\dots\dots\dots \\ l_x = p_{x-1} l_{x-1} \end{array}\right\} \Rightarrow l_x = p_{x-1} p_{x-2} \cdot \ldots \cdot p_0 l_0 \Leftrightarrow l_x = {}_x p_0 \cdot l_0$$

3) $$\left.\begin{array}{l} l_{x+1} = p_x l_x \\ l_{x+2} = p_{x+1} l_{x+1} \\ \dots\dots\dots\dots\dots \\ l_{x+n} = p_{x+n-1} l_{x+n-1} \end{array}\right\} \Rightarrow l_{x+n} = p_{x+n-1} \cdot \ldots \cdot p_x l_x \Leftrightarrow l_{x+n} = {}_n p_x \cdot l_x$$

b) 1) $q_x = \dfrac{l_x - l_{x+1}}{l_x}$, also

$q_0 = \frac{100\,000 - 97\,400}{100\,000} = \frac{2600}{100\,000} = 2{,}60\%$

$q_1 = \frac{97\,400 - 97\,249}{97\,400} = \frac{151}{97\,400} = 0{,}155\%$

Die Wahrscheinlichkeit, im 1. Lebensjahr zu sterben, ist fast 17mal so groß wie diejenige, im 2. Lebensjahr zu sterben!

2) $p_x = \dfrac{l_{x+1}}{l_x}$, also

$p_{20} = \frac{95\,541}{95\,732} \approx 99{,}8\%$ $\qquad p_{60} = \frac{76\,087}{77\,675} \approx 98{,}0\%$

$p_{40} = \frac{91\,749}{92\,089} \approx 99{,}6\%$ $\qquad p_{80} = \frac{20\,321}{23\,167} \approx 87{,}7\%$

3) $P(\text{»(20) wird (40)«} \wedge \overline{\text{»(20) wird (50)«}}) =$

$= 1 - P(\overline{\text{»(20) wird (40)«} \wedge \overline{\text{»(20) wird (50)«}}}) =$

$= 1 - P(\overline{\text{»(20) wird (40)«}} \vee \text{»(20) wird (50)«}) =$

$= 1 - [P(\overline{\text{»(20) wird (40)«}}) + P(\text{»(20) wird (50)«}) -$

$- P(\overline{\text{»(20) wird (40)«}} \wedge \text{»(20) wird (50)«})] =$

$= 1 - (1 - {}_{20}p_{20}) - {}_{30}p_{20} + 0 =$

$= {}_{20}p_{20} - {}_{30}p_{20} =$

$= \dfrac{l_{40}}{l_{20}} - \dfrac{l_{50}}{l_{20}} = \dfrac{l_{40} - l_{50}}{l_{20}} =$

$= \frac{92\,089 - 87\,781}{95\,732} =$

$= \frac{4308}{95\,732} \approx$

$\approx 4{,}5\%$

c) Wir bezeichnen die Wahrscheinlichkeiten für Frauen mit einem Strich, also p' bzw. q'.

1) $q'_0 = \frac{100\,000 - 98\,016}{100\,000} = \frac{1984}{100\,000} \approx 1{,}99\%$

$q'_1 = \frac{98\,016 - 97\,888}{98\,016} = \frac{128}{98\,016} \approx 0{,}13\%$

Die Wahrscheinlichkeit, im 1. Jahr zu sterben, ist rund 15,2mal so groß wie die Wahrscheinlichkeit, im 2. Jahr zu sterben.

2) $p'_{20} = \frac{96\,996}{97\,059} \approx 99{,}9\%$ $\qquad p'_{60} = \frac{86\,044}{86\,903} \approx 99{,}0\%$

$p'_{40} = \frac{95\,161}{95\,331} \approx 99{,}8\%$ $\qquad p'_{80} = \frac{38\,076}{42\,046} \approx 90{,}6\%$

3) $= {}_{20}p'_{20} - {}_{30}p'_{20} =$

$= \frac{95\,161 - 92\,683}{97\,059} =$

$= \frac{2478}{97\,059} \approx$

$\approx 2{,}6\%$

d) Die Indizes m bzw. w bezeichnen den Mann bzw. die Frau. Es bedeuten

$M := »(35)_m \to (55)_m«$

$F := »(25)_w \to (45)_w«$

1) $P(M \cap F) =$

$= {}_{20}p_{35} \cdot {}_{20}p'_{25} =$

$= \frac{83\,789}{93\,245} \cdot \frac{94\,308}{96\,755} = 89{,}86\% \cdot 97{,}47\% \approx 87{,}6\%$

2)

	F	$\bar{F}$	
M	87,59%	2,27%	89,86%
$\bar{M}$	9,88%	0,26%	10,14%
	97,47%	2,53%	

Oder:

$P(\bar{M} \cap \bar{F}) = 1 - P(\overline{\bar{M} \cap \bar{F}}) =$

$= 1 - P(M \cup F) =$

$= 1 - P(M) - P(F) + P(M \cap F) =$

$= 1 - {}_{20}p_{35} - {}_{20}p'_{25} + {}_{20}p_{35} \cdot {}_{20}p'_{25} \approx$

$\approx 0{,}26\%$

3) P(»Genau 1 Partner am Leben«) =

$= P\big((M \cap \bar{F}) \cup (\bar{M} \cap F)\big) =$

$= P(M \cap \bar{F}) + P(\bar{M} \cap F) - P(M \cap \bar{F} \cap \bar{M} \cap F) =$

$= {}_{20}p_{35} \cdot (1 - {}_{20}p'_{25}) + (1 - {}_{20}p_{35}) \cdot {}_{20}p'_{25} - 0 =$

$= 0{,}8986 \cdot (1 - 0{,}9747) + (1 - 0{,}8986) \cdot 0{,}9747 \approx$

$\approx 12{,}2\%$.

Oder aus 4-Felder-Tafel: $2{,}27\% + 9{,}88\% = 12{,}15\%$

4) $P(\bar{M} \cap F) = 9{,}88\%$

5) $P(M \cap \bar{F}) = 2{,}27\%$

6) P(»Höchstens 1 Partner lebt noch«) =

$= 1 - P$(»Beide leben noch«) $\approx$

$\approx 1 - 87{,}59\% =$

$= 12{,}41\%$.

160/21. Vorbemerkung: Aus der Gültigkeit der Ungleichungen folgt sofort, daß keine der Wahrscheinlichkeiten $P(K)$ und $P(L)$ null sein kann.

Grund: $K \cap L \subset K \Rightarrow P(K \cap L) \leqq P(K)$

$\wedge\ K \cap L \subset L \Rightarrow P(K \cap L) \leqq P(L)$

Wären $P(K)$ oder $P(L)$ null, so hätten wir $0 < 0$ bzw. $0 > 0$.

1) $P(K \cap L) < P(K) \cdot P(L) \Leftrightarrow \frac{P(K \cap L)}{P(K)} < P(L) \Leftrightarrow P_K(L) < P(L)$ (*a*)

$P(K \cap L) < P(K) \cdot P(L) \Leftrightarrow \frac{P(K \cap L)}{P(L)} < P(K) \Leftrightarrow P_L(K) < P(K)$ (*b*)

(*a*) besagt: Der Anteil der Linkshänder unter den Knaben ist kleiner als der Anteil der Linkshänder in der Gesamtpopulation.

(*b*) besagt: Der Anteil der Knaben unter den Linkshändern ist kleiner als der Anteil der Knaben in der Gesamtpopulation.

Würde man die Wahrscheinlichkeiten als Flächeninhalte in einem Quadrat der Seitenlänge 1 deuten, so erhielte man folgende Darstellungsmöglichkeiten:

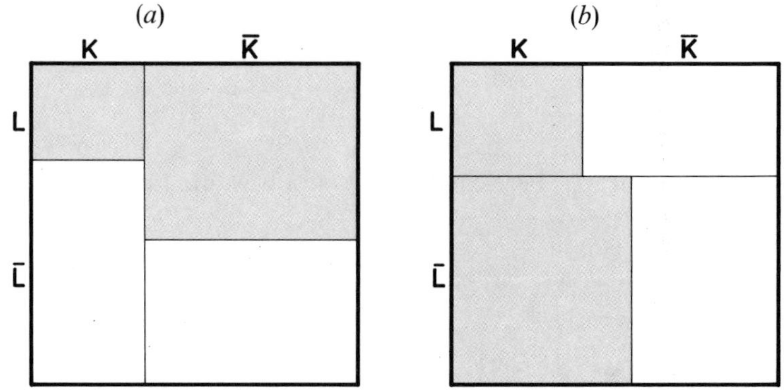

2) $P(K \cap L) > P(K) \cdot P(L)$. Man ersetze in **1)** »kleiner« durch »größer«.

160/22. $P(L \cap D) > P(L) \cdot P(D)$.
Bei Auffassung als Inklusion ($L \subset D$) sogar die Gleichung $P(L \cap D) = P(L)$.

160/23. a) $P(\Omega \cap A) = P(A)$; $P(\Omega) \cdot P(A) = P(A)$

b) $P(\emptyset \cap A) = 0$; $P(\emptyset) \cdot P(A) = 0$.

160/24. a) A und B unvereinbar $\Rightarrow P(A \cap B) = 0$.
Stochastische Abhängigkeit von A und B bedeutet $P(A) \cdot P(B) \neq P(A \cap B)$. Soll aus der Unvereinbarkeit die stochastische Abhängigkeit folgen, so muß $P(A) \cdot P(B) \neq 0$ sein, d.h., der Satz ist richtig unter der Zusatzvoraussetzung, daß weder $P(A)$ noch $P(B)$ gleich null sind.

b) »Wenn A und B abhängig sind, dann sind sie unvereinbar«.
Gegenbeispiel: $\Omega = \{a, b, c\}$ mit gleichmäßiger Wahrscheinlichkeitsverteilung,
$A = \{a\}$, $B = \{a, b\}$.

A und B sind abhängig: $P(A \cap B) = \frac{1}{3}$, $P(A) \cdot P(B) = \frac{2}{9}$.

A und B sind vereinbar: $A \cap B = \{a\}$.

160/25. $P(A) \cdot P(A) = P(A \cap A) \Leftrightarrow P(A) = 0$ oder 1.

160/26. Es bedeute | »siegt über«.

a)

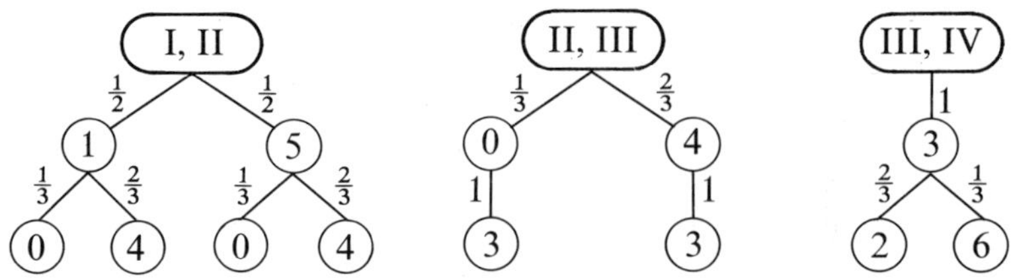

$P(\text{I}|\text{II}) = \frac{1}{2} \cdot \frac{1}{3} + \frac{1}{2} \cdot 1 = \frac{2}{3}$ $\quad P(\text{II}|\text{III}) = \frac{2}{3} \cdot 1 = \frac{2}{3}$ $\quad P(\text{III}|\text{IV}) = \frac{2}{3}$

Würfel I ist scheinbar der beste, Würfel IV scheinbar der schlechteste.

b)

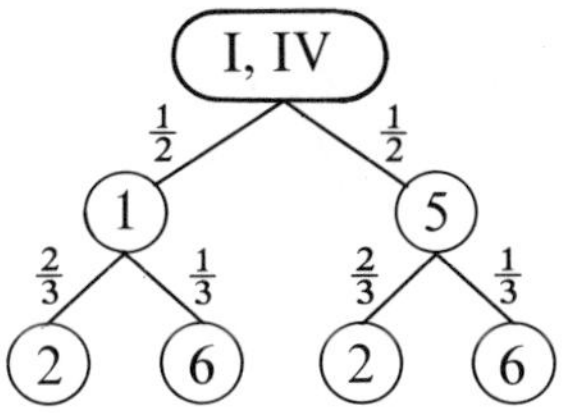

$P(\mathrm{I}\,|\,\mathrm{IV}) = \frac{1}{2} \cdot \frac{2}{3} = \frac{1}{3}$

Der Spieler mit Würfel I verliert öfters gegen den Spieler mit Würfel IV. Im Vorteil ist derjenige, der wählen läßt, wie die folgende Tabelle der Gewinnchancen des 2. Spielers zeigt.

Theodor = 1. Spieler wählt	Dorothea = 2. Spieler wählt I	II	III	IV
I	–	$\frac{1}{3}$	$\frac{1}{2}$	$\frac{2}{3}$
II	$\frac{2}{3}$	–	$\frac{1}{3}$	$\frac{5}{9}$
III	$\frac{1}{2}$	$\frac{2}{3}$	–	$\frac{1}{3}$
IV	$\frac{1}{3}$	$\frac{4}{9}$	$\frac{2}{3}$	–

Man erhält I|II|III|IV|I.
Die Würfel sind nicht transitiv, weil z. B. aus I|II $\wedge$ II|III nicht I|III folgt. Es gilt die zyklische Rangfolge I|II|III|IV|I.

c) Analog zum Vorgehen in **a)** erhält man die folgende Tabelle der Gewinnchancen des 2. Spielers.

Wahl des 1. Spielers	Wahl des 2. Spielers I	II	III	IV
I	–	$\frac{1}{3}$	$\frac{1}{2}$	$\frac{2}{3}$
II	$\frac{2}{3}$	–	$\frac{1}{3}$	$\frac{5}{9}$
III	$\frac{1}{2}$	$\frac{2}{3}$	–	$\frac{1}{3}$
IV	$\frac{1}{3}$	$\frac{4}{9}$	$\frac{2}{3}$	–

Es gilt die zyklische Rangfolge I|II|III|IV|I.

161/27.

Wahl des 1. Spielers	Wahl des 2. Spielers R_1	R_2	R_3
R_1	–	$\frac{4}{9}$	$\frac{5}{9}$
R_2	$\frac{5}{9}$	–	$\frac{4}{9}$
R_3	$\frac{4}{9}$	$\frac{5}{9}$	–

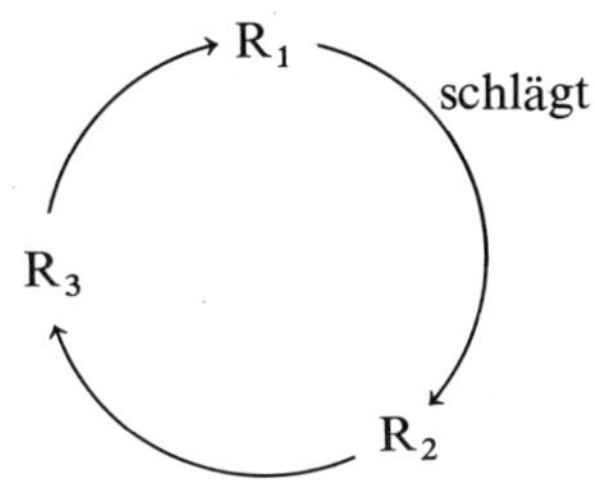

161/28. a) $A \cap B = \{1, 4\}$; $P(A) = \frac{|A|}{|\Omega|} = \frac{6}{12} = \frac{1}{2}$; $P(B) = \frac{|B|}{|\Omega|} = \frac{4}{12} = \frac{1}{3}$

$P(A \cap B) = \frac{|A \cap B|}{|\Omega|} = \frac{2}{12} = \frac{1}{6}$

$P(A \cap B) = P(A) \cdot P(B)$, also sind A und B unabhängig.

b) $P(C) = 0{,}5 = \frac{6}{12} \Rightarrow |C| = 6$
$P(A \cap C) = P(A) \cdot P(C) = 0{,}5 \cdot 0{,}5 = 0{,}25 = \frac{3}{12} \Rightarrow |A \cap C| = 3$
C muß also 3 Elemente mit A gemeinsam haben und 3 weitere aus $\bar{A}$; das ergibt $\binom{6}{3} \cdot \binom{6}{3} = 400$ Möglichkeiten.
Ein Beispiel ist etwa $C = \{1, 2, 3, 7, 8, 9\}$.

c) $P(D) \cdot P(E) = \frac{9}{16} \neq \frac{k}{12} = P(D \cap E); \quad k \in \{0, 1, \ldots, 9\}$

161/29. a) $\Omega_a = \{\text{uv} \mid \text{u, v} \in \{\text{s, w}\}\}$
$S_1^j = \{\text{ss, sw}\}$
$S_2^j = \{\text{ss, ws}\}$

ω	ww	ws	sw	ss
$P_1(\{\omega\})$	$\frac{1}{4}$	$\frac{1}{4}$	$\frac{1}{4}$	$\frac{1}{4}$
$P_2(\{\omega\})$	$\frac{4}{9}$	$\frac{2}{9}$	$\frac{2}{9}$	$\frac{1}{9}$

$P_1(S_1^1) = \frac{1}{2}$

$P_1(S_2^1) = \frac{1}{2}$

$P_1(S_1^1 \cap S_2^1) = P_1(\{\text{ss}\}) = \frac{1}{4} = P_1(S_1^1) \cdot P_1(S_2^1)$.

S_1^1 und S_2^1 sind stochastisch unabhängig.

$P_2(S_1^2) = \frac{3}{9} = \frac{1}{3}$

$P_2(S_2^2) = \frac{3}{9} = \frac{1}{3}$

$P_2(S_1^2 \cap S_2^2) = \frac{1}{9} = P_2(S_1^2) \cdot P(S_2^2)$

S_1^2 und S_2^2 sind stochastisch unabhängig.

b)

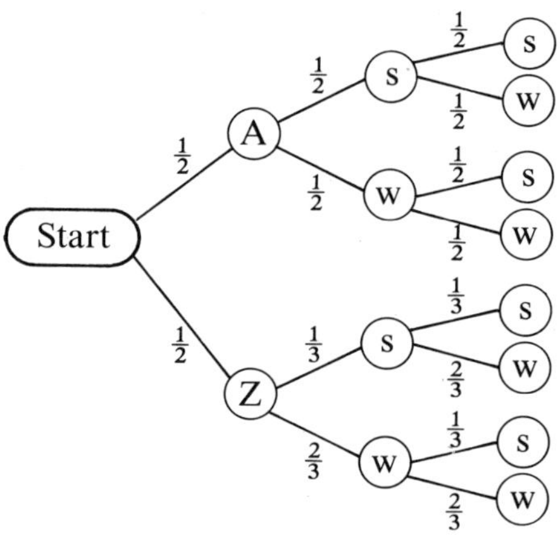

$\Omega_b = \{\text{xuv} \mid \text{x} \in \{\text{Adler, Zahl}\} \wedge \text{u, v} \in \{\text{s, w}\}\}$

$P(S_1) = \frac{1}{2} \cdot \frac{1}{2} + \frac{1}{2} \cdot \frac{1}{3} = \frac{1}{4} + \frac{1}{6} = \frac{5}{12}$

$P(S_2) = \frac{1}{2} \cdot \frac{1}{2} \cdot \frac{1}{2} + \frac{1}{2} \cdot \frac{1}{2} \cdot \frac{1}{2} + \frac{1}{2} \cdot \frac{1}{3} \cdot \frac{1}{3} + \frac{1}{2} \cdot \frac{2}{3} \cdot \frac{1}{3} = \frac{5}{12}$

$P(S_1 \cap S_2) = \frac{1}{2} \cdot \frac{1}{2} \cdot \frac{1}{2} + \frac{1}{2} \cdot \frac{1}{3} \cdot \frac{1}{3} = \frac{13}{72} \neq P(S_1) \cdot P(S_2) = \frac{25}{144}$

S_1 und S_2 sind stochastisch abhängig.

c)

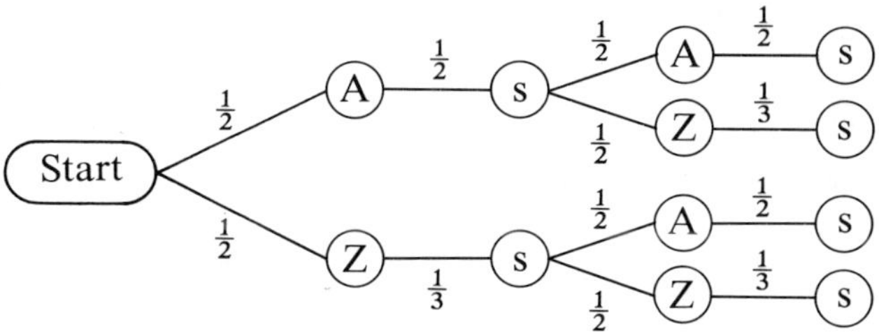

$\Omega_c = \{\text{xuyv} \mid \text{x, y} \in \{\text{A, Z}\} \wedge \text{u, v} \in \{\text{s, w}\}\}$

$P(S_1) = \frac{1}{2} \cdot \frac{1}{2} + \frac{1}{2} \cdot \frac{1}{3} = \frac{5}{12}$,

ebenso $P(S_2) = \frac{5}{12}$;

$P(S_1 \cap S_2) = \frac{1}{2} \cdot \frac{1}{2} \cdot \frac{1}{2} \cdot \frac{1}{2} + \frac{1}{2} \cdot \frac{1}{2} \cdot \frac{1}{2} \cdot \frac{1}{3} + \frac{1}{2} \cdot \frac{1}{3} \cdot \frac{1}{2} \cdot \frac{1}{2} + \frac{1}{2} \cdot \frac{1}{3} \cdot \frac{1}{2} \cdot \frac{1}{3} =$

$= \frac{25}{144} = P(S_1) \cdot P(S_2)$.

Jetzt sind S_1 und S_2 stochastisch unabhängig.

d)

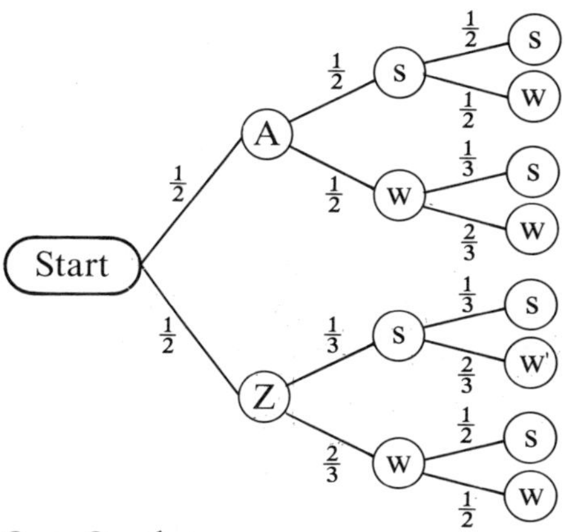

$\Omega_d = \Omega_b$, aber

$P(S_1) = \frac{1}{2} \cdot \frac{1}{2} + \frac{1}{2} \cdot \frac{1}{3} = \frac{5}{12}$

$P(S_2) = \frac{1}{2} \cdot \frac{1}{2} \cdot \frac{1}{2} + \frac{1}{2} \cdot \frac{1}{2} \cdot \frac{1}{3} + \frac{1}{2} \cdot \frac{1}{3} \cdot \frac{1}{3} + \frac{1}{2} \cdot \frac{2}{3} \cdot \frac{1}{2} =$

$= \frac{31}{72}$

$P(S_1 \cap S_2) = \frac{1}{2} \cdot \frac{1}{2} \cdot \frac{1}{2} + \frac{1}{2} \cdot \frac{1}{3} \cdot \frac{1}{3} = \frac{13}{72} \neq \frac{5}{12} \cdot \frac{31}{72}$

S_1 und S_2 sind stochastisch abhängig.

e) Winkel von Sektor 1 $= 2\pi p, \quad p \in [0; 1]$;
Winkel von Sektor 2 $= 2\pi(1-p)$
Baum wie bei Aufgabe **b)** mit A $\hat{=}$ Sektor 1, $P(\{\text{A}\}) = p, \quad P(\{\text{Z}\}) = 1 - p$.

$P(S_1) = p \cdot \frac{1}{2} + (1-p) \cdot \frac{1}{3} = \frac{2+p}{6}$

$P(S_2) = p \cdot \frac{1}{2} \cdot \frac{1}{2} + p \cdot \frac{1}{2} \cdot \frac{1}{2} + (1-p) \cdot \frac{1}{3} \cdot \frac{1}{3} + (1-p) \cdot \frac{2}{3} \cdot \frac{1}{3} =$

$= \frac{2+p}{6}$;

$$P(S_1 \cap S_2) = p \cdot \tfrac{1}{2} \cdot \tfrac{1}{2} + (1-p) \cdot \tfrac{1}{3} \cdot \tfrac{1}{3} = \frac{4+5p}{36}$$

S_1 und S_2 sind stochastisch unabhängig $\Leftrightarrow \left(\frac{2+p}{6}\right)^2 = \frac{4+5p}{36}$

$$\Leftrightarrow 4 + 4p + p^2 = 4 + 5p$$
$$\Leftrightarrow p^2 - p = 0$$
$$\Leftrightarrow p(p-1) = 0$$
$$\Leftrightarrow p = 0 \vee p = 1$$

S_1 und S_2 sind nur dann stochastisch unabhängig, wenn nie aus Urne 1 oder immer aus Urne 1 gezogen wird.

f) zu **a)** Für Ω_a siehe **a)**.

zu **b)** $\Omega_c = \{\text{xuv} \mid \text{x} \in \{\text{Adler, Zahl}\} \wedge \text{u, v} \in \{\text{s, w}\}\}$

ω	Ass	Asw	Aws	Aww	Zss	Zsw	Zws	Zww
$P_b(\{\omega\})$	$\frac{1}{8}$	$\frac{1}{8}$	$\frac{1}{8}$	$\frac{1}{8}$	$\frac{1}{18}$	$\frac{1}{9}$	$\frac{1}{9}$	$\frac{2}{9}$
$P_d(\{\omega\})$	$\frac{1}{8}$	$\frac{1}{8}$	$\frac{1}{12}$	$\frac{1}{6}$	$\frac{1}{18}$	$\frac{1}{9}$	$\frac{1}{6}$	$\frac{1}{6}$
$P_e(\{\omega\})$	$\frac{1}{4}p$	$\frac{1}{4}p$	$\frac{1}{4}p$	$\frac{1}{4}p$	$\frac{1}{9}(1-p)$	$\frac{2}{9}(1-p)$	$\frac{2}{9}(1-p)$	$\frac{4}{9}(1-p)$

zu **c)** $\Omega_c = \{\text{xuyv} \mid \text{x, y} \in \{\text{A, Z}\} \wedge \text{u, v} \in \{\text{s, w}\}\}$

ω	$P_c(\{\omega\})$	$P_f(\{\omega\})$	ω	$P_c(\{\omega\})$	$P_f(\{\omega\})$
AsAs	$\frac{1}{16}$	$\frac{1}{4}p^2$	ZsAs	$\frac{1}{24}$	$\frac{1}{6}p(1-p)$
AsAw	$\frac{1}{16}$	$\frac{1}{4}p^2$	ZsAw	$\frac{1}{24}$	$\frac{1}{6}p(1-p)$
AsZs	$\frac{1}{24}$	$\frac{1}{6}p(1-p)$	ZsZs	$\frac{1}{36}$	$\frac{1}{9}(1-p)^2$
AsZw	$\frac{1}{12}$	$\frac{1}{3}p(1-p)$	ZsZw	$\frac{1}{18}$	$\frac{2}{9}(1-p)^2$
AwAs	$\frac{1}{16}$	$\frac{1}{4}p^2$	ZwAs	$\frac{1}{12}$	$\frac{1}{3}p(1-p)$
AwAw	$\frac{1}{16}$	$\frac{1}{4}p^2$	ZwAw	$\frac{1}{12}$	$\frac{1}{3}p(1-p)$
AwZs	$\frac{1}{24}$	$\frac{1}{6}p(1-p)$	ZwZs	$\frac{1}{18}$	$\frac{2}{9}(1-p)^2$
AwZw	$\frac{1}{12}$	$\frac{1}{3}p(1-p)$	ZwZw	$\frac{1}{9}$	$\frac{4}{9}(1-p)^2$

zu **d)** $\Omega_d = \Omega_b$
P_d siehe unter **b)**

zu **e)** $\Omega_e = \Omega_b$, wenn man A als »Sektor 1« interpretiert.
P_e siehe unter **b)**

Aufgaben zu 10.2.

161/30.

	B	$\bar{B}$	
A	0,084	0,336	
	0,036	0,144	C $\bar{C}$
$\bar{A}$	0,024	0,096	
	0,056	0,224	

161/31. a)

	B	$\bar{B}$
A	$\frac{1}{15}$	$\frac{1}{5}$
	$\frac{1}{60}$	$\frac{1}{20}$
$\bar{A}$	$\frac{1}{30}$	$\frac{1}{10}$
	$\frac{2}{15}$	$\frac{2}{5}$

$C \quad \bar{C}$

$P(A \cap B) = \frac{1}{12} \Rightarrow P(C) = \frac{1}{60} : \frac{1}{12} = \frac{1}{5}$;
$P(B \cap C) = \frac{1}{20} \Rightarrow P(A) = \frac{1}{60} : \frac{1}{20} = \frac{1}{3}$;
$\Rightarrow P(B) = \frac{1}{12} : \frac{1}{3} = \frac{1}{4}$

b)

	B	$\bar{B}$
A	0,08	0,02
	0,08	0,02
$\bar{A}$	0,32	0,08
	0,32	0,08

$C \quad \bar{C}$

$P(A \cap C) = 0{,}1$

$$\Rightarrow P(B) = \frac{0{,}08}{0{,}1} = 0{,}8$$

$$\Rightarrow P(\bar{B}) = 0{,}2;$$

$$P(\bar{B} \cap C) = 0{,}1 \Rightarrow P(C) = \frac{0{,}1}{0{,}2} = 0{,}5$$

$$\Rightarrow P(A \cap B) = \frac{0{,}08}{0{,}5} = 0{,}16$$

$$\Rightarrow P(A) = \frac{0{,}16}{0{,}8} = 0{,}2.$$

162/32. Der Staatsanwalt nimmt der Einfachheit halber an, daß die 3 Merkmale unabhängig sind, was sicherlich für Jeans und Lederjacke nicht gilt.

162/33. a)

	F		$\bar{F}$	
E		6		
$\bar{E}$			21	189
	$\bar{S}$	S	S	$\bar{S}$

500

in % $\Rightarrow$

	F		$\bar{F}$	
E		1,2		
$\bar{E}$			4,2	37,8
	$\bar{S}$	S	S	$\bar{S}$

Sei $e := P(E)$, $f := P(F)$ und $s := P(S)$, dann gilt:

I $efs = 0{,}012$
II $(1-e)(1-f)(1-s) = 0{,}378$
III $(1-e)(1-f)s = 0{,}042$
IV $e > f$

$$\Leftrightarrow \begin{cases} \text{I} & efs = 0{,}012 \\ \text{II} & \dfrac{1-s}{s} = 9 \qquad \text{(II : III)} \\ \text{III} & (1-e)(1-f)s = 0{,}042 \\ \text{IV} & e > f \end{cases}$$

$$\Leftrightarrow \begin{cases} \text{II} & s = 0{,}1 \\ \text{III} & f = 0{,}7 - e \qquad \text{(II, I in III)} \\ \text{I} & e^2 - 0{,}7e + 0{,}12 = 0 \Leftrightarrow e = 0{,}4 \vee e = 0{,}3 \\ \text{IV} & e > f \end{cases}$$

[Durch diese Forderung wird die Lösung eindeutig.]

$\Leftrightarrow s = 0{,}1; \quad e = 0{,}4; \quad f = 0{,}4$

Die vollständige 8-Felder-Tafel lautet:

	F 30		$\bar{F}$ 70		
E	10,8	1,2	2,8	25,2	40
$\bar{E}$	16,2	1,8	4,2	37,8	60
	$\bar{S}$	S		$\bar{S}$	
		10			

b) 1) 200 **2)** 126 **3)** 15 **4)** 185 **5)** 135

c)

	F		$\bar{F}$		
E	54	6	14	126	200
$\bar{E}$	81	9	21	0	111
					311
	$\bar{S}$	S		$\bar{S}$	

absolute Häufigkeiten

	F		$\bar{F}$		
E	$\frac{54}{311}$	$\frac{6}{311}$	$\frac{14}{311}$	$\frac{126}{311}$	$\frac{200}{311}$
$\bar{E}$	$\frac{81}{311}$	$\frac{9}{311}$	$\frac{21}{311}$	0	$\frac{111}{311}$
	$\bar{S}$	S		$\bar{S}$	

Wahrscheinlichkeiten

Wir prüfen $P(E \cap F \cap S) = \frac{9}{311} \approx 0{,}03$

$$P(E) \cdot P(F) \cdot P(S) = \frac{200}{311} \cdot \frac{150}{311} \cdot \frac{50}{311} = \frac{1{,}5 \cdot 10^6}{311^3} \approx 0{,}05$$

Verlust der stochastischen Unabhängigkeit!

162/34. Mit der Unabhängigkeitsannahme erhält man:

a) 1) P(»Mindestens einer trifft«) =
$= 1 - P$(»Keiner trifft«) =
$= 1 - \frac{8}{10} \cdot \frac{7}{10} \cdot \frac{6}{10} \cdot \frac{5}{10} = 83{,}2\%$

2) P(»Der Hase wird genau einmal getroffen«) =

$$= \frac{2}{10} \cdot \frac{7 \cdot 6 \cdot 5}{1000} + \frac{3}{10} \cdot \frac{8 \cdot 6 \cdot 5}{1000} + \frac{4}{10} \cdot \frac{8 \cdot 7 \cdot 5}{1000} + \frac{5}{10} \cdot \frac{8 \cdot 7 \cdot 6}{1000} =$$

$$= \frac{420 + 720 + 1120 + 1680}{10^4} = 39{,}4\%$$

b)

Anzahl der Treffer	0	1	2	3	4
Wahrscheinlichkeit	0,168	0,394	0,320	0,106	0,012

162/35. $P(R) = P(G) = P(B) = \frac{1}{2}$
$P(R \cap G) = P(R \cap B) = P(G \cap B) = \frac{1}{4}$.
Paarweise Unabhängigkeit evident.

$$\left.\begin{array}{l} P(R \cap G \cap B) = \frac{1}{4} \\ P(R) \cdot P(B) \cdot P(G) = \frac{1}{8} \end{array}\right\} \Rightarrow R, G, B \text{ sind stochastisch abhängig.}$$

162/36.

$$\left.\begin{array}{l} P(A) = P(B) = P(C) = \frac{1}{2} \\ P(A \cap B) = P(A \cap C) = P(B \cap C) = \frac{1}{4} \end{array}\right\} \Rightarrow \text{Paarweise Unabhängigkeit}$$

$$\left.\begin{array}{l} P(A \cap B \cap C) = \frac{1}{4} \\ P(A) \cdot P(B) \cdot P(C) = \frac{1}{8} \end{array}\right\} \Rightarrow \text{Abhängigkeit}$$

163/37. Es bedeutet 1 Treffer, 0 Fehlschuß. Zuerst schießt Anton.
P(»Anton gewinnt«) $= P(\{1100, 1101, 1110, 1000, 0100\}) =$
$= 0{,}36 \cdot (0{,}09 + 0{,}21 + 0{,}21) + 0{,}24 \cdot 0{,}09 \cdot 2 = 0{,}2268$

163/38. a) kgV(2, 3, 4, 5, 6) = 60: An jedem 60. Tag kommen alle zusammen, also Wahrscheinlichkeit $\frac{1}{60}$.

b) Wahrscheinlichkeit $= \frac{1}{2} \cdot \frac{1}{3} \cdot \frac{1}{4} \cdot \frac{1}{5} \cdot \frac{1}{6} = \frac{1}{720}$.

163/39. Auch $\bar{E}_1, \ldots, \bar{E}_n$ sind unabhängig.

$$P(\bar{E}_1 \cap \ldots \cap \bar{E}_n) = \left(1 - \tfrac{1}{2}\right)\left(1 - \tfrac{1}{3}\right) \ldots \left(1 - \frac{1}{n+1}\right) = \frac{1}{n+1}.$$

Anwendung auf Aufgabe 163/**38b**:

P(Keiner der Freunde besucht die Wirtschaft) $= \frac{1}{5+1} = \frac{1}{6}$.

163/40.

	B		$\bar{B}$	
A	x	y	z	α
$\bar{A}$	β	u	γ	δ
	$\bar{C}$	C		$\bar{C}$

$$P(A) = a \qquad P(B) = b \qquad P(C) = c$$

Es mögen die folgenden 4 Gleichungen gelten:

$$\begin{aligned} x &= P(A \cap B \cap \bar{C}) = P(A) \cdot P(B) \cdot P(\bar{C}) = ab(1-c) \\ y &= P(A \cap B \cap C) = P(A) \cdot P(B) \cdot P(C) = abc \\ z &= P(A \cap \bar{B} \cap C) = P(A) \cdot P(\bar{B}) \cdot P(C) = a(1-b)c \\ u &= P(\bar{A} \cap B \cap C) = P(\bar{A}) \cdot P(B) \cdot P(C) = (1-a)bc \end{aligned}$$

Dann gilt auch

$$\begin{aligned} P(A \cap \bar{B} \cap \bar{C}) = \alpha &= a - (x + y + z) = \\ &= a - ab(1-c) - abc - a(1-b)c = \\ &= a[1 - b + bc - bc - c + bc] = \\ &= a[1 - b - c + bc] = \\ &= a(1-b)(1-c) = \\ &= P(A) \cdot P(\bar{B}) \cdot P(\bar{C}); \end{aligned}$$

$$\begin{aligned} P(\bar{A} \cap B \cap \bar{C}) = \beta &= b - (x + y + u) = \\ &= b - ab(1-c) - abc - (1-a)bc = \\ &= b[1 - a + ac - ac - c + ac] = \\ &= b[1 - a - c + ac] = \\ &= b(1-a)(1-c) = \\ &= P(\bar{A}) \cdot P(B) \cdot P(\bar{C}); \end{aligned}$$

$$\begin{aligned} P(\bar{A} \cap \bar{B} \cap C) = \gamma &= c - (y + z + u) = \\ &= c - abc - a(1-b)c - (1-a)bc = \\ &= c[1 - ab - a + ab - b + ab] = \\ &= c[1 - a - b + ab] = \\ &= c(1-a)(1-b) = \\ &= P(\bar{A}) \cdot P(\bar{B}) \cdot P(C); \end{aligned}$$

$$\begin{aligned} P(\bar{A} \cap \bar{B} \cap \bar{C}) = \delta &= 1 - a - \beta - u - \gamma = \\ &= 1 - a - b(1-a)(1-c) - (1-a)bc - (1-a)(1-b)c = \\ &= (1-a)[1 - b(1-c) - bc - (1-b)c] = \\ &= (1-a)[1 - b + bc - bc - c + bc] = \\ &= (1-a)[1 - b - c + bc] = \\ &= (1-a)(1-b)(1-c) = \\ &= P(\bar{A}) \cdot P(\bar{B}) \cdot P(\bar{C}). \end{aligned}$$

163/41. Zur Übersicht diene die 8-Felder-Tafel mit den Mächtigkeiten der Schnitt-Ereignisse:

		B	$\bar{B}$
A	$\bar{C}$	2	1
A	C	2	3
$\bar{A}$	C	2	1
$\bar{A}$	$\bar{C}$	2	3

Wegen $|A| = |B| = |C| = 8$ müßte bei Unabhängigkeit in jedem Feld 2 stehen. Also sind die 3 Ereignisse abhängig.

Es gelten von den 8 Gleichungen der Definition 153.1 diejenigen vier, in denen B vorkommt.

163/42. I. Aus Definition 153.1 und Satz 155.1 erhalten wir sofort die ersten 3 Gleichungen. Die 4. Gleichung ist eine der 8 Gleichungen von Definition 153.1. Somit folgt aus Definition 153.1 die Definition von **42.**

II. Die ersten 3 Gleichungen dieser Definition bedeuten die paarweise Unabhängigkeit von A, B und C. Mit Hilfe von Satz 151.1 und dem 3. Axiom von *Kolmogorow* erhalten wir die 8 Gleichungen von Definition 153.1, z.B.

$P(A \cap B) = P(A \cap B \cap C) + P(A \cap B \cap \bar{C})$;
$\Leftrightarrow P(A) \cdot P(B) = P(A) \cdot P(B) \cdot P(C) + P(A \cap B \cap \bar{C})$;
$\Leftrightarrow P(A \cap B \cap \bar{C}) = P(A) \cdot P(B)[1 - P(C)]$;
$\Leftrightarrow P(A \cap B \cap \bar{C}) = P(A) \cdot P(B) \cdot P(\bar{C})$.

Damit gewinnt man

$P(B \cap C) = P(A \cap B \cap C) + P(\bar{A} \cap B \cap C)$;
$\Leftrightarrow P(\bar{A} \cap B \cap C) = P(B) \cdot P(C)[1 - P(A)]$;
$\Leftrightarrow P(\bar{A} \cap B \cap C) = P(\bar{A}) \cdot P(B) \cdot P(C)$.

Usw.

163/43. a)
$$P_B(A) = \frac{P(A \cap B)}{P(B)} = \frac{P(A \cap B \cap C) + P(A \cap B \cap \bar{C})}{P(B)} =$$
$$= \frac{P(A \cap B \cap C) \cdot P(B \cap C)}{P(B \cap C) \cdot P(B)} + \frac{P(A \cap B \cap \bar{C}) \cdot P(B \cap \bar{C})}{P(B \cap \bar{C}) \cdot P(B)} =$$
$$= P_{B \cap C}(A) \cdot P_B(C) + P_{B \cap \bar{C}}(A) \cdot P_B(\bar{C}).$$

Analog

$$P_{\bar{B}}(A) = P_{\bar{B} \cap C}(A) \cdot P_{\bar{B}}(C) + P_{\bar{B} \cap \bar{C}}(A) \cdot P_{\bar{B}}(\bar{C}).$$

Die stochastische Unabhängigkeit von B und C bedeutet

$$P_B(C) = P_{\bar{B}}(C) = P(C) \quad \text{und} \quad P_B(\bar{C}) = P_{\bar{B}}(\bar{C}) = P(\bar{C}).$$

Damit wird

$$P_B(A) = P_{B \cap C}(A) \cdot P(C) + P_{B \cap \bar{C}}(A) \cdot P(\bar{C})$$
$$P_{\bar{B}}(A) = P_{\bar{B} \cap C}(A) \cdot P(C) + P_{\bar{B} \cap \bar{C}}(A) \cdot P(\bar{C}).$$

Ist nun

$P_{B \cap C}(A) \geqq P_{\bar{B} \cap C}(A)$ und
$P_{B \cap \bar{C}}(A) \geqq P_{\bar{B} \cap \bar{C}}(A)$,

so gilt auch

$P(C) \cdot P_{B \cap C}(A) \geqq P(C) \cdot P_{\bar{B} \cap C}(A)$ und
$P(\bar{C}) \cdot P_{B \cap \bar{C}}(A) \geqq P(\bar{C}) \cdot P_{\bar{B} \cap \bar{C}}(A)$.

Die Addition der beiden Seiten ergibt

$P_B(A) \geqq P_{\bar{B}}(A)$, q. e. d.

b) Aufgabe 140/**18. a):**

$$\left.\begin{array}{l} P(B) = \frac{4\,758\,005}{4\,894\,511} \\ P(C) = \frac{4\,756\,169}{4\,894\,511} \end{array}\right\} \Rightarrow P(B)\cdot P(C) < 0{,}945$$

$$P(B \cap C) = \frac{4\,666\,809}{4\,894\,511} > 0{,}953$$

Aufgabe 140/**18. b):**

$$\left.\begin{array}{l} P(B) = \frac{40}{52} \\ P(C) = \frac{20}{52} \end{array}\right\} \Rightarrow P(B)\cdot P(C) = \frac{50}{169}$$

$$P(B \cap C) = \frac{13}{52} = \frac{1}{4}$$

163/44. Wir zeigen: Sind n Ereignisse stochastisch unabhängig, dann sind auch irgendwelche $n-1$ dieser Ereignisse stochastisch unabhängig. Als diese $n-1$ Ereignisse wählen wir die Ereignisse $A_1, A_2, \ldots, A_{i-1}, A_{i+1}, \ldots, A_n$.
Nun gilt nach Definition 156.1 z.B.

$$P(A_1 \cap A_2 \cap \ldots \cap A_{i-1} \cap A_i \cap A_{i+1} \cap \ldots \cap A_n) = P(A_1)\cdot P(A_2)\cdot \ldots \cdot P(A_i)\cdot \ldots \cdot P(A_n);$$

und

$$P(A_1 \cap A_2 \cap \ldots \cap A_{i-1} \cap \bar{A}_i \cap A_{i+1} \cap \ldots \cap A_n) = P(A_1)\cdot P(A_2)\cdot \ldots \cdot P(\bar{A}_i)\cdot \ldots \cdot P(A_n);$$

Addition der beiden Gleichungen liefert nach dem 3. Axiom von *Kolmogorow*:

$$P(A_1 \cap \ldots \cap A_{i-1} \cap A_{i+1} \cap \ldots \cap A_n) =$$

$$= (P(A_i) + P(\bar{A}_i)) \cdot [P(A_1)\cdot \ldots \cdot P(A_{i-1})\cdot P(A_{i+1})\cdot \ldots \cdot P(A_n)];$$

$$\Leftrightarrow P(A_1 \cap \ldots \cap A_{i-1} \cap A_{i+1} \cap \ldots \cap A_n) = \prod_{\substack{k=1 \\ k \neq i}}^{n} P(A_k).$$

Analog gewinnt man die noch fehlenden $2^{n-1} - 1$ Gleichungen, bei denen irgendwelche A_k $(k \neq i)$ einen Querstrich tragen.
Also sind die Ereignisse $A_1, A_2, \ldots, A_{i-1}, A_{i+1}, \ldots, A_n$ stochastisch unabhängig für $i = 1, 2, \ldots, n$.
Nun kann man so schrittweise weiter verfahren bis zur paarweisen Unabhängigkeit.

163/45. a) Man erhält $\binom{n}{2} + \binom{n}{3} + \ldots + \binom{n}{n} = 2^n - n - 1$ Gleichungen.
Man beachte Aufgabe 115/**42. a)**: $\sum_{j=0}^{n} \binom{n}{j} = 2^n$.

b) Mit Hilfe von Satz 156.1 folgt diese Definition unmittelbar aus Definition 156.1. Umgekehrt gewinnt man wie in Aufgabe **42.** die 2^n Gleichungen von Definition 156.1 aus den $2^n - n - 1$ Gleichungen dieser Definition unter Verwendung des 3. Axioms von *Kolmogorow*.

163/46. Die stochastische Unabhängigkeit von $A_1, \ldots, A_5$ bedeutet, daß 32 Gleichungen der Form

$$P(\overset{(-)}{A}_1 \cap \overset{(-)}{A}_2 \cap \overset{(-)}{A}_3 \cap \overset{(-)}{A}_4 \cap \overset{(-)}{A}_5) = P(\overset{(-)}{A}_1)\cdot P(\overset{(-)}{A}_2)\cdot P(\overset{(-)}{A}_3)\cdot P(\overset{(-)}{A}_4)\cdot P(\overset{(-)}{A}_5)$$

gelten, wobei kein A_i, einige A_i oder alle A_i Querstriche tragen. Wegen $\bar{\bar{A}}_i = A_i$ erhält man dasselbe Gleichungssystem, wenn man die Ereignisse $\bar{A}_1$, A_2, $\bar{A}_3$, $\bar{A}_4$ und A_5 auf stochastische Unabhängigkeit untersucht.

Aufgaben zu 11.1.

185/1. **a)**

x	0	1	2	3
$W(x)$	$\frac{125}{216}$	$\frac{75}{216}$	$\frac{15}{216}$	$\frac{1}{216}$

$\mathscr{E}X = 0{,}5$

b)

x	-10	-9	6	71
$W(x)$	$\frac{125}{216}$	$\frac{75}{216}$	$\frac{15}{216}$	$\frac{1}{216}$

$\mathscr{E}X = -\frac{1764}{216} \approx -8{,}17$

185/2. **a)**

x	-1	1	2	x_3
$W(x)$	$\frac{125}{216}$	$\frac{75}{216}$	$\frac{15}{216}$	$\frac{1}{216}$

$$\mathscr{E}X = \frac{-20 + x_3}{216} = 0 \Leftrightarrow x_3 = 20$$

Somit Auszahlung bei 666 = 21 DM.

b) $$\mathscr{E}X = \frac{125x_0 + 75 + 30 + 3}{216} = 0$$

$\Leftrightarrow x_0 = -\frac{108}{125}.$

Somit Auszahlung beim Verlust =

$= \frac{17}{125}$ DM = 0,136 DM.

186/3. **a)** Mögliche Ergebnisse sind die Paare (Voraussage | eingetroffenes Geschlecht). Mit k := Knabe und m := Mädchen ist also $\Omega = \{\text{kk, km, mk, mm}\}$.
X := Einkommen pro Vorhersage.

ω	kk	km	mk	mm
$X(\omega)$	a	0	0	a

$\mathscr{E}X = a \cdot \frac{1}{2} \cdot 0{,}514 + a \cdot \frac{1}{2} \cdot (1 - 0{,}514) = \frac{1}{2}a.$

Im Monat kann der Hellseher also $50 \cdot a$ DM als Einkommen erwarten.

b) Der Hellseher sagt z.B. mit einem Glücksrad mit 2 Sektoren das Geschlecht voraus. Der Sektor »Knabe« habe die Wahrscheinlichkeit p. Dann ist

$\mathscr{E}X = a \cdot p \cdot 0{,}514 + a(1-p)(1 - 0{,}514) = a(0{,}486 + 0{,}028p).$

Also wächst $\mathscr{E}X$ echt monoton mit p. Der Hellseher erzielt maximales Einkommen, wenn er stets »Knabe« vorhersagt.

186/4. $\mathscr{E}X = 1 \cdot 0{,}1 + 3 \cdot 0{,}35 + 4 \cdot 0{,}48 + 6 \cdot 0{,}07 = 3{,}49$

186/5. **a)** $\Omega = \{$Es, gibt, drei, Arten, von, Lügen, gewöhnliche, infame, und, die, Statistik$\}$
$|\Omega| = 11$

b)

b	2	3	4	5	6	9	11
$W_B(b)$	$\frac{1}{13}$	$\frac{3}{13}$	$\frac{2}{13}$	$\frac{4}{13}$	$\frac{1}{13}$	$\frac{1}{13}$	$\frac{1}{13}$

s	1	2	3	4
$W_S(s)$	$\frac{6}{13}$	$\frac{4}{13}$	$\frac{2}{13}$	$\frac{1}{13}$

i	0	1	2
$W_I(i)$	$\frac{7}{13}$	$\frac{5}{13}$	$\frac{1}{13}$

k	1	2	3	6	7
$W_K(k)$	$\frac{2}{13}$	$\frac{3}{13}$	$\frac{6}{13}$	$\frac{1}{13}$	$\frac{1}{13}$

c) $\mathscr{E}B = 5$; $\mathscr{E}S = \frac{24}{13}$; $\mathscr{E}K = 3$; $\mathscr{E}I = \frac{7}{13}$.

Mittlerer Wert der jeweiligen Zufallsgröße bei vielen Versuchen.

d) a) $\Omega = \{\text{there, are, three, kinds, of, lies, damned, and, statistics}\}$
$|\Omega| = 9$

b)

b	2	3	4	5	6	10
$W_B(b)$	$\frac{1}{11}$	$\frac{2}{11}$	$\frac{3}{11}$	$\frac{3}{11}$	$\frac{1}{11}$	$\frac{1}{11}$

s	1	2	3
$W_S(s)$	$\frac{9}{11}$	$\frac{2}{11}$	$\frac{1}{11}$

i	0	1	2
$W_I(i)$	$\frac{6}{11}$	$\frac{4}{11}$	$\frac{1}{11}$

k	1	2	3	4	5	7
$W_K(k)$	$\frac{2}{11}$	$\frac{4}{11}$	$\frac{2}{11}$	$\frac{1}{11}$	$\frac{1}{11}$	$\frac{1}{11}$

c) $\mathscr{E}B = \frac{51}{11}$; $\mathscr{E}S = \frac{16}{11}$; $\mathscr{E}I = \frac{6}{11}$; $\mathscr{E}K = \frac{32}{11}$.

186/6. a) $W(4) = 0{,}15$ **b)** –

c) $P(X \leqq 3) = \sum_{x=0}^{3} W(x) = 0{,}85$

$P(X \geqq 3) = 1 - \sum_{x=0}^{2} W(x) = 0{,}25$

$P(X = 3) = W(3) = 0{,}10$

d) $P(1 < X \leqq 3) = W(2) + W(3) = 0{,}3 + 0{,}1 = 0{,}40.$

e) 2 Stunden

f) $\frac{0{,}3}{0{,}8} = 0{,}375;$

$\frac{0{,}3}{0{,}8} + \frac{0{,}1}{0{,}8} + \frac{0{,}15}{0{,}8} = 0{,}6875.$

g) $\mathscr{E}X = 1{,}75.$ Im Mittel ist das Gerät $1\frac{3}{4}$ Stunden täglich in Betrieb.

186/7. a)

s	2	3
$W_S(s)$	$\frac{7}{15}$	$\frac{8}{15}$

b) $\mathscr{E}S = \frac{38}{15}$.

187/8. a)

ω	2	3	4	5	6	7	8	9	10	11	12
$g = G(\omega)$	5	1	−1	1	−1	1	−1	−4	−1	1	−1

b)

g	−4	−1	1	5
$W(g)$	$\frac{4}{36}$	$\frac{17}{36}$	$\frac{14}{36}$	$\frac{1}{36}$

c) –

d) $\mathscr{E}G = -\frac{7}{18}$.

187/9. a)

z	2	3	4	5	6	7	8	9	10
$W(z)$	$\frac{1}{25}$	$\frac{2}{25}$	$\frac{3}{25}$	$\frac{4}{25}$	$\frac{5}{25}$	$\frac{4}{25}$	$\frac{3}{25}$	$\frac{2}{25}$	$\frac{1}{25}$

b) $\mathscr{E}Z = \mu = 6$

c) $$P(Z = 6 \pm x) = \begin{cases} \dfrac{5-x}{25} & \text{für } x \in \{0, \ldots, 4\} \\ 0 & \text{für } x \notin \{0, \ldots, 4\} \end{cases}$$

d) $P(Z = a + x) = P(Z = a - x)$
Mit $x_i := z_i - a$ erhält man

$$\begin{aligned}\mathscr{E}Z &= \sum_{i=1}^{n} z_i W(z_i) = \\ &= \sum_{i=1}^{n} (x_i + a) W(z_i) = \\ &= \sum_{i=1}^{n} x_i W(z_i) + a \sum_{i=1}^{n} W(z_i) = \\ &= \sum_{i=1}^{n} x_i P(Z = z_i) + a \cdot 1.\end{aligned}$$

Ist $P(Z = z_i) = P(Z = a + x_i) =: p_i \neq 0$, so gilt nach Voraussetzung auch $P(Z = a - x_i) = p_i \neq 0$. Es gibt also zu jedem x_i einen Wert $(-x_i)$, der mit derselben Wahrscheinlichkeit angenommen wird. Diese Paare eliminieren sich in der ersten Summe. Also gilt $\sum_{i=1}^{n} x_i P(Z = z_i) = 0$ und damit $\mathscr{E}Z = a$, q.e.d.

187/10. E sei der gesamte Einsatz, A die Zufallsgröße »Auszahlung, die ich erhalte«.

a	E	$\frac{1}{2}E$	0
$W(a)$	$\frac{6}{36}$	$\frac{27}{36}$	$\frac{3}{36}$

$\mathscr{E}A = \frac{39}{72}E = \frac{13}{24}E$

Ich erhalte also im Mittel $\frac{13}{24}$ des Einsatzes, mein Gegenspieler $\frac{11}{24}$. Das Spiel ist fair, wenn unsere Einsätze sich wie 13 : 11 verhalten.

187/11. a) $\Omega = \{6, 16, 26, \ldots, 56, 116, \ldots, 556, 1116, \ldots, 5556, 1111, \ldots, 5555\}$.
$|\Omega| = 1 + 5 + 25 + 125 + 625 = 781$.

b) $E_1 := \{6\}$
$E_2 := \{16, 26, \ldots, 56\}$
$E_3 := \{116, \ldots, 556\}$
$E_4 := \{1116, \ldots, 5556, 1111, \ldots, 5555\}$

c)

z	1	2	3	4
$W(z)$	$\frac{1}{6}$	$\frac{5}{36}$	$\frac{25}{216}$	$\frac{125}{1296} + \frac{625}{1296} = \frac{750}{1296}$

d) $\mathscr{E}Z = \frac{1}{6} \cdot 1 + \frac{5}{36} \cdot 2 + \frac{25}{216} \cdot 3 + \frac{750}{1296} \cdot 4 = \frac{4026}{1296} \approx 3{,}106$.

188/12. a) $\Omega = \{00, 11, 010, 101, 011, 100\}$

a	2	3
$W(a)$	$\frac{1}{2}$	$\frac{1}{2}$

$\mathscr{E}A = 2{,}5$

b) $\Omega = \{000, 111, 0010, 1101, 0100, 1011, 1000, 0111, 00111, 11000, 01011, 10100, 01101, 10010, 10011, 01100, 10101, 01010, 11001, 00110\}$

a	3	4	5
$W(a)$	$\frac{1}{4}$	$\frac{3}{8}$	$\frac{3}{8}$

$\mathscr{E}A = \frac{33}{8} = 4\frac{1}{8}$.

c)

a	n	$n+1$	…	$n+k$	…	$2n-1$
$W(a)$	$2 \cdot (\frac{1}{2})^n$	$2n(\frac{1}{2})^{n+1}$	…	$2\binom{n+k-1}{k}(\frac{1}{2})^{n+k}$	…	$2\binom{2n-1}{n-1}(\frac{1}{2})^{2n-1}$

$$\mathscr{E}A = (\tfrac{1}{2})^{n-1} \sum_{k=0}^{n-1} (n+k)\binom{n+k-1}{k} \cdot (\tfrac{1}{2})^k =$$
$$= n \cdot (\tfrac{1}{2})^{n-1} \sum_{k=0}^{n-1} \binom{n+k}{k}(\tfrac{1}{2})^k.$$

188/13. a) $W_X(x) = \dfrac{\binom{4}{x}\binom{28}{8-x}}{\binom{32}{8}}$.

Angenähert erhält man

x	0	1	2	3	4
$W_X(x)$	0,2955	0,4503	0,2149	0,0374	0,0019

$W_Y(y) = \dfrac{\binom{8}{y}\binom{24}{8-y}}{\binom{32}{8}}$.

Näherungsweise gilt

y	0	1	2	3	4	5	6	7	8
$W_Y(y)$	0,0699	0,2632	0,3583	0,2263	0,0707	0,0108	0,0007	0,000018	0,0000001

b) 1) $\mathscr{E}X = 0{,}4503 \cdot 1 + 0{,}2149 \cdot 2 + 0{,}0374 \cdot 3 + 0{,}0019 \cdot 4 = 0{,}9999.$

Rechnung mit den exakten Werten ergibt:

$$\mathscr{E}X = [\tbinom{4}{1}\tbinom{28}{7} \cdot 1 + \tbinom{4}{2}\tbinom{28}{6} \cdot 2 + \tbinom{4}{3}\tbinom{28}{5} \cdot 3 + \tbinom{4}{4}\tbinom{28}{4} \cdot 4] : \tbinom{32}{8} =$$
$$= [4 \cdot (\tbinom{28}{7} + 3 \cdot \tbinom{28}{6} + 3 \cdot \tbinom{28}{5} + \tbinom{28}{4})] : \tbinom{32}{8} =$$
$$= [4 \cdot (\tbinom{29}{7} + 2 \cdot \tbinom{29}{6} + \tbinom{29}{5})] : \tbinom{32}{8} =$$
$$= [4 \cdot (\tbinom{30}{7} + \tbinom{30}{6})] : \tbinom{32}{8} =$$
$$= [4 \cdot \tbinom{31}{7}] : \tbinom{32}{8} = \tfrac{4 \cdot 31!\,8!\,24!}{7!\,24!\,32!} = 1.$$

2) Mit den Näherungswerten erhält man $\mathscr{E}Y = 1{,}9998$.

Exakt ergibt sich für den Zähler:

$$\sum_{x=0}^{8} \tbinom{8}{x}\tbinom{24}{8-x} \cdot x =$$
$$= 8\tbinom{24}{7} + 56\tbinom{24}{6} + 168\tbinom{24}{5} + 280\tbinom{24}{4} + 280\tbinom{24}{3} + 168\tbinom{24}{2} + 56\tbinom{24}{1} + 8\tbinom{24}{0} =$$
$$= 8[\tbinom{25}{7} + 6\tbinom{25}{6} + 15\tbinom{25}{5} + 20\tbinom{25}{4} + 15\tbinom{25}{3} + 6\tbinom{25}{2} + \tbinom{25}{1}] =$$
$$= 8[\tbinom{26}{7} + 5\tbinom{26}{6} + 10\tbinom{26}{5} + 10\tbinom{26}{4} + 5\tbinom{26}{3} + \tbinom{26}{2}] =$$
$$= 8[\tbinom{27}{7} + 4\tbinom{27}{6} + 6\tbinom{27}{5} + 4\tbinom{27}{4} + \tbinom{27}{3}] =$$
$$= 8[\tbinom{28}{7} + 3\tbinom{28}{6} + 3\tbinom{28}{5} + \tbinom{28}{4}] =$$
$$= 8[\tbinom{29}{7} + 2\tbinom{29}{6} + \tbinom{29}{5}] =$$
$$= 8[\tbinom{30}{7} + \tbinom{30}{6}] =$$
$$= 8 \cdot \tbinom{31}{7}.$$

Damit erhält man $\quad \mathscr{E}Y = 2 \cdot \dfrac{4\binom{31}{7}}{\binom{32}{8}} = 2.$

Hinweis: Hinter der umfangreichen Berechnung des Zählers von $\mathscr{E}Y$ verbirgt sich die Formel

$$\sum_{k=0}^{n} \tbinom{n}{k}\tbinom{m}{n-k} \cdot k = \tbinom{n+m-1}{n-1} \cdot n.$$

Beweis: $\displaystyle\sum_{k=0}^{n} \tbinom{n}{k}\tbinom{m}{n-k} \cdot k = \sum_{k=0}^{n} \tfrac{n!}{k!(n-k)!} \tbinom{m}{n-k} k =$

$$= n \sum_{k=1}^{n} \tfrac{(n-1)!}{(k-1)!((n-1)-(k-1))!} \tbinom{m}{(n-1)-(k-1)} =$$

$$= n \sum_{k=1}^{n} \binom{n-1}{k-1}\binom{m}{(n-1)-(k-1)} =$$

$$= n \sum_{k=0}^{n-1} \binom{n-1}{k}\binom{m}{n-1-k}. \qquad (*)$$

Nun ist $(x+y)^m \cdot (x+y)^{n-1} = (x+y)^{m+n-1}$;

$$\Leftrightarrow \sum_{\nu=0}^{m} \binom{m}{\nu} x^\nu y^{m-\nu} \cdot \sum_{\mu=0}^{n-1} \binom{n-1}{\mu} x^\mu y^{n-1-\mu} = \sum_{\lambda=0}^{m+n-1} \binom{m+n-1}{\lambda} x^\lambda y^{m+n-1-\lambda}$$

$$\Leftrightarrow \sum_{\nu=0}^{m} \sum_{\mu=0}^{n-1} \binom{m}{\nu}\binom{n-1}{\mu} x^{\mu+\nu} y^{m+n-1-\nu-\mu} = \sum_{\lambda=0}^{m+n-1} \binom{m+n-1}{\lambda} x^\lambda y^{m+n-1-\lambda}.$$

Das Glied mit $\lambda = n-1$ erhalten wir, wenn

$\mu + \nu = n - 1$

$\Leftrightarrow \nu = n - 1 - \mu.$

Das ergibt links den Koeffizienten $\sum_{\mu=0}^{n-1} \binom{m}{n-1-\mu}\binom{n-1}{\mu}$, rechts hingegen $\binom{m+n-1}{n-1}$,

was gleich dem links erhaltenen Wert sein muß.
Vergleich mit (*) liefert die Behauptung.

188/14. a) $k = 1$:

x	1	2	3	4
$W_1(x)$	$\frac{1}{4}$	$\frac{1}{4}$	$\frac{1}{4}$	$\frac{1}{4}$

$k = 2$:

x	3	4	5	6	7
$W_2(x)$	$\frac{1}{6}$	$\frac{1}{6}$	$\frac{1}{3}$	$\frac{1}{6}$	$\frac{1}{6}$

$k = 3$:

x	6	7	8	9
$W_3(x)$	$\frac{1}{4}$	$\frac{1}{4}$	$\frac{1}{4}$	$\frac{1}{4}$

$k = 4$:

x	10
$W_4(x)$	1

b)

x	2	3	4	5	6	7	8
$W(x)$	$\frac{1}{16}$	$\frac{1}{8}$	$\frac{3}{16}$	$\frac{1}{4}$	$\frac{3}{16}$	$\frac{1}{8}$	$\frac{1}{16}$

c) zu **a)** $k = 1$: $\mathscr{E}X = 2{,}5$ $\quad k = 3$: $\mathscr{E}X = 7{,}5$
$k = 2$: $\mathscr{E}X = 5$ $\quad k = 4$: $\mathscr{E}X = 10$

zu **b)** $\mathscr{E}X = 5$

188/15.

x	0	100	n
$W(x)$	0,5	p	$0{,}5 - p$

$\mathscr{E}X = 100p + n(0{,}5 - p) > 50$
$\Rightarrow n > 100.$

188/16. $\frac{75}{216} \cdot 5 + \frac{15}{216} \cdot 10 + \frac{1}{216} \cdot 30 = \frac{555}{216} = 2{,}57.$

188/17. X sei die Zufallsgröße »Auszahlung«.

$$\mathscr{E}X = \tfrac{1}{36} \cdot 2 + \tfrac{2}{36} \cdot 3 + \tfrac{1}{36} \cdot 4 - \tfrac{2}{36} \cdot 4 + \tfrac{2}{36} \cdot 5 - \tfrac{2}{36} \cdot 5 + \tfrac{4}{36} \cdot 6 - \tfrac{1}{36} \cdot 6 +$$
$$+ \tfrac{4}{36} \cdot 7 - \tfrac{2}{36} \cdot 7 + \tfrac{3}{36} \cdot 8 - \tfrac{2}{36} \cdot 8 + \tfrac{2}{36} \cdot 9 - \tfrac{2}{36} \cdot 9 + \tfrac{3}{36} \cdot 10 + \tfrac{2}{36} \cdot 11 +$$
$$+ \tfrac{1}{36} \cdot 12 = 3.$$

Gewinn = Auszahlung – Einsatz = 0.
Das Spiel ist fair.

188/18. a)

x	0	1	3
$W_X(x)$	$\frac{1}{3}$	$\frac{1}{2}$	$\frac{1}{6}$

$\mathscr{E}X = 1$

b)

x	0	1	2	4
$W_X(x)$	$\frac{9}{24}$	$\frac{8}{24}$	$\frac{6}{24}$	$\frac{1}{24}$

$\mathscr{E}X = 1$

188/19. a)

x	-10	0	10	90
$W_X(x)$	$\frac{19}{50}$	$\frac{31}{100}$	$\frac{4}{25}$	$\frac{3}{20}$

c) $\mathscr{E}X = 11{,}3$

188/20. a)

g	-10	10
$W_G(g)$	$\frac{221}{512}$	$\frac{291}{512}$

$\mathscr{E}G = \frac{700}{512} = \frac{175}{128}$

Theodor ist im Vorteil und gewinnt im Mittel $1\frac{47}{128}$ DM.

b) Die Einsätze von Theodor und Dorothea müssen sich verhalten wie 291 : 221.

189/21. a)

x	-15	0	60
$W_X(x)$	$\frac{1}{4}$	$\frac{1}{2}$	$\frac{1}{4}$

$\mathscr{E}X = 11\frac{1}{4}$

b)

x	-15	0	60
$W_X(x)$	$(1-p)^2$	$2p(1-p)$	p^2

mit $p = \dfrac{\alpha}{2\pi}$

$\mathscr{E}X = 0 \Leftrightarrow 3p^2 + 2p - 1 = 0 \Leftrightarrow p = \frac{1}{3}$

also $\alpha = \dfrac{2\pi}{3}$.

c) $\mathscr{E}_\alpha(X) = \dfrac{45}{4\pi^2}\alpha^2 + \dfrac{15}{\pi}\alpha - 15$

d) Da $\alpha \mapsto \mathscr{E}_\alpha(X)$ in $[0; 2\pi]$ echt monoton wächst, ist
$\min \mathscr{E}_\alpha(X) = \mathscr{E}_0(X) = -15$ und
$\max \mathscr{E}_\alpha(X) = \mathscr{E}_{2\pi}(X) = 60$.

189/22. a)

g	10	-10
$W(g)$	$\frac{18}{37}$	$\frac{19}{37}$

$\mathscr{E}G = -\frac{10}{37} \approx -0{,}27$

b) 1)

Anzahl der Spiele	1	2	3	4	5	6	7
Aufzuwendender Betrag	10	30	70	150	310	630	1270

Sie kann maximal 6mal spielen.

2)

g	10	-630
$W(g)$	$1-(\frac{19}{37})^6$	$(\frac{19}{37})^6$

$\mathscr{E}G = 10 - 640 \cdot (\frac{19}{37})^6 \approx -1{,}74$

3) n Spiele:

g	10	$-10\cdot(2^n-1)$
$W(g)$	$1-(\frac{19}{37})^n$	$(\frac{19}{37})^n$

$\mathscr{E}G_n = 10 - 10\cdot 2^n \cdot (\frac{19}{37})^n = 10[1-(\frac{38}{37})^n]$

$\lim\limits_{n\to\infty} \mathscr{E}G_n = -\infty$. Ruin!

189/23. Der Einsatz, den Theodor leisten muß, ist der Erwartungswert von Dorotheas Auszahlung A.

a) 1)

a	2	4	8	...	2^i	...	2^{10}	2^{11}
$W(a)$	$\frac{1}{2}$	$\frac{1}{4}$	$\frac{1}{8}$	...	2^{-i}	...	2^{-10}	2^{-10}

$$\mathscr{E}A = \sum_{i=1}^{10} 2^i \cdot 2^{-i} + 2^{11} \cdot 2^{-10} = 12$$

2) $$\mathscr{E}A = \sum_{i=1}^{\infty} 2^i \cdot 2^{-i} = \infty$$

b) Es sei $2^n \leqq K < 2^{n+1}$

1. Fall: $K = 2^n$

a	2	4	...	2^{n-1}	2^n
$W(a)$	2^{-1}	2^{-2}	...	$2^{-(n-1)}$	$\sum_{i=n}^{\infty} 2^{-i}$

$$\mathscr{E}A = \sum_{i=1}^{n-1} 2^i \cdot 2^{-i} + 2^n \cdot \sum_{i=n}^{\infty} 2^{-i} = n - 1 + 2^n \cdot 2^{-n+1} = n + 1$$

2. Fall: $2^n < K < 2^{n+1}$

a	2	4	...	2^n	K
$W(a)$	2^{-1}	2^{-2}	...	2^{-n}	$\sum_{i=n+1}^{\infty} 2^{-i}$

$$\mathscr{E}A = \sum_{i=1}^{n} 2^i 2^{-i} + K \cdot \sum_{i=n+1}^{\infty} 2^{-i} =$$
$$= n + K \cdot 2^{-n}$$

$K = 32 = 2^5 \Rightarrow \mathscr{E}A = 6$
$K = 1024 = 2^{10} \Rightarrow \mathscr{E}A = 11$
$K = 10^6 \Leftrightarrow 2^{19} < K < 2^{20} \Rightarrow \mathscr{E}A = 19 + 10^6 \cdot 2^{-19} \approx 19 + 1{,}91 = 20{,}91$
$K = 10^9 \Leftrightarrow 2^{29} < K < 2^{30} \Rightarrow \mathscr{E}A = 29 + 10^9 \cdot 2^{-29} \approx 29 + 1{,}86 = 30{,}86$

190/24. a) $\binom{80}{20} = 3\,535\,316\,142\,212\,174\,320$

b) Wahrscheinlichkeitsverteilung der Zufallsgröße Gewinn — Erwartungswert des Gewinns

I

-1	2
$\frac{3}{4}$	$\frac{1}{4}$

$-\frac{1}{4} = -0{,}25$

II

-1	11
$\frac{297}{316}$	$\frac{19}{316}$

$-\frac{70}{316} \approx -0{,}22$

III

-1	0	41
$\frac{3481}{4108}$	$\frac{570}{4108}$	$\frac{57}{4108}$

$-\frac{1144}{4108} \approx -0{,}28$

IV

-1	0	3	111
$\frac{1\,172\,035}{1\,581\,580}$	$\frac{336\,300}{N}$	$\frac{68\,400}{N}$	$\frac{4845}{N}$

$-\frac{429\,040}{1\,581\,580} \approx -0{,}27$

V

−1	1	19	479	
$\frac{21\,716\,012}{24\,040\,016}$	$\frac{2\,017\,800}{N}$	$\frac{290\,700}{N}$	$\frac{15\,504}{N}$	$-\frac{6\,748\,496}{24\,040\,016} \approx -0{,}28$

VI

−1	0	3	87	1499	
$\frac{251\,944\,750}{300\,500\,200}$	$\frac{39\,010\,800}{N}$	$\frac{8\,575\,650}{N}$	$\frac{930\,240}{N}$	$\frac{38\,760}{N}$	$-\frac{87\,185\,680}{300\,500\,200} \approx -0{,}29$

VII

−1	1	23	359	4999	
$\frac{2\,981\,075\,300}{3\,176\,716\,400}$	$\frac{165\,795\,900}{N}$	$\frac{27\,442\,080}{N}$	$\frac{2\,325\,600}{N}$	$\frac{77\,520}{N}$	$-\frac{961\,698\,680}{3\,176\,716\,400} \approx -0{,}30$

VIII

−1	8	89	1499	18999	
$\frac{28\,383\,607\,900}{28\,987\,537\,150}$	$\frac{530\,546\,880}{N}$	$\frac{68\,605\,200}{N}$	$\frac{4\,651\,200}{N}$	$\frac{125\,970}{N}$	$-\frac{8\,667\,917\,230}{28\,987\,537\,150} \approx -0{,}30$
≈ 0,979160	≈ 0,018302	≈ 0,002366	≈ 0,000160	≈ 0,000004	

c) Wahrscheinlichkeiten wie in **24. b) VIII** (genäherte Werte)

CASINO						Erwartungswert
A	−1	8	84	1649	17999	−0,30
B	−1	4,3	69	1999	24999	−0,32
C	−1	7	74	1489	15999	−0,37
D	−1	7	83	1639	17849	−0,32
E	−1	7	79	1799	24999	−0,28

191/25. a) $P(S = k) = \dfrac{52 - k}{26 \cdot 51}$ **b)** $\mathscr{E}S = \sum_{k=1}^{51} \dfrac{52 - k}{26 \cdot 51} \cdot k = 17\frac{2}{3}$.

191/26.

z	0	1	2	3
$W(z)$	$\frac{24}{1000}$	$\frac{188}{1000}$	$\frac{452}{1000}$	$\frac{336}{1000}$

$\mathscr{E}Z = 2{,}1$

191/27. a)

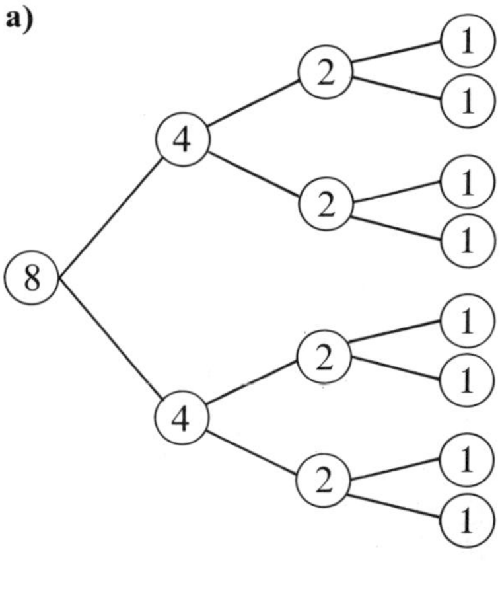

Die Wahrscheinlichkeit, das Gift zu enthalten, ist für jedes Faß gleich $\frac{1}{8}$.
In unserem Fall gilt: $X(\omega_i) = 3$

$$\Rightarrow \mathscr{E}X = \sum_{i=1}^{8} X(\omega_i) \cdot P(\{\omega_i\}) = 3.$$

b)

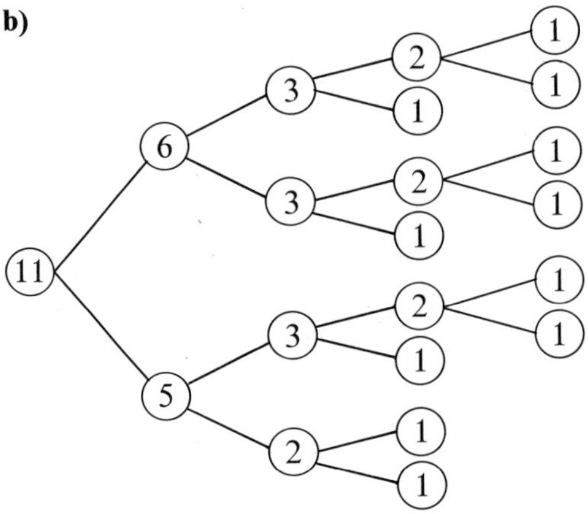

$$\mathscr{E}X = \sum_{i=1}^{11} X(\omega_i) \cdot P(\{\omega_i\}) = 6 \cdot 4 \cdot \tfrac{1}{11} + 5 \cdot 3 \cdot \tfrac{1}{11} = \tfrac{39}{11} = 3{,}\overline{54}\ldots$$

c) Wir zerlegen n in der Form

$n = 2^k + r \quad$ mit $\quad 0 \leqq r < 2^k$.

Nach k Schritten enthalten noch r Kreise je 2 Elemente. In $2r$ Fällen müssen also $k+1$ Tests gemacht werden.

$$\mathscr{E}X = (n - 2r) \cdot k \cdot \frac{1}{n} + 2r \cdot (k+1) \cdot \frac{1}{n} = \frac{1}{n} \cdot (n \cdot k + 2r) = k + 2\frac{r}{n} =$$

$$= [\mathrm{lb}\, n] + 2 \cdot \frac{n - 2^{[\mathrm{lb}\, n]}}{n}.$$

191/28. $H = \frac{1}{4}\mathrm{lb}\,4 + \frac{5}{16}\mathrm{lb}\,\frac{16}{5} + \frac{1}{16}\mathrm{lb}\,16 + \frac{1}{8}\mathrm{lb}\,8 + \frac{1}{4}\mathrm{lb}\,4 = \frac{23}{8} - \frac{5}{16}\mathrm{lb}\,5 \approx 2{,}149.$

H ist der mittlere Informationsgehalt pro Zeichen der Nachrichtenquelle.

191/29. a) $|\Omega| = 6^6 = 46656$. Mit Hilfe der Tabelle von Seite 105 erhält man

g	-1	0	1	2	3	4	11	44	89
$6^6 \cdot W(g)$	15625	26125	4400	435	30	30	5	5	1

$$\mathscr{E}G = 6^{-6} \cdot (-15625 + 4400 + 870 + 90 + 120 + 55 + 220 + 89) =$$

$$= \tfrac{-9781}{46656} = -0{,}20964\ldots \approx -0{,}21\,[\mathrm{Pf}].$$

b) *Bernoulli* verstand die Aufgabe so, daß der Spieler jeweils einen weiteren Pfennig einsetzt, wenn er 0 wirft. Der Spielablauf sieht also folgendermaßen aus:

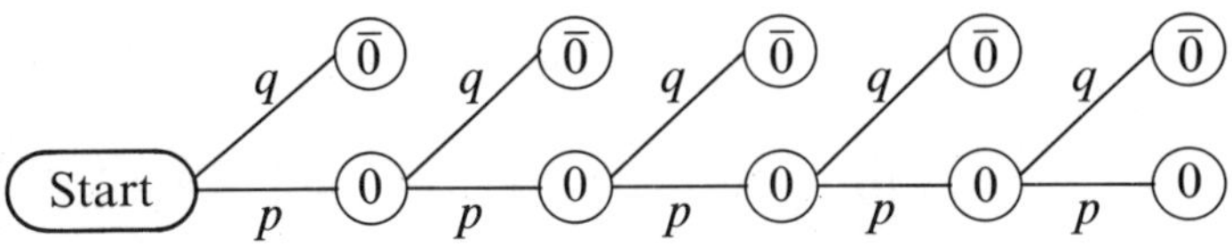

mit $p = (\frac{5}{6})^6 = \frac{15625}{46656}$
und $q = \frac{31031}{46656}$

Anzahl der Augen	Zugehörige Würfelkombinationen	Anzahl der Fälle	Geldpreise in Pfennigen
0	....	15625	0
1	1	3125	1
2	2	3125	1
3	3, 12	3750	1
4	4, 13	3750	1
5	5, 14, 23	4375	1
6	6, 15, 24, 123	4500	1
7	16, 25, 34, 124	2000	1
8	26, 35, 125, 134	1500	1
9	36, 45, 126, 135, 234	1625	2
10	46, 136, 145, 235, 1234	1025	2
11	56, 146, 236, 245, 1235	1025	2
12	156, 246, 345, 1236, 1245	425	2
13	256, 346, 1246, 1345	300	2
14	356, 1256, 1346, 2345	200	3
15	456, 1356, 2346, 12345	180	3
16	1456, 2356, 12346	55	3
17	2456, 12356	30	4
18	3456, 12456	30	5
19	13456	5	12
20	23456	5	45
21	123456	1	90
	Summe:	46656	

Als vergröberter Ergebnisraum bietet sich an
$\Omega' := \{\bar{0}, 0\bar{0}, 00\bar{0}, 000\bar{0}, 0000\bar{0}, 00000\}$

Jedem ω_i' ($i = 1, \ldots, 6$) wird im Mittel auf lange Sicht ein Gewinn g_i zugeordnet, den man folgendermaßen errechnet:

Augensumme	1–8	9–13	14–16	17	18	19	20	21	$31031 \cdot g_i :=$ $= 31031 \cdot \mathscr{E} G_i$
Auszahlung	1	2	3	4	5	12	45	90	
Anzahl der Fälle	26125	4400	435	30	30	5	5	1	
$\bar{0}$	0	1	2	3	4	11	44	89	+ 5844
$0\bar{0}$	−1	0	1	2	3	10	43	88	−25187
$00\bar{0}$	−2	−1	0	1	2	9	42	87	−56218
$000\bar{0}$	−3	−2	−1	0	1	8	41	86	−87249
$0000\bar{0}$	−4	−3	−2	−1	0	7	40	85	−118280

Im Fall $\omega_6' = 00000$ ist der Gewinn $g_6 = 0$.

Damit ergibt sich als Erwartungswert für das gesamte 5er-Spiel:

$$\begin{aligned}\mathscr{E}G &= q \cdot g_1 + pqg_2 + p^2qg_3 + p^3qg_4 + p^4qg_5 + p^5 \cdot 0 = \\ &= \tfrac{31\,031}{46\,656}\left(\tfrac{5844}{31\,031} - \left(\tfrac{5}{6}\right)^6 \cdot \tfrac{25\,187}{31\,031} - \left(\tfrac{5}{6}\right)^{12} \cdot \tfrac{56\,218}{31\,031} - \left(\tfrac{5}{6}\right)^{18} \cdot \tfrac{87\,249}{31\,031} - \left(\tfrac{5}{6}\right)^{24} \cdot \tfrac{118\,280}{31\,031}\right) + \\ &\quad + \left(\tfrac{5}{6}\right)^{30} \cdot 0 = \\ &= -0{,}29281\ldots\ [\mathrm{Pf}].\end{aligned}$$

c)

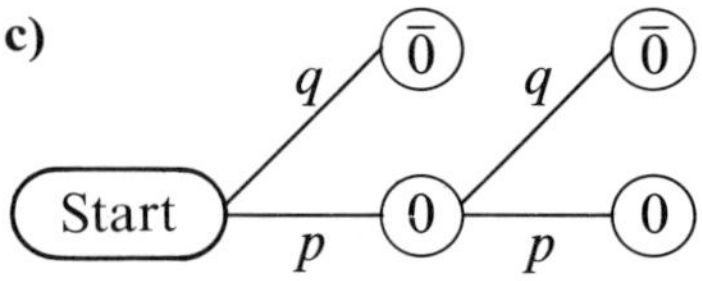

$\Omega'' := \{\bar{0}, 0\bar{0}, 000\}$

Sowohl im Fall $\bar{0}$ wie auch im Fall $0\bar{0}$ kann der Spieler den Gewinn

$$g := \frac{-1 \cdot 26125 + 1 \cdot 435 + 2 \cdot 30 + 3 \cdot 30 + 10 \cdot 5 + 43 \cdot 5 + 88 \cdot 1}{31031} = -\frac{25127}{31031}$$

erwarten. Der Erwartungswert seines Gewinns beträgt also

$$\begin{aligned} \mathscr{E}G &= qg + pq \cdot g + p^2 \cdot 0 = \\ &= (1+p)qg = \\ &= -\left(1 + \tfrac{15625}{46656}\right) \cdot \tfrac{31031}{46056} \cdot \tfrac{25127}{31031} = -0{,}71892\ldots\,[\text{Pf}]. \end{aligned}$$

192/30. a)

$$W(g) = \begin{cases} \dfrac{2g-1}{10^2} & \text{für } g \in \{1, 2, \ldots, 10\} \\[2ex] 0 & \text{sonst} \end{cases}$$

$$\mathscr{E}G = \sum_{1}^{10} g \cdot \frac{2g-1}{100} = \tfrac{143}{20}$$

b)

$$W(g) = \begin{cases} \dfrac{g-1}{\binom{10}{2}} & \text{für } g \in \{1, 2, \ldots, 10\} \\[2ex] 0 & \text{sonst} \end{cases}$$

$$\mathscr{E}G = \sum_{1}^{10} g \cdot \frac{g-1}{45} = \tfrac{22}{3}.$$

192/31. a) 1) 1. Möglichkeit:

$$P(G \leqq g) = \left(\frac{g}{\tau}\right)^n, \quad \text{also}$$

$$\begin{aligned} P(G = g) &= P(G \leqq g) - P(G \leqq g-1) = \\ &= \left(\frac{g}{\tau}\right)^n - \left(\frac{g-1}{\tau}\right)^n = \frac{g^n - (g-1)^n}{\tau^n}. \end{aligned}$$

2. Möglichkeit:

Abzählen der günstigen Fälle:

1mal wird g gezogen, sonst lauter kleinere Zahlen. Dafür gibt es $\binom{n}{n-1}(g-1)^{n-1}$ Möglichkeiten.

2mal wird g gezogen, sonst lauter kleinere Zahlen. Dafür gibt es $\binom{n}{n-2}(g-1)^{n-2}$ Möglichkeiten.

n mal wird g gezogen. Dafür gibt es $\binom{n}{0}(g-1)^0$ Möglichkeiten. Also gibt es insgesamt an günstigen Fällen [Aufgabe 115/**41.**]

$$\begin{aligned} &\binom{n}{n-1}(g-1)^{n-1} + \binom{n}{n-2}(g-1)^{n-2} + \ldots + \binom{n}{0}(g-1)^0 = \\ &= \binom{n}{n}(g-1)^n \cdot 1^0 + \binom{n}{n-1}(g-1)^{n-1} \cdot 1 + \binom{n}{n-2}(g-1)^{n-2} \cdot 1^2 + \ldots + \\ &\quad + \binom{n}{0}(g-1)^0 \cdot 1^n - \binom{n}{n}(g-1)^n = \\ &= \big((g-1)+1\big)^n - \binom{n}{n}(g-1)^n = \\ &= g^n - (g-1)^n. \end{aligned}$$

Damit

$$P(G = g) = \frac{g^n - (g-1)^n}{\tau^n},$$

$$\mathscr{E}G = \sum_{g=1}^{\tau} g \cdot \frac{g^n - (g-1)^n}{\tau^n} = \frac{1}{\tau^n} \sum_{g=1}^{\tau} [g^{n+1} - g(g-1)^n] =$$

$$= \frac{1}{\tau^n} \sum_{g=1}^{\tau} [g^{n+1} - (g-1+1)(g-1)^n] =$$

$$= \frac{1}{\tau^n} \sum_{g=1}^{\tau} [g^{n+1} - (g-1)^{n+1} - (g-1)^n] = \frac{1}{\tau^n} (\tau^{n+1} - \sum_{g=1}^{\tau} (g-1)^n) =$$

$$= \tau - \frac{1}{\tau^n} \sum_{g=1}^{\tau} (g-1)^n.$$

2) $n = 1$: $\mathscr{E}G = \frac{1}{\tau}\left(\tau^2 - \frac{\tau^2}{2} + \frac{\tau}{2}\right) = \frac{1}{2}(\tau + 1)$;

$n = 2$: $\mathscr{E}G = \frac{1}{\tau^2}\left(\tau^3 - \frac{\tau(\tau-1)(2\tau-1)}{6}\right) = \frac{4\tau^2 + 3\tau - 1}{6\tau}$;

$n = 3$: $\mathscr{E}G = \frac{1}{\tau^3}\left(\tau^4 - \frac{\tau^2(\tau-1)^2}{4}\right) = \frac{3\tau^2 + 2\tau - 1}{4\tau}$.

3) $\int_0^{\tau} x^k \mathrm{d}x = \frac{\tau^{k+1}}{k+1}$

$\sum_{g=1}^{\tau} (g-1)^k$ ist eine Untersumme für $\int_0^{\tau} x^k \mathrm{d}x$. Mit $k = n$ erhält man

$$\mathscr{E}G > \frac{n\tau}{n+1}.$$

$\frac{n\tau}{n+1}$ kann als Näherungswert für $\mathscr{E}G$ genommen werden.

4)

n	$\frac{n\tau}{n+1}$	$\mathscr{E}G$
1	50	50,5
2	$\frac{200}{3} = 66{,}\overline{6}\ldots$	67,165
3	75	75,4975
10	$\frac{1000}{11} = 90{,}\overline{90}\ldots$	exakter Wert mit PERM berechnet: 91,40
100	$\frac{10\,000}{101} = 99{,}\overline{0099}\ldots$	exakter Wert mit PERM berechnet: 99,428

b) 1) Induktionsbeweis

I) $S = 0$: $\binom{k}{k} = \binom{k+1}{k+1}$ richtig!

II) $\sum_{s=0}^{S} \binom{k+s}{k} = \sum_{s=0}^{S-1} \binom{k+s}{k} + \binom{k+S}{k} = \binom{k+S}{k+1} + \binom{k+S}{k} = \binom{k+S+1}{k+1}$.

Bestimmung von $P(G = g)$.

1. Möglichkeit:

$P(G \leqq g) = \frac{\binom{g}{n}}{\binom{\tau}{n}}$, also

$$P(G = g) = P(G \leqq g) - P(G \leqq g-1) = \frac{\binom{g}{n} - \binom{g-1}{n}}{\binom{\tau}{n}} = \frac{\binom{g-1}{n-1}}{\binom{\tau}{n}}.$$

2. Möglichkeit:
$G = g$, wenn die restlichen $n-1$ gezogenen Kugeln Nummern tragen, die höchstens so groß wie $g-1$ sind, also

$$P(G=g) = \frac{\binom{g-1}{n-1}\binom{1}{1}\binom{\tau-g}{0}}{\binom{\tau}{n}} = \frac{\binom{g-1}{n-1}}{\binom{\tau}{n}}.$$

$$\begin{aligned}
\mathscr{E}G &= \frac{1}{\binom{\tau}{n}} \sum_{g=1}^{\tau} g \cdot \binom{g-1}{n-1} = \frac{1}{\binom{\tau}{n}} \sum_{g=1}^{\tau} \frac{g \cdot (g-1)!}{(n-1)!\,[(g-1)-(n-1)]!} = \\
&= \frac{n}{\binom{\tau}{n}} \sum_{g=1}^{\tau} \frac{g!}{n!\,(g-n)!} = \frac{n}{\binom{\tau}{n}} \sum_{g=1}^{\tau} \binom{g}{n} = \\
&= \frac{n}{\binom{\tau}{n}} \sum_{g=n}^{\tau} \binom{g}{n} = \qquad \left[\text{da } \binom{g}{n} = 0 \quad \text{für} \quad g < n\right] \\
&= \frac{n}{\binom{\tau}{n}} \sum_{s=0}^{\tau-n} \binom{n+s}{n} = \\
&= \frac{n}{\binom{\tau}{n}} \binom{n+\tau-n+1}{n+1} = \\
&= \frac{n}{\binom{\tau}{n}} \binom{\tau+1}{n+1} = \\
&= \frac{n(\tau+1)}{n+1}.
\end{aligned}$$

2)

n	$\mathscr{E}G$
1	50,5
2	$\frac{202}{3} = 67,\overline{3}\ldots$
3	$\frac{303}{4} = 75,75$
10	$\frac{1010}{11} = 91,\overline{81}\ldots$
100	100

192/32. Berechnung von M_0:
$A(0)$ bedeute das Alter, in dem ein beliebig ausgewähltes Neugeborenes stirbt. Für die Wahrscheinlichkeitsverteilung von $A(0)$ gilt

a	$\frac{1}{2}$	$\frac{3}{2}$	$\frac{5}{2}$	…	$x+\frac{1}{2}$	…	$100+\frac{1}{2}$
$W(a)$	$\frac{l_0-l_1}{l_0}$	$\frac{l_1-l_2}{l_0}$	$\frac{l_2-l_3}{l_0}$	…	$\frac{l_x-l_{x+1}}{l_0}$	…	$\frac{l_{100}}{l_0}$

$$\begin{aligned}
M_0 = \mathscr{E}A(0) &= \sum_{a=0,5}^{100,5} aW(a) = \\
&= \sum_{x=0}^{100} (x+\tfrac{1}{2}) \cdot \frac{l_x - l_{x+1}}{l_0} = \\
&= \frac{1}{l_0}\left(\tfrac{1}{2} \sum_{x=0}^{100} (l_x - l_{x+1}) + \sum_{x=0}^{100} x(l_x - l_{x+1})\right) = \frac{1}{l_0}\left(\tfrac{1}{2} l_0 + \sum_{x=1}^{100} l_x\right) = \\
&= \tfrac{1}{2} + \frac{1}{l_0} \sum_{x=1}^{100} l_x.
\end{aligned}$$

Berechnung von M_x:
$A(x)$ sei das Alter, in dem ein x-jähriger stirbt. $W(a)$ ist dann die bedingte Wahrscheinlichkeit, daß jemand mit y Jahren stirbt, falls er x Jahre alt geworden ist; also

$$W(a) = \frac{l_y - l_{y+1}}{l_0} : \frac{l_x}{l_0} = \frac{l_y - l_{y+1}}{l_x}$$

$$\begin{aligned}
\mathscr{E}A(x) &= \sum_{a=x+0,5}^{100,5} aW(a) = \sum_{y=x}^{100} (y+\tfrac{1}{2}) \cdot \frac{l_y - l_{y+1}}{l_x} = \\
&= \tfrac{1}{2} + x + \frac{1}{l_x} \sum_{y=x+1}^{100} l_y.
\end{aligned}$$

Somit ist die mittlere Lebenserwartung M_x eines x-jährigen

$$M_x = \mathscr{E}A(x) - x = \tfrac{1}{2} + \frac{1}{l_x}\sum_{y=x+1}^{100} l_y.$$

Sie gibt die Anzahl der Jahre an, die im Durchschnitt ein x-jähriger noch zu leben hat.

a) 80jähriger Mann: $M_{80} = \tfrac{1}{2} + \frac{1}{l_{80}}\sum_{y=81}^{100} l_y = \tfrac{1}{2} + \frac{112\,565}{23\,167} = 5{,}36$

80jährige Frau: $M_{80} = \tfrac{1}{2} + \frac{237\,749}{42\,046} = 6{,}15$

Die mittlere Lebenserwartung der 80jährigen Frauen ist größer als die der 80jährigen Männer.

b) Man bildet auf Vorrat $\sum_{1}^{100} l_x = \begin{cases} 6\,691\,654 \text{ für Knaben} \\ 7\,333\,560 \text{ für Mädchen.} \end{cases}$

Durch einfache Subtraktion erhält man die Summen $\sum_{2}^{100} l_x$ und $\sum_{3}^{100} l_x$. Damit

	Knaben	Mädchen
M_0	67,41	73,83
M_1	68,20	74,32
M_2	67,31	73,42

Interessanterweise hat ein Einjähriges eine größere mittlere Lebenserwartung als ein Neugeborenes. Darin drückt sich die hohe Säuglingssterblichkeit aus.
Auch hier haben Frauen die größere mittlere Lebenserwartung (Kriege, Berufsunfälle, Verkehrsunfälle).

Aufgaben zu 11.2.

192/33.

$$F(x) = \begin{cases} 0 & -\infty < x < -1 \\ \frac{125}{216} & -1 \leqq x < 1 \\ \frac{200}{216} \quad \text{für} & 1 \leqq x < 2 \\ \frac{215}{216} & 2 \leqq x < 3 \\ 1 & 3 \leqq x < +\infty \end{cases}$$

192/34. a)

$$F_B(x) = \begin{cases} 0 & -\infty < x < 2 \\ \frac{1}{13} & 2 \leqq x < 3 \\ \frac{4}{13} & 3 \leqq x < 4 \\ \frac{6}{13} & 4 \leqq x < 5 \\ \frac{10}{13} \quad \text{für} & 5 \leqq x < 6 \\ \frac{11}{13} & 6 \leqq x < 9 \\ \frac{12}{13} & 9 \leqq x < 11 \\ 1 & 11 \leqq x < +\infty \end{cases}$$

$$F_S(x) = \begin{cases} 0 & -\infty < x < 1 \\ \frac{6}{13} & 1 \leqq x < 2 \\ \frac{10}{13} \quad \text{für} & 2 \leqq x < 3 \\ \frac{12}{13} & 3 \leqq x < 4 \\ 1 & 4 \leqq x < +\infty \end{cases}$$

$$F_I(x) = \begin{cases} 0 & -\infty < x < 0 \\ \frac{7}{13} \quad \text{für} & 0 \leqq x < 1 \\ \frac{12}{13} & 1 \leqq x < 2 \\ 1 & 2 \leqq x < +\infty \end{cases}$$

$$F_K(x) = \begin{cases} 0 & -\infty < x < 1 \\ \frac{2}{13} & 1 \leqq x < 2 \\ \frac{5}{13} & 2 \leqq x < 3 \\ \frac{11}{13} \quad \text{für} & 3 \leqq x < 6 \\ \frac{12}{13} & 6 \leqq x < 7 \\ 1 & 7 \leqq x < +\infty \end{cases}$$

b) $F_B(4{,}2) = \frac{6}{13}$; $F_S(4{,}2) = 1$; $F_I(4{,}2) = 1$; $F_K(4{,}2) = \frac{11}{13}$.

192/35. a)
$$F(x)=\begin{cases}0 & -\infty<x<-4\\ \frac{4}{36} & -4\leqq x<-1\\ \frac{21}{36} \quad \text{für} & -1\leqq x<1\\ \frac{35}{36} & 1\leqq x<5\\ 1 & 5\leqq x<+\infty\end{cases}$$

b)
$$F(x)=\begin{cases}0 & -\infty<x<1\\ \frac{1}{6} & 1\leqq x<2\\ \frac{11}{36} \quad \text{für} & 2\leqq x<3\\ \frac{91}{216} & 3\leqq x<4\\ 1 & 4\leqq x<+\infty\end{cases}$$

193/36.
$$F(x)=\begin{cases}0 & -\infty<x<0\\ 0{,}2 & 0\leqq x<1\\ 0{,}45 \quad \text{für} & 1\leqq x<2\\ 0{,}75 & 2\leqq x<3\\ 0{,}85 & 3\leqq x<4\\ 1 & 4\leqq x<+\infty\end{cases}$$

193/37.

x	0	1	2	3
$W(x)$	0,17	0,06	0,35	0,42

193/38.
$$\left.\begin{aligned}F(x_i)&=\sum_{x_j\leqq x_i}W(x_j)\\ F(x_{i-1})&=\sum_{x_j\leqq x_{i-1}}W(x_j)\end{aligned}\right\}\Rightarrow F(x_i)-F(x_{i-1})=W(x_i)$$

193/39. a)
$$\begin{aligned}P(X\leqq a)&=F(a)\\ P(X>a)&=1-F(a)\\ P(X<a)&=F(a)-W(a)\\ P(X\geqq a)&=1-F(a)+W(a)\end{aligned}$$

b)
$$\begin{aligned}P(a<X\leqq b)&=F(b)-F(a)\\ P(a\leqq X\leqq b)&=F(b)-F(a)+W(a)\\ P(a\leqq X<b)&=F(b)-F(a)+W(a)-W(b)\\ P(a<X<b)&=F(b)-F(a)-W(b)\end{aligned}$$

c)
$$\begin{aligned}P(X\leqq x_i)&=F(x_i)\\ P(X>x_i)&=1-F(x_i)\\ P(X<x_i)&=F(x_{i-1})\\ P(X\geqq x_i)&=1-F(x_{i-1})\\ P(x_i<X\leqq x_k)&=F(x_k)-F(x_i)\\ P(x_i\leqq X\leqq x_k)&=F(x_k)-F(x_{i-1})\\ P(x_i\leqq X<x_k)&=F(x_{k-1})-F(x_{i-1})\\ P(x_i<X<x_k)&=F(x_{k-1})-F(x_i)\end{aligned}$$

193/40. a)
$$F(x)=\begin{cases}0 & -\infty<x<1\\ \frac{1}{2} & 1\leqq x<2\\ \frac{3}{4} & 2\leqq x<3\\ \frac{7}{8} \quad \text{für} & 3\leqq x<4\\ \frac{15}{16} & 4\leqq x<5\\ 1 & 5\leqq x<+\infty\end{cases}$$

b)
$$g(x)=\begin{cases}0 & -\infty<x\leqq 1\\ \frac{1}{2} & 1<x\leqq 2\\ \frac{3}{4} & 2<x\leqq 3\\ \frac{7}{8} \quad \text{für} & 3<x\leqq 4\\ \frac{15}{16} & 4<x\leqq 5\\ 1 & 5<x<+\infty\end{cases}$$

$$h(x)=\begin{cases}1 & -\infty<x\leqq 1\\ \frac{1}{2} & 1<x\leqq 2\\ \frac{1}{4} & 2<x\leqq 3\\ \frac{1}{8} \quad \text{für} & 3<x\leqq 4\\ \frac{1}{16} & 4<x\leqq 5\\ 0 & 5<x<+\infty\end{cases}$$

$$k(x) = \begin{cases} 1 & -\infty < x < 1 \\ \frac{1}{2} & 1 \leqq x < 2 \\ \frac{1}{4} \quad \text{für} & 2 \leqq x < 3 \\ \frac{1}{8} & 3 \leqq x < 4 \\ \frac{1}{16} & 4 \leqq x < 5 \\ 0 & 5 \leqq x < +\infty \end{cases}$$

c) $g(x) = F(x) - W(x)$
$h(x) = 1 - g(x) = 1 + W(x) - F(x)$
$k(x) = 1 - F(x)$

193/41. a) Mediane sind alle Zahlen $\in [1; 2]$.
Erstes Quartil = 1
Drittes Quartil ist jede Zahl $\in [2; 3]$.
Quantil der Ordnung 90% = 4

b) $\left.\begin{array}{l} F(2) = \frac{3}{4} \geqq p \\ \wedge\ P(X \geqq 2) = h(2) = \frac{1}{2} \geqq 1 - p \end{array}\right\} \Rightarrow \frac{1}{2} \leqq p \leqq \frac{3}{4}.$

$\left.\begin{array}{l} F(2{,}5) = \frac{3}{4} \geqq p \\ \wedge\ P(X \geqq 2{,}5) = h(2{,}5) = \frac{1}{4} \geqq 1 - p \end{array}\right\} \Rightarrow p = \frac{3}{4}.$

Aufgaben zu 11.3.

194/42.

a	2	3	4	5	6	7
$W(a)$	$\frac{1}{6}$	$\frac{1}{6}$	$\frac{1}{6}$	$\frac{1}{6}$	$\frac{1}{6}$	$\frac{1}{6}$

$\mathscr{E} A = 4{,}5$

b	2	4	6	8	10	12
$W(b)$	$\frac{1}{6}$	$\frac{1}{6}$	$\frac{1}{6}$	$\frac{1}{6}$	$\frac{1}{6}$	$\frac{1}{6}$

$\mathscr{E} B = 7$

c	3	5	7	9	11	13
$W(c)$	$\frac{1}{6}$	$\frac{1}{6}$	$\frac{1}{6}$	$\frac{1}{6}$	$\frac{1}{6}$	$\frac{1}{6}$

$\mathscr{E} C = 8$

d	6,25	2,25	0,25
$W(d)$	$\frac{1}{3}$	$\frac{1}{3}$	$\frac{1}{3}$

$\mathscr{E} D = \frac{35}{12}$

z	e	e^2	e^3	e^4	e^5	e^6
$W(z)$	$\frac{1}{6}$	$\frac{1}{6}$	$\frac{1}{6}$	$\frac{1}{6}$	$\frac{1}{6}$	$\frac{1}{6}$

$$\mathscr{E} Z = \frac{e \cdot (e^6 - 1)}{6 \cdot (e - 1)} \approx 106{,}1$$

194/43.

a	−2	−1	0	1	2
$W(a)$	$\frac{1}{16}$	$\frac{1}{4}$	$\frac{3}{8}$	$\frac{1}{4}$	$\frac{1}{16}$

$\mathscr{E} A = 0$

b	0	1	2
$W(b)$	$\frac{3}{8}$	$\frac{1}{2}$	$\frac{1}{8}$

$\mathscr{E} B = \frac{3}{4}$

c	0	1	4
$W(c)$	$\frac{3}{8}$	$\frac{1}{2}$	$\frac{1}{8}$

$\mathscr{E}C = 1$

d	-8	-1	0	1	8
$W(d)$	$\frac{1}{16}$	$\frac{1}{4}$	$\frac{3}{8}$	$\frac{1}{4}$	$\frac{1}{16}$

$\mathscr{E}D = 0$

e	0	1	-1
$W(e)$	$\frac{1}{2}$	$\frac{1}{4}$	$\frac{1}{4}$

$\mathscr{E}E = 0$

f	0
$W(f)$	1

$\mathscr{E}F = 0$

Aufgaben zu 11.4.

194/44. a) $\operatorname{Var} X = \mathscr{E}(X - 3{,}5)^2 =$

$= \frac{1}{6} \cdot (2{,}5^2 + 1{,}5^2 + 0{,}5^2 + 0{,}5^2 + 1{,}5^2 + 2{,}5^2) =$

$= \frac{1}{3} \cdot (6{,}25 + 2{,}25 + 0{,}25) =$

$= \frac{1}{3} \cdot 8\frac{3}{4} =$

$= \frac{35}{12}.$

$\sigma = \frac{1}{6}\sqrt{105} \approx 1{,}71$

b) $\operatorname{Var} X = (1 - 3{,}49)^2 \cdot 0{,}1 + (3 - 3{,}49)^2 \cdot 0{,}35 + (4 - 3{,}49)^2 \cdot 0{,}48 + (6 - 3{,}49)^2 \cdot 0{,}07 =$

$= 1{,}2699.$

$\sigma \approx 1{,}127$

194/45. $\operatorname{Var} X = \frac{35}{6}$; $\sigma = \frac{1}{6}\sqrt{210} \approx 2{,}415$

194/46. a)

z	2	3	4	5	6	7	8	9	10
$25\,W(z)$	1	2	3	4	5	4	3	2	1
$z - \mu$	-4	-3	-2	-1	0	1	2	3	4
$(z - \mu)^2$	16	9	4	1	0	1	4	9	16
$25(z - \mu)^2 W(z)$	16	18	12	4	0	4	12	18	16

$\mu = 6$

$\operatorname{Var} Z = \frac{100}{25} = 4$; $\sigma = 2$ **b)** –

195/47. Aufgabe **26. a):**

I: $\mathscr{E}(Z_{\text{I}}) = 3$; $\operatorname{Var}(Z_{\text{I}}) = 4$; $\sigma = 2$

II: $\mathscr{E}(Z_{\text{II}}) = \frac{8}{3}$; $\operatorname{Var}(Z_{\text{II}}) = \frac{32}{9}$; $\sigma = \frac{4}{3}\sqrt{2} \approx 1{,}9$

III: $\mathscr{E}(Z_{\text{III}}) = 3$; $\operatorname{Var}(Z_{\text{III}}) = 0$; $\sigma = 0$

IV: $\mathscr{E}(Z_{\text{IV}}) = \frac{10}{3}$; $\operatorname{Var}(Z_{\text{IV}}) = \frac{32}{9}$; $\sigma = \frac{4}{3}\sqrt{2} \approx 1{,}9$

Aufgabe **26. c):**

I: $\mathscr{E}(Z_{\text{I}}) = \frac{19}{3}$; $\operatorname{Var}(Z_{\text{I}}) = \frac{134}{9}$; $\sigma = \frac{1}{3}\sqrt{134} \approx 3{,}9$

II: $\mathscr{E}(Z_{\text{II}}) = \frac{16}{3}$; $\operatorname{Var}(Z_{\text{II}}) = \frac{107}{9}$; $\sigma = \frac{1}{3}\sqrt{107} \approx 3{,}4$

III: $\mathscr{E}(Z_{\text{III}}) = \frac{17}{3}$; $\operatorname{Var}(Z_{\text{III}}) = \frac{2}{9}$; $\sigma = \frac{1}{3}\sqrt{2} \approx 0{,}48$

IV: $\mathscr{E}(Z_{\text{IV}}) = \frac{20}{3}$; $\operatorname{Var}(Z_{\text{IV}}) = \frac{16}{3}$; $\sigma = \frac{4}{3}\sqrt{3} \approx 2{,}3$

195/48. R$_1$: $\mathscr{E}(S_1) = 5$; Var$(S_1) = \frac{26}{3}$; $\sigma \approx 2{,}9$
R$_2$: $\mathscr{E}(S_2) = 5$; Var$(S_2) = \frac{8}{3}$; $\sigma \approx 1{,}6$
R$_3$: $\mathscr{E}(S_3) = 5$; Var$(S_3) = 6$; $\sigma \approx 2{,}4$

195/49. $\operatorname{Var} X = 0{,}6774$ $\sigma_X = 0{,}8231$
$\operatorname{Var} Y = 1{,}16$ $\sigma_Y = 1{,}077$

195/50. $\operatorname{Var} X = 13{,}19$ $\sigma = 3{,}63$

195/51. $\operatorname{Var} X = 45{,}83$ $\sigma = 6{,}77$

195/52.

n	1	2	3	4	5	6
$216 \cdot W(n)$	91	61	37	19	7	1
$216 \cdot (n - \mathscr{E}(N))$	−225	−9	342	423	639	855
$216^3 \cdot W(n) \cdot (n - \mathscr{E}(N))^2$	4606875	4941	4327668	3399651	2858247	731025

$\mathscr{E}(N) = \frac{441}{216} \approx 2{,}0$

$$\operatorname{Var} N = \frac{15928407}{216^3} \approx 1{,}58; \quad \sigma(N) \approx 1{,}26$$

195/53.

a	1	2	
$W(a)$	0,65	0,35	$\Rightarrow \mathscr{E}(A) = 1{,}35$
$a - \mathscr{E}(A)$	−0,35	0,65	
$(a - \mathscr{E}(A))^2 \cdot W(a)$	0,079625	0,14785	$\Rightarrow \operatorname{Var}(A) = 0{,}2275;\ \sigma(A) \approx 0{,}48$

195/54. a)

s	1	2	3	4	5	
$W(s)$	$\frac{5}{15}$	$\frac{4}{15}$	$\frac{3}{15}$	$\frac{2}{15}$	$\frac{1}{15}$	$\Rightarrow \mathscr{E}(S) = \frac{31}{15}$
$15(s - \mathscr{E}(S))$	−16	−1	14	29	44	
$15^3 \cdot W(s) \cdot (s - \mathscr{E}(S))^2$	1280	4	588	1682	1936	

$$\operatorname{Var}(S) = \frac{5490}{15^3} = \frac{122}{75} \approx 1{,}6 \qquad \sigma(S) \approx 1{,}28$$

b) $$P_{\text{»Berta siegt«}}(\text{»Berta siegt beim 2. Zug«}) = \frac{\frac{4}{6} \cdot \frac{2}{5}}{\frac{1}{3}} = \frac{4}{5}$$

$$P_{\text{»Berta siegt«}}(\text{»Berta siegt beim 5. Zug«}) = \frac{\frac{4}{6} \cdot \frac{3}{5} \cdot \frac{2}{4} \cdot \frac{1}{3} \cdot 1}{\frac{1}{3}} = \frac{1}{5}$$

s'	2	5
$W(s')$	$\frac{4}{5}$	$\frac{1}{5}$

$\mathscr{E}(S') = 2\frac{3}{5}$
$\operatorname{Var}(S') = \frac{36}{25}$; $\sigma(S') = 1{,}2$

195/55.

x	0	1	
$W(x)$	q	p	
$xW(x)$	0	p	$\Rightarrow \mathscr{E}X = p$
$(x-p)^2 W(x)$	$p^2 q$	$(1-p)^2 p$	$\Rightarrow \operatorname{Var} X = pq(p + 1 - p) = pq$

195/56. $\mathscr{E}X = \frac{1}{2}(n+1)$

$$\operatorname{Var} X = \sum_{i=1}^{n} \left(i - \tfrac{1}{2}(n+1)\right)^2 \cdot \tfrac{1}{n} =$$

$$= \tfrac{1}{n} \sum_{i=1}^{n} \left(i^2 - i(n+1) + \tfrac{1}{4}(n+1)^2\right) =$$

$$= \frac{1}{n}\left(\frac{n(n+1)(2n+1)}{6} - (n+1) \cdot \frac{n(n+1)}{2} + \frac{(n+1)^2}{4} \cdot n\right) =$$

$$= \frac{n+1}{12}(4n + 2 - 6n - 6 + 3n + 3) =$$

$$= \frac{n^2 - 1}{12}.$$

195/57. a) –

b) $\mathscr{E}X_a = \mathscr{E}X_b = 3{,}5$
$\operatorname{Var} X_a = \operatorname{Var} X_b = 1{,}25$

195/58. $\mathscr{E}X_A = \mathscr{E}X_B = 0{,}44$
$\sigma_A = 0{,}78 \qquad \sigma_B = 0{,}80$
Firma A stellt die besseren Geräte her.

195/59. Zum Vergleich berechnen wir die Standardabweichungen der beiden Zufallsgrößen $X_i :=$ »Note eines aus Klasse i beliebig ausgewählten Schülers«:

$$\operatorname{Var} X_1 = (1-3)^2 \cdot \tfrac{5}{20} + (2-3)^2 \cdot \tfrac{2}{20} + (3-3)^2 \cdot \tfrac{5}{20} + (4-3)^2 \cdot \tfrac{5}{20} +$$
$$+ (5-3)^2 \cdot \tfrac{2}{20} + (6-3)^2 \cdot \tfrac{1}{20} =$$
$$= \tfrac{1}{20}(20 + 2 + 0 + 5 + 8 + 9) =$$
$$= 2{,}2;$$
$$\sigma(X_1) = 1{,}4832;$$
$$\operatorname{Var} X_2 = (1-4)^2 \cdot \tfrac{1}{40} + (2-4)^2 \cdot \tfrac{2}{40} + (3-4)^2 \cdot \tfrac{13}{40} + (4-4)^2 \cdot \tfrac{10}{40} +$$
$$+ (5-4)^2 \cdot \tfrac{8}{40} + (6-4)^2 \cdot \tfrac{6}{40} =$$
$$= \tfrac{1}{40}(9 + 8 + 13 + 0 + 8 + 24) =$$
$$= 1{,}55;$$
$$\sigma(X_2) = 1{,}2450.$$

Schüler A: $\dfrac{1}{\sqrt{2{,}2}} \cdot \sigma(X_1) \approx 0{,}6742 \cdot \sigma(X_1)$

Schüler B: $\dfrac{1}{\sqrt{1{,}55}} \cdot \sigma(X_2) \approx 0{,}8032 \cdot \sigma(X_2)$

B hat das relativ bessere Ergebnis erzielt, obwohl A die bessere Note erhalten hatte.

195/60. Algebra: $\frac{32-26}{5{,}8}\,\sigma_A = 1{,}034\,\sigma_A$

Geometrie: $\frac{27-22}{4{,}5}\,\sigma_G = 1{,}111\,\sigma_G$

Er hat in Geometrie besser abgeschnitten.

Aufgaben zu 11.5.

196/61. a)

g	-1	1
$W(g)$	0,5	0,5

$\Rightarrow \mu = 0,\quad \operatorname{Var} G = 1$

b) $P(|G-0| \geqq 1) = \sum\limits_{|g_i| \geqq 1} W(g_i) = 1$

$P(|G-0| \geqq 1) \leqq \frac{1}{1} = 1.$

c) $a = \frac{1}{2}$: $P(|G-0| \geqq \frac{1}{2}) = 1$ $\quad$ $a = 2$: $P(|G-0| \geqq 2) = 0$

$P(|G-0| \geqq \frac{1}{2}) \leqq 4$ $\quad$ $P(|G-0| \geqq 2) \leqq \frac{1}{4}$

196/62. $\mathscr{E}X = 2\frac{1}{3}$; $\operatorname{Var} X = \frac{5}{9}$. (Siehe Lehrbuch Seite 180.)

a) $P(|X - 2\frac{1}{3}| \geqq 1) = P(X = 1) = \frac{1}{6}$

$P(|X - 2\frac{1}{3}| \geqq 1) \leqq \frac{5}{9}$

b) $P(|X - 2\frac{1}{3}| \geqq \frac{1}{3}\sqrt{5}) = P(X = 1) = \frac{1}{6}$

$P(|X - 2\frac{1}{3}| \geqq \frac{1}{3}\sqrt{5}) \leqq 1$

c) $P(|X - 2\frac{1}{3}| \geqq 3) = 0$

$P(|X - 2\frac{1}{3}| \geqq 3) \leqq \frac{5}{81}$

d) $P(|X - 2\frac{1}{3}| \geqq 10) = 0$

$P(|X - 2\frac{1}{3}| \geqq 10) \leqq \frac{5}{900} = \frac{1}{180}$

196/63. $\mu = 7$; $\operatorname{Var} X = 5\frac{5}{6}$; $\sigma = \frac{1}{6}\sqrt{210} \approx 2{,}415$

$P(|X-7| < 2) = \frac{4}{9} \geqq 1 - \frac{35}{24} = -\frac{11}{24}$ trivial!

$P(|X-7| < \sigma) = \frac{2}{3} \geqq 1 - 1 = 0$ trivial!

$P(|X-7| < 2\sigma) = \frac{17}{18} \geqq 1 - \frac{1}{4} = \frac{3}{4}$

$P(|X-7| < 3\sigma) = 1 \geqq 1 - \frac{1}{9} = \frac{8}{9}$

196/64. Es soll $P(|X-\mu| < a) \geqq p$ sein; das ist sicher der Fall, wenn $1 - \frac{\operatorname{Var} X}{a^2} \geqq p$ gilt; daraus folgt: $a \geqq \sqrt{\frac{\operatorname{Var} X}{1-p}}$.

a) $a \geqq \sqrt{\frac{2}{0{,}5}} = 2$

b) $a \geqq \sqrt{\frac{2}{0{,}1}} = \sqrt{20} = 2\sqrt{5} \approx 4{,}47$

c) $a \geqq \sqrt{\frac{2}{0{,}05}} = \sqrt{40} = 2\sqrt{10} \approx 6{,}32$

d) $a \geqq \sqrt{\frac{2}{0{,}01}} = \sqrt{200} = 10\sqrt{2} \approx 14{,}14$

196/65. a) Die Ungleichung ist offensichtlich falsch für konstante Zufallsgrößen, weil dann sowohl $P(|X-\mu| > a)$ als auch $\operatorname{Var} X$ null sind.
Sei also X nicht konstant. Dann ist $\operatorname{Var} X > 0$.
1. Fall: Es gibt mindestens ein x_i, so daß $|x_i - \mu| > a$ ist. Dann gilt:

$$\begin{aligned}\operatorname{Var} X &= \sum_{|x_i-\mu|>a} (x_i-\mu)^2 W(x_i) + \sum_{|x_i-\mu|\leqq a} (x_i-\mu)^2 W(x_i) \geqq \\ &\geqq \sum_{|x_i-\mu|>a} (x_i-\mu)^2 W(x_i) > \\ &> \sum_{|x_i-\mu|>a} a^2 W(x_i) = \\ &= a^2 \sum_{|x_i-\mu|>a} W(x_i) = \\ &= a^2 P(|X-\mu| > a).\end{aligned}$$

2. Fall: Es gibt kein x_i, für das $|x_i - \mu| > a$ erfüllt wäre. Dann ist $P(|X - \mu| > a) = 0$ und damit $\operatorname{Var} X > a^2 \cdot P(|X - \mu| > a)$ eo ipso erfüllt.

b) $P(|X - \mu| \leqq a) = 1 - P(|X - \mu| > a) > 1 - \dfrac{\operatorname{Var} X}{a^2}$.

196/66. $\mathscr{E} X = 0$

$$\operatorname{Var} X = (-t)^2 \cdot \frac{1}{2t^2} + t^2 \cdot \frac{1}{2t^2} = 1$$

Nun ist einerseits

$$\begin{aligned} P(|X - 0| \geqq t\sigma) = P(|X| \geqq t) &= P(X \geqq t \vee X \leqq -t) = \\ &= P(X \geqq t) + P(X \leqq -t) = \\ &= \frac{1}{2t^2} + \frac{1}{2t^2} = \frac{1}{t^2}. \end{aligned}$$

Andererseits gilt

$$r_T = \frac{\operatorname{Var} X}{a^2} = \frac{1}{(t \cdot 1)^2} = \frac{1}{t^2}.$$

Somit ist das wahre Risiko gleich dem *Tschebyschow*-Risiko.

196/67.
$$\begin{aligned} \mathscr{E} Y &= \sum_{i=1}^{n} y_i W(y_i) = \\ &= \sum_{y_i < k} y_i W(y_i) + \sum_{y_i \geqq k} y_i W(y_i) \geqq \\ &\geqq 0 + k \cdot \sum_{y_i \geqq k} W(y_i) = \\ &= k \cdot P(Y \geqq k). \end{aligned}$$

Für $P(Y > k)$ erhält man:

$$\begin{aligned} \mathscr{E} Y &= \sum_{y_i \leqq k} y_i W(y_i) + \sum_{y_i > k} y_i W(y_i) \geqq \\ &\geqq 0 + \sum_{y_i > k} y_i W(y_i) > \\ &> k \cdot \sum_{y_i > k} W(y_i) = \\ &= k \cdot P(Y > k). \end{aligned}$$

Also $\quad P(Y > k) < \dfrac{\mathscr{E} Y}{k}$.

196/68. $Y := (X - \mathscr{E} X)^2$ ist eine nicht negative Zufallsgröße. Mit $\mathscr{E} X =: \mu$ und $k =: a^2$, $a > 0$, erhalten wir aus Aufgabe **67**:

$$P\left((X - \mu)^2 \geqq a^2\right) \leqq \frac{\mathscr{E}\left[(X - \mu)^2\right]}{a^2}$$

$$\Leftrightarrow P(|X - \mu| \geqq a) \leqq \frac{\operatorname{Var} X}{a^2}.$$

Aufgaben zu 12.1.

213/1.

x	0	1
$W_X(x)$	0,2	0,8

y	0	1	2
$W_Y(y)$	0,2	0,5	0,3

213/2.

ω	AAA	AAZ	AZA	AZZ	ZAA	ZAZ	ZZA	ZZZ
$X(\omega)$	3	2	2	1	2	1	1	0
$Y(\omega)$	1	1	1	1	2	2	3	4

y \ x	0	1	2	3	$W_Y(y)$
1	0	$\frac{1}{8}$	$\frac{2}{8}$	$\frac{1}{8}$	$\frac{4}{8}$
2	0	$\frac{1}{8}$	$\frac{1}{8}$	0	$\frac{2}{8}$
3	0	$\frac{1}{8}$	0	0	$\frac{1}{8}$
4	$\frac{1}{8}$	0	0	0	$\frac{1}{8}$
$W_X(x)$	$\frac{1}{8}$	$\frac{3}{8}$	$\frac{3}{8}$	$\frac{1}{8}$	

213/3. a)

x	0	1
$W_X(x)$	$\frac{5}{6}$	$\frac{1}{6}$

y	0	1
$W_Y(y)$	$\frac{125}{216}$	$\frac{91}{216}$

z	0	1	2	3
$W_Z(z)$	$\frac{125}{216}$	$\frac{75}{216}$	$\frac{15}{216}$	$\frac{1}{216}$

b)

x \ y	0	1
0	$\frac{125}{216}$	$\frac{55}{216}$
1	0	$\frac{1}{6}$

x \ z	0	1	2	3
0	$\frac{125}{216}$	$\frac{50}{216}$	$\frac{5}{216}$	0
1	0	$\frac{25}{216}$	$\frac{10}{216}$	$\frac{1}{216}$

y \ z	0	1	2	3
0	$\frac{125}{216}$	0	0	0
1	0	$\frac{75}{216}$	$\frac{15}{216}$	$\frac{1}{216}$

213/4.

y \ x	0	1	$W_Y(y)$
1	0,1	0,1	0,2
2	0,2	0,15	0,35
3	0,05	0,4	0,45
$W_X(x)$	0,35	0,65	1

213/5. a)

x	0	1	2	3	4
$W_X(x)$	0,1	0,2	0,5	0,15	0,05

y	0	1	2	3	4
$W_Y(y)$	0,72	0,20	0,08	0	0

b) $P(X \leqq 3 \wedge Y \leqq 1) = 0{,}88$;

c) $P(Y \geqq 2) = 0{,}08$;

d) $P(X \leqq 3 \wedge Y \geqq 2) = 0{,}07$.

Aufgaben zu 12.2.

213/6. Der Doppelwurf ist ein Laplace-Experiment mit 36 Ergebnissen.
Also gilt:
$P(X_1 = j \wedge X_2 = k) = \frac{1}{36}$ für alle j und k.
Andererseits ist
$P(X_1 = j) \cdot P(X_2 = k) = \frac{1}{6} \cdot \frac{1}{6} = \frac{1}{36}$ für alle j und k.

213/7.

x \ y	10	20
1	0,04	0,16
2	0,06	0,24
3	0,1	0,4

214/8. **a)** $W_{X,Y}(1; 2) = 1 - (0{,}04 + 0{,}1 + 0{,}06 + 0{,}16 + 0{,}4) = 0{,}24$.

b)

x	0	1
$W(x)$	0,2	0,8

y	0	1	2
$W(y)$	0,2	0,5	0,3

c) Die MAL-Tabelle und die UND-Tabelle stimmen überein. X und Y sind also unabhängig.

214/9. **a)** $W_{A,B}(a, b) = P(A = a \wedge B = b) = \frac{\binom{4}{a}\binom{28}{8-a}}{\binom{32}{8}} \cdot \frac{\binom{4-a}{b}\binom{20+a}{8-b}}{\binom{24}{8}}$.

b) Für $17980 \cdot W_{A,B}$ gilt folgende Tabelle

a \ b	0	1	2	3	4	$17980 \cdot W_A(a)$
0	910	2240	1680	448	35	5313
1	2240	3840	1792	224	0	8096
2	1680	1792	392	0	0	3864
3	448	224	0	0	0	672
4	35	0	0	0	0	35

Gerundet erhält man daraus für $W_{A,B}$

a \ b	0	1	2	3	4	$W_A(a)$
0	0,0506	0,1246	0,0934	0,0249	0,0019	0,2954
1	0,1246	0,2136	0,0997	0,0125	0	0,4504
2	0,0934	0,0997	0,0218	0	0	0,2149
3	0,0249	0,0125	0	0	0	0,0374
4	0,0019	0	0	0	0	0,0019

c) Siehe **b)**.

d) $\left.\begin{array}{l} P(A = 4) \cdot P(B = 4) > 0 \\ P(A = 4 \wedge B = 4) = 0 \end{array}\right\} \Rightarrow$ A und B sind stochastisch abhängig.

214/10. $P(X = x_i \wedge a = a) = P(X = x_i)$
$P(X = x_i) \cdot P(a = a) = P(X = x_i) \cdot 1 = P(X = x_i)$

214/11. 1) Nach Aufgabe **10** liegt Unabhängigkeit vor, wenn $X = \text{const.}$

2) Sei nun $X \neq \text{const}$. Dann nimmt X mindestens zwei Werte $x_i \neq x_j$ mit von null verschiedenen Wahrscheinlichkeiten an, so daß gilt:
$P(X = x_i \wedge X = x_j) = 0$
$P(X = x_i) \cdot P(X = x_j) \neq 0$
Es liegt in diesem Fall also Abhängigkeit vor. Somit ist $X = \text{const}$.

Aufgaben zu 12.3.

214/12. a)

x	0	1	2	3
$W_X(x)$	$\frac{1}{4}$	$\frac{1}{4}$	$\frac{1}{4}$	$\frac{1}{4}$

y	0	1	2	3
$W_Y(y)$	$\frac{1}{4}$	$\frac{1}{4}$	$\frac{1}{4}$	$\frac{1}{4}$

b)

y \ x	0	1	2	3
0	$\frac{1}{16}$	$\frac{1}{16}$	$\frac{1}{16}$	$\frac{1}{16}$
1	$\frac{1}{16}$	$\frac{1}{16}$	$\frac{1}{16}$	$\frac{1}{16}$
2	$\frac{1}{16}$	$\frac{1}{16}$	$\frac{1}{16}$	$\frac{1}{16}$
3	$\frac{1}{16}$	$\frac{1}{16}$	$\frac{1}{16}$	$\frac{1}{16}$

c)

a	0	1	2	3	4	5	6
$W_A(a)$	$\frac{1}{16}$	$\frac{2}{16}$	$\frac{3}{16}$	$\frac{4}{16}$	$\frac{3}{16}$	$\frac{2}{16}$	$\frac{1}{16}$

d)

b	0	1	2	3	4	6	9
$W_B(b)$	$\frac{7}{16}$	$\frac{1}{16}$	$\frac{2}{16}$	$\frac{2}{16}$	$\frac{1}{16}$	$\frac{2}{16}$	$\frac{1}{16}$

e)

c	0	1	2	3
$W_C(c)$	$\frac{1}{16}$	$\frac{3}{16}$	$\frac{5}{16}$	$\frac{7}{16}$

f) $\mathscr{E}X = \mathscr{E}Y = 1{,}5$
$\mathscr{E}A = 3$
$\mathscr{E}B = 2{,}25$
$\mathscr{E}C = 2{,}125$

g) $\operatorname{Var} X = \operatorname{Var} Y = 1{,}25$
$\operatorname{Var} A = 2{,}5$
$\operatorname{Var} B = 7{,}1875$
$\operatorname{Var} C = 0{,}859375$

214/13. a)

x	0	1	2	3
$W_X(x)$	$\frac{1}{4}$	$\frac{1}{4}$	$\frac{1}{4}$	$\frac{1}{4}$

y	0	1	2	3
$W_Y(y)$	$\frac{1}{4}$	$\frac{1}{4}$	$\frac{1}{4}$	$\frac{1}{4}$

b)

y \ x	0	1	2	3
0	0	$\frac{1}{12}$	$\frac{1}{12}$	$\frac{1}{12}$
1	$\frac{1}{12}$	0	$\frac{1}{12}$	$\frac{1}{12}$
2	$\frac{1}{12}$	$\frac{1}{12}$	0	$\frac{1}{12}$
3	$\frac{1}{12}$	$\frac{1}{12}$	$\frac{1}{12}$	0

c)

a	1	2	3	4	5
$W_A(a)$	$\frac{2}{12}$	$\frac{2}{12}$	$\frac{4}{12}$	$\frac{2}{12}$	$\frac{2}{12}$

d)

b	0	2	3	6
$W_B(b)$	$\frac{6}{12}$	$\frac{2}{12}$	$\frac{2}{12}$	$\frac{2}{12}$

e)

c	1	2	3
$W_C(c)$	$\frac{2}{12}$	$\frac{4}{12}$	$\frac{6}{12}$

f) $\mathscr{E}X = \mathscr{E}Y = 1{,}5$
$\mathscr{E}A = 3$
$\mathscr{E}B = 1\frac{5}{6}$
$\mathscr{E}C = 2\frac{1}{3}$

g) $\operatorname{Var} X = \operatorname{Var} Y = 1{,}25$
$\operatorname{Var} A = \frac{5}{3}$
$\operatorname{Var} B = \frac{173}{36} \approx 4{,}8$
$\operatorname{Var} C = \frac{5}{9}$

214/14. **a)** $W_{X+Y}(a) = \sum_{x+y=a} W_{X,Y}(x, y)$

b) $W_{X+Y}(a) = \sum_{x+y=a} W_X(x) \cdot W_Y(y)$

c) $W_{X+Y}(2) = 0{,}05 + 0{,}45 = 0{,}5$

d) $W_{A+B}(2) = 0{,}0934 + 0{,}2136 + 0{,}0934 = 0{,}4004.$

$W_{A+B}(2)$ ist die Wahrscheinlichkeit dafür, daß A und B zusammen genau 2 Ober haben.

214/15. $P(X + a = x_i + a \wedge Y + b = y_j + b) =$
$= P(X = x_i \wedge Y = y_j) =$
$= P(X = x_i) \cdot P(Y = y_j) =$
$= P(X + a = x_i + a) \cdot P(Y + b = y_j + b).$

214/16. **a)**

y	1	4	9
$W(y)$	$\frac{200}{216}$	$\frac{15}{216}$	$\frac{1}{216}$

b)

x \ y	1	4	9
-1	$\frac{125}{216}$	0	0
1	$\frac{75}{216}$	0	0
2	0	$\frac{15}{216}$	0
3	0	0	$\frac{1}{216}$

c) $P(X = -1 \wedge X^2 = 1) = \frac{125}{216}$
$P(X = -1) \cdot P(X^2 = 1) = \frac{125}{216} \cdot \frac{200}{216} \neq \frac{125}{216}$
X und X^2 sind abhängig.

214/17. 1) X^2 konstant $\Rightarrow X, X^2$ unabhängig. (Siehe Aufgabe 214/**10.**)

2) X^2 nicht konstant $\Rightarrow$ Es gibt $x_i \neq x_j$ mit $x_i^2 \neq x_j^2$.
Dafür gilt: $W_{X,X^2}(x_i, x_j^2) = 0$
und $W_X(x_i) \cdot W_{X^2}(x_j^2) = p_i \cdot P(X^2 = x_j^2) = p_i \cdot P(X = x_j \vee X = -x_j) =$
$= p_i \cdot [P(X = x_j) + P(X = -x_j) - P(X = x_j \wedge X = -x_j)] \geqq$
$\geqq p_i \cdot p_j >$
$> 0.$

Begründung:
Für $x_j \neq 0$ gilt
$P(X = -x_j) - P(X = x_j \wedge X = -x_j) = P(X = -x_j) - 0 \geqq 0.$
Für $x_j = 0$ gilt
$P(X = 0) - P(X = 0 \wedge X = 0) = 0.$

Aufgaben zu 12.4.1.

215/18. $X_i :=$ Augenzahl des i-ten Würfels
$\mathscr{E}(X_1 + X_2 + X_3) = \mathscr{E}X_1 + \mathscr{E}X_2 + \mathscr{E}X_3 = 3 \cdot 3{,}5 = 10{,}5.$

215/19. $X_i :=$ »Anzahl der Adler bei der i-ten Münze« besitzt die Verteilung

x	0	1
$W_{X_i}(x)$	$\frac{1}{2}$	$\frac{1}{2}$, also $\mathscr{E}X_i = \frac{1}{2}$.

$$\mathscr{E}Z = \mathscr{E}\left(\sum_{i=1}^{8} X_i\right) = \sum_{i=1}^{8} \mathscr{E}X_i = 4.$$

215/20. $a := 167 \qquad Y := X - a$

y	-4	-3	-2	0	1	2	3	6
$W(y)$	$\frac{1}{15}$	$\frac{2}{15}$	$\frac{3}{15}$	$\frac{3}{15}$	$\frac{1}{15}$	$\frac{1}{15}$	$\frac{3}{15}$	$\frac{1}{15}$

$\mathscr{E}Y = \frac{2}{15} \Rightarrow \mathscr{E}X = \mathscr{E}Y + a = 167\frac{2}{15}$.

215/21. a) $X_i :=$ Anzahl der DM, die der i-te Angestellte erhält

x	0	100
$W_{X_i}(x)$	$\frac{99}{100}$	$\frac{1}{100}$ $\Rightarrow \mathscr{E}X_i = 1$

$A := \sum_{i=1}^{30} X_i$, also $\mathscr{E}A = \sum_{i=1}^{30} \mathscr{E}X_i = 30$.

Die Annahme ist nicht realistisch, weil erfahrungsgemäß Zahlen um die Mitte des Bereichs [1; 100] lieber geraten werden.

b)

x	0	50
$W_{X_i}(x)$	$\frac{99}{100}$	$\frac{1}{100}$ $\Rightarrow \mathscr{E}X_i = \frac{1}{2}$

$\mathscr{E}A = \sum_{i=1}^{100} \mathscr{E}X_i = 50.$

c)

x	0	m
$W_{X_i}(x)$	$\frac{N-1}{N}$	$\frac{1}{N}$ $\Rightarrow \mathscr{E}X_i = \frac{m}{N}$

$\mathscr{E}A = \sum_{i=1}^{n} \mathscr{E}X_i = \frac{nm}{N}$

215/22. $X_i :=$ Anzahl der Treffer beim i-ten Zug.
Es gibt 13! Permutationen der 13 Karten. Bei 12! dieser Anordnungen liegt die i-te Karte an i-ter Stelle.
Also gilt $P(X_i = 1) = \frac{12!}{13!} = \frac{1}{13}$. Somit besitzt X_i die Wahrscheinlichkeitsverteilung

x	0	1
$W_{X_i}(x)$	$\frac{12}{13}$	$\frac{1}{13}$ $\Rightarrow \mathscr{E}X_i = \frac{1}{13}$.

Für $Z :=$ »Anzahl der Treffer bei 13 Zügen« gilt $\mathscr{E}Z = \mathscr{E}\left(\sum_{i=1}^{13} X_i\right) = 13 \cdot \frac{1}{13} = 1$.

215/23. $X_i :=$ Nr. der Kugel aus Urne i

$\mathscr{E}(X_1 \cdot X_2) = \mathscr{E}X_1 \cdot \mathscr{E}X_2 = 4{,}5 \cdot 5{,}5 = 24{,}75$.

Aufgaben zu 12.4.2. und 12.4.3.

215/24. a)

a	0	1	2	3	4
$W(a)$	$\frac{1}{16}$	$\frac{4}{16}$	$\frac{6}{16}$	$\frac{4}{16}$	$\frac{1}{16}$

$\mathscr{E}A = 2$
$\operatorname{Var} A = 1$

b) A und B sind gleichverteilt.

c)

l	0	1	2	3	4
$W(l)$	$\frac{1}{16}$	$\frac{7}{16}$	$\frac{5}{16}$	$\frac{2}{16}$	$\frac{1}{16}$

$\mathscr{E}L = \frac{27}{16} \approx 1{,}69$
$\operatorname{Var} L = \frac{247}{256} \approx 0{,}96$

d)

x	0	1	2	3
$W(x)$	$\frac{2}{16}$	$\frac{6}{16}$	$\frac{6}{16}$	$\frac{2}{16}$

$\mathscr{E}X = \frac{3}{2} = 1{,}5$
$\operatorname{Var}X = \frac{3}{4} = 0{,}75$

215/25. $\mathscr{E}X = \mathscr{E}Y = 3{,}5$
$\operatorname{Var}X = \operatorname{Var}Y = \frac{35}{12} \approx 2{,}92$

a) $\mathscr{E}A = \mathscr{E}(X+3) = \mathscr{E}X + 3 = 6{,}5$
$\operatorname{Var}A = \operatorname{Var}(X+3) = \operatorname{Var}X = \frac{35}{12} \approx 2{,}92$

b) $\mathscr{E}B = \mathscr{E}(3X) = 3\mathscr{E}X = 10{,}5$
$\operatorname{Var}B = \operatorname{Var}(3X) = 9\operatorname{Var}X = \frac{105}{4} = 26{,}25$

c) $\mathscr{E}C = \mathscr{E}(X+2Y) = \mathscr{E}X + 2\mathscr{E}Y = 10{,}5$
$\operatorname{Var}C = \operatorname{Var}(X+2Y) = \operatorname{Var}X + 4\operatorname{Var}Y = \frac{175}{12} \approx 14{,}58$

d)

d	1	2	3	4	5	6
$W(d)$	$\frac{1}{36}$	$\frac{3}{36}$	$\frac{5}{36}$	$\frac{7}{36}$	$\frac{9}{36}$	$\frac{11}{36}$

$\mathscr{E}D = \frac{161}{36} \approx 4{,}47$
$\operatorname{Var}D = \frac{2555}{1296} \approx 1{,}97$

e)

e	0	1	2	3	4	5
$W(e)$	$\frac{6}{36}$	$\frac{10}{36}$	$\frac{8}{36}$	$\frac{6}{36}$	$\frac{4}{36}$	$\frac{2}{36}$

$\mathscr{E}E = \frac{35}{18} \approx 1{,}94$
$\operatorname{Var}E = \frac{665}{324} \approx 2{,}05$

f) $\mathscr{E}(\frac{1}{2}[X+Y]) = \frac{1}{2}(\mathscr{E}X + \mathscr{E}Y) = 3{,}5$
$\operatorname{Var}(\frac{1}{2}[X+Y]) = \frac{1}{4}(\operatorname{Var}X + \operatorname{Var}Y) = \frac{35}{24} \approx 1{,}46$

215/26. a) Für die Anzahl A der rosafarbenen Perlen gilt:

$W(a) = \frac{\binom{4}{a}\binom{16}{4-a}}{\binom{20}{4}}$; das ergibt

a	0	1	2	3	4
$4845 \cdot W(a)$	1820	2240	720	64	1

$\mathscr{E}A = \frac{4}{5} = 0{,}8$;
$\operatorname{Var}A = \frac{256}{475} \approx 0{,}54$;

$\mathscr{E}(\text{Wert}) = \mathscr{E}(A \cdot 12\,\text{DM}) =$
$= 12\,\text{DM} \cdot \mathscr{E}A =$
$= 9{,}6\,\text{DM}$;

$\operatorname{Var}(\text{Wert}) = \operatorname{Var}(A \cdot 12\,\text{DM}) =$
$= 144\,(\text{DM})^2 \cdot \operatorname{Var}A =$
$= \frac{36864}{475}\,(\text{DM})^2 \approx$
$\approx 77{,}61\,(\text{DM})^2$.

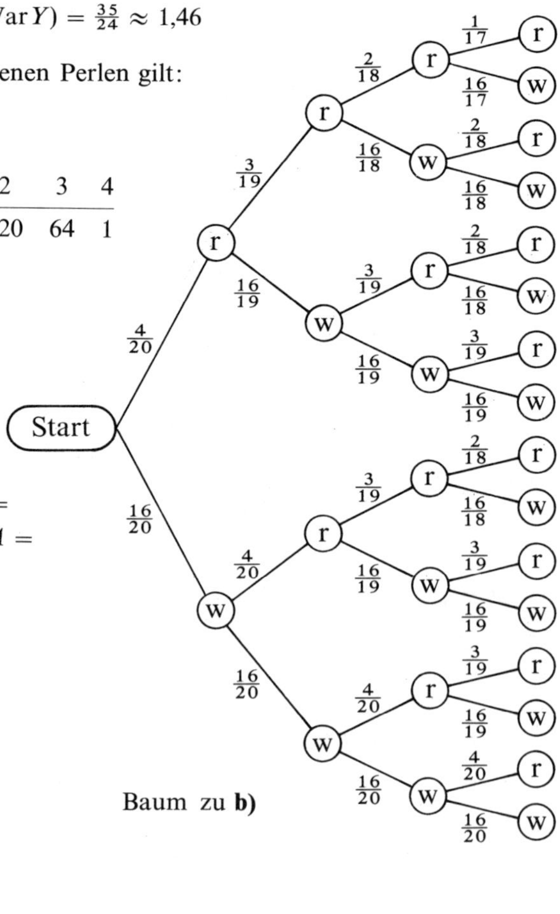

Baum zu **b)**

b)

a	0	1	2	3	4
$W(a)$	$\frac{256}{625}$	$\frac{1\,899\,456}{4\,286\,875}$	$\frac{3\,123\,376}{23\,149\,125}$	$\frac{50\,468}{4\,142\,475}$	$\frac{1}{4845}$
gerundet	41,0%	44,3%	13,5%	1,2%	0,0%

Mit den gerundeten Werten ergibt sich

$\mathscr{E} A \approx 0{,}75$; $\mathscr{E}(\text{Wert}) \approx 8{,}99$ DM

$\operatorname{Var} A \approx 0{,}53$; $\operatorname{Var}(\text{Wert}) \approx 76{,}10\,(\text{DM})^2$

216/27. I. Direkte Lösung. Unter Verwendung der Wahrscheinlichkeitsverteilung der Augensumme X aus Aufgabe 191/**29.** erhält man

x	$6^6 \cdot W(x)$	$x \cdot 6^6 \cdot W(x)$
0	15625	0
1	3125	3125
2	3125	6250
3	3750	11250
4	3750	15000
5	4375	21875
6	4500	27000
7	2000	14000
8	1500	12000
9	1625	14625
10	1025	10250
11	1025	11275
12	425	5100
13	300	3900
14	200	2800
15	180	2700
16	55	880
17	30	510
18	30	540
19	5	95
20	5	100
21	1	21
		163296

also $\mathscr{E} X = 6^{-6} \cdot 163\,296 = 3{,}5$.

II. Lösung mit Hilfe der Sätze aus **12.4.1.** Würfel Nr. i besitzt i Augen.

$X_i :=$ »Augenzahl des i-ten Würfels« ist verteilt nach

x	0	i
$W_{X_i}(x)$	$\frac{5}{6}$	$\frac{1}{6}$

$\Rightarrow \mathscr{E}(X_i) = \frac{1}{6} \cdot i$

$$\mathscr{E} X = \mathscr{E}\Big(\sum_{i=1}^{6} X_i\Big) = \sum_{i=1}^{6} \mathscr{E} X_i = \sum_{i=1}^{6} \tfrac{1}{6} \cdot i = \tfrac{1}{6} \cdot 21 = 3{,}5.$$

Berechnung der Varianz von X:

$\operatorname{Var} X_i = \mathscr{E}(X_i^2) - (\mathscr{E} X_i)^2 = \frac{1}{6} i^2 - \frac{1}{36} i^2 = \frac{5}{36} i^2$.

Wegen der stochastischen Unabhängigkeit der X_i gilt:

$$\operatorname{Var} X = \operatorname{Var}\Big(\sum_{i=1}^{6} X_i\Big) = \sum_{i=1}^{6} (\operatorname{Var} X_i) = \sum_{i=1}^{6} \tfrac{5}{36} i^2 = \tfrac{5}{36} \cdot \tfrac{6 \cdot 7 \cdot 13}{6} = \tfrac{455}{36} \approx 12{,}64.$$

Vergleicht man die Zufallsgrößen »Augenzahl« bei einem einzigen L-Würfel mit der Zufallsgröße »Augensumme« bei den 6 blinden Würfeln, so ergibt sich: Beide Zufallsgrößen haben denselben Erwartungswert 3,5, die Augensumme streut aber mehr ($\sigma \approx 3{,}56$) als die Augenzahl ($\sigma \approx 1{,}71$). (Siehe Aufgabe 194/**44. a)**.)

216/28. $\mathrm{Var}(aX + b) = \mathrm{Var}(aX) = a^2 \mathrm{Var}\, X$

216/29. $\sigma(X + Y) = \sqrt{\mathrm{Var}(X + Y)} =$
$= \sqrt{\mathrm{Var}\, X + \mathrm{Var}\, Y} =$
$= \sqrt{\sigma^2(X) + \sigma^2(Y)} \leqq \sqrt{\sigma^2(X) + 2\sigma(X)\sigma(Y) + \sigma^2(Y)} =$
$= \sqrt{[\sigma(X) + \sigma(Y)]^2} =$
$= \sigma(X) + \sigma(Y)$

Ist mindestens eine der Zufallsgrößen konstant, so gilt das Gleichheitszeichen.

216/30. a) $R_i :=$ Reparaturkosten in DM/Jahr des Teils i

r_A	0	70
$W(r_A)$	0,8	0,2

$\mathscr{E} R_A = 14$
$\mathrm{Var}\, R_A = 784$
$\sigma(R_A) = 28$

r_B	0	800
$W(r_B)$	0,98	0,02

$\mathscr{E} R_B = 16$
$\mathrm{Var}\, R_B = 12544$
$\sigma(R_B) = 112$

b) I. Direkt

r_B \ r_A	0	70
0	0,784	0,196
800	0,016	0,004

r	0	70	800	870
$W(r)$	0,784	0,196	0,016	0,004

$\mathscr{E} R = 70 \cdot 0{,}196 + 800 \cdot 0{,}016 + 870 \cdot 0{,}004 = 30$

$\mathrm{Var}(R) = 70^2 \cdot 0{,}196 + 800^2 \cdot 0{,}016 + 870^2 \cdot 0{,}004 - 30^2 = 13328$

$\sigma(R) \approx 115{,}45$

II. Verwendung der Ergebnisse von **a)**
$\mathscr{E}(R) = \mathscr{E}(R_A + R_B) = \mathscr{E} R_A + \mathscr{E} R_B = 14 + 16 = 30$
$\mathrm{Var}(R) = \mathrm{Var}(R_A + R_B) = \mathrm{Var}\, R_A + \mathrm{Var}\, R_B = 12544 + 784 = 13328$
$\sigma(R) = \sqrt{13328} \approx 115{,}45$

216/31. [Ab 2. Auflage:] Mit $Y := X - a$ (vgl. 215/**20**), Satz 208.1 und Satz 207.2:
$\mathrm{Var}\, X = \mathrm{Var}(X - a) = \mathrm{Var}\, Y = \mathscr{E}(Y^2) - (\mathscr{E} Y)^2 =$
$= \frac{1}{15} \cdot (16 \cdot 1 + 9 \cdot 2 + 4 \cdot 3 + 1 \cdot 1 + 4 \cdot 1 + 9 \cdot 3 + 36 \cdot 1) - \frac{4}{225} =$
$= \frac{1706}{225}$.

216/32. Umkehrung: $\mathrm{Var}\, X = 0 \Rightarrow X = \mathrm{const.}$

Beweis: $\mathrm{Var}\, X = \sum_{i=1}^{n} (x_i - \mu)^2 W(x_i) = 0.$

Alle Summanden sind nicht negativ, also muß jeder null sein; d.h., $x_i = \mu$ für alle i.

216/33. a) $\mathscr{E} X = \mu = 2{,}2$
$m = 2$, weil $P(X \leqq 2) = 0{,}6 \geqq 0{,}5$ und $P(X < 2) = 0{,}4 \leqq 0{,}5$

b) $f(a) := \mathscr{E}(X - a)^2 = \mathscr{E}(X^2) - 2a\mu + a^2$

$\left.\begin{array}{l} f'(a) = -2\mu + 2a \\ f''(a) = 2 > 0 \end{array}\right\} \Rightarrow$ für $a = \mu$ liegt ein Minimum von f vor.

$$g(a) := \mathscr{E}(|X-a|) =$$
$$= 0{,}1\cdot|a| + 0{,}3\cdot|1-a| + 0{,}2\cdot|2-a| + 0{,}1\cdot|3-a| + 0{,}3\cdot|4-a| =$$
$$= \begin{cases} 2{,}2-a & a \leqq 0 \\ 2{,}2-0{,}8a & 0<a\leqq 1 \\ 1{,}6-0{,}2a & \text{falls} \quad 1<a\leqq 2 \\ 0{,}8+0{,}2a & 2<a\leqq 3 \\ 0{,}2+0{,}4a & 3<a\leqq 4 \\ -2{,}2+a & 4<a \end{cases}$$

G_g ist echt monoton fallend in $]-\infty; 2]$ und echt monoton steigend in $[2; +\infty[$. Also ist bei 2 das Minimum von g.

216/34. $X := \sum_{i=1}^{n} X_i$.

Die n Briefe können auf $n!$ Arten gesteckt werden. Dafür, daß Brief Nr. i richtig steckt, gibt es $(n-1)!$ Arten. Also ist

$P(X_i = 1) = \frac{1\cdot(n-1)!}{n!} = \frac{1}{n}$, und damit $P(X_i = 0) = \frac{n-1}{n}$, woraus folgt:

$\mathscr{E}X_i = 1\cdot\frac{1}{n} = \frac{1}{n}$.

Damit gilt: $\mathscr{E}X = \mathscr{E}(\sum_{i=1}^{n} X_i) = \sum_{i=1}^{n} \mathscr{E}X_i = \sum_{i=1}^{n} \frac{1}{n} = 1.$

$\operatorname{Var}X = \mathscr{E}(X^2) - (\mathscr{E}X)^2 = \mathscr{E}(X^2) - 1.$

Nun ist

$$\mathscr{E}(X^2) = \mathscr{E}(\sum_{i=1}^{n} X_i)^2 =$$
$$= \mathscr{E}(\sum_{i=1}^{n} X_i^2 + \sum_{i\neq j} X_i X_j) =$$
$$= \sum_{i=1}^{n} \mathscr{E}(X_i^2) + \sum_{i\neq j} \mathscr{E}(X_i X_j).$$

Die Zufallsgrößen X_i und X_i bzw. X_i und X_j sind stochastisch abhängig, also kann der Produktsatz über $\mathscr{E}$ nicht angewendet werden. Nun ist zunächst

$X_i^2 = \begin{cases} 1 & \text{falls } X_i = 1 \\ 0 & \text{falls } X_i = 0. \end{cases}$ Damit $\mathscr{E}X_i^2 = \frac{1}{n}$.

Für $X_i \cdot X_j$ gilt

$$X_i X_j = \begin{cases} 1 & \text{falls die Briefe } i \text{ und } j \text{ richtig stecken} \\ 0 & \text{sonst.} \end{cases}$$

$$P(X_i X_j = 1) = \frac{(n-2)!}{n!} = \frac{1}{n(n-1)}.$$

Damit wird

$$\mathscr{E}(X^2) = \sum_{i=1}^{n} \frac{1}{n} + \sum_{i\neq j} \frac{1}{n(n-1)} = n\cdot\frac{1}{n} + n(n-1)\cdot\frac{1}{n(n-1)} = 2$$

und schließlich $\operatorname{Var}X = 2 - 1 = 1$.

Aufgaben zu 12.5.

216/35. a) $\mathscr{E}\bar{X} = 1;\quad \operatorname{Var}\bar{X} = \frac{1}{10};\quad \sigma(\bar{X}) = \frac{1}{\sqrt{10}} \approx 0{,}316.$

b) $\mathscr{E}\bar{X} = 5;\quad \operatorname{Var}\bar{X} = \frac{9}{10};\quad \sigma(\bar{X}) = \frac{3}{\sqrt{10}} \approx 0{,}949$

c) $\mathscr{E}\bar{X} = 5;\quad \operatorname{Var}\bar{X} = \frac{9}{100};\quad \sigma(\bar{X}) = \frac{3}{10} = 0{,}3$

217/36. $\sigma(\bar{X}) \leqq a$

$\Leftrightarrow \frac{\sigma(X)}{\sqrt{n}} \leqq a$

$\Leftrightarrow n \geqq \left(\frac{\sigma}{a}\right)^2;\qquad \mu$ spielt keine Rolle!

a) $n \geqq \left(\frac{10}{5}\right)^2 = 4\qquad$ **b)** $n \geqq \left(\frac{10}{1}\right)^2 = 100\qquad$ **c)** $n \geqq \left(\frac{1}{\frac{1}{10}}\right)^2 = 100$

217/37. a) 1) $\mathscr{E}S_n = \mathscr{E}\left(\sum_{i=1}^{n} X_i\right) = \sum_{i=1}^{n} \mathscr{E}X_i = \sum_{i=1}^{n} \mu = n\mu$

$\operatorname{Var}S_n = \operatorname{Var}\left(\sum_{i=1}^{n} X_i\right) = \sum_{i=1}^{n} \operatorname{Var}X_i = \sum_{i=1}^{n} \sigma^2 = n\sigma^2$

$P(|S_n - \mathscr{E}S_n| \geqq a) \leqq \frac{n\sigma^2}{a^2}$

$\Leftrightarrow P(|S_n - n\mu| \geqq a) \leqq \frac{n\sigma^2}{a^2}$

2) $\left.\begin{array}{l}\mathscr{E}\bar{X} = \mu \\ \operatorname{Var}\bar{X} = \frac{\sigma^2}{n}\end{array}\right\} \Rightarrow P(|\bar{X} - \mu| \geqq b) \leqq \frac{\sigma^2}{nb^2}$

Oder aus **1)**:

$P\left(\left|\frac{S_n}{n} - \mu\right| \geqq \frac{a}{n}\right) \leqq \frac{n\sigma^2}{a^2} \Leftrightarrow P(|\bar{X} - \mu| \geqq b) \leqq \frac{\sigma^2}{nb^2}$

b) $P(|\bar{X} - \mu| < a) = 1 - P(|\bar{X} - \mu| \geqq a) \geqq 1 - \frac{\sigma^2}{na^2}$

$P(|\bar{X} - \mu| < t\sigma) \geqq 1 - \frac{1}{nt^2} \geqq 90\%$

$\Leftrightarrow n \geqq 10 \cdot t^{-2}$

c) $P(|\bar{X} - \mu| < \frac{1}{2}) \geqq 90\%$ ist sicher erfüllt für $n \geqq 10 \cdot (\frac{1}{4})^{-2} = 160.$

217/38. a) $\mu = \mathscr{E}X_i = \frac{0 + 1 + 2 + \ldots + 9}{10} = 4{,}5$

$\operatorname{Var}(X_i) = \frac{0^2 + 1^2 + 2^2 + \ldots + 9^2}{10} - 4{,}5^2 = \frac{9 \cdot 10 \cdot 19}{6 \cdot 10} - \frac{81}{4} = \frac{33}{4}$

$\sigma = \sigma(X_i) = \frac{1}{2}\sqrt{33} \approx 2{,}87$

b) $\mathscr{E}S_n = \mathscr{E}\left(\sum_{i=1}^{n} X_i\right) = n \cdot \mu = 4{,}5n$

$n = 10 \Rightarrow \mathscr{E}S_{10} = 45\qquad n = 100 \Rightarrow \mathscr{E}S_{100} = 450$

$$\operatorname{Var}(S_n) = \operatorname{Var}\left(\sum_{i=1}^{n} X_i\right) = \sum_{i=1}^{n} \operatorname{Var} X_i = n\sigma^2 = \tfrac{33}{4} n$$

$$\sigma(S_n) = \sqrt{n} \cdot \sigma = \tfrac{1}{2}\sqrt{33n}$$

$$\sigma(S_{10}) = \sqrt{10} \cdot \tfrac{1}{2}\sqrt{33} = \tfrac{1}{2}\sqrt{330} \approx 9{,}08$$

$$\sigma(S_{100}) = \sqrt{100} \cdot \tfrac{1}{2}\sqrt{33} = 5\sqrt{33} \approx 28{,}72$$

c) $\mathscr{E}\bar{X} = \mathscr{E}(\tfrac{1}{n} S_n) = \tfrac{1}{n}\mathscr{E} S_n = n \cdot \tfrac{1}{n} \cdot \mu = \mu$

$$\sigma(\bar{X}) = \frac{\sigma}{\sqrt{n}}$$

$$n = 10 \Rightarrow \mathscr{E}\bar{X} = 4{,}5; \qquad \sigma(\bar{X}) = \frac{\sqrt{33}}{2\sqrt{10}} \approx 0{,}908$$

$$n = 100 \Rightarrow \mathscr{E}\bar{X} = 4{,}5; \qquad \sigma(\bar{X}) = \frac{\sqrt{33}}{2\sqrt{100}} \approx 0{,}287$$

d) $P(3 \leqq \bar{X} \leqq 6) = P(|\bar{X} - 4{,}5| \leqq 1{,}5) > 1 - \dfrac{\operatorname{Var}\bar{X}}{1{,}5^2} = 1 - \dfrac{\sigma^2}{n \cdot 1{,}5^2}$

1) $n = 10 \Rightarrow P(3 \leqq \bar{X} \leqq 6) > 1 - \frac{33 \cdot 4}{10 \cdot 4 \cdot 9} = \frac{19}{30} > 63{,}3\%$

2) $n = 100 \Rightarrow P(3 \leqq \bar{X} \leqq 6) > 1 - \frac{33 \cdot 4}{100 \cdot 4 \cdot 9} = \frac{289}{300} > 96{,}3\%$.

$$P(4 \leqq \bar{X} \leqq 7) \geqq P(4 \leqq \bar{X} \leqq 5) = P(|\bar{X} - 4{,}5| \leqq 0{,}5) > 1 - \frac{\sigma^2}{0{,}5^2 \cdot n}$$

1) $n = 10$: $P(4 \leqq \bar{X} \leqq 7) > -2{,}3$

2) $n = 100$: $P(4 \leqq \bar{X} \leqq 7) > 0{,}67$

Unter Verwendung des Verschiebungssatzes kann man eine andere Abschätzung erhalten:

$$\begin{aligned} P(4 \leqq \bar{X} \leqq 7) &= P(-1{,}5 \leqq \bar{X} - 5{,}5 \leqq 1{,}5) = \\ &= P(|\bar{X} - 5{,}5| \leqq 1{,}5) = \\ &= P(|\bar{X} - 5{,}5|^2 \leqq 1{,}5^2) = \\ &= 1 - P(|\bar{X} - 5{,}5|^2 > 1{,}5^2) > \\ &> 1 - \frac{\mathscr{E}([\bar{X} - 5{,}5]^2)}{1{,}5^2} \end{aligned}$$

nach Aufgabe 196/**67**, da $(\bar{X} - 5{,}5)^2$ eine nicht-negative Zufallsgröße ist. Nun ist nach dem Verschiebungssatz 207/1:

$$\begin{aligned} \mathscr{E}([\bar{X} - 5{,}5]^2) &= \operatorname{Var}\bar{X} + (\mathscr{E}(\bar{X}) - 5{,}5)^2 = \\ &= \operatorname{Var}\bar{X} + (4{,}5 - 5{,}5)^2 = \tfrac{33}{4n} + 1\,. \end{aligned}$$

Damit erhält man

$$P(4 \leqq \bar{X} \leqq 7) > 1 - \tfrac{1}{9}(\tfrac{33}{n} + 4) = \tfrac{5}{9} - \tfrac{11}{3n}\,.$$

1) $n = 10$: $P(4 \leqq \bar{X} \leqq 7) > \frac{17}{90} > 18{,}8\%$, also genauer als oben.

2) $n = 100$: $P(4 \leqq \bar{X} \leqq 7) > \frac{467}{900} > 51{,}8\%$, also ungenauer als oben.

e) $P(|\bar{X} - \mu| > 2) \leqq 0{,}1$

Das ist sicher erfüllt, wenn $\dfrac{\operatorname{Var}\bar{X}}{2^2} \leqq 0{,}1$

$$\Leftrightarrow \frac{\sigma^2}{4n} \leqq 0{,}1 \Leftrightarrow n \geqq \frac{10\sigma^2}{4}$$

$$\Leftrightarrow n \geqq \tfrac{5}{2} \cdot \tfrac{33}{4} = 20{,}625$$

Man muß mindestens 21mal werfen.

217/39. $G_{ij} :=$ Gewinn des Spielers beim j-ten Spiel mit Urne Nr. i $(i = 1, 2)$

Urne 1:

g	-1	9
$W_{G_{1j}}(g)$	0,9	0,1

$\mathscr{E} G_{1j} = 0$
$\operatorname{Var} G_{1j} = 9$

Urne 2:

g	-1	999
$W_{G_{2j}}(g)$	0,999	0,001

$\mathscr{E} G_{2j} = 0$
$\operatorname{Var} G_{2j} = 999$

$\bar{G}_i := \frac{1}{n} \sum_{j=1}^{n} G_{ij}$

$P(|\bar{G}_i - 0| \leqq 1) \geqq 90\%$ ist sicher erfüllt, wenn

$$P(|\bar{G}_i - 0| \leqq 1) > 1 - \frac{\operatorname{Var} \bar{G}_i}{1} = 1 - \frac{\operatorname{Var} G_{ij}}{n} \geqq 90\% \Leftrightarrow n \geqq 10 \cdot \operatorname{Var} G_{ij}$$

Urne 1: $n \geqq 90$ Urne 2: $n \geqq 9990$

217/40. a) $2000 \cdot (0{,}1 \cdot 30\,\text{DM} + 0{,}05 \cdot 50\,\text{DM}) = 2000 \cdot 5{,}5\,\text{DM} = 11\,000\,\text{DM}.$

b) 1) Mit $A :=$ »A fällt aus« erhält man wegen der Unabhängigkeit von A und B:

	B	$\bar{B}$	
A	0,005	0,095	0,1
$\bar{A}$	0,045	0,855	0,9
	0,05	0,95	

Daraus erhält man die Wahrscheinlichkeitsverteilung für $R :=$ Reparaturkosten eines Geräts in DM/Jahr:

r	0	30	50	80
$W_R(r)$	0,855	0,095	0,045	0,005

$\mathscr{E} R = 5{,}5$
$\operatorname{Var} R = 199{,}75$

2) $R_i :=$ Reparaturkosten des Geräts Nr. i in DM/Jahr.
Die R_i sind Kopien von R.

$$P(|\sum_{i=1}^{2000} R_i - 11\,000| > 1000) < \frac{\operatorname{Var}(\sum_{i=1}^{2000} R_i)}{1000^2} = \frac{2000 \cdot 199{,}75}{10^6} = 39{,}95\%$$

3) $\bar{R} := \frac{1}{n} \sum_{i=1}^{n} R_i$

$P(|\bar{R} - 5{,}5| \leqq 4) > p;\quad p \in \{0{,}9; 0{,}95; 0{,}99\}$
Das ist sicher erfüllt, wenn

$$1 - \frac{\operatorname{Var} \bar{R}}{4^2} \geqq p \Leftrightarrow n \geqq \frac{\operatorname{Var} R}{16(1-p)}.$$

$p = 90\%$: $n \geqq \frac{\operatorname{Var} R}{16 \cdot 0{,}1} = 124{,}84\ldots,$ also $n \geqq 125$

$p = 95\%$: $n \geqq \frac{\operatorname{Var} R}{16 \cdot 0{,}05} = 249{,}6\ldots,$ also $n \geqq 250$

$p = 99\%$: $n \geqq \frac{\operatorname{Var} R}{16 \cdot 0{,}01} = 1248{,}4\ldots,$ also $n \geqq 1249$

Aufgaben zu 13.

223/1. **a)** $\omega = 0100001111$

1) $P(\{\omega\}) = 0{,}175^5 \cdot (1-0{,}175)^5 \approx 6{,}3 \cdot 10^{-5}$

2) $P(\{\omega\}) = (\frac{1}{6})^5 \cdot (\frac{5}{6})^5 \approx 5{,}2 \cdot 10^{-5}$

b) $\omega_{20} = 00000\,00001$ $\quad \omega_{60} = 01010\,00110$
$\omega_{30} = 00101\,00000$ $\quad \omega_{70} = 01000\,00000$
$\omega_{40} = 11000\,00000$ $\quad \omega_{80} = 10000\,01000$
$\omega_{50} = 00100\,00010$ $\quad \omega_{90} = 00000\,01100$
$\omega_{100} = 00001\,01110$

c) $\omega = 0100101111$

1) $P(\{\omega\}) = 0{,}501^6(1-0{,}501)^4 \approx 9{,}80 \cdot 10^{-4}$

2) $P(\{\omega\}) = \left(\frac{1}{2}\right)^6 \cdot \left(\frac{1}{2}\right)^4 = \frac{1}{2^{10}} \approx 9{,}77 \cdot 10^{-4}$

d) $\omega = 1000000000$

1) $P(\{\omega\}) = 0{,}299^1 \cdot (1-0{,}299)^9 \approx 1{,}22 \cdot 10^{-2}$

2) $P(\{\omega\}) = \left(\frac{1}{3}\right)^1 \cdot \left(\frac{2}{3}\right)^9 \approx 8{,}67 \cdot 10^{-3}$

223/2. **a)** Ziehen mit Zurücklegen:

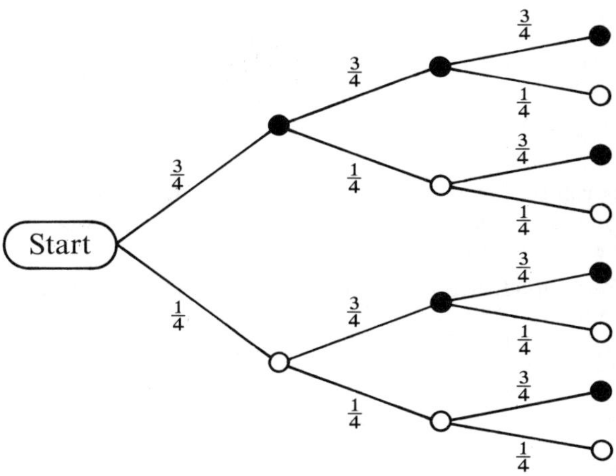

ω	$P(\{\omega\})$
000	$\frac{27}{64}$
001	$\frac{9}{64}$
010	$\frac{9}{64}$
011	$\frac{3}{64}$
100	$\frac{9}{64}$
101	$\frac{3}{64}$
110	$\frac{3}{64}$
111	$\frac{1}{64}$

Man erkennt: $P(\{\omega\}) = p^k q^{3-k}$, wenn k die Anzahl der Treffer ist. P erfüllt also die Bedingung von Definition 221.1.

Ziehen ohne Zurücklegen:

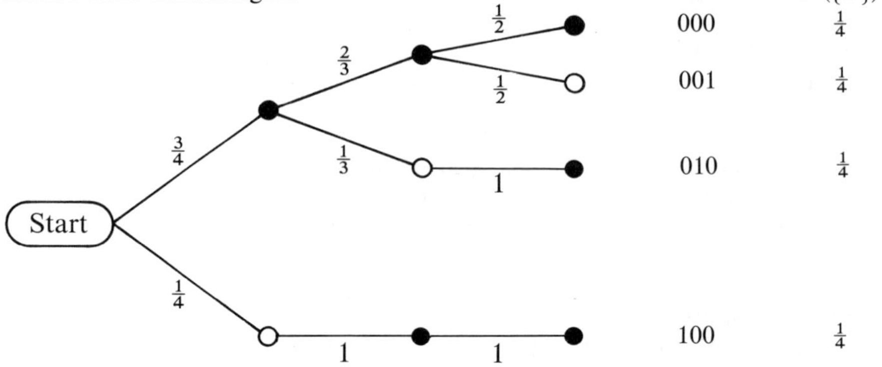

$P(\{\omega\}) = \frac{1}{4}$ sowohl bei 0 wie bei 1 Treffer. Also ist P keine Wahrscheinlichkeitsverteilung einer *Bernoulli*-Kette.

b) $P(A_1 \cap A_2) = P(\{100\} \cap \{010\}) = P(\emptyset) = 0$
$P(A_1) \cdot P(A_2) = \frac{1}{4} \cdot \frac{1}{4} = \frac{1}{16} \neq 0.$

223/3. a) *Bernoulli*-Kette der Länge n; Treffer beim i-ten Versuch ist das Auftreten einer geraden Augensumme.

$p = P(\text{»Augensumme ist gerade«}) =$
$= \frac{1}{36}(1 + 3 + 5 + 5 + 3 + 1) = \frac{1}{2}.$

$P(\text{»Bei } n \text{ Würfen fällt immer eine gerade Augensumme«}) =$
$= P(\{1, 1, \ldots, 1\}) = (\frac{1}{2})^n.$

Die Einsätze müssen sich also verhalten wie

$$\frac{1}{2^n} : \left(1 - \frac{1}{2^n}\right) = 1 : (2^n - 1).$$

*Cardano*s Ergebnis ist richtig für $n = 2$, falsch für alle höheren Werte von n. Für $n = 20$ behauptet *Cardano* übrigens, daß sich die Einsätze nicht wie $1:(20^2 - 1)$, sondern wie $1:(20^3 - 1)$ verhalten müßten!

b) Der Parameter der *Bernoulli*-Kette ist $\frac{a}{b}$. Somit müssen sich die Einsätze verhalten wie

$(\frac{a}{b})^n : \left(1 - (\frac{a}{b})^n\right) = a^n : (b^n - a^n).$

3 L-Würfel:

$b = 216$
$a = 1 + \binom{3}{2} \cdot 5 + \binom{3}{1} \cdot 5^2 = 91$

Die Einsätze verhalten sich wie

$$\begin{aligned} 91^3 : (216^3 - 91^3) &= 753\,571 : (10\,077\,696 - 753\,571) = \\ &= 753\,571 : 9\,324\,125 \approx 1 : 12{,}4 \approx \\ &\approx 1 : 12. \end{aligned}$$

Erstaunlicherweise korrigiert *Cardano* seine früheren falschen Ergebnisse nicht! Man kann jedoch sagen, daß *Cardano* schließlich zur Erkenntnis gelangte, daß die Wahrscheinlichkeit von genau n Treffern bei einer *Bernoulli*-Kette der Länge n mit dem Parameter p den Wert p^n hat.

223/4. **a)** Treffer beim i-ten Versuch $\hat{=}$ Richtiges Urteil des Experten Nr. i. $n = 5$, $p = 0{,}8$.

b) **1)** P(1. und 3. Urteil richtig, die übrigen falsch) $= 0{,}8^2 \cdot 0{,}2^3 = 0{,}00512$

2) P(Alle Urteile richtig) $= 0{,}8^5 = 0{,}32768$

3) P(Alle Urteile falsch) $= 0{,}2^5 = 0{,}00032$

4) P(»Mindestens 1 richtiges Urteil«) $= 1 - 0{,}2^5 = 0{,}99968$

c) n Experten befragt:
P(»Mindestens 1 richtiges Urteil«) $= 1 - 0{,}2^n > 0{,}99 \Leftrightarrow n > 2{,}86\ldots$
Man muß mindestens 3 Experten befragen.

223/5. $Z :=$ Anzahl der ausgewählten Männer.

a) $P(Z = 0) = 0{,}4^5 = 0{,}01024$ **b)** $P(Z \geqq 1) = 1 - P(Z = 0) = 0{,}98976$

c) $P(Z = 1) = 5 \cdot 0{,}6 \cdot 0{,}4^4 = 0{,}0768$ **d)** $P(Z = 5) = 0{,}6^5 = 0{,}07776$

223/6. n Personen gewählt: $P(Z \geqq 1) = 1 - 0{,}4^n \geqq 0{,}999 \Leftrightarrow n \geqq 7{,}53\ldots$
Man muß mindestens 8 Personen wählen.

224/7. Sicherheit $= P$(Alle Bausteine in Ordnung) $= p^{10} = 0{,}9 \Leftrightarrow p = 0{,}9^{0,1} = 0{,}9895$

224/8. P(Gerät fällt aus) $= 1 - P$(Alle Baugruppen in Ordnung) $=$
$= 1 - (1 - 0{,}0026)^{13} = 0{,}033.$

224/9. n Teile: P(»Mindestens 1 defektes Teil«) $= 1 - P$(»Alle Teile brauchbar«) $=$
$= 1 - 0{,}95^n \geqq 0{,}5$
$\Leftrightarrow n \lg 0{,}95 \leqq \lg 0{,}5 \Leftrightarrow n \geqq 13{,}5\ldots$
Man muß mindestens 14 Teile nehmen.

224/10. Treffer beim i-ten Versuch $\hat{=}$ Unfall bei der i-ten Überquerung im Jahr.
$n = 2 \cdot 365 = 730,$
$p = 0{,}0005.$
P(1 Jahr lang unverletzt) $= (1 - 0{,}0005)^{730} \approx 0{,}694.$

224/11. **a)** $n = 1$; $p \approx \frac{1 \text{ Million}}{14 \text{ Millionen}} = \frac{1}{14}$.

Nur 0 oder 1 Sechser möglich. Also

P(»Mindestens 1 Sechser») $= P$(»Genau 1 Sechser«) $= \binom{1}{1} p^1 q^0 = \frac{1}{14} = 0{,}07143.$

b) $n = 10$; $p \approx \frac{100\,000}{14 \text{ Millionen}} = \frac{1}{140}$.

Bis zu 10 Sechser möglich. Also

P(»Mindestens 1 Sechser«) $= 1 - P$(»Kein Sechser«) $\approx 1 - \left(\frac{139}{140}\right)^{10} = 0{,}06918.$

c) $n = 10^6$; $p \approx \frac{1}{14 \text{ Millionen}}$.

Bis zu 1 Million Sechser möglich. Also

P(»Mindestens 1 Sechser«) $\approx 1 - \left(1 - \frac{1}{14 \text{ Millionen}}\right)^{1 \text{ Million}} = 0{,}069891.$

Methode **a)** ist am vorteilhaftesten. Allerdings hat sie den »Nachteil«, daß man bei ihr nicht mehrere Sechser erzielen kann.
(Zusatzbemerkung: Der Erwartungswert für die Anzahl der Sechser ist bei allen drei Methoden gleich groß, nämlich $10^6 p \approx 0{,}071$.)

224/12. *Bernoulli*-Kette mit $n = 4$ und Parameter p. Treffer beim i-ten Versuch $\hat{=}$ Abschaltung des Kraftwerks Nr. i.

a) P(»Zusammenbruch«) $= P$(»4 Abschaltungen«) $+ P$(»3 Abschaltungen«) $+$
$+ P$(»genau die beiden Dampfkraftwerke schalten ab«) $=$
$= p^4 + 4p^3(1-p) + p^2(1-p)^2 = p^2(1 + 2p - 2p^2)$.

$$\frac{dP}{dp} = -8p^3 + 6p^2 + 2p = -8p(p-1)(p+\tfrac{1}{4}).$$

Für $0 < p < 1$ ist $\frac{dP}{dp} > 0$, also ist P in $[0; 1]$ echt monoton steigend.

b) P(»Zusammenbruch«) $= P$(»3 oder 4 Abschaltungen«) $= p^4 + 4p^3(1-p) =$
$= p^3(4 - 3p)$.

$\frac{dP}{dp} = 12p^2(1-p) > 0$ für $0 < p < 1$, also ist P in $[0; 1]$ echt monoton steigend.

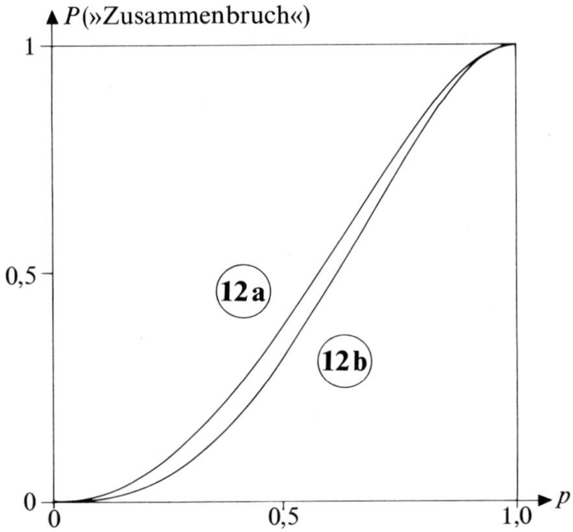

224/13. *Bernoulli*-Kette mit $n > k$, $n \geqq 5$; Parameter p; Treffer beim i-ten Versuch $\hat{=}$ Auto Nr. i ist ein LKW.

a) P(Erst k PKW, dann LKW) $= (1-p)^k \cdot p$

b) P(Erst k PKW) $= (1-p)^k$

c) P(Nicht zuerst k PKW) $= 1 - (1-p)^k$

d) Mögliche Anordnungen: LLLPP, LLLPL, PLLLP, PPLLL, LPLLL.
Wahrscheinlichkeit: $3p^3(1-p)^2 + 2p^4(1-p) = p^3(1-p)(3-p)$.

e) Mögliche Anordnungen: (Baum!)

LLPPP	LLPLP	LLPLL
PLLPP	LLPPL	
PPLLP	PLLPL	
PPPLL	LPLLP	
	LPPLL	
	PLPLL	

Wahrscheinlichkeit:
$4(1-p)^3p^2 + 6(1-p)^2p^3 + p^4(1-p) = p^2(1-p)(4 - 2p - p^2)$

224/14.

	Wahrscheinlichkeiten gemäß Aufgabe **13**	Beobachtete relative Häufigkeiten	
	Auswertung von Tabelle 11.1		
a)	$\frac{1}{8} = 0{,}125$	$\frac{14}{160} = 0{,}0875$ bzw.	$\frac{25}{160} = 0{,}156$
b)	$\frac{1}{4} = 0{,}25$	$\frac{32}{160} = 0{,}2000$	$\frac{42}{160} = 0{,}2625$
c)	$\frac{7}{8} = 0{,}875$	$\frac{142}{160} \approx 0{,}888$	$\frac{144}{160} = 0{,}9$
d)	$\frac{5}{32} \approx 0{,}156$	$\frac{25}{160} = \frac{5}{32}$	$\frac{23}{160} \approx 0{,}144$
e)	$\frac{11}{32} \approx 0{,}345$	$\frac{62}{160} \approx 0{,}39$	$\frac{57}{160} \approx 0{,}36$
	Auswertung von Tabelle 10.1		
a)	$\frac{25}{216} \approx 0{,}116$	$\frac{39}{240} = 0{,}161$	
b)	$\frac{25}{36} = 0{,}694$	$\frac{166}{240} \approx 0{,}692$	
c)	$\frac{91}{216} \approx 0{,}422$	$\frac{113}{240} \approx 0{,}471$	
d)	$\frac{85}{6^5} \approx 0{,}0109$	$\frac{2}{240} \approx 0{,}00083$	
e)	$\frac{655}{6^5} \approx 0{,}084$	$\frac{13}{240} \approx 0{,}054$	

Die Beobachtung stimmt nicht immer gut mit der Theorie überein. Große relative Abweichungen zeigen sich vor allem bei sehr kleinen Wahrscheinlichkeiten. Dies ist theoretisch erklärbar.

225/15. a) Für Kind Nr. 1 und 2 ist die Wahrscheinlichkeit, einen großen Apfel zu erhalten, je gleich $\frac{1}{2}$. Kind 3 erhält einen großen Apfel bei den Wurfergebnissen (1 bedeute »Adler«) 0000, 0001, 0010, 0011, 0110, 0111, 1010, 1011.
Wahrscheinlichkeit gleich $\frac{8}{16} = \frac{1}{2}$.
Kind 4 erhält einen großen Apfel bei den vier Ergebnissen, die mit 00 beginnen, sowie bei 0100, 0101, 1000, 1001.
Wahrscheinlichkeit ebenfalls gleich $\frac{1}{2}$. Das Verfahren ist gerecht.

b) Nein. P(Kind Nr. 1 und 2 erhalten einen großen Apfel) $= \frac{1}{4}$;
P(Kind Nr. 1 und 3 erhalten einen großen Apfel) $= P(\{1010; 1011\}) = \frac{1}{8}$.

c) Ja. – Beweis: Es bedeute $A_i =$ »Kind Nr. i erhält einen großen Apfel«. $P(A_1) = \ldots = P(A_n) = \frac{1}{2}$, denn es sind n große Äpfel vorhanden. Nun sei k-mal geworfen worden ($n \leqq k < 2n$), und es sei dabei Z-mal »Adler« gefallen. Für $Z \geqq n$ sind alle großen Äpfel schon vergeben, für $k - Z \geqq n$ sind nur noch große Äpfel da. Daher
$P(A_{k+1}) = P$(»[Nur noch große Äpfel da] *oder* [Beide Sorten da *und* Kind wirft Adler]«) =

$$= P(k - Z \geqq n) + \tfrac{1}{2} P(k - Z < n \text{ und } Z < n) =$$
$$= P(Z \leqq k - n) + \tfrac{1}{2} P(k - n < Z < n) =$$
$$= P(Z \leqq k - n) + \tfrac{1}{2} [P(Z < n) - P(Z \leqq k - n)] =$$
$$= \tfrac{1}{2} P(Z \leqq k - n) + \tfrac{1}{2} P(Z < n).$$

Beim Werfen einer symmetrischen Münze ist eine gewisse Anzahl von Adlern genau so wahrscheinlich wie die gleiche Anzahl von Nicht-Adlern. Wir können daher in der ersten Klammer des zuletzt erhaltenen Ausdrucks statt Z auch $k - Z$ schreiben:

$$P(A_{k+1}) = \tfrac{1}{2} P(k - Z \leqq k - n) + \tfrac{1}{2} P(Z < n) =$$
$$= \tfrac{1}{2} P(Z \geqq n) + \tfrac{1}{2} P(Z < n) = \tfrac{1}{2}, \qquad \text{q.e.d.}$$

d) Ungerechtes Verfahren! – Wahrscheinlichkeit, einen großen Apfel zu erhalten:
Kind Nr. 1: $\frac{1}{2}$,
Kind Nr. 2: $\frac{1}{2} \cdot P$(Kind Nr. 1 wirft keinen Adler) $= \frac{1}{4}$,
Kind Nr. 3: P(Kind Nr. 1 und 2 werfen keinen Adler) $= \frac{1}{4}$.

225/16. a) P(»Mindestens 3 direkt aufeinanderfolgende i-Wörter«) =
$= P(\{11100, 01110, 00111, 11110, 11101, 10111, 01111, 11111\}) =$
$= 3 \cdot 0{,}4^3 \cdot 0{,}6^2 + 4 \cdot 0{,}4^4 \cdot 0{,}6 + 0{,}4^5 =$
$= 0{,}1408.$

b) P(»Mindestens ein i-Wort«) $\geqq 95\%$
$\Leftrightarrow 1 - P$(»Kein i-Wort«) $\geqq 0{,}95$
$\Leftrightarrow 1 - 0{,}6^n \geqq 0{,}95$
$\Leftrightarrow 0{,}6^n \leqq 0{,}05$
$\Leftrightarrow n \geqq \dfrac{\lg 0{,}05}{\lg 0{,}6}$
$\Leftrightarrow n \geqq 5{,}86\ldots$
Man muß mindestens 6 i-Wörter ausdrucken lassen.

c)

x	3	4	5	6
$W(x)$	0,064	0,1152	0,13824	0,68256

NR: $P(X = 3) = P(\{111\}) = 0{,}4^3$
$P(X = 4) = P(\{0111, 1011, 1101\}) = 3 \cdot 0{,}4^3 \cdot 0{,}6$
$P(X = 5) = P(\{00111, 01011, 01101, 10011, 10101, 11001\}) = 6 \cdot 0{,}4^3 \cdot 0{,}6^2$

$\mathscr{E} X = 5{,}43936$
$\operatorname{Var} X = 30{,}44736 - 29{,}5866372096 \approx 0{,}8607227904$

225/17. a) $P(\{11111, 01111, 11110, 00000, 10000, 00001\}) =$
$= (\frac{1}{2})^5 \cdot 6 =$
$= \frac{3}{16} =$
$= 18{,}75\%$

b) $P(\{11111, 01111, 11110, 11100, 11101, 01110, 00111, 10111, 00000, 10000, 00001,$
$00011, 00010, 10001, 11000, 01000\}) =$
$= 16 \cdot (\frac{1}{2})^5 =$
$= \frac{1}{2} =$
$= 50\%.$

225/18. $»X = 2« = \{110110, 110011, 011011\}$
$»X = 1« = \{110000, 000011, 110100, \ldots, 110101, 011010, 011001, 101100, 101101,$
$001101, 100110, 010110, 100011, \ldots, 101011\}$

Alle anderen Ergebnisse gehören zu $»X = 0«$.

$$P(X = 2) = 3 \cdot (\tfrac{1}{6})^4 (\tfrac{5}{6})^2 = \frac{75}{6^6}$$

$$P(X = 1) = 5 \cdot (\tfrac{1}{6})^2 \cdot (\tfrac{5}{6})^4 + 12 \cdot (\tfrac{1}{6})^3 \cdot (\tfrac{5}{6})^3 + 3 \cdot (\tfrac{1}{6})^4 \cdot (\tfrac{5}{6})^2 =$$

$$= \frac{5^5 + 12 \cdot 5^3 + 3 \cdot 5^2}{6^6} = \frac{4700}{6^6}$$

$$P(X = 0) = \frac{41881}{6^6}$$

$$\mathscr{E} X = \frac{1 \cdot 4700 + 2 \cdot 75}{6^6} = \frac{4850}{6^6} \approx 0{,}10$$

$$\mathscr{E} X^2 = \frac{4700}{6^6} + 4 \cdot \frac{75}{6^6} = \frac{5000}{6^6}$$

$$\operatorname{Var} X = \mathscr{E} X^2 - (\mathscr{E} X)^2 = \tfrac{209\,757\,500}{2\,176\,782\,336} \approx 0{,}096$$

225/19. a) $(\frac{5}{6})^3 = 0{,}5787$

b) 45mal erscheint keine Sechs in den ersten 3 Würfen: relative Häufigkeit $\frac{45}{80} = 0{,}5625$; gute Übereinstimmung!

225/20. a) $P(k$ Nieten, dann 1 Treffer$) = q^k p$.
Wertetabelle für $p = 0{,}25$:

k	0	1	2	3	4	5	6	7	8	9	10
$q^k p = 0, \dots$	250	188	141	105	079	059	044	033	025	019	014

b) $P(\text{Kein Treffer vor dem } k\text{-ten Wurf}) = q^{k-1}$.

225/21. a)

x	1	2	3	...	i	...	n	0
$W(x)$	p	qp	q^2p		$q^{i-1}p$		$q^{n-1}p$	q^n

$$\mathscr{E}X = p + 2qp + 3q^2p + \ldots + iq^{i-1}p + \ldots + nq^{n-1}p = \\ = p(1 + 2q + 3q^2 + \ldots + iq^{i-1} + \ldots + nq^{n-1})$$

In der Klammer steht die Ableitung einer endlichen geometrischen Reihe
Es gilt:

$$\mathscr{E}X = p \cdot \frac{\mathrm{d}}{\mathrm{d}q}(q + q^2 + \ldots + q^n) =$$

$$= p \cdot \frac{\mathrm{d}}{\mathrm{d}q}\,\frac{q - q^{n+1}}{1-q} = p \cdot \frac{1 - q^n(1 + n(1-q))}{(1-q)^2} =$$

$$= p \cdot \frac{1 - q^n(1 + np)}{p^2} =$$

$$= \frac{1 - q^n(1+np)}{p}.$$

b) $\lim\limits_{n\to\infty} \mathscr{E}X = \lim\limits_{n\to\infty}\left(\frac{1-q^n}{p} + nq^n\right) = \frac{1}{p}$,

da $\lim\limits_{n\to\infty} nq^n = 0$.

Begründung: Es sei $h > 0$ und $n \geqq 2$. Dann gilt

$$(1+h)^n > 1 + nh + \frac{n(n-1)}{1\cdot 2}h^2 > \frac{n(n-1)}{2}\cdot h^2 \geqq \frac{n^2}{4}h^2.$$

Da $0 < q < 1$, kann man mit $h > 0$ schreiben

$$q =: \frac{1}{1+h}.$$

Damit gilt

$$0 < nq^n < \frac{n}{(1+h)^n} < \frac{n}{\frac{n^2}{4}h^2} = \frac{4}{nh^2} \xrightarrow[n\to\infty]{} 0$$

$\frac{1}{p}$ ist die mittlere Anzahl von Versuchen bis zum ersten Treffer bei unbegrenzter Versuchszahl.

c) $\mathscr{E}X = \dfrac{1 - (\frac{5}{6})^n(1 + \frac{1}{6}n)}{\frac{1}{6}} = 6 - (\frac{5}{6})^n(6+n)$

$\lim\limits_{n\to\infty} \mathscr{E}X = 6$

d)

4	1	1	4	3	8	4	11
2	2	10	3	11	8	11	2
7	13	2	10	7	13	4	4
2	3	4	1	1	3	9	8
4	1	2	8	5	12	2	3
1	3	3	6	3	7	2	3
15	4	3	7	4	1	0	8
6	3	10	2	3	1	5	6
7	9	5	13	1	11	2	4
4	1	3	6	1	4	4	1

Schätzwert für $\mathscr{E}X = \frac{395}{80} = 4{,}9375$.
Mit **c)** errechnet sich $\mathscr{E}X = 6 - (\frac{5}{6})^{15}(6+15) \approx 4{,}6370$.

e) $X :=$ Anzahl der Intervalle $\Delta t = 1$, die vergehen, bis das betreffende Atom zerfällt.

$$p = \left|\frac{\Delta N}{N}\right| = \lambda.$$

Also $\lim\limits_{n\to\infty} \mathscr{E}X = \frac{1}{\lambda}$.

$\lim\limits_{n\to\infty} \mathscr{E}X$ ist die mittlere Lebensdauer eines Atoms.

226/22. a)

k	1	2	3	...	i	...
$P(X=k)$	p	pq	pq^2	...	pq^{i-1}	...

b) $X :=$ Nummer des ersten Adlers beim Werfen einer L-Münze
$h_{2048}(x) :=$ relative Häufigkeit, daß Adler zum ersten Mal beim x-ten Wurf erscheint.

$P(X = x) = 2^{-x}$. Gerundet auf 0,1‰ ergibt sich in %:

x	1	2	3	4	5	6	7	8	9
$W(x)$	50,00	25,00	12,50	6,25	3,13	1,57	0,78	0,39	0,20
$h_{2048}(x)$	51,81	24,12	11,33	6,69	2,73	1,42	1,22	0,39	0,29

c) $\mathscr{E}X = \sum\limits_{i=1}^{\infty} ipq^{i-1} = \frac{p}{(1-q)^2} = \frac{p}{p^2} = \frac{1}{p}$.

$$\begin{aligned}
\operatorname{Var} X &= \mathscr{E}(X^2) - (\mathscr{E}X)^2 = \\
&= \sum_{i=1}^{\infty} i^2 pq^{i-1} - \frac{1}{p^2} = p \sum_{i=1}^{\infty} \frac{\mathrm{d}}{\mathrm{d}q}(iq^i) - \frac{1}{p^2} = \\
&= p\frac{\mathrm{d}}{\mathrm{d}q}\Big(\sum_{i=1}^{\infty} iq^i\Big) - \frac{1}{p^2} = p\frac{\mathrm{d}}{\mathrm{d}q}\Big(q\cdot\sum_{i=1}^{\infty} iq^{i-1}\Big) - \frac{1}{p^2} = \\
&= p\frac{\mathrm{d}}{\mathrm{d}q}\,\frac{q}{(1-q)^2} - \frac{1}{p^2} = \\
&= p\,\frac{1+q}{(1-q)^3} - \frac{1}{p^2} = \\
&= \frac{1+q-1}{p^2} = \\
&= \frac{q}{p^2}.
\end{aligned}$$

d) $\mathscr{E}X = 6;\quad \operatorname{Var}X = \dfrac{\frac{5}{6}}{(\frac{1}{6})^2} = 30;\quad \sigma \approx 5{,}48.$

Faßt man die 80 Halbzeilen als Anfänge von unendlich langen *Bernoulli*-Ketten auf, so erhält man *eine* Kette, bei der keine 6 vor dem 16. Wurf erschien. Nimmt man an, daß sie beim 16. Wurf gefallen wäre, so erhält man als Schätzwert für $\mathscr{E}X$ den Wert $\frac{441}{80} \approx 5{,}51$.

e)

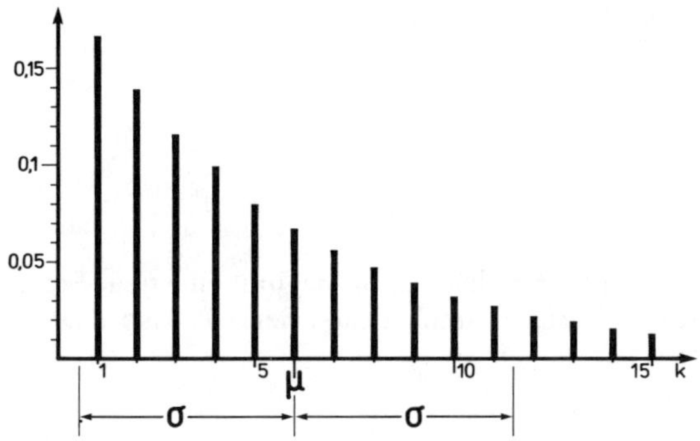

k	$P(X = k)$
1	0,167
2	0,139
3	0,116
4	0,096
5	0,080
6	0,067
7	0,056
8	0,047
9	0,039
10	0,032
11	0,027
12	0,022
13	0,019
14	0,016
15	0,013

f) $Z = X - 1$.
Nach Satz 204.1:

$$\mathscr{E}Z = \mathscr{E}(X-1) = \mathscr{E}X - 1 = \frac{1}{p} - 1 = \frac{q}{p}.$$

Nach Satz 208.1: $\operatorname{Var}Z = \operatorname{Var}(X-1) = \operatorname{Var}X = \dfrac{q}{p^2}.$

226/23. a) $\Omega = \{1, 01, 001, 0001, \ldots\}$

x	1	2	3	…	i	…
$W(x)$	$\frac{1}{4}$	$\frac{1}{4}\cdot\frac{3}{4}$	$\frac{1}{4}\cdot(\frac{3}{4})^2$	…	$\frac{1}{4}\cdot(\frac{3}{4})^{i-1}$	…

b)
$$\begin{aligned}\mathscr{E}X &= \sum_{i=1}^{\infty} i\cdot\tfrac{1}{4}\cdot(\tfrac{3}{4})^{i-1} = \\ &= \tfrac{1}{4}\cdot\sum_{i=1}^{\infty} i\cdot(\tfrac{3}{4})^{i-1} = \\ &= \tfrac{1}{4}\cdot\frac{1}{(1-\frac{3}{4})^2} = \\ &= 4.\end{aligned}$$

Mit dem Verfahren von Aufgabe **22** erhält man

$$\begin{aligned}\operatorname{Var}X &= \mathscr{E}X^2 - (\mathscr{E}X)^2 = \\ &= \sum_{i=1}^{\infty} i^2\cdot\tfrac{1}{4}\cdot(\tfrac{3}{4})^{i-1} - 4^2 = \\ &= \tfrac{1}{4}\cdot\frac{1+\frac{3}{4}}{(1-\frac{1}{4})^3} - 4^2 = \\ &= 28 - 16 = \\ &= 12.\end{aligned}$$

226/24. P(»Augensumme = 6«) = P(»Augensumme = 8«) = $\frac{5}{36}$
P(»Augensumme = 7«) = $\frac{1}{6}$.

Für die **Zufallsgrößen *A*, *B*, *C*** gilt allgemein, wenn das Auftreten der jeweiligen Augensumme der Treffer ist:

x	1	2	3	…	k	…
$W(x)$	p	qp	q^2p	…	$q^{k-1}p$	…

Damit erhält man unter Verwendung der Beziehung aus Aufgabe **22:**

$$\mathscr{E}X = \sum_{k=1}^{\infty} kq^{k-1}\,p = p\sum_{k=1}^{\infty} kq^{k-1} = \frac{p}{(1-q)^2} = \frac{1}{p}.$$

Also

$\mathscr{E}A = \mathscr{E}C = \frac{36}{5} = 7{,}2;$

$\mathscr{E}B = 6.$

Für die **Zufallsgröße *D*** gilt:
Bis zur ersten 7 wartet man im Mittel 6 Spiele. Dann beginnt eine neue Serie. Im Mittel erscheint in dieser Serie nach weiteren 6 Spielen die zweite 7. Also $\mathscr{E}(D) = 12$.
Für die **Zufallsgröße *E*** gilt:

P(»Augensumme = 6 oder 8«) $= \frac{10}{36}$.

Bis 6 oder 8 erscheint, wartet man im Mittel $\frac{36}{10}$ Spiele (siehe oben). Anschließend wartet man auf die fehlende Zahl, d. h. auf die 8, falls die 6 schon erschienen war bzw. umgekehrt, noch weitere $\frac{36}{5}$ Spiele (siehe oben).
Das ergibt

$\mathscr{E}(E) = \frac{36}{10} + \frac{36}{5} = 10{,}8.$

Kombinatorische Lösung:

Für die **Zufallsgröße *D*** gilt:
Beim k ten Wurf ($k \geqq 2$) fällt zum zweitenmal die 7. Das k-Tupel enthält also 2 Einsen und hat damit die Wahrscheinlichkeit $q^{k-2}p^2$. Die erste Eins kann an jeder der $k-1$ vorhergehenden Stellen auftauchen. Somit gilt:

P(»7 zum zweitenmal beim k-ten Wurf«) $= \binom{k-1}{1} q^{k-2}p^2$.

$$\begin{aligned}\mathscr{E}D &= \sum_{k=2}^{\infty} k\cdot(k-1)\cdot q^{k-2}p^2 = \\ &= p^2\frac{d^2}{dq^2}\sum_{k=2}^{\infty} q^k = p^2\frac{d^2}{dq^2}\sum_{k=0}^{\infty} q^k = p^2\frac{d^2}{dq^2}\,\frac{1}{1-q} = \\ &= p^2\frac{2}{(1-q)^3} = \\ &= \frac{2}{p}.\end{aligned}$$

Also $\mathscr{E}D = 12$.

Reichlich kompliziert ist die **Berechnung von $\mathscr{E}E$.**
Wir benötigen für $k \geqq 2$ die Wahrscheinlichkeit des Ereignisses
»Beim k-ten Wurf erscheint zum erstenmal die 8 und vorher fällt mindestens einmal die 6 ODER umgekehrt«.
Die Wahrscheinlichkeit dieses Oder-Ereignisses ist die Summe der Wahrscheinlichkeiten der beiden Teilereignisse, da diese unvereinbar sind. Außerdem sind diese beiden Wahrscheinlichkeiten gleich groß, da die Augensumme 6 und Augensumme 8 die gleiche Wahrscheinlichkeit $\frac{5}{36}$ haben.

Es bedeuten $6_i :=$ »Beim i-ten Wurf ergibt sich die Augensumme 6« und $\overline{8}_i :=$ »Beim i-ten Wurf ergibt sich nicht die Augensumme 8«. Damit berechnen wir mit Hilfe der Formel von *Sylvester* für $k \geqq 2$

P(»Bei den ersten $k-1$ Würfen fällt mindestens einmal die 6, aber nie die 8«) =

$$= P\left(\left(\bigcup_{i=1}^{k-1} 6_i\right) \cap \left(\bigcap_{j=1}^{k-1} \overline{8}_j\right)\right) =$$

$$= P\left(\bigcup_{i=1}^{k-1} \left[6_i \cap \bigcap_{j=1}^{k-1} \overline{8}_j\right]\right) =$$

$$= \sum_{i=1}^{k-1} P\left(6_i \cap \bigcap_{j \neq i} \overline{8}_j\right) - \sum_{\substack{i,n=1 \\ i<n}}^{k-1} P\left(6_i \cap 6_n \cap \bigcap_{j \neq i,n} \overline{8}_j\right) +$$

$$+ \sum_{\substack{i,n,m=1 \\ i<n<m}}^{k-1} P\left(6_i \cap 6_n \cap 6_m \cap \bigcap_{j \neq i,n,m} \overline{8}_j\right) - + \ldots + (-1)^{k-2} P(6_1 \cap 6_2 \cap \ldots \cap 6_{k-1}).$$

$6_i \cap \bigcap_{j \neq i} \overline{8}_j$ besitzt nach der 1. Pfadregel die Wahrscheinlichkeit $\frac{5}{36} \cdot \left(\frac{31}{36}\right)^{k-2}$. Es gibt $\binom{k-1}{1}$ solcher Ereignisse. Analog hat das Ereignis $6_i \cap 6_n \cap \bigcap_{j \neq i,n} \overline{8}_j$ die Wahrscheinlichkeit $\left(\frac{5}{36}\right)^2 \cdot \left(\frac{31}{36}\right)^{k-3}$. Es gibt $\binom{k-1}{2}$ solcher Ereignisse. Usw.

Damit ergibt sich für die Wahrscheinlichkeit des betrachteten Ereignisses der Wert

$$\binom{k-1}{1}\left(\frac{5}{36}\right)\left(\frac{31}{36}\right)^{k-2} - \binom{k-1}{2}\left(\frac{5}{36}\right)^2\left(\frac{31}{36}\right)^{k-3} + \binom{k-1}{3}\left(\frac{5}{36}\right)^3\left(\frac{31}{36}\right)^{k-4} - + \ldots + (-1)^{k-2}\binom{k-1}{k-1}\left(\frac{5}{36}\right)^{k-1} =$$

$$= \binom{k-1}{0}\left(\frac{5}{36}\right)^0\left(\frac{31}{36}\right)^{k-1} - \left[\binom{k-1}{0}\left(\frac{5}{36}\right)^0\left(\frac{31}{36}\right)^{k-1} - \binom{k-1}{1}\left(\frac{5}{36}\right)\left(\frac{31}{36}\right)^{k-2} + - \ldots +\right.$$

$$\left. + (-1)^{k-1}\binom{k-1}{k-1}\left(\frac{5}{36}\right)^{k-1}\left(\frac{31}{36}\right)^0\right] =$$

$$= \left(\frac{31}{36}\right)^{k-1} - \left(\frac{31}{36} - \frac{5}{36}\right)^{k-1} =$$

$$= \left(\frac{31}{36}\right)^{k-1} - \left(\frac{26}{36}\right)^{k-1} =$$

$$= \frac{31^{k-1} - 26^{k-1}}{36^{k-1}}.$$

Damit gewinnen wir nun die Wahrscheinlichkeitsfunktion der Zufallsgröße E. Es gilt nämlich

P(»Bei den ersten $k-1$ Würfen mindestens einmal die 6 und beim k-ten Wurf zum erstenmal die 8 ODER umgekehrt«) =

$$= 2 \cdot \frac{31^{k-1} - 26^{k-1}}{36^{k-1}} \cdot \frac{5}{36} = \frac{10}{36} \cdot \frac{31^{k-1} - 26^{k-1}}{36^{k-1}}.$$

Den Erwartungswert von E erhalten wir folgendermaßen:

$$\mathscr{E}E = \sum_{k=2}^{\infty} k \cdot \frac{10}{36} \cdot \left[\left(\frac{31}{36}\right)^{k-1} - \left(\frac{26}{36}\right)^{k-1}\right] =$$

$$= \frac{10}{36} \cdot \left[\sum_{k=2}^{\infty} k \cdot \left(\frac{31}{36}\right)^{k-1} - \sum_{k=2}^{\infty} k\left(\frac{26}{36}\right)^{k-1}\right].$$

Es handelt sich darum, Summen der Bauart $\sum_{k=2}^{\infty} kx^{k-1}$ mit $|x| < 1$ zu berechnen.

Es gilt

$$\sum_{k=2}^{\infty} k x^{k-1} = \sum_{k=2}^{\infty} \frac{d}{dx}(x^k) = \frac{d}{dx} \sum_{k=2}^{\infty} x^k = \frac{d}{dx}[x^2 \sum_{k=2}^{\infty} x^{k-2}] = \frac{d}{dx}[x^2 \sum_{i=0}^{\infty} x^i] =$$

$$= \frac{d}{dx}\left[x^2 \cdot \frac{1}{1-x}\right] =$$

$$= \frac{(2-x)x}{(1-x)^2}.$$

Damit wird

$$\mathscr{E}E = \frac{10}{36}\left[\frac{(2-\frac{31}{36})\cdot\frac{31}{36}}{(1-\frac{31}{36})^2} - \frac{(2-\frac{26}{36})\frac{26}{36}}{(1-\frac{26}{36})^2}\right] = 10{,}8.$$

227/25. a) $\binom{9}{1}\frac{1}{6}\cdot(\frac{5}{6})^8\cdot\frac{1}{6} = 9\cdot\frac{5^8}{6^{10}} = 0{,}0581$

b) P(»Zweite Sechs frühestens beim 10. Wurf«) =
$= P$(»Keine oder eine Sechs bei den ersten 9 Würfen«) =
$= \binom{9}{0}(\frac{1}{6})^0(\frac{5}{6})^9 + \binom{9}{1}(\frac{1}{6})^1(\frac{5}{6})^8 =$
$= \frac{5^9}{6^9} + 9\cdot\frac{5^8}{6^9} = 0{,}5427$

c) P(»Zweite Sechs spätestens beim 10. Wurf«) =
$= 1 - P$(»Zweite Sechs spätestens beim 10. Wurf«) =
$= 1 - P$(»Keine oder genau eine Sechs bei den ersten 10 Würfen«) =
$= 1 - \left(\frac{5}{6}\right)^{10} - 10\cdot\frac{5^9}{6^{10}} = 0{,}5155$

d) zu **b)**: 47mal keine 2 Sechsen in den ersten 9 Würfen; Häufigkeit 0,5875.
zu **c)**: 42mal 2 oder mehr Sechsen in den ersten 10 Würfen; Häufigkeit 0,525.

227/26. a) In den ersten $k-1$ Versuchen müssen $m-1$ Treffer auftreten; also
$P(X_m = k) = \binom{k-1}{m-1}p^{m-1}\cdot q^{k-m}\cdot p =$
$= \binom{k-1}{m-1}p^m q^{k-m}.$

b) $X_m = Y_1 + Y_2 + \ldots + Y_m + m$

c) $\mathscr{E}X_m = \mathscr{E}(\sum_{i=1}^{m} Y_i + m) = \sum_{i=1}^{m} \mathscr{E}Y_i + m.$

Die Y_i sind gleichverteilt und gleich der Zufallsgröße Z aus Aufgabe 226/**22. f)**.
Damit erhält man

$$\mathscr{E}X_m = m\mathscr{E}Z + m = m\left(\frac{q}{p}+1\right) = \frac{m}{p}.$$

Wegen der paarweisen Unabhängigkeit der Y_i gilt:

$$\operatorname{Var}X_m = \operatorname{Var}(\sum_{i=1}^{m} Y_i + m) = \sum_{i=1}^{m}\operatorname{Var}Y_i + 0 = \frac{mq}{p^2}.$$

d) $P(X_2 = k) = \binom{k-1}{1}p^2 q^{k-2} = (k-1)\cdot\frac{5^{k-2}}{6^k}, \quad k \geqq 2$

k	2	3	4	5	6	7	8	9	10	11	12	13
$100\cdot P(X_2 = k)$	2,8	4,6	5,8	6,4	6,7	6,7	6,5	6,2	5,8	5,4	4,9	4,5

$$\mathscr{E} X_2 = \frac{2}{\frac{1}{6}} = 12$$

$$\operatorname{Var} X_2 = \frac{2 \cdot \frac{5}{6}}{(\frac{1}{6})^2} = 60$$

$$\sigma(X_2) \approx 7{,}75$$

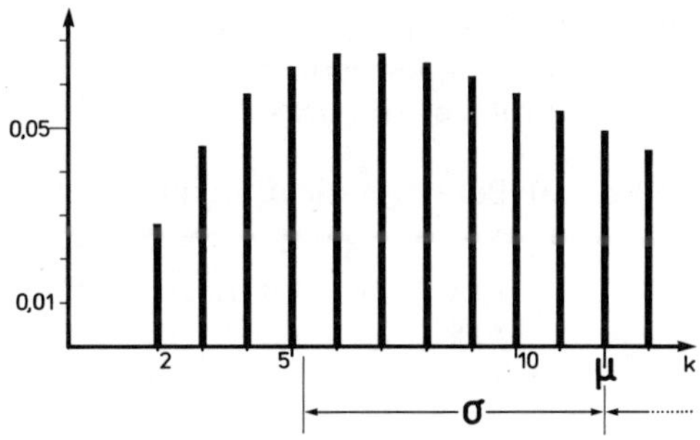

e)

6	4	6	7
15	4	8	14
7	10	7	8
21	13	6	26
15	8	2	4
2	13	11	17
15	16	18	9
5	9	15	8
10	13	5	11
14	21	15	10

Schätzwert für $\mathscr{E} X_2 = \frac{428}{40} = 10{,}7$

f) $P(X_m \geqq k) = P$(»Höchstens $m-1$ Treffer bei den ersten $k-1$ Versuchen«) =

$$= \sum_{i=0}^{m-1} \binom{k-1}{i} p^i q^{k-1-i}.$$

Aufgaben zu 14.1.

261/1. $B(6; \frac{10}{24}; 3) = \binom{6}{3} 5^3 \cdot 7^3 \cdot 12^{-6} = 0{,}2872$

261/2. $B(4; 0{,}05; 0) = 0{,}95^4 = 0{,}81451$

262/3. $B(3; \frac{18}{37}; 2) = 3 \cdot \dfrac{18^2 \cdot 19}{37^3} = 0{,}36460$

262/4. $B(10; \frac{1}{3}; 3) = \binom{10}{3} \cdot (\frac{1}{3})^3 \cdot (\frac{2}{3})^7 = \frac{5120}{19683} \approx 0{,}26012$

262/5. **a)** $B(7; 0{,}02; 1) = 7 \cdot 0{,}02 \cdot 0{,}98^6 = 0{,}12402$;
b) $1 - F^7_{0,02}(0) = 1 - 0{,}98^7 = 0{,}13187$

262/6. **a)** **1)** P(Genau 3 Wappen) $= \binom{8}{3} \cdot 2^{-8} = \frac{7}{32} = 0{,}21875$
2) P(Mindestens 3 Wappen) $= 1 - [\binom{8}{0} + \binom{8}{1} + \binom{8}{2}] \cdot 2^{-8} = \frac{219}{256} = 0{,}85547$
3) P(Höchstens 3 Wappen) $= [\binom{8}{0} + \binom{8}{1} + \binom{8}{2} + \binom{8}{3}] \cdot 2^{-8} = \frac{93}{256} = 0{,}36328$
b) $P(A) = \binom{8}{4} \cdot 2^{-8} = \frac{70}{256}$,
$P(B) = 2 \cdot \binom{8}{3} \cdot 2^{-8} = \frac{112}{256}$,
$P(C) = 2 \cdot \binom{8}{2} \cdot 2^{-8} = \frac{56}{256}$. B ist am wahrscheinlichsten.

262/7. $P(X = k) = \mathrm{B}(4; \frac{1}{6}; k)$
Die Zahlenwerte der Aufgabe beziehen sich auf das Problem von *de Méré*, siehe Aufgabe 120/**65**.

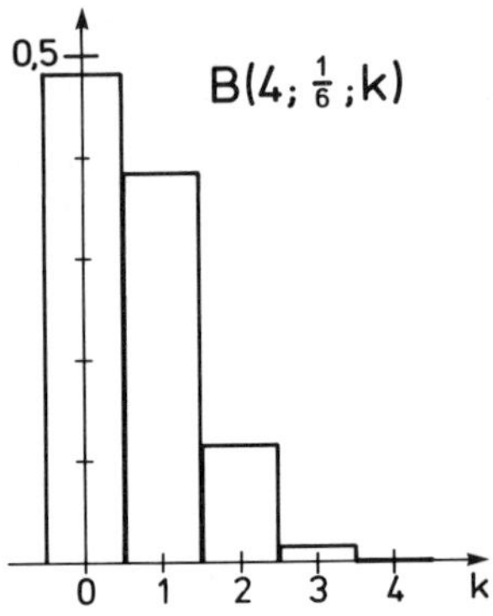

Zu **262/7.**

262/8. **a)** Bei ungeradem n gibt es kein Unentschieden.
b) $X :=$ Anzahl der von B gewonnenen Partien.
$P(X \geqq 2) = 1 - F^{3}_{0,4}(1) = 0{,}35200$
$P(X \geqq 4) = 1 - F^{7}_{0,4}(3) = 0{,}28979$
$P(X \geqq 8) = 1 - F^{15}_{0,4}(7) = 0{,}21310$
c) $P(X \geqq \frac{n+1}{2}) < \frac{1}{3} \wedge n$ ungerade
$\Leftrightarrow 1 - F^{n}_{0,4}(\frac{n-1}{2}) < \frac{1}{3}$
$\Leftrightarrow F^{n}_{0,4}(\frac{n-1}{2}) > \frac{2}{3}$
Aus den *Stochastik-Tabellen* liest man ab: $n_{\min} = 5$.

262/9. $X :=$ Anzahl der weiblichen Ferkel im Wurf
a) $P(X = 8) = \binom{10}{8} \cdot 2^{-10} = \frac{45}{1024} = 0{,}04395$
$P(X \leqq 8) = 1 - [\binom{10}{9} + \binom{10}{10}] \cdot 2^{-10} = \frac{1013}{1024} = 0{,}98926$
$P(X \geqq 8) = [\binom{10}{8} + \binom{10}{9} + \binom{10}{10}] \cdot 2^{-10} = \frac{56}{1024} = 0{,}05469$
b) P(»Jedes Geschlecht kommt vor«) $= 1 - P$(»Alle Ferkel haben gleiches Geschlecht«)
$= 1 - 2 \cdot 2^{-10} = \frac{1022}{1024} = 0{,}99805$
c) P(»Mindestens i weibliche $\wedge$ Mindestens j männliche Ferkel«) $=$
$= P(i \leqq X \leqq 10 - j) =$
$= [\binom{10}{i} + \binom{10}{i+1} + \ldots + \binom{10}{10-j}] \cdot 2^{-10} =: p_{ij}$

$i \mid j$	2|2	2|5	5|5	0|0	4|8
p_{ij} exakt	$\frac{1002}{1024}$	$\frac{627}{1024}$	$\frac{252}{1024}$	1	0(!)
gerundet	0,97852	0,61230	0,24609	1	0

Zum letzten Beispiel: $i + j = 12$ bedeutet das unmögliche Ereignis!

262/10. **a)** P(Genau k Mädchen) $= \binom{8}{k} \cdot 2^{-8}$; Maximum bei $k = 4$
b) P(Genau 4 Mädchen) $= \frac{35}{128} = 0{,}27344$
c) P(Genau k Mädchen) $= \binom{8}{k} \cdot 0{,}486^{k} \cdot 0{,}514^{8-k} =: p_k$

k	0	1	2	3	4	5	6	7	8
$p_k = 0, \ldots$	00487	03685	12196	23063	27258	20619	09748	02633	00311

Das Maximum liegt weiterhin bei $k = 4$.
(Anwendung von Satz 245.1:
$(n + 1)p = 9 \cdot 0{,}486 = 4{,}374$; die nächstkleinere ganze Zahl 4 ist Maximumstelle.)

262/11. $X :=$ Anzahl der Gewinnspiele von A.
$P(X \leqq 2) = \binom{5}{0} \cdot 0{,}3^{5} + \binom{5}{1} \cdot 0{,}7 \cdot 0{,}3^{4} + \binom{5}{2} \cdot 0{,}49 \cdot 0{,}027 = 0{,}16308$

262/12. **a)** Zu untersuchen: $\mathrm{B}(n; \frac{1}{3}; 2) = \binom{n}{2} \cdot 2^{n-2} \cdot 3^{-n} = \frac{1}{8} n(n-1)(\frac{2}{3})^{n}$.

n	3	4
P(»Genau 2 von n Spielen gewonnen«)	$\frac{2}{9}$	$\frac{8}{27}$

Bei 4 Spielen größere Wahrscheinlichkeit.

b)

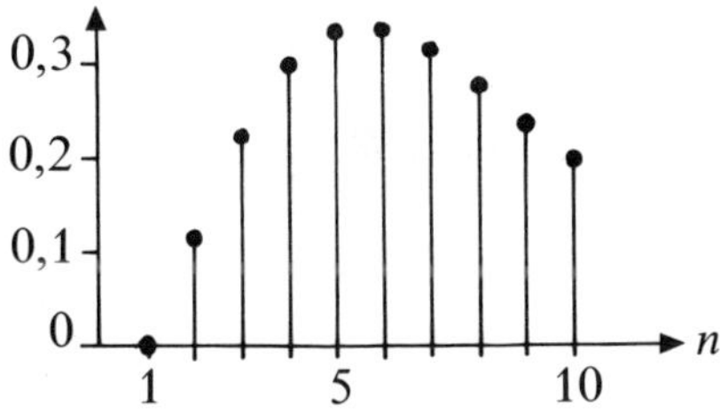

c) Aus **b)** ersichtlich: Maximalwert bei $n = 5$ und 6; Werte unter 10% bei $n = 1$ und $n \geqq 14$. ($n = 13$: Wahrscheinlichkeit $= 0{,}10020$)
Anwendung der Differentialrechnung: Man erhält für die Maximumsstelle n die Gleichung
$2n - 1 + n(n-1)\ln\frac{2}{3} = 0$
mit der Lösung

$$n = \frac{1}{2}\left[1 + \frac{2}{\ln 1{,}5} + \sqrt{1 + \left(\frac{2}{\ln 1{,}5}\right)^2}\right] = 5{,}48\,.$$

262/13. $B(60; \frac{1}{6}; 10) = 0{,}13701$;
$B(120; \frac{1}{6}; 20) = 0{,}09730$: Der »Idealwert« wird mit wachsender Versuchszahl nicht wahrscheinlicher!

263/14. a) $1 - F_{\frac{1}{6}}^{6}(k_0 - 1) \approx 0{,}5$.
$k_0 = 1$ ergibt die Gewinnchance $1 - 0{,}33490 = 0{,}6651$.

b) Durch Probieren erreicht man als Optimum:
»Gewinn bei 0 oder 2 Sechsen«. Gewinnchance dann 0,53584.
Gleichwertig: »Gewinn bei 1 Sechs oder mehr als 2 Sechsen«.

263/15. a) $0{,}8^2 \cdot 0{,}3^3 + 2 \cdot 0{,}8 \cdot 0{,}2 \cdot 3 \cdot 0{,}7 \cdot 0{,}3^2 + 0{,}2^2 \cdot 3 \cdot 0{,}7^2 \cdot 0{,}3 = 0{,}0954$

b) $3 \cdot 0{,}8^2 \cdot 0{,}2 \cdot 0{,}3^2 + 3 \cdot 0{,}8 \cdot 0{,}2^2 \cdot 2 \cdot 0{,}7 \cdot 0{,}3 + 0{,}2^3 \cdot 0{,}7^2 = 0{,}0788$

263/16. a) 1) P(»Mindestens 1mal Ziffer 3«) $= 1 - 0{,}9^n > 0{,}99 \Leftrightarrow n > 43{,}7$.
Man braucht mindestens 44 Ziffern.

2) $1 - 0{,}9^n > 0{,}6 \Leftrightarrow n > 8{,}7$. Man braucht mindestens 9 Ziffern.
Dann gilt P(»Mindestens 1mal Ziffer 3«) $= 0{,}6126$.

b) Beispiel: In jeder Spalte der ersten 20 Zeilen wird die 10. und 20. Ziffer ignoriert; die übrigen bilden 2 Neunergruppen. Von den insgesamt 100 Neunergruppen enthalten 60 die Ziffer 3: Gute Übereinstimmung mit der Theorie!

263/17. *Huygens* nimmt stillschweigend an, daß es sich um ideale Würfel handelt.

Aufgabe X:

$X :=$ Anzahl der Sechsen bei n Würfen mit 1 Würfel

$P(X \geqq 1) \geqq 0{,}5$

$\Leftrightarrow F_{\frac{1}{6}}^{n}(0) \leqq 0{,}5$

$\Leftrightarrow (\frac{5}{6})^n \leqq 0{,}5$

$\Leftrightarrow n > \dfrac{\ln 2}{\ln 1{,}2}$

$\Leftrightarrow n \geqq 3{,}8\ldots \Rightarrow n_{\min} = 4$

Aufgabe XI:

12 Augen sind nur als Doppelsechs möglich.
$Y :=$ Anzahl der Doppelsechsen bei n Würfen mit 2 Würfeln

$P(Y \geqq 1) \geqq 0{,}5$

$\Leftrightarrow F^n_{\frac{35}{36}}(0) \leqq 0{,}5$

$\Leftrightarrow (\frac{35}{36})^n \leqq \frac{1}{2}$

$$\Leftrightarrow n \geqq \frac{\ln 0{,}5}{\ln 35 - \ln 36} = 24{,}6\ldots \Rightarrow n_{\min} = 25$$

Aufgabe XII:

$Z :=$ Anzahl der Sechser beim Wurf mit n Würfeln

$P(Z \geqq 2) = 1 - F^n_{\frac{1}{6}}(1) \geqq 0{,}5$

1) Aus den *Stochastik-Tabellen*: $n_{\min} = 10$

2) rechnerisch:

$$\left(\frac{5}{6}\right)^n + n \cdot \frac{5^{n-1}}{6^n} \leqq 0{,}5$$

Aufbereitung für den Taschenrechner:

$$\frac{n+5}{1{,}2^n} \leqq 2{,}5 \Rightarrow n_{\min} = 10$$

263/18. $P(A \cap B) = P(A) \cdot \frac{1}{2} > P(A) \cdot P(B)$, da
$P(B) = \binom{21}{11} \cdot 2^{-21} = \frac{352\,716}{2\,097\,152} < 0{,}169 < \frac{1}{2}$.
Also sind A und B stochastisch abhängig.

Aufgaben zu 14.2.

263/19. $P(Z = 3) = \dfrac{\binom{10}{3}\binom{14}{3}}{\binom{24}{6}} = \frac{120 \cdot 364}{134\,596} = \frac{43\,680}{134\,596} = 0{,}32453$

263/20. a)

k	0	1	2	3	4
H(8; 3; 4; k)	$\frac{5}{70}$	$\frac{30}{70}$	$\frac{30}{70}$	$\frac{5}{70}$	0

b)

k	0	1	2
H(8; 3; 2; k)	$\frac{10}{28}$	$\frac{15}{28}$	$\frac{3}{28}$

263/21. $X :=$ Anzahl der Männer im Komitee

$$P(X = k) = \frac{\binom{10}{k}\binom{5}{6-k}}{\binom{15}{6}}$$

k	1	2	3	4	5	6
$5005 \cdot W(k)$	10	225	1200	2100	1260	210

$\mathscr{E} X = 4$

$\operatorname{Var} X = \mathscr{E}(X^2) - (\mathscr{E} X)^2 =$

$= \frac{84\,370}{5005} - 16 =$

$= \frac{858}{1001} = \frac{6}{7}$.

263/22. $P(X = k) = \frac{\binom{2}{k}\binom{18}{4-k}}{\binom{20}{4}}$

k	0	1	2
$4845 \cdot W(k)$	3060	1632	153

263/23. a) P(»Mindestens 2 Herzkarten«) $> 0{,}5$

$\Leftrightarrow 1 - F_{0,25}^{n}(1) > 0{,}5$

$\Leftrightarrow F_{0,25}^{n}(1) < 0{,}5$

1. Art: Aus den *Stochastik-Tabellen* liest man ab: $n_{\min} = 7$.

2. Art: $(\frac{3}{4})^n(1 + \frac{n}{3}) < 0{,}5$.
Durch Probieren findet man: $n_{\min} = 7$.

3. Art: $\frac{2}{3}n + 2 < (\frac{4}{3})^n$
Man zeichnet in einem n-y-Koordinatensystem die Graphen zu $y = \frac{2}{3}n + 2$ und $y = (\frac{4}{3})^n$ und stellt fest:
$n_{\min} = 7$.

b) P(»Mindestens 2 Herzkarten bei Entnahme von 7 Karten«) $=$

$= 1 - \mathrm{H}(32; 8; 7; 0) - \mathrm{H}(32; 8; 7; 1) =$

$= \frac{1\,942\,984}{3\,365\,856} \approx$

$\approx 57{,}73\%$

264/24. a) *Anschaulich*:

1) Es können nicht mehr Merkmalsträger in der Urne sein, als Kugeln in der Urne sind.

2) Es können nicht mehr Kugeln entnommen werden, als Kugeln in der Urne sind.

Formal: **1)** $\binom{N-K}{n-k}$ ist nur sinnvoll für $N - K \geqq 0$.

2) $\binom{N}{n}$ ist nur von 0 verschieden für $0 \leqq n \leqq N$.

b) Da H auf $\mathbb{R}$ definiert ist, gehört 0 stets zur Wertemenge von H.

Trivialerweise sind folgende 2 Ungleichungen wahr:

$0 \leqq k \leqq K$;

$0 \leqq n - k \leqq N - K$.

Aus der 2. Ungleichung folgt: $n - (N - K) \leqq k \leqq n$.

Dies ergibt zusammen mit der 1. Ungleichung die Behauptung.

264/25. Man erkennt die Gleichheit mit dem Ausdruck aus Definition 233.1, indem man in beiden Ausdrücken die Binomialkoeffizienten durch Fakultäten ausdrückt.

$$\frac{\binom{K}{k}\binom{N-K}{n-k}}{\binom{N}{n}} = \frac{K!(N-K)!n!(N-n)!}{k!(K-k)!(n-k)!(N-K-n+k)!N!}$$

$$\frac{\binom{n}{k}\binom{N-n}{K-k}}{\binom{N}{K}} = \frac{n!(N-n)!K!(N-K)!}{k!(n-k)!(K-k)!(N-n-K+k)!N!}$$

264/26. Der Beweis ergibt sich durch Multiplikation der Gleichung

$$\sum_{k=0}^{n} \mathrm{H}(N; K; n; k) = 1 \quad \text{mit} \quad \binom{N}{n}.$$

264/27.

	n	$\mathrm{B}(n; \frac{1}{10}; 2)$	$\mathrm{H}(100; 10; n; 2)$
a)	2	0,01	0,00909
b)	10	0,19371	0,20151
c)	100	0,00162	0

264/28. $$\mathscr{E}X = \sum_{k=0}^{n} k \cdot \mathrm{H}(N; K; n; k) = \frac{1}{\binom{N}{n}} \sum_{k=0}^{n} k \cdot \binom{K}{k}\binom{N-K}{n-k} =$$

$$= \frac{1}{\binom{N}{n}} \sum_{k=1}^{n} K \cdot \binom{K-1}{k-1} \cdot \binom{N-K}{n-k} =$$

$$= \frac{K}{\binom{N}{n}} \sum_{s=0}^{n-1} \binom{K-1}{s}\binom{N-1-(K-1)}{n-1-s} =$$

$$= \frac{K}{\binom{N}{n}} \cdot \binom{N-1}{n-1} = \frac{K \cdot n!(N-n)!(N-1)!}{N!(n-1)!(N-n)!} =$$

$$= n \cdot \frac{K}{N}.$$

Aufgabe **21:** $\mathscr{E}X = 6 \cdot \frac{10}{15} = 4$

Beweis ohne Verwendung von Aufgabe 26:

Wir stellen uns vor, eine Urne mit N Kugeln enthalte K rote Kugeln.
$A_i :=$ »Treffer an der i-ten Stelle« ist das Ziehen einer roten Kugel.

Es gilt $P(A_i) = \frac{K}{N}$.

Beweis: Mögliche Ergebnisse sind alle N-Permutationen der N Kugeln. Günstig für A_i sind diejenigen N-Permutationen, die an der i-ten Stelle eine rote Kugel aufweisen. Eine solche Kugel kann auf K Arten ausgewählt werden; die restlichen $N-1$ Kugeln liefern, beliebig permutiert, jedesmal ein zu A_i gehörendes Ergebnis, also

$$P(A_i) = \frac{K \cdot (N-1)!}{N!} = \frac{K}{N}, \qquad \text{q.e.d.}$$

Nun betrachten wir die n Zufallsgrößen $X_i :=$ »Anzahl der beim i-ten Zug gezogenen roten Kugeln«.
Die X_i sind gleichverteilt mit

x	0	1
$W(x)$	$\frac{N-K}{N}$	$\frac{K}{N}$

haben also alle den Erwartungswert $\mathscr{E}X_i = \frac{K}{N}$.

Für die Zufallsgröße $X := $ »Anzahl der gezogenen roten Kugeln« gilt $X = \sum_{i=1}^{n} X_i$. Also ist nach Satz 205.1:

$$\mathscr{E}X = \mathscr{E}\left(\sum_{i=1}^{n} X_i\right) = \sum_{i=1}^{n} \mathscr{E}X_i = n\frac{K}{N}.$$

264/29. $$\begin{aligned}\operatorname{Var}X &= \mathscr{E}\big((X-\mu)^2\big) = \mathscr{E}(X^2 - 2\mu X + \mu^2) = \\ &= \mathscr{E}\big(X(X-1) + X - 2\mu X + \mu^2\big) = \\ &= \mathscr{E}\big(X(X-1)\big) + \mu - 2\mu^2 + \mu^2 = \\ &= \mathscr{E}\big(X(X-1)\big) + \mu - \mu^2.\end{aligned}$$

264/30. $$\begin{aligned}\mathscr{E}\big(X(X-1)\big) &= \sum_{k=0}^{n} k(k-1)\cdot \mathrm{H}(N;K;n;k) = \\ &= \sum_{k=0}^{n} k(k-1)\frac{\binom{K}{k}\binom{N-K}{n-k}}{\binom{N}{n}} = \\ &= \frac{1}{\binom{N}{n}}\sum_{k=2}^{n}\frac{K(K-1)(K-2)!}{(k-2)!(K-2-(k-2))!}\cdot\binom{N-K}{n-k} = \\ &= \frac{K(K-1)}{\binom{N}{n}}\sum_{s=0}^{n-2}\binom{K-2}{s}\binom{N-2-(K-2)}{n-2-s} = \\ &= \frac{K(K-1)}{\binom{N}{n}}\cdot\binom{N-2}{n-2} = \\ &= \frac{K(K-1)\cdot n\cdot(n-1)}{N\cdot(N-1)}.\end{aligned}$$

$$\operatorname{Var}X = \mathscr{E}\big(X(X-1)\big) + \mathscr{E}X - (\mathscr{E}X)^2 = \frac{nK(N-K)\cdot(N-n)}{N^2\cdot(N-1)}.$$

Aufgabe **21:** $\operatorname{Var}X = \dfrac{6\cdot 10\cdot 5\cdot 4}{15^2\cdot 15} = \frac{6}{7}$.

Aufgaben zu 14.3.

264/31. **a)** 0,21820 **b)** 0,00143
c) 0,11228 **d)** $B(10; 0{,}2; 4) = 0{,}08808$
e) $B(10; 0{,}6; 10) = 0{,}00605$ **f)** $B(100; 0{,}99; 100) = 0{,}36603$

Zu **f)** vgl. Näherung $0{,}99^{100} = (1 - \frac{1}{100})^{100} \approx e^{-1} = 0{,}36788$

264/32. 0,99164; 0,23179; 1,00000; 0,04438; 0,31659;
0,00000; 0,02503; 0,58855; 0,00001; 0,60858.

264/33. **a)** $1 - 0{,}99990 = 0{,}00010$ **b)** $1 - 0{,}96786 = 0{,}03214$
c) $0{,}67780 - 0{,}37581 = 0{,}30199$ **d)** 0,00000
e) 0,94524 **f)** 0,94524
g) $0{,}28617 - 0{,}00006 = 0{,}28611$ **h)** 0,00000

i) $1-0{,}81395-(1-0{,}99973)=0{,}18578$ **j)** $0{,}94057+0{,}00000$
k) $1-0{,}78553+0{,}19537=0{,}40984$ **l)** $1-0{,}95063+0{,}04937=0{,}09874$

264/34.

$r=$	50	70	70	30	
$w=$	50	30	30	70	
$n=$	10	10	20	20	
a)	0,24609	10292	00004	17886	genau 5 rote Kugeln
b)	24609	10292	17886	00004	genau 5 weiße Kugeln
c)	37695	04735	58363	99996	mehr als 5 weiße Kugeln
d)	00098	02825	00080	00000	keine weiße Kugel

265/35. 0,99998; 0,99636; 0,86264; 0,56324; 0,16792; 0,05634

265/36. »Zwischen« bedeutet in Strenge: »ohne die Randwerte«. Wir bringen die Resultate auch zur andern Interpretation, bei der die Randwerte einbezogen werden.

n		5	10	20	50	100	200
Wahrscheinlichkeit	ohne Randwerte	0	0,2461	0,49656	0,79736	0,94312	0,99432
	mit Randwerten	0,625	0,65625	0,73682	0,88100	0,96480	0,99636

265/37.

n	10	50	100	200
Intervall symmetrisch zu $\frac{n}{2}$	[2; 8]	[19; 31]	[42; 58]	[88; 112]
Wahrscheinlichkeit	0,97852	0,93510	0,91138	0,92316
Intervall beliebig	[3; 8] [2; 7]	[19; 30] [20; 31]	[41; 57] [43; 59]	[87; 110] [90; 113]
Wahrscheinlichkeit	0,93457	0,90809	0,90495	0,90334

265/38. a) $P(\text{»Treffer bei einem Zug«})=1-\binom{12}{3}/\binom{20}{3}=\frac{46}{57}=:p$
$P(\text{»Genau } k \text{ Treffer«})=\binom{10}{k}\cdot 46^k\cdot 11^{10-k}\cdot 57^{-10}$.

b) $p=1-\dfrac{\binom{N-S}{m}}{\binom{N}{m}}$; $\quad P(\text{»Genau } k \text{ Treffer«})=\binom{n}{k}p^k(1-p)^{n-k}$.

265/39. $P(\text{»Mathematiker im Vorstand«})=1-\binom{42}{5}/\binom{50}{5}=\frac{45\,289}{75\,670}\approx 0{,}5985\approx 0{,}6$.
$P(Z\geqq 11)=1-F_{0,6}^{20}(10)=0{,}75534$.

265/40. a) Es sind mindestens 3, höchstens 5 Sätze nötig. $q:=1-p$

x	3	4	5
$W(x)$	p^3+q^3	$3(p^3q+pq^3)$	$\binom{4}{2}(p^3q^2+p^2q^3)$

Probe: Summe der Terme $=p^3+q^3+3pq(p^2+q^2)+6p^2q^2=$
$=p^3+q^3+3p^2q+3q^2p=$
$=(p+q)^3=$
$=1$

b) $p = q = \frac{1}{2}$:

x	3	4	5
$W(x)$	$\frac{1}{4}$	$\frac{3}{8}$	$\frac{3}{8}$

$\mathscr{E}X = 3 \cdot \frac{1}{4} + 4 \cdot \frac{3}{8} + 5 \cdot \frac{3}{8} = \frac{33}{8} = 4\frac{1}{8}.$

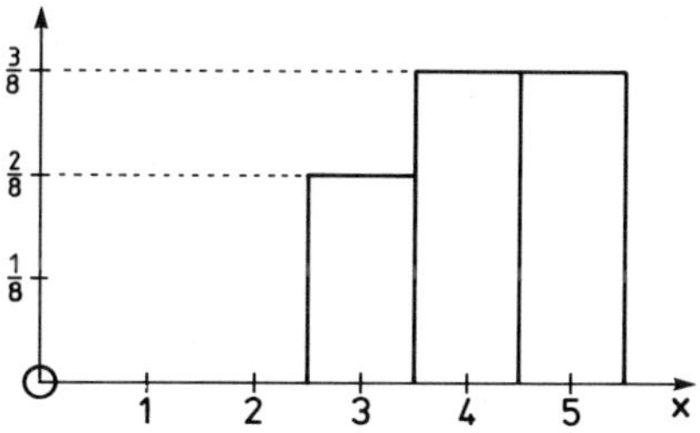

265/41. a) P(»Mindestens 3 Siege«) $= p^5 + 5p^4q + 10p^3q^2 =: w(p)$ mit $q = 1 - p$.
Vertauscht man p in $w(p)$ mit q, so erhält man

$w(q) = w(1-p) = 10p^2q^3 + 5pq^4 + q^5.$

Offensichtlich gilt $w(p) + w(1-p) = 1.$ (*)

$\Leftrightarrow\ w(p + \frac{1}{2}) - \frac{1}{2} = -w(1 - (p + \frac{1}{2})) + \frac{1}{2}$

$\Leftrightarrow\ w(p + \frac{1}{2}) - \frac{1}{2} = -[w(-p + \frac{1}{2}) - \frac{1}{2}],$

was besagt, daß der Graph von w punktsymmetrisch zu $(\frac{1}{2}|\frac{1}{2})$ ist.

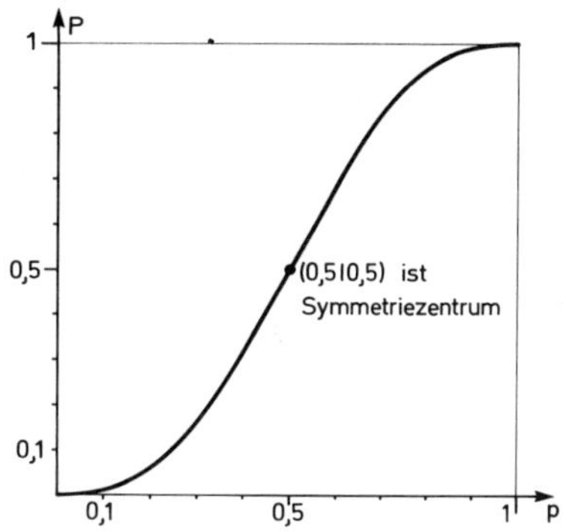

Aus (*) erhält man sofort $w(\frac{1}{2}) = \frac{1}{2}$. Es ist noch zu zeigen, daß es keinen weiteren Wert von p gibt, für den $w(p) = \frac{1}{2}$ wird. Nun ist $w'(p) = 5p^4 + 20p^3q - 5p^4 + 30p^2q^2 - 20p^3q = 30p^2q^2 \geqq 0$, d.h., der Graph von w ist (sogar in ganz $\mathbb{R}$) echt monoton steigend, also existiert neben $p = \frac{1}{2}$ keine weitere Lösung von $w(p) = \frac{1}{2}$, was auch sehr plausibel ist.

b) P(»Mindestens 6 Punkte«) =
= P(»Mindestens 3 Siege) + P(»2 Siege $\wedge$ 2 Unentschieden $\wedge$ 1 Niederlage«) +
+ P(»2 Siege $\wedge$ 3 Unentschieden«) + P(»1 Sieg $\wedge$ 4 Unentschieden«) =
= P(»Mindestens 3 Siege«) + $\binom{5}{2}\binom{3}{2}p^2p'^2(1 - p - p') + \binom{5}{2}p^2p'^3 + 5pp'^4$.
Zusatzterm gegenüber **a)**:
$5pp'^2(6p - 6p^2 - 4pp' + p'^2)$;
für $p = 0{,}7$ und $p' = 0{,}1$:
P(»Mindestens 6 Punkte«) = P(»Mindestens 3 Siege«) + Zusatzterm =
= 0,837 + 0,035 = 0,872.
Die Punktwertung bringt gegenüber **a)** nur eine geringe Erhöhung der Gewinnchance für die Gesamtrunde.

265/42. *Bernoulli*-Kette: Treffer beim i-ten Versuch $\triangleq$ Taxi Nr. i hält sich während der ganzen (als kurz angenommenen) Beobachtungszeit am Standplatz auf. $n = 10$; $p = \frac{1}{5}$.
$Z :=$ Anzahl der am Standplatz wartenden Wagen.
$P(Z \geqq 4) = 0{,}12087 \Rightarrow$ 3 Standplätze sind ausreichend.
Z ist nach $B(10; \frac{1}{5})$ verteilt. Das Maximum dieser Funktion ist $B(10; \frac{1}{5}; 2)$. $\Rightarrow$ Die wahrscheinlichste Anzahl wartender Taxen ist 2.

265/43. *Bernoulli*-Kette: Treffer beim i-ten Versuch $\triangleq$ Agent Nr. i ist während der (kurzen) Beobachtungszeit im Bürohaus. $n = 20$; $p = 0{,}25$.
$Z :=$ Anzahl der Anwesenden.
Die Anzahl k der Schreibtische ist so groß zu machen, daß $P(Z \leqq k) \geqq 90\%$ gilt.
Dies ist ab $k = 8$ der Fall: 8 Schreibtische sind nötig.

265/44. a) $P(X = 6) = \mathrm{B}(50; \frac{1}{10}; 6) = 0{,}15410$

$P(X \leqq 6) = F_{0,1}^{50}(6) = 0{,}77023$

$P(X \geqq 6) = 1 - F_{0,1}^{50}(5) = 0{,}38388$

b) Das Ereignis besteht aus all den 50-Tupeln, die genau 6 aufeinanderfolgende Einsen enthalten. Davon gibt es 45.
Somit hat die gesuchte Wahrscheinlichkeit den Wert $0{,}1^6 \cdot 0{,}9^{44} \cdot 45 \approx 4{,}36 \cdot 10^{-7}$.

c) 1. Art:
Die 6 defekten Sanduhren können auf $\binom{50}{6}$ Arten auf die 50 Plätze verteilt werden. Dafür, daß sie eine Kette bilden, gibt es 45 Möglichkeiten, also hat die gesuchte Wahrscheinlichkeit den Wert

$$\frac{45}{\binom{50}{6}} = \frac{45}{15\,890\,700} = \frac{3}{1\,059\,380} \approx 2{,}83 \cdot 10^{-6}.$$

2. Art:
$G :=$ »Genau 6 defekte Sanduhren in der Sendung«
$A :=$ »Die defekten Sanduhren folgen aufeinander«

$$P_G(A) = \frac{P(G \cap A)}{P(G)} = \frac{0{,}1^6 \cdot 0{,}9^{44} \cdot 45}{\binom{50}{6} \cdot 0{,}1^6 \cdot 0{,}9^{44}} = \frac{45}{\binom{50}{6}}$$

Aufgaben zu 14.5.

266/45.

$$\begin{aligned}\mathscr{E}X &= \sum_{k=0}^{n} k\binom{n}{k} p^k q^{n-k} = \\ &= np \sum_{k=0}^{n} \tfrac{k}{n}\binom{n}{k} p^{k-1} q^{n-k} = \\ &= np \sum_{k=1}^{n} \binom{n-1}{k-1} p^{k-1} q^{n-1-(k-1)} = \\ &= np \cdot (p+q)^{n-1} = np.\end{aligned}$$

$$\begin{aligned}\operatorname{Var} X &= \sum_{k=0}^{n} (k-np)^2 \binom{n}{k} p^k q^{n-k} = \\ &= \sum_{k=0}^{n} k^2\binom{n}{k} p^k q^{n-k} - 2np \sum_{k=0}^{n} k\binom{n}{k} p^k q^{n-k} + n^2p^2 \sum_{k=0}^{n} \binom{n}{k} p^k q^{n-k} = \\ &= \sum_{k=1}^{n} k\binom{n-1}{k-1} \cdot n \cdot p^k \cdot q^{n-k} - 2 \cdot n^2 \cdot p^2 + n^2 \cdot p^2 \cdot 1 = \\ &= np \sum_{k=0}^{n-1} (k+1)\binom{n-1}{k} p^k q^{n-1-k} - n^2p^2 = \\ &= np\big((n-1)p+1\big) - n^2p^2 = npq.\end{aligned}$$

266/46.

X	$\mathscr{E}X$	$\operatorname{Var} X$	$\sigma(X)$
A	4	2	$\sqrt{2} \approx 1{,}41$
B	8	4	2
C	80	40	$2\sqrt{10} \approx 6{,}32$
D	$5 \cdot 10^5$	$25 \cdot 10^4$	500
E	$\frac{2}{3}$	$\frac{5}{9}$	$\frac{1}{3}\sqrt{5} \approx 0{,}75$
F	$\frac{2}{3}$	$\frac{70}{108}$	$\frac{1}{18}\sqrt{210} \approx 0{,}81$
G	$\frac{1800}{37}$	$\frac{34\,200}{1369}$	$\frac{30}{37}\sqrt{38} \approx 5{,}00$

G nimmt beim Einsatz von $\frac{1}{2}$ DM die Werte $0, 1, 2, \ldots, n$ an.
Beim Einsatz von 1 DM nimmt »Auszahlung« die Werte $0, 2, 4, \ldots, 200$ an, was nicht der Wertemenge einer binomial verteilten Zufallsgröße entspricht.

266/47. A: $\dfrac{7-7{,}5}{\frac{1}{4}\sqrt{30}} \cdot \sigma_A = -\frac{1}{15}\sqrt{30}\,\sigma_A \approx -0{,}365 \cdot \sigma_A$

B: $\dfrac{16-17}{\frac{1}{10}\sqrt{255}} \cdot \sigma_B = -\frac{2}{51}\sqrt{255}\,\sigma_B \approx -0{,}626 \cdot \sigma_B$

Beide waren schlechter als normal; A war relativ besser.

266/48. a)

$$\begin{array}{rl} np &= 8{,}1 \\ \wedge\, npq &= 2{,}7^2 \\ \hline q &= 0{,}9 \quad \Rightarrow p = 0{,}1 \\ \wedge\, n &= 81 \end{array}$$

b) $q = 0{,}1 \Rightarrow p = 0{,}9; \qquad n = 81$

c) $q = 0{,}7 \Rightarrow p = 0{,}3; \qquad n = 27$

266/49. $np = 3{,}2 \wedge npq = 2{,}56 \Leftrightarrow q = 0{,}8; \quad p = 0{,}2; \quad n = 16$

a) $P(X = 3) = \binom{16}{3} \cdot 0{,}2^3 \cdot 0{,}8^{13} = 0{,}24629$

b) $P(X = 5) = \binom{16}{5} \cdot 0{,}2^5 \cdot 0{,}8^{11} = 0{,}12007$

c) $P(X = 9) = \binom{16}{9} \cdot 0{,}2^9 \cdot 0{,}8^7 = 0{,}00123$

d) $P(2 < X \leqq 8) = \sum\limits_{i=3}^{8} \binom{16}{i} 0{,}2^i \cdot 0{,}8^{16-i}$.

Die mühsame direkte Berechnung kann durch Verwendung der Rekursionsformel erleichtert werden: $B(n; p; k) = \dfrac{n+1-k}{k} \cdot \dfrac{p}{q} \cdot B(n; p; k-1)$.

Mit $r_k := \dfrac{n+1-k}{k} \cdot \dfrac{p}{q}$ ergibt sich

$$\begin{aligned} P(2 < X \leqq 8) &= \sum_{k=3}^{8} B(16; \tfrac{2}{10}; k) = \\ &= B(16; \tfrac{2}{10}; 3) \cdot (1 + r_4(1 + r_5(1 + r_6(1 + r_7(1 + r_8))))) = \\ &= \tbinom{16}{3} 0{,}2^3 \cdot 0{,}8^{13} (1 + \tfrac{13}{4} \cdot \tfrac{1}{4}(1 + \tfrac{12}{5} \cdot \tfrac{1}{4}(1 + \tfrac{11}{6} \cdot \tfrac{1}{4}(1 + \tfrac{10}{7} \cdot \tfrac{1}{4}(1 + \tfrac{9}{8} \cdot \tfrac{1}{4}))))) \end{aligned}$$

Berechnung mit dem Taschenrechner von innen her ergibt:
$P(2 < X \leqq 8) = 0{,}64668$.

e) $P(|X - 3{,}2| < 3{,}2) = P(0 < X < 6{,}4) = P(1 \leqq X \leqq 6)$
Da das Maximum von $B(16; 0{,}2)$ bei $[(n+1) \cdot 0{,}2] = [3{,}4] = 3$ liegt, wendet man der Genauigkeit wegen die Rekursionsformel nach beiden Seiten hin an:

$$\begin{aligned} P(1 \leqq X \leqq 6) &= \sum_{k=1}^{6} B(16; 0{,}2; k) = \\ &= B(16; \tfrac{1}{5}; 3) \cdot \left[\frac{1}{r_3}\left(\frac{1}{r_2} + 1\right) + (1 + r_4(1 + r_5(1 + r_6)))\right] = \\ &= B(16; \tfrac{1}{5}; 3)\left[\frac{3 \cdot 4}{14}\left(\frac{2 \cdot 4}{15} + 1\right) + (1 + \tfrac{13}{16}(1 + \tfrac{12}{20}(1 + \tfrac{11}{24})))\right] = \\ &= 0{,}94520 \end{aligned}$$

266/50. 1 Schock = 60 Stück

a) $\mathscr{E}X = 40 \cdot \frac{3}{60} = 2$

$\sigma = \sqrt{40 \cdot 0{,}05 \cdot 0{,}95} = \sqrt{1{,}9} \approx 1{,}38$

b) $P(X \geqq 5) = 1 - F_{0,05}^{40}(4) = 0{,}04803 < 5\%$.

Dorothea hatte Pech, da die Wahrscheinlichkeit unter 5% liegt.

266/51. Es liegt jedesmal eine *Bernoulli*-Kette der Länge 2000 vor. Dabei gilt:

	Treffer an der *i*-ten Stelle = Wurf Nr. *i* enthält	p	$\mathscr{E}$ (Trefferanzahl)
a)	kein männliches Ferkel	2^{-10}	$1{,}95 \approx 2$
b)	mindestens 1 männliches Ferkel	$1 - 2^{-10}$	$1998{,}05 \approx 1998$
c)	1 oder 2 männliche Ferkel	$\frac{10}{1024} + \frac{45}{1024}$	$\frac{6875}{64} \approx 107$
d)	genau 2 männliche Ferkel	$\frac{45}{1024}$	$\frac{5625}{64} \approx 88$
e)	genau 5 männliche Ferkel	$\frac{252}{1024}$	$\frac{7875}{16} \approx 492$

266/52. a) $X :=$ Anzahl der Treffer ins Schwarze

$P(X \geqq 8) = 1 - F_{0,8}^{10}(7) = 0{,}67780$

b) $G :=$ Gewinn in DM bei einem Schuß

$\mathscr{E}G = -200 \cdot 0{,}2 + 100 \cdot 0{,}8 = 40$.

Bei 10 Schüssen kann er damit rechnen, 400 DM zu erhalten.

Oder:

$\mathscr{E}X = np = 10 \cdot 0{,}8 = 8$

Zu erwartende Geldsumme: $8 \cdot 100\,\text{DM} - 2 \cdot 200\,\text{DM} = 400\,\text{DM}$.

267/53. $X :=$ Anzahl der Mädchen

a) $\mathscr{E}X = 8 \cdot \frac{1}{2} = 4$

b) $P(X = 4) = \binom{8}{4}\left(\frac{1}{2}\right)^8 = \frac{70}{256} = \frac{35}{128} = 0{,}27344$

c) $\mathscr{E}X = 8 \cdot 0{,}486 = 3{,}888$

$P(X = 3{,}888) = 0$

d) In Aufgabe 262/**10** war nach der wahrscheinlichsten Anzahl von Mädchen gefragt.

267/54. 1. Wettbewerb: $\dfrac{8 - 8{,}5}{\frac{1}{20}\sqrt{510}}\sigma_1 = -0{,}443\,\sigma_1$

2. Wettbewerb: $\dfrac{12 - 12{,}75}{\frac{3}{20}\sqrt{85}}\sigma_2 = -0{,}542\,\sigma_2$

3. Wettbewerb: $\dfrac{16 - 17}{\frac{1}{10}\sqrt{255}}\sigma_3 = -0{,}626\,\sigma_3$

Der Schütze war immer schlechter als normal und wurde von Wettbewerb zu Wettbewerb schlechter.

267/55. $X :=$ Anzahl der Exschüler, die ins Schwabinger Il Mulino gehen

a) $\mathscr{E}X = 30 \cdot \frac{1}{3} = 10$

b) $P(X > 20) = 1 - F_{\frac{1}{3}}^{30}(20) = 0{,}00004$

c) $P(X = 0) = F_{\frac{1}{3}}^{30}(0) = 0{,}00001$; genauer: $P(X = 0) = \binom{30}{0}\left(\frac{1}{3}\right)^0\left(\frac{2}{3}\right)^{30} \approx 5{,}2 \cdot 10^{-6}$

$P(X = 30) = \binom{30}{30}\left(\frac{1}{3}\right)^{30}\left(\frac{2}{3}\right)^{0} = 3^{-30} \approx 4{,}9 \cdot 10^{-15}$

d) 1) $P(X = 13) = F_{\frac{1}{3}}^{30}(13) - F_{\frac{1}{3}}^{30}(12) =$

$= 0{,}91023 - 0{,}83399 = 0{,}07624$

2) $\mathrm{B}(30; p; 13) = \binom{30}{13} p^{13}(1-p)^{30-13}$

$$\frac{\mathrm{d}}{\mathrm{d}p}\mathrm{B}(30; p; 13) = \binom{30}{13} p^{12}(1-p)^{16}[13(1-p) - 17p].$$

Da $\mathrm{B}(30; p; 13) = 0$ für $p = 0$ und für $p = 1$, liegt das Maximum bei $13(1-p) - 17p = 0$, also bei $p = \frac{13}{30}$.

267/56. a) $\mathscr{E}X = 200 \cdot 0{,}04 = 8$
$\mathrm{Var}\,X = 200 \cdot 0{,}04 \cdot 0{,}96 = 7{,}68$
$\sigma(X) = \sqrt{7{,}68} = \frac{8}{5}\sqrt{3} \approx 2{,}77$

$Y = 200 - X$
$\mathscr{E}Y = \mathscr{E}(200 - X) = 200 - 8 = 192.$
$\mathrm{Var}\,Y = \mathrm{Var}(200 - X) =$
$= \mathrm{Var}\big(200 + (-1)X\big) =$
$= (-1)^2\,\mathrm{Var}\,X = 7{,}68.$
$\sigma(Y) = \sqrt{7{,}68} \approx 2{,}77$

$P(\mu - \sigma \leqq X \leqq \mu + \sigma) = P(6 \leqq X \leqq 10) =$
$= F_{0,04}^{200}(10) - F_{0,04}^{200}(5) =$
$= 0{,}63433$

b) Die Anzahl X der defekten Werkstücke ist $\mathrm{B}(n; 0{,}04)$-verteilt.

95% Sicherheit:
$P(X = 0) \geqq 0{,}95$
$\Leftrightarrow\ 0{,}96^n \geqq 0{,}95$
$\Leftrightarrow\ n \leqq \frac{\lg 0{,}95}{\lg 0{,}96}$
$\Leftrightarrow\ n \leqq 1{,}25\ldots$

Man darf höchstens 1 Werkstück entnehmen.

90% Sicherheit:
$P(X = 0) \geqq 0{,}9$
$\Leftrightarrow\ 0{,}96^n \geqq 0{,}9$
$\Leftrightarrow\ n \leqq \frac{\lg 0{,}9}{\lg 0{,}96}$
$\Leftrightarrow\ n \leqq 2{,}58\ldots$

Es dürfen höchstens 2 Werkstücke entnommen werden.

267/57. a) Bei zeilenweiser Ablesung ergibt sich, in 10er-Spalten angeordnet:

1	3	0	1	3	1	1	1	3	0
1	1	2	2	0	1	1	4	3	3
4	0	3	2	0	1	2	1	2	1
1	1	4	1	4	4	3	2	3	2
1	1	3	0	2	2	2	2	2	2
3	2	2	1	1	2	1	2	2	0
3	2	5	3	0	2	3	4	1	2
2	2	3	2	3	4	3	1	3	1
3	3	3	3	2	3	2	0	1	1
2	1	2	0	2	4	1	2	3	4

a	0	1	2	3	4	5
$h_{100}(A = a)$	0,1	0,27	0,3	0,23	0,09	0,01

$\hat{\mu} := \mathscr{E}A = 1 \cdot 0{,}27 + 2 \cdot 0{,}3 + 3 \cdot 0{,}23 + 4 \cdot 0{,}09 + 5 \cdot 0{,}01 = 1{,}97$

$\hat{p} := \dfrac{\hat{\mu}}{10} = 0{,}197$

b) Das Maximum liegt bei $k = [(10+1) \cdot 0{,}197] = 2$.
Ausgehend von $B(10; 0{,}197; 2) = 0{,}30190$ errechnet man mit der Rekursionsformel

k	$B(10; 0{,}197; k)$	k	$B(10; 0{,}197; k)$
0	0,11147	5	0,02496
1	0,27347	6	0,00510
2	0,30190	7	0,00072
3	0,19750	8	0,00006
4	0,08480	9	0,00000

267/58. a)

	n	μ	$P(X \geqq 1) = 1-(1-p)^n$
1)	2	0,01	0,009975
2)	3	0,3	0,271
3)	3	0,03	0,029701

b) $P(X \geqq 1) = 1 - B(n; p; 0) =$

$$= 1-(1-p)^n = 1 - \left(1 - \frac{\mu}{n}\right)^n =$$

$$= 1 - 1 + \mu - \binom{n}{2}\left(\frac{\mu}{n}\right)^2 + - \ldots \approx \mu$$

c) $P(X \geqq 1) \approx 100 \cdot \frac{1}{2000} = 0{,}05$
Der Taschenrechner liefert $P(X \geqq 1) = 0{,}04878$.

267/59. a) $np = \mu \wedge np(1-p) = \sigma^2$

$$\Leftrightarrow p = 1 - \frac{\sigma^2}{\mu} \wedge n = \frac{\mu^2}{\mu - \sigma^2}, \qquad \text{falls } \mu \neq 0 \quad \text{und} \quad \sigma^2 \neq \mu$$

b) $0 \leqq p \leqq 1$

$$\Leftrightarrow 0 \leqq \frac{\mu - \sigma^2}{\mu} \leqq 1 \Rightarrow \mu \geqq \sigma^2$$

c) Da $\dfrac{\mu^2}{\mu - \sigma^2} \in \mathbb{N}$, muß $\mu - \sigma^2$ Teiler von μ^2 sein.

268/60. $0 \leqq \mu - 3\sigma < \mu + 3\sigma \leqq n$. Bei strenger Auffassung von »zwischen« ohne =-Zeichen!

$$\Leftrightarrow 3\sqrt{np(1-p)} \leqq np \wedge np + 3\sqrt{np(1-p)} \leqq n$$

$$\Leftrightarrow n \geqq \frac{9(1-p)}{p} \wedge n \geqq \frac{9p}{1-p}$$

Also $n \geqq \max\left\{\dfrac{9(1-p)}{p}, \dfrac{9p}{1-p}\right\}$

p	0,1	0,2	0,3	0,4	0,5	0,6	0,7	0,8	0,9
n_{min}	81	36	21	14	9	14	21	36	81
n_{min} streng	82	37	22	14	10	14	22	37	82

268/61. a) $P(9 \leqq X \leqq 11) = \left[\binom{20}{9} + \binom{20}{10} + \binom{20}{11}\right] \cdot 2^{-20} = \frac{520\,676}{1\,048\,576}$

Die Einsätze müssen im Verhältnis $520676 : 527900 = 130169 : 131975$ verteilt sein, also ungefähr gleich.

b) Einsatz im Verhältnis $P(X \in I) : P(X \notin I)$

n	$I := [\mu - \sigma; \mu + \sigma]$	Einsatz
10	[4; 6]	$672 : 352 \approx 19 : 10$
20	[8; 12]	$772616 : 275960 \approx 28 : 10$
40	[17; 23]	$804636626820 : 294875000956 \approx 27 : 10$
100	[45; 55]	$0{,}72874 : 0{,}27126 \approx 27 : 10$

268/62. Für $n = 1$ gilt: $B(1; p; 1) = p$ wird maximal für $p = 1$.

Es sei $n \geqq 2$.
$B(n; p; 1) = np(1-p)^{n-1}$; $D = [0; 1]$.
$\frac{d}{dp} B(n; p; 1) = n(1-p)^{n-1} - n(n-1)p(1-p)^{n-2} \overset{!}{=} 0$;
$\Leftrightarrow -n^2(1-p)^{n-2}(p - \frac{1}{n}) = 0$
$\Leftrightarrow p = \frac{1}{n} \vee (p = 1, \text{ falls } n > 2)$.

Da $B(n; p; 1)$ in $[0; \frac{1}{n}]$ echt monoton steigend und in $[\frac{1}{n}; 1]$ echt monoton fallend ist, ist $(\frac{1}{n} \mid B(n; \frac{1}{n}; 1))$ Hochpunkt.

$\mathscr{E}$(Anzahl der Treffer) $= n \cdot \frac{1}{n} = 1$.

$$\lim_{n \to \infty} B(n; \tfrac{1}{n}; 1) = \lim_{n \to \infty} (1 - \tfrac{1}{n})^{n-1} = \lim_{n \to \infty} \frac{(1 - \frac{1}{n})^n}{1 - \frac{1}{n}} = e^{-1}$$

268/63. a) $\Omega = \{00, 01, 02, 10, 11, 12, 20, 21, 22, 30, 31, 32\}$
b) $A = \{10, 20, 21, 30, 31, 32\}$, $B = \{01, 02, 12\}$, $R = \{00, 11, 22\}$.

c)

ω	00	01	02	10	11	12	20	21	22	30	31	32
$P(\{\omega\})$	$\frac{1}{32}$	$\frac{2}{32}$	$\frac{1}{32}$	$\frac{3}{32}$	$\frac{6}{32}$	$\frac{3}{32}$	$\frac{3}{32}$	$\frac{6}{32}$	$\frac{3}{32}$	$\frac{1}{32}$	$\frac{2}{32}$	$\frac{1}{32}$

Da die Elementarereignisse verschiedene Wahrscheinlichkeiten besitzen, liegt kein Laplace-Experiment vor.

d) $P(A) = (3 + 3 + 6 + 1 + 2 + 1) \cdot \frac{1}{32} = \frac{1}{2}$
$P(B) = (2 + 1 + 3) \cdot \frac{1}{32} = \frac{3}{16}$
$P(R) = (1 + 6 + 3) \cdot \frac{1}{32} = \frac{5}{16}$.

Bernoulli-Kette der Länge 3. $A_i :=$ Remis beim i-ten Spiel

P(»Von 3 Spielen enden genau 3 unentschieden«) =

$= \binom{3}{3}(\frac{5}{16})^3 \cdot (\frac{11}{16})^0 = \frac{125}{4096} = 0{,}03052$.

e)

x	-1	0	1
$W(x)$	$\frac{3}{16}$	$\frac{5}{16}$	$\frac{8}{16}$

P(»B verliert nicht«) $= P(X \leqq 0) = F(0) = 0{,}5$

f) *1. Art*: Da Remisspiele nicht gezählt werden, gewinnt A 8 von 11 Spielen im Mittel. Also $P(\text{»A wird Sieger«}) = \frac{8}{11}$.

2. Art: In $\frac{5}{16}$ aller Fälle tritt Remis ein; dieses Remis gewinnt A mit der Wahrscheinlichkeit 0,5, und in $\frac{5}{16}$ dieser Fälle gibt es wieder Remis usw., also

$$P(\text{»A siegt}) = \tfrac{1}{2} + \tfrac{1}{2}(\tfrac{5}{16}) + \tfrac{1}{2}(\tfrac{5}{16})^2 + \ldots = \tfrac{1}{2} \cdot \frac{1}{1 - \frac{5}{16}} = \tfrac{8}{11}.$$

g)

Gewinn y	-15	10
$P(Y = y)$	$\frac{3}{11}$	$\frac{8}{11}$

$\mathscr{E}Y = (-15) \cdot \frac{3}{11} + 10 \cdot \frac{8}{11} = \frac{35}{11} = 3\frac{2}{11}$. Das Spiel ist nicht fair, da $\mathscr{E}Y \neq 0$.

h) $\Omega' :=$ Menge aller 5stelligen Dualzahlen; dabei bedeute 0 Remis, 1 Entscheidung.

$|\Omega'| = 2^5 = 32$

s	1	2	3	4	5
$W(s)$	$\frac{11}{16}$	$\frac{5}{16} \cdot \frac{11}{16}$	$(\frac{5}{16})^2 \cdot \frac{11}{16}$	$(\frac{5}{16})^3 \cdot \frac{11}{16}$	$(\frac{5}{16})^4 \cdot \frac{11}{16} + (\frac{5}{16})^5$

$$\mathscr{E}S = \sum_{k=1}^{5} k \cdot \tfrac{11}{16} \cdot (\tfrac{5}{16})^{k-1} + 5 \cdot (\tfrac{5}{16})^5 = \tfrac{95041}{65536} \approx 1{,}4502.$$

Im Mittel ist nach 1,45 Spielen die Entscheidung gefallen.

i) Unter Verwendung von $\sum_{n=1}^{\infty} nx^{n-1} = \frac{1}{(1-x)^2}$ (siehe 226/**22**) erhält man

$$\mathscr{E}S = \tfrac{11}{16} \sum_{k=1}^{\infty} k(\tfrac{5}{16})^{k-1} = \tfrac{11}{16} \cdot \frac{1}{(1 - \frac{5}{16})^2} = \tfrac{16}{11} = 1{,}\overline{45}\ldots$$

268/64. a) $\Omega_A = \{-1|-1|-1,\ -1|-1|+1,\ -1|+1|-1,\ -1|+1|+1,\ +1|-1|-1,$
$+1|-1|+1,\ +1|+1|-1,\ +1+1|+1\}$

$\Omega_B = \{0|0|0,\ 0|0|+1,\ 0|+1|0,\ 0|+1|+1,\ +1|0|0,\ +1|0|+1,\ +1|+1|0,$
$+1|+1|+1\}$

ω_A	$-1\|-1\|-1$	$-1\|-1\|+1$	$-1\|+1\|-1$	$-1\|+1\|+1$
$P_A(\{\omega_A\})$	$\frac{1}{27}$	$\frac{2}{27}$	$\frac{2}{27}$	$\frac{4}{27}$

ω_A	$+1\|-1\|-1$	$+1\|-1\|+1$	$+1\|+1\|-1$	$+1\|+1\|+1$
$P_A(\{\omega_A\})$	$\frac{2}{27}$	$\frac{4}{27}$	$\frac{4}{27}$	$\frac{8}{27}$

ω_B	$0\|0\|0$	$0\|0\|+1$	$0\|+1\|0$	$0\|+1\|+1$
$P_B(\{\omega_B\})$	$\frac{27}{512}$	$\frac{45}{512}$	$\frac{45}{512}$	$\frac{75}{512}$

ω_B	$+1\|0\|0$	$+1\|0\|+1$	$+1\|+1\|0$	$+1\|+1\|+1$
$P_B(\{\omega_B\})$	$\frac{45}{512}$	$\frac{75}{512}$	$\frac{75}{512}$	$\frac{125}{512}$

b)

ω_A	$A_3(\omega_A)$
$-1\mid-1\mid-1$	-3
$-1\mid-1\mid+1$	-1
$-1\mid+1\mid-1$	-1
$+1\mid-1\mid-1$	-1
$-1\mid+1\mid+1$	1
$+1\mid-1\mid+1$	1
$+1\mid+1\mid-1$	1
$+1\mid+1\mid+1$	3

ω_B	$B_3(\omega_B)$
$0\mid0\mid0$	-3
$0\mid0\mid+1$	-2
$0\mid+1\mid0$	-2
$+1\mid0\mid0$	-2
$0\mid+1\mid+1$	-1
$+1\mid0\mid+1$	-1
$+1\mid+1\mid0$	-1
$+1\mid+1\mid+1$	0

a	-3	-1	1	3
$W_{A_3}(a)$	$\frac{1}{27}$	$\frac{6}{27}$	$\frac{12}{27}$	$\frac{8}{27}$

b	-3	-2	-1	0
$W_{B_3}(b)$	$\frac{27}{512}$	$\frac{135}{512}$	$\frac{225}{512}$	$\frac{125}{512}$

c)
$$F(x) = \begin{cases} 0 & \text{für } x \in]-\infty; -3[\\ \frac{1}{27} & \text{für } x \in [-3; -1[\\ \frac{7}{27} & \text{für } x \in [-1; 1[\\ \frac{19}{27} & \text{für } x \in [1; 3[\\ 1 & \text{für } x \in [3; +\infty[\end{cases}$$

$$\begin{aligned} P(A_3 > 0) &= 1 - P(A_3 \leqq 0) = \\ &= 1 - F(0) = \\ &= 1 - \tfrac{7}{27} = \\ &= \tfrac{20}{27}; \end{aligned}$$

d) $P(A_3 = B_3) = P\big((A_3 = -3 \wedge B_3 = -3) \vee (A_3 = -1) \wedge B_3 = -1)\big)$.
Wegen der Unvereinbarkeit dieser beiden Ereignisse und der Unabhängigkeit der Zufallsgrößen A_3 und B_3 erhält man

$$\begin{aligned} P(A_3 = B_3) &= P(A_3 = -3) \cdot P(B_3 = -3) + P(A_3 = -1) \cdot P(B_3 = -1) = \\ &= \tfrac{1}{27} \cdot \tfrac{27}{512} + \tfrac{6}{27} \cdot \tfrac{225}{512} = \\ &= \tfrac{51}{512}. \end{aligned}$$

e) Ungerade Schrittzahl $\Rightarrow$ Anzahl der Plus-Schritte $\neq$ Anzahl der Minus-Schritte, also Ausgleich unmöglich.

$$\begin{aligned} P(A_{2n} = 0 \wedge B_{2n} = 0) &= P(A_{2n} = 0) \cdot P(B_{2n} = 0) = \\ &= \left[\tbinom{2n}{n}\left(\tfrac{2}{3}\right)^n \cdot \left(\tfrac{1}{3}\right)^n\right] \cdot \left(\tfrac{5}{8}\right)^{2n} = \tbinom{2n}{n} \frac{5^{2n}}{2^{5n}3^{2n}}. \end{aligned}$$

f) $\mathscr{E}(A_3) = (-3)\frac{1}{27} + (-1)\frac{6}{27} + 1 \cdot \frac{12}{27} + 3 \cdot \frac{8}{27} = 1$
$\mathscr{E}(B_3) = (-3)\frac{27}{512} + (-2)\frac{135}{512} + (-1)\frac{225}{512} = -\frac{9}{8}$.

Allgemein:

1) $\mathscr{E} A_k$:

1. Art: $X_i := \begin{cases} +1, & \text{falls A in der } i\text{-ten Sekunde nach rechts geht} \\ -1, & \text{falls A in der } i\text{-ten Sekunde nach links geht} \end{cases}$

x	$+1$	-1
$W_{X_i}(x)$	$\frac{2}{3}$	$\frac{1}{3}$

$\mathscr{E}(X_i) = (-1) \cdot \frac{1}{3} + 1 \cdot \frac{2}{3} = \frac{1}{3}$

$$A_k = \sum_{i=1}^{k} X_i, \quad \text{also}$$

$$\mathscr{E} A_k = \mathscr{E}\Big(\sum_{i=1}^{k} X_i\Big) = \sum_{i=1}^{k} \mathscr{E} X_i = \tfrac{1}{3} k.$$

2. Art: $Z_k :=$ Anzahl der Schritte, die A in k Sekunden nach rechts geht.
Z_k ist $\mathrm{B}(k; \frac{2}{3})$-verteilt.
Da $A_k = 2Z_k - k$ ist, erhält man
$\mathscr{E} A_k = 2\mathscr{E} Z_k - k = 2 \cdot \frac{2}{3} \cdot k - k = \frac{1}{3} k.$

2) $\mathscr{E} B_k$:
$B_k + k$ hat die Wertemenge $\{0, 1, 2, \ldots, k\}$. Ferner gilt
$P(B_k + k = i) = \binom{k}{i}\left(\frac{5}{8}\right)^i\left(\frac{3}{8}\right)^{k-i} = \mathrm{B}(k; \frac{5}{8}; i).$
Also ist $B_k + k$ binomial nach $\mathrm{B}(k; \frac{5}{8})$ verteilt.

$$\left.\begin{aligned} \mathscr{E}(B_k + k) &= k \cdot \tfrac{5}{8} \\ \mathscr{E}(B_k + k) &= \mathscr{E}(B_k) + k \end{aligned}\right\} \Rightarrow \mathscr{E}(B_k) = -\tfrac{3}{8} k$$

269/65. a) $X :=$ »Lieferung stammt vom Händler X«; $X \in \{A; B\}$.
$4 :=$ »Die Packung enthält genau 4 Nicht-L-Tetraeder«

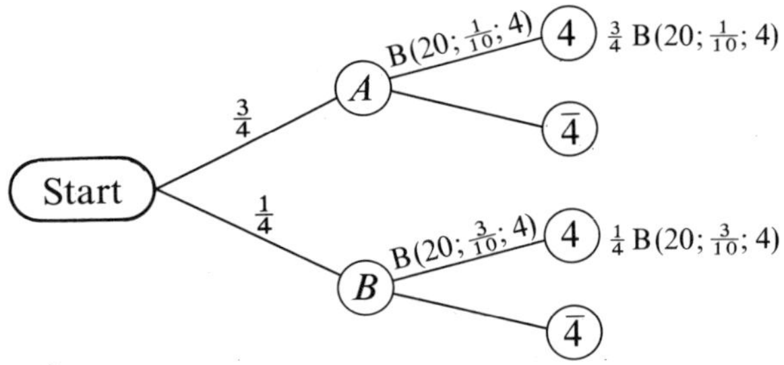

$$P(4) = \tfrac{3}{4}\,\mathrm{B}(20; \tfrac{1}{10}; 4) + \tfrac{1}{4}\,\mathrm{B}(20; \tfrac{3}{10}; 4) \approx 10{,}0\%$$

b) $$P_4(A) = \frac{P(A \cap 4)}{P(4)} = \frac{\frac{3}{4}\,\mathrm{B}(20; \frac{1}{10}; 4)}{\frac{3}{4}\,\mathrm{B}(20; \frac{1}{10}; 4) + \frac{1}{4}\,\mathrm{B}(20; \frac{3}{10}; 4)} =$$

$$= \frac{0{,}75 \cdot 0{,}08978}{0{,}75 \cdot 0{,}08978 + 0{,}25 \cdot 0{,}13042} \approx 67{,}4\%.$$

269/66. a) Da dem A noch a und dem B noch b Partien bis zum Sieg fehlen, ist das Spiel spätestens nach $a + b - 1$ weiteren Partien entschieden.

Weg nach *Fermat*:
Die fehlenden $a + b - 1$ Partien werden als $(a + b - 1)$-Tupel aus $\{0; 1\}$ dargestellt. Dabei bedeute 1 an der k-ten Stelle, daß A die k-te Partie dieser $a + b - 1$ Partien gewonnen hat. Sieger wird A sein, wenn er von den $a + b - 1$ Partien alle bis auf höchstens $b - 1$ Partien gewinnt. *Fermat* zählte dazu diejenigen Tupel ab, die höchstens $b - 1$ Nullen enthalten. Es gibt $\binom{a+b-1}{k}$ Tupel, die k Nullen enthalten. Die Wahrscheinlichkeit eines solchen Tupels ist $p^{a+b-1-k} q^k$. Somit wird A mit der Wahrscheinlichkeit

$$\sum_{k=0}^{b-1} \binom{a+b-1}{k} p^{a+b-1-k} q^k$$

Sieger.
Multipliziert man den Einsatz mit dieser Wahrscheinlichkeit, so erhält man den Anteil von A am Einsatz.

Weg nach *Pascal*:
Pascal geht rekursiv vor, indem er den Fehlstand $(a|b)$ auf die Fehlstände $(a-1|b)$ und $(a|b-1)$ zurückführt, die nach der ersten Partie der noch fehlenden $a+b-1$ Partien möglich sind. Das Spiel ist entschieden, wenn eine der Fehlstandskoordinaten den Wert 0 hat. Man zeichnet nun, vom Stand $(\alpha|\beta)$ beim Abbruch ausgehend, alle noch möglichen Verläufe in einem Koordinatensystem. (Vergleiche auch das Schema auf Seite 238 des Lehrbuchs!)

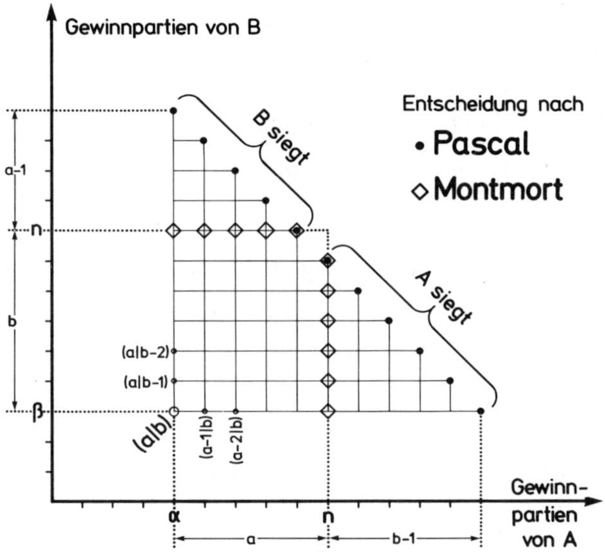

Man erhält das Schema des *Pascal-Stifel*schen Dreiecks; die Gewinnpunkte liegen auf der $(a+b-1)$-ten Zeile. Die ersten b von rechts unten nach links oben verlaufenden Punkte sind Siegpunkte von A. Der k-te Punkt wird durch $a+b-1-k$ Schritte nach rechts (Wahrscheinlichkeit p) und k Schritte nach oben (Wahrscheinlichkeit q) erreicht. Somit beträgt die Wahrscheinlichkeit, den k-ten Punkt zu erreichen, $\binom{a+b-1}{k}p^{a+b-1-k}q^k$. Die Wahrscheinlichkeit für alle Siegpunkte von A hat demnach den Wert

$$P(\text{»A siegt«}) = \sum_{k=0}^{b-1} \binom{a+b-1}{k} p^{a+b-1-k} q^k = F_q^{a+b-1}(b-1).$$

Alle anderen Punkte sind Siegpunkte für B, also

$$\begin{aligned} P(\text{»B siegt«}) &= \sum_{k=b}^{a+b-1} \binom{a+b-1}{k} p^{a+b-1-k} q^k = \\ &= \sum_{k=b}^{a+b-1} \binom{a+b-1}{a+b-1-k} p^{a+b-1-k} q^k = \\ &= \sum_{i=0}^{a-1} \binom{a+b-1}{i} p^i q^{a+b-1-i} = F_p^{a+b-1}(a-1). \end{aligned}$$

Für gleich geschickte Spieler vereinfacht sich die Formel wegen $p = q = \frac{1}{2}$ zu

$$P(\text{»A siegt«}) = 2^{-(a+b-1)} \sum_{k=0}^{b-1} \binom{a+b-1}{k}.$$

Weg nach *Montmort*:
A kann auf folgende b Weisen Sieger werden. (Vgl. das Schema beim Weg nach *Pascal*.)

1) A siegt nach genau a Partien. Das geht auf eine Weise mit der Wahrscheinlichkeit p^a.

2) A siegt nach genau $a+1$ Partien. B gewinnt eine dieser $a+1$ Partien, aber nicht die letzte. Die Wahrscheinlichkeit hierfür ist $\binom{a+1-1}{1} p^a q$.

. . . .

$k+1$) A siegt nach genau $a+k$ Partien. B gewinnt k der $a+k$ Partien, aber nicht die letzte. Die Wahrscheinlichkeit hierfür ist $\binom{a+k-1}{k} p^a q^k$.

. . . .

b) A siegt nach genau $a+b-1$ Partien. B gewinnt $b-1$ dieser $a+b-1$ Partien, aber nicht die letzte. Die Wahrscheinlichkeit hierfür ist $\binom{a+b-1-1}{b-1} p^a q^{b-1}$.

Da diese b Ereignisse unvereinbar sind, erhält man die Wahrscheinlichkeit für den Sieg von A durch Summation dieser Wahrscheinlichkeiten, also

$$P(\text{»A siegt«}) = p^a \cdot \sum_{k=0}^{b-1} \binom{a+k-1}{k} q^k.$$

Weg nach *de Moivre*:

Die Geschicklichkeit von A verhalte sich zur Geschicklichkeit von B wie $u:v$. Dann hat p den Wert $\dfrac{u}{u+v}$ und q den Wert $\dfrac{v}{u+v}$.

Die Wahrscheinlichkeit, daß A oder B eine Partie gewinnt, ist $1 = (p+q)$. Damit ist die Wahrscheinlichkeit, daß das Spiel nach $a+b-1$ Partien entschieden ist, gleich $1 = (p+q)^{a+b-1}$.

Nun gilt wegen der Unvereinbarkeit

$P(\text{»A siegt oder B siegt«}) = P(\text{»A siegt«}) + P(\text{»B siegt«}) = (p+q)^{a+b-1}$.

Entwickelt man dieses Binom, so erhält man

$$(p+q)^{a+b-1} = \sum_{k=0}^{a+b-1} \binom{a+b-1}{k} p^{a+b-1-k} q^k.$$

Für den Sieg von A sind all die Fälle günstig, in denen k höchstens den Wert $b-1$ hat. Somit bilden die ersten b Summanden der Entwicklung die Wahrscheinlichkeit für den Sieg von A, d.h.,

$$P(\text{»A siegt«}) = \sum_{k=0}^{b-1} \binom{a+b-1}{k} p^{a+b-1-k} q^k = \frac{1}{(u+v)^{a+b-1}} \sum_{k=0}^{b-1} \binom{a+b-1}{k} u^{a+b-1-k} v^k.$$

Die Anteile verhalten sich also wie

$$\sum_{k=0}^{b-1} \binom{a+b-1}{k} u^{a+b-1-k} v^k \quad \text{zu} \quad \sum_{k=0}^{a-1} \binom{a+b-1}{k} u^k v^{a+b-1-k}.$$

b) A.

I. *Pacioli* $a = 1$; $b = 4 \Rightarrow a+b-1 = 4$

$$\text{Verhältnis} = \sum_{k=0}^{3} \binom{4}{k} : \sum_{k=0}^{0} \binom{4}{k} = (1+4+6+4):1 = 15:1$$

II. *Cardano*

1) $a = 3$, $b = 1 \Rightarrow a+b-1 = 3$

$$\text{Verhältnis} = \sum_{k=0}^{0} \binom{3}{k} : \sum_{k=0}^{2} \binom{3}{k} = 1:7$$

2) $a = 7$; $b = 4 \Rightarrow a+b-1 = 10$

$$\text{Verhältnis} = \sum_{k=0}^{3} \binom{10}{k} : \sum_{k=0}^{6} \binom{10}{k} = 176:848 = 11:53$$

III. *Tartaglia*

1) $a = 1,\ b = 3 \Rightarrow a + b - 1 = 3$

$$\text{Verhältnis} = \sum_{k=0}^{2} \binom{3}{k} : \sum_{k=0}^{0} \binom{3}{k} = 7 : 1$$

2) $a = 10,\ b = 30 \Rightarrow a + b - 1 = 39$

$$\text{Verhältnis} = \sum_{k=0}^{29} \binom{39}{k} : \sum_{k=0}^{9} \binom{39}{k} =$$

$$= \left(2^{39} - \sum_{k=30}^{39} \binom{39}{k}\right) : \sum_{k=0}^{9} \binom{39}{k} =$$

$$= \left(2^{39} - \sum_{k=0}^{9} \binom{39}{k}\right) : \sum_{k=0}^{9} \binom{39}{k} =$$

$$= \left(\frac{2^{39}}{\sum_{k=0}^{9} \binom{39}{k}} - 1\right) : 1 =$$

$$= (549755813888 - 292750368) : 292750368 =$$

$$= 549463063520 : 292750368 =$$

$$= 17170720735 : 9148449 \approx$$

$$\approx 1877 : 1$$

3) $a = 50,\ b = 60 \Rightarrow a + b - 1 = 109.$

$$\text{Verhältnis } V = \sum_{k=0}^{59} \binom{109}{k} : \sum_{k=0}^{49} \binom{109}{k} = F_{0,5}^{109}(59) : F_{0,5}^{109}(49).$$

Mit Hilfe einer **Rechenanlage** erhält man hierfür

$V \approx 0{,}83091 : 0{,}16909 = 83091 : 16909 \approx 4{,}91 : 1.$

Grobe Näherung:

Eine nach $B(109; \frac{1}{2})$ binomial verteilte Zufallsgröße hat $\mu = 54{,}5$ und $\sigma^2 = 27{,}25$. In der Tabelle ist $B(100; \frac{1}{2})$ zugänglich.

Wir nähern an

$$F_{0,5}^{109}(59) : F_{0,5}^{109}(49) \approx$$

$$\approx F_{0,5}^{100}(55) : F_{0,5}^{100}(49) \approx$$

$$\approx 0{,}86437 : 0{,}18410 = 86437 : 18410 \approx 4{,}70 : 1$$

Mit Hilfe des **Integralgrenzwertsatzes:**

$$F_{0,5}^{109}(59) : F_{0,5}^{109}(49) \approx$$

$$\approx \Phi\left(\frac{59 - 54{,}5 + 0{,}5}{\sqrt{27{,}25}}\right) : \Phi\left(\frac{49 - 54{,}5 + 0{,}5}{\sqrt{27{,}25}}\right) \approx$$

$$\approx \Phi(0{,}9578262852) : \Phi(-0{,}9578262852) \approx$$

$$\approx 0{,}83093 : 0{,}16907 = 83093 : 16907 \approx 4{,}91 : 1$$

IV. *Peverone*

$a = 3,\ b = 1 \Rightarrow a + b - 1 = 3$

$$\text{Verhältnis} = \sum_{k=0}^{0} \binom{3}{k} : \sum_{k=0}^{2} \binom{3}{k} =$$

$$= 1 : (1 + 3 + 3) = 1 : 7.$$

V. *Pascal*

1) $a = 1,\ b = 2 \Rightarrow a + b - 1 = 2$

Verhältnis $= \sum_{k=0}^{1} \binom{2}{k} : \sum_{k=0}^{0} \binom{2}{k} = (1+2):1 = 3:1$

2) $a = 1,\ b = 3 \Rightarrow a + b - 1 = 3$

Verhältnis $= \sum_{k=0}^{2} \binom{3}{k} : \sum_{k=0}^{0} \binom{3}{k} = (1+3+3):1 = 7:1$

3) $a = 2,\ b = 3 \Rightarrow a + b - 1 = 4$

Verhältnis $= \sum_{k=0}^{2} \binom{4}{k} : \sum_{k=0}^{1} \binom{4}{k} = (1+4+6):(1+4) = 11:5$

4) $a = 1,\ b = n \Rightarrow a + b - 1 = n$

Verhältnis $= \sum_{k=0}^{n-1} \binom{n}{k} : \sum_{k=0}^{0} \binom{n}{k} = (2^n - 1):1$

5) $a = n - 1,\ b = n;\quad a + b - 1 = 2n - 2$

Zum Beweis benötigt man:

$(2n)! = (2n-1)!!(2n)!!$ und $(2n)!! = 2^n \cdot n!$

$$\text{Anteil von A} = \frac{1}{2^{2n-2}} \sum_{k=0}^{n-1} \binom{2n-2}{k} =$$

$$= 2^{-(2n-2)} \left(\tfrac{1}{2} \cdot \sum_{k=0}^{n-1} \binom{2n-2}{k} + \tfrac{1}{2} \sum_{j=0}^{n-1} \binom{2n-2}{j}\right) =$$

$$= 2^{-(2n-2)} \cdot \tfrac{1}{2} \cdot \left(\sum_{k=0}^{n-1} \binom{2n-2}{k} + \sum_{j=0}^{n-1} \binom{2n-2}{2n-2-j}\right) =$$

$$= 2^{-(2n-2)} \cdot \tfrac{1}{2} \cdot \left(\sum_{k=0}^{n-1} \binom{2n-2}{k} + \sum_{k=n-1}^{2n-2} \binom{2n-2}{k}\right) =$$

$$= 2^{-(2n-2)} \cdot \tfrac{1}{2} \left(\sum_{k=0}^{2n-2} \binom{2n-2}{k} + \binom{2n-2}{n-1}\right) =$$

$$= 2^{-(2n-2)} \cdot \tfrac{1}{2} \cdot \left(2^{2n-2} + \frac{(2n-2)!}{((n-1)!)^2}\right) =$$

$$= \tfrac{1}{2}\left(1 + 2^{-(2n-2)} \cdot \frac{(2n-3)!! \cdot (2n-2)!!}{((n-1)!)^2}\right) =$$

$$= \tfrac{1}{2}\left(1 + 2^{-(2n-2)} \cdot \frac{(2n-3)!!}{(n-1)!} \cdot \frac{2^{n-1} \cdot (n-1)!}{(n-1)!}\right) =$$

$$= \tfrac{1}{2}\left(1 + \frac{(2n-3)!!}{(n-1)!} \cdot \frac{1}{2^{n-1}}\right) =$$

$$= \tfrac{1}{2}\left(1 + \frac{(2n-3)!!}{(2n-2)!!}\right).$$

VI. Ausgehend von der 5. Zeile in der Umformung »Anteil von A« aus **V. 5)** erhält man

$$2^{-(2n-2)} \cdot \tfrac{1}{2} \left(\sum_{k=0}^{2n-2} \binom{2n-2}{k} + \binom{2n-2}{n-1}\right) =$$

$$= 2^{-(2n-2)} \cdot \tfrac{1}{2} \left(2^{2n-2} + \binom{2(n-1)}{n-1}\right) =$$

$$= \tfrac{1}{2}\left(1 + \frac{1}{2^{2(n-1)}} \cdot \binom{2a}{a}\right) = \tfrac{1}{2}\left(1 + \frac{1}{2^{2a}} \binom{2a}{a}\right).$$

B.

I. *de Moivre*

$a = 4,\ b = 6 \Rightarrow a + b - 1 = 9$

$p = \frac{3}{5};\quad q = \frac{2}{5}.$

Verhältnis $= F^9_{0,4}(5) : F^9_{0,6}(3) =$

$= \big(1 - F^9_{0,6}(3)\big) : F^9_{0,6}(3) =$

$= (1 - \frac{194\,048}{5^9}) : \frac{194\,048}{5^9} =$

$= (1\,953\,125 - 194\,048) : 194\,048 =$

$= 1\,759\,077 : 194\,048.$

Nebenrechnung:

$$F^9_{0,6}(3) = \sum_{i=0}^{3} \mathrm{B}(9; 0{,}6; i) =$$

$$= \binom{9}{0}0{,}4^9 + \binom{9}{1}0{,}6 \cdot 0{,}4^8 + \binom{9}{2}0{,}6^2 \cdot 0{,}4^7 + \binom{9}{3}0{,}6^3 \cdot 0{,}4^6 =$$

$$= \frac{1}{5^9}(2^9 + 9 \cdot 3 \cdot 2^8 + 36 \cdot 3^2 \cdot 2^7 + 84 \cdot 3^3 \cdot 2^6) =$$

$$= \frac{1}{5^9}(512 + 6912 + 41\,472 + 145\,152) = \frac{194\,048}{5^9}$$

II. **1)** $a = 1,\ b = 2 \Rightarrow a + b - 1 = 2$

$p = \frac{1}{3};\ q = \frac{2}{3}$

$P(\text{»A siegt«}) = F^2_{\frac{2}{3}}(1) = \binom{2}{0}(\frac{1}{3})^2 + \binom{2}{1}(\frac{1}{3})^1(\frac{2}{3})^1 = \frac{1}{9} + \frac{4}{9} = \frac{5}{9}.$

$P(\text{»B siegt«}) = \binom{2}{0}(\frac{2}{3})^2 = \frac{4}{9}.$

Also ist der Einsatz im Verhältnis 5:4 zugunsten von A aufzuteilen.

2) $a = 3;\ b = 7 \Rightarrow a + b - 1 = 9$

$p = \frac{3}{8};\ q = \frac{5}{8}.$

$$P(\text{»A siegt«}) = \sum_{k=0}^{6} \binom{9}{k}(\tfrac{3}{8})^{9-k}(\tfrac{5}{8})^k =$$

$$= F^9_{\frac{5}{8}}(6) =$$

$$= 1 - F^9_{\frac{3}{8}}(2) =$$

$$= 1 - [\binom{9}{0} \cdot (\tfrac{5}{8})^9 + \binom{9}{1}\tfrac{3}{8} \cdot (\tfrac{5}{8})^8 + \binom{9}{2}(\tfrac{3}{8})^2(\tfrac{5}{8})^7] =$$

$$= \frac{1}{8^9}[134\,217\,728 - 1\,953\,125 - 10\,546\,875 - 25\,312\,500] =$$

$$= \frac{82\,405\,228}{134\,217\,728} \approx 61{,}4\%$$

$P(\text{»B siegt«}) = \frac{51\,812\,500}{134\,217\,728} \approx 38{,}6\%$

Aufteilung des Einsatzes zugunsten von A im Verhältnis
$82\,405\,228 : 51\,812\,500 = 20\,601\,307 : 12\,953\,125.$

III. $a = 1,\ b = 4,\ a + b - 1 = 4$

Annahme, daß $u : v = 5 : 2$. Damit wäre der Einsatz aufzuteilen wie

$$\sum_{k=0}^{3} \binom{4}{k} 5^{4-k} 2^k : \sum_{k=0}^{0} \binom{4}{k} 5^k 2^{4-k} =$$

$$= (5^4 + 4 \cdot 5^3 \cdot 2 + 6 \cdot 5^2 \cdot 2^2 + 4 \cdot 5 \cdot 2^3) : 2^4 =$$

$$= (625 + 1000 + 600 + 160) : 16 =$$

$$= 2385 : 16.$$

Aufgaben zu 14.6.

271/67. a) $k_w = [\mu + p]$

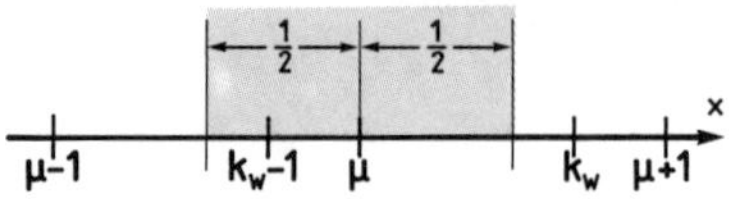

$\Leftrightarrow \ -1 < k_w - \mu \leqq 1$

$\Rightarrow \ |k_w - \mu| \leqq 1. \quad (*)$

Für $|k_w - \mu| > \frac{1}{2}$ ist k_w nicht das nächstliegende k.
Die Bedingung lautet also: $|[np + p] - np| > \frac{1}{2}$

b) Aus (*) von **a)** folgt die Behauptung.

271/68. a) Schiefe $= \dfrac{1-2p}{\sigma}$ mit $\sigma \neq 0$

$$\frac{1-2p}{\sigma} \gtrless 0 \Leftrightarrow 1 - 2p \gtrless 0 \Leftrightarrow \tfrac{1}{2} \gtrless p$$

$$\text{also Schiefe} \gtrless 0 \Leftrightarrow \begin{matrix} 0 < p < \frac{1}{2} \\ \frac{1}{2} < p < 1 \end{matrix}$$

b) Schiefe von $\mathrm{B}(n; p) =$

$$= \frac{1-2p}{\sigma} = \frac{1-2p}{\sqrt{npq}} = \frac{1-2p}{\sqrt{np(1-p)}};$$

Schiefe von $\mathrm{B}(n; 1-p) =$

$$= \frac{1-2(1-p)}{\sqrt{n(1-p)(1-(1-p))}} = \frac{1-2+2p}{\sqrt{np(1-p)}} = -\frac{1-2p}{\sqrt{np(1-p)}}.$$

c)

p	Schiefe exakt	Schiefe gerundet
0,1	$\frac{2}{3}$	0,667
0,2	$\frac{3}{8}$	0,375
0,3	$\frac{1}{21}\sqrt{21}$	0,218
0,4	$\frac{1}{24}\sqrt{6}$	0,102
0,5	0	0
0,6	$-\frac{1}{24}\sqrt{6}$	−0,102
0,7	$-\frac{1}{21}\sqrt{21}$	−0,218
0,8	$-\frac{3}{8}$	−0,375
0,9	$-\frac{2}{3}$	−0,667

d)

n	Schiefe
1	1,5
4	0,75
9	0,5
16	0,375
25	0,3
64	0,1875
100	0,15

271/69. $P(X \leqq x) \geqq p \wedge P(X \geqq x) \geqq 1 - p$

$\Leftrightarrow P(X \leqq x) \geqq p \wedge P(X < x) \leqq p$

$\Leftrightarrow F(x) \geqq p \wedge P(X < x) \leqq p$

a)

p	Median	1. Quartil	3. Quartil	90%-Quantil
0,1	1	1	2	3
0,2	3	2	4	5
0,3	5	4	6	7
0,4	6	5	8	9
0,5	8	7	9	11
0,6	10	8	11	12
0,7	11	10	12	13
0,8	13	12	14	15
0,9	15	14	15	16

b)

n	Median	1. Quartil	3. Quartil	90%-Quantil
1	0	0	0	1
4	1	0	1	2
9	2	1	3	3
16	3	2	4	5
25	5	4	6	8
64	13	11	15	17
100	20	17	23	25

c)

n	p	Median	1. Quartil	3. Quartil	90%-Quantil
8	0,35	4	3	5	6
50	0,1	5	3	6	8
100	0,9	90	88	92	94
200	0,6	120	115	125	129

Aufgaben zu 14.7.

271/70. a) $r = 30,\ s = 20,$

1) $c = 10^3$

Bestimmung von v_1

$$\frac{\lg (20-1)\cdot 10^3}{\lg(30+1) - \lg 30} = 300{,}4\ldots \Rightarrow m_1 = 301$$

$$v_1 = \left(301 + \frac{20 \cdot 300}{31}\right) \cdot 50 = 24\,727{,}4\ldots$$

Bestimmung von v_2:

$$\frac{\lg (30-1)\cdot 10^3}{\lg(20+1) - \lg 20} = 210{,}59\ldots \Rightarrow m_2 = 211$$

$$v_2 = \left(211 + \frac{30 \cdot 210}{21}\right) \cdot 50 = 25\,550$$

Somit $n_{\min} = 25\,550$.

2) $c = 10^4$

$$\frac{\lg 19 \cdot 10^4}{\lg 31 - \lg 30} = 370{,}6\ldots \Rightarrow m_1 = 371$$

$$v_1 = \left(371 + \frac{20 \cdot 370}{31}\right) \cdot 50 = 30\,485{,}4\ldots$$

$$\frac{\lg 29 \cdot 10^4}{\lg 21 - \lg 20} = 257{,}7\ldots \Rightarrow m_2 = 258$$

$$v_2 = \left(258 + \frac{30 \cdot 257}{21}\right) \cdot 50 = 31\,257{,}1\ldots$$

also $n_{\min} = 31\,258$.

3) $c = 10^5$

$$\frac{\lg 19 \cdot 10^5}{\lg 31 - \lg 30} = 440{,}9\ldots \Rightarrow m_1 = 441$$

$$v_1 = \left(441 + \frac{20 \cdot 440}{31}\right) \cdot 50 = 36\,243{,}5\ldots$$

$$\frac{\lg 29 \cdot 10^5}{\lg 21 - \lg 20} = 304{,}9\ldots \Rightarrow m_2 = 305$$

$$v_2 = \left(305 + \frac{30 \cdot 304}{21}\right) \cdot 50 = 36964{,}2\ldots$$

also $n_{\min} = 36965$.

Bernoulli selbst gibt $n = 36966$ an.

b) Die Ergebnisse aus **a)** scheinen *Bernoulli*s Behauptung zu bestätigen. Ein allgemeiner Nachweis stößt wegen der notwendigen Aufrundungen auf natürliche Zahlen auf erhebliche Schwierigkeiten. Mit einem programmierbaren Rechner erhält man ohne großen Aufwand die folgenden Tabellen für $c = 10^k$. Dabei bedeute d die Differenz aufeinanderfolgender $n_{\min}$-Werte.

$r = 30,\ s = 20$

k	n_{min}	d
3	25550	–
4	31258	5708
5	36965	5707
6	42793	5828
7	48500	5707
8	54208	5708
9	59915	5707
10	65622	5707
11	71450	5828
12	77158	5708
13	82865	5707
14	88572	5707
15	94279	5707
16	100108	5829
17	105815	5707
18	111522	5707
19	117229	5707
20	122944	5707
21	128765	5821
22	134472	5707
23	140218	5707
24	146059	5707
25	151817	5707
26	157575	5707
27	163333	5707
28	169173	5707
29	174931	5707
30	180689	5707

Interessanterweise wird n_{min} anfänglich durch v_2 bestimmt, bei $k = 20$ und ab $k = 23$ aber durch v_1.

zu **c)**: $r = 300,\ s = 200$

k	n_{min}	d
3	3149821	–
4	3725598	575777
5	4301374	575776
6	4875903	574529
7	5451680	575777
8	6027456	575776
9	6601986	574530
10	7177762	575776
11	7753538	575776
12	8328068	574530
13	8903844	575776
14	9479620	575776
15	10054150	574530
16	10629926	575776
17	11205702	575776
18	11780232	574530
19	12356008	575776
20	12931784	575776
21	13506314	574530
22	14082090	575776
23	14657866	575776
24	15232396	574530
25	15808172	575776
26	16383948	575776
27	16958478	574530
28	17534254	575776
29	18110030	575776
30	18684560	574530

c) $r = 300,\ s = 200$

1) $c = 10^3$

$$\frac{\lg 199 \cdot 10^3}{\lg 301 - \lg 300} = 3666{,}3\ldots \Rightarrow m_1 = 3667$$

$$v_1 = \left(3667 + \frac{200 \cdot 3666}{301}\right) \cdot 500 = 3\,051\,440{,}1$$

$$\frac{\lg 299 \cdot 10^3}{\lg 201 - \lg 200} = 2527{,}9\ldots \Rightarrow m_2 = 2528$$

$$v_2 = \left(2528 + \frac{300 \cdot 2527}{201}\right) \cdot 500 = 3\,149\,820{,}8\ldots$$

$$\Rightarrow n_{min} = \underline{3\,149\,821}$$

2) $c = 10^4$

$$\frac{\lg 199 \cdot 10^4}{\lg 301 - \lg 300} = 4358{,}3\ldots \Rightarrow m_1 = 4359$$

$$v_1 = \left(4359 + \frac{200 \cdot 4358}{301}\right) \cdot 500 = 3\,627\,340{,}5\ldots$$

$$\frac{\lg 299 \cdot 10^4}{\lg 201 - \lg 200} = 2989{,}6\ldots \Rightarrow m_2 = 2990$$

$$v_2 = \left(2990 + \frac{300 \cdot 2989}{201}\right) \cdot 500 = 3\,725\,597{,}0\ldots$$

$$\Rightarrow n_{\min} = \underline{3\,725\,598} = 3\,149\,821 + \underline{575\,777}.$$

3) $c = 10^5$

$$\frac{\lg 199 \cdot 10^5}{\lg 301 - \lg 300} = 5050{,}2\ldots \Rightarrow m_1 = 5051$$

$$v_1 = \left(5051 + \frac{200 \cdot 5050}{301}\right) \cdot 500 = 4\,203\,240{,}8\ldots$$

$$\frac{\lg 299 \cdot 10^5}{\lg 201 - \lg 200} = 3451{,}2\ldots \Rightarrow m_2 = 3452$$

$$v_2 = \left(3452 + \frac{300 \cdot 3451}{201}\right) \cdot 500 = 4\,301\,373{,}1\ldots$$

$$\Rightarrow n_{\min} = \underline{4\,301\,374} = 3\,725\,598 + \underline{575\,776}.$$

271/71. a) Nach Satz 212.1 gilt $\mathscr{E}\bar{X} = \mu$.

Nach Satz 212.2 gilt $\sigma(\bar{X}) = \frac{\sigma}{\sqrt{n}}$.

Eingesetzt in Satz 184.1 erhält man

$$P(|\bar{X} - \mathscr{E}\bar{X}| \geqq a) \leqq \frac{\operatorname{Var}\bar{X}}{a^2} \Leftrightarrow P(|\bar{X} - \mu| \geqq a) \leqq \frac{\sigma^2}{na^2}.$$

b) Aus **a)** folgt $P(|\bar{X} - \mu| < a) \geqq 1 - \frac{\sigma^2}{na^2}$ und damit

$$\lim_{n\to\infty} P(|\bar{X} - \mu| < a) = 1.$$

Das heißt, das arithmetische Mittel von gleichverteilten, paarweise unabhängigen Zufallsgrößen konvergiert stochastisch gegen den Erwartungswert der Zufallsgrößen.

Dieser Satz ist die Grundlage der Meßtechnik. Nehmen wir an, eine physikalische Größe g soll bestimmt werden. Dann führt man n Messungen unter gleichen Bedingungen aus. Die erhaltenen Resultate x_i sind Werte der paarweise unabhängigen Zufallsgrößen $X_i :=$ »Meßwert des i-ten Versuchs«. Wenn in der Messung kein systematischer Fehler steckt, dann ist $\mathscr{E}X_1 = \mathscr{E}X_2 = \ldots = \mathscr{E}X_n = g$.
Auf Grund des Gesetzes der großen Zahlen ist man berechtigt,

$\frac{x_1 + x_2 + \ldots + x_n}{n} \approx g$ zu setzen.

c) Ist $X_i :=$ Anzahl der Treffer beim i-ten Versuch, so ist X_i nach $B(1; p)$ verteilt. Also $\mathscr{E}X_i = p$, $\operatorname{Var}X_i = pq$.

$\bar{X} = \frac{1}{n}\sum_{i=1}^{n} X_i = H_n$. Damit gilt

$$P(|\bar{X} - \mu| < a) \geqq 1 - \frac{\sigma^2}{na^2}$$

$$\Leftrightarrow P(|H_n - p| < a) \geqq 1 - \frac{pq}{na^2}$$

Ersetzt man a durch ε, so hat man die Form von Satz 248.1

Aufgaben zu 14.8.

272/72. $p = \frac{2}{5}$.

a) *1. Art*: Lösung mittels der Zufallsgröße $S :=$ Anzahl der gezogenen schwarzen Steine

$$\mathscr{E}S = 200 \cdot \tfrac{2}{5} = 80$$

$$\operatorname{Var} S = 200 \cdot \tfrac{2}{5} \cdot \tfrac{3}{5} = 48$$

$$P(|S-80| \leqq 20) = 1 - P(|S-80| \geqq 21) \geqq$$

$$\geqq 1 - \tfrac{48}{441} = \tfrac{393}{441} > 89{,}1\%$$

2. Art: Lösung mittels der Zufallsgröße H_{200}:

$$P(|H_{200} - \tfrac{2}{5}| \leqq \tfrac{1}{10}) =$$

$$= 1 - P(|H_{200} - \tfrac{2}{5}| \geqq \tfrac{21}{200}) \geqq$$

$$\geqq 1 - \frac{\frac{2}{5} \cdot \frac{3}{5}}{200 \cdot (\frac{21}{200})^2} =$$

$$= 1 - \tfrac{200 \cdot 6}{441 \cdot 25} =$$

$$= 1 - \tfrac{48}{441} > 89{,}1\%$$

b) $P(|S-80| \leqq 20) =$

$= F_{0,4}^{200}(100) - F_{0,4}^{200}(59) =$

$= 0{,}99832 - 0{,}00131 =$

$= 0{,}99701 >$

$> 99{,}7\%$

272/73. $P(|H_n - \frac{1}{6}| > \frac{1}{30}) < \dfrac{5 \cdot 900}{36n} = \dfrac{125}{n} = r_T$

a) $r_T = 12{,}5$. Unbrauchbar!
Exakt erhält man

$P(|H_{10} - \frac{1}{6}| > \frac{1}{30}) =$

$= P(|\frac{X}{10} - \frac{1}{6}| > \frac{1}{30}) =$

$= P(|X - \frac{10}{6}| > \frac{10}{30}) =$

$= P(X \leqq 1 \vee X \geqq 3) =$

$= 1 - P(X = 2) =$

$= 1 - \mathrm{B}(10; \frac{1}{6}; 2) =$

$= 0{,}70929 < 71{,}0\%$.

b) $r_T = 62{,}5\%$,
d. h., die Wahrscheinlichkeit, daß bei 200 Würfen mit einem L-Würfel die relative Häufigkeit für die Sechs Werte annimmt, die den Idealwert $\frac{1}{6}$ um mehr als $\frac{1}{30}$ verfehlen, ist kleiner als $62{,}5\%$.

Exakt: $P(|H_{200} - \frac{1}{6}| > \frac{1}{30}) =$

$= P(|X - \frac{200}{6}| > \frac{200}{30}) =$

$= P(X > 40 \vee X < 26\frac{2}{3}) =$

$= F_{\frac{1}{6}}^{200}(26) + 1 - F_{\frac{1}{6}}^{200}(40) = 0{,}09454 + 1 - 0{,}91058 = 0{,}18396 < 18{,}4\%$.

c) $r_T = 12{,}5\%$.
Exakte Berechnung zu mühsam. (Näherungslösung in Aufgabe 317/**49. a)**.)

272/74. a) $P(|X - \mu| \leqq 0{,}05n) > 1 - \dfrac{n \cdot 0{,}3 \cdot 0{,}7}{(0{,}05n)^2} = 1 - \dfrac{84}{n}$.

b)

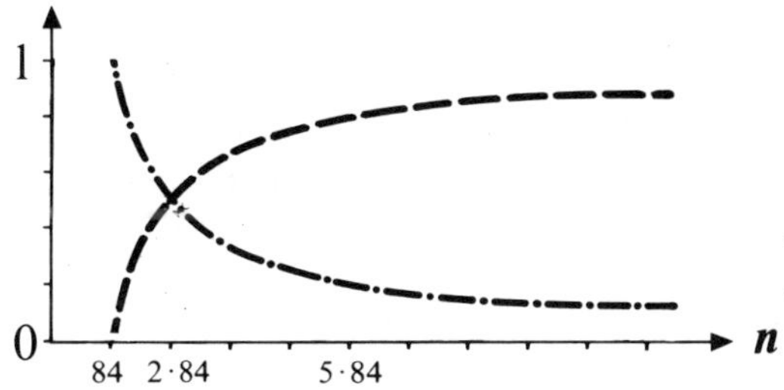

n	100	200	1000
r_T	0,84	0,42	0,084
$1 - r_T$	0,16	0,58	0,916

also

$n = 100 \Rightarrow P(|X - 30| \leqq 5) > 16\%$

$n = 200 \Rightarrow P(|X - 60| \leqq 10) > 58\%$

$n = 1000 \Rightarrow P(|X - 300| \leqq 50) > 91{,}6\%$

272/75. a) *Bernoulli*-Kette der Länge 10^{25}.
Treffer an der Stelle i = Molekül Nr. i befindet sich in der linken Hälfte; $p = \frac{1}{2}$.

$$P(|H - \tfrac{1}{2}| > 0{,}0005) < \frac{1}{4 \cdot 10^{25} \cdot 0{,}0005^2} = 10^{-19}$$

Das Ergebnis besagt, daß man dieses Ereignis kaum je beobachten wird.

b) Bedeute $Z :=$ Anzahl der Moleküle in der linken Hälfte, so ist Z nach $B(10^{25}; \frac{1}{2})$ verteilt. Gesucht ist

$$P(Z = \tfrac{1}{2} \cdot 10^{25}) = \binom{10^{25}}{5 \cdot 10^{24}} \cdot \left(\frac{1}{2}\right)^{5 \cdot 10^{24}} \cdot \left(\frac{1}{2}\right)^{10^{25} - 5 \cdot 10^{24}} =$$

$$= \binom{10^{25}}{5 \cdot 10^{24}} \cdot 2^{-10^{25}} < 10^{-12}.$$

(Näherung mittels des lokalen Grenzwertsatzes. Siehe Aufgabe 313/**14.**)

c) $Y :=$ »Anzahl der Moleküle im winzigen Teilbereich« ist $B\left(n; \frac{n_0}{n}\right)$-verteilt. Damit

$$P(|Y - n_0| \geqq 10^{-3} \cdot n_0) \leqq \frac{n \cdot \frac{n_0}{n}\left(1 - \frac{n_0}{n}\right)}{(10^{-3} n_0)^2} = \frac{10^6}{n_0}\left(1 - \frac{n_0}{n}\right) < \frac{10^6}{n_0}, \quad \text{wegen } n_0 \ll n.$$

d) $0{,}5 < \dfrac{10^6}{n_0} \Leftrightarrow n_0 < 2 \cdot 10^6$

Unter Normalbedingungen enthalten 22,4 dm³ $6{,}02 \cdot 10^{23}$ Moleküle.

$$l = \sqrt[3]{\frac{2 \cdot 10^6}{6{,}02 \cdot 10^{23}} \cdot 22{,}4 \cdot 10^3\,\text{cm}^3} = 4{,}21 \cdot 10^{-5}\,\text{cm} = 421\,\text{nm}$$

Oder:

$pV = n_0 kT$

$$\Leftrightarrow l = \sqrt[3]{\frac{n_0 kT}{p}} = \sqrt{\frac{2 \cdot 10^6 \cdot 1{,}3805 \cdot 10^{-23} \cdot \text{J} \cdot \text{K}^{-1} \cdot 273\,\text{K}}{1{,}013 \cdot 10^5\,\text{Nm}^{-2}}} = 421\,\text{nm}.$$

272/76. a) $P(|H_n - p| \leqq 0{,}02) \geqq 90\%$ (*)

$\Leftrightarrow 1 - P(|H_n - p| > 0{,}02) \geqq 90\%$

$\Leftrightarrow P(|H_n - p| > 0{,}02) \leqq 0{,}1$

Nach der Ungleichung von *Tschebyschow* ist $P(|H_n - p| > 0{,}02) < \dfrac{1}{4n \cdot 0{,}02^2}$.

Also ist (*) sicher erfüllt, wenn

$$\frac{1}{4n \cdot 0{,}02^2} \leqq 0{,}1 \Leftrightarrow n \geqq 6250.$$

b) Da man über $P(\{6\})$ nichts weiß, erhält man dasselbe Resultat wie in **a)**.

c) Da $p \mapsto pq$ im Bereich $[0;\ 20\%]$ echt monoton wachsend ist, ist dort $pq \leqq 0{,}2 \cdot 0{,}8 = 0{,}16$.

$P(|H_n - p| \leqq 0{,}02) \geqq 90\%$ ist nun sicher erfüllt, wenn

$$\frac{0{,}16}{n \cdot 0{,}02^2} \leqq 0{,}1 \Leftrightarrow n \geqq 4000.$$

273/77. $P(|H_n - p| < 0{,}01) \geqq 99\% \Leftrightarrow P(|H_n - p| \geqq 0{,}01) \leqq 1\%$.

Das ist sicher erfüllt, wenn $\frac{1}{4n \cdot 0{,}01^2} \leqq 1\% \Leftrightarrow n \geqq 250\,000$

273/78. a) $P(|h_n - p| < 0{,}02) \geqq 60\% \Leftrightarrow P(|h_n - p| \geqq 0{,}02) \leqq 40\%$.

Das ist sicher erfüllt für

$$\frac{1}{4n \cdot 0{,}02^2} \leqq 40\% \Leftrightarrow n \geqq 1562{,}5 \Rightarrow n_{\min} = 1563$$

b) Allgemein: $P(|h_n - p| < \varepsilon) \geqq 1 - \frac{pq}{n\varepsilon^2} \geqq 60\%$

$$P(|h_{n'} - p| < \tfrac{1}{2}\varepsilon) \geqq 1 - \frac{pq}{n' \cdot \frac{\varepsilon^2}{4}} \geqq 60\%$$

also $n' = 4n$

Die Stichprobenlänge muß vervierfacht werden; $n'_{\min} = 6250$.

273/79. $P(|h_n - p| \leqq \frac{1}{20}) \geqq 95\%$ (*)

$\Leftrightarrow 1 - P(|h_n - p| > \frac{1}{20}) \geqq 95\%$

$\Leftrightarrow P(|h_n - p| > \frac{1}{20}) \leqq 5\%$.

Da $P(|h_n - p| > \frac{1}{20}) < \frac{1}{4n \cdot 0{,}05^2}$, ist (*) sicher erfüllt, wenn

$$\frac{1}{4n \cdot 0{,}05^2} \leqq 5\% \Leftrightarrow n \geqq 2000.$$

273/80. a) $P(|h_n - p| \leqq 0{,}05) \geqq 95\% \Leftrightarrow P(|h_n - p| > 0{,}05) \leqq 5\%$

Das ist sicher erfüllt, wenn

$$\frac{1}{4 \cdot n \cdot 0{,}05^2} \leqq 5\% \Leftrightarrow n \geqq 2000$$

b) $P(|h_n - p| \leqq 0{,}05) \geqq 85\%$ ist sicher erfüllt für

$$\frac{1}{4n \cdot 0{,}05^2} \leqq 15\% \Leftrightarrow n \geqq 666\tfrac{2}{3} \Rightarrow n_{\min} = 667$$

c) a) $\frac{1}{4n \cdot 0{,}02^2} \leqq 5\% \Leftrightarrow n \geqq 12\,500$

b) $\frac{1}{4n \cdot 0{,}02^2} \leqq 15\% \Leftrightarrow n \geqq 4166\tfrac{2}{3} \Rightarrow n_{\min} = 4167$

273/81. a) 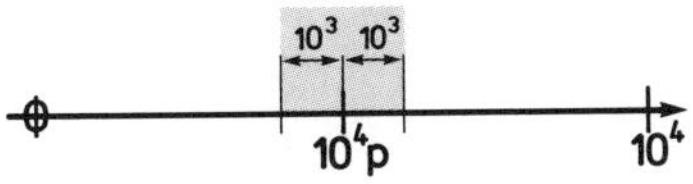

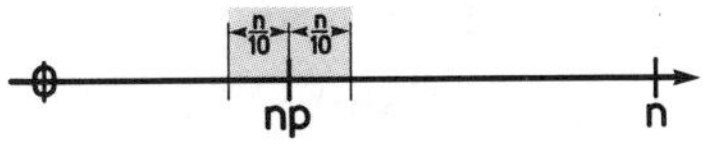

Ist p der Anteil der Theodor-Wähler unter den 10000 Wählern, so werden ihn also $10^4 p$ Menschen wählen. Die Stichprobe (= *Bernoulli*-Kette) soll die Verhältnisse im kleinen wiedergeben. Bei einer Länge n werden ihn $np = \mu$ wählen. Bedeute $X :=$ »Anzahl der Theodor-Wähler in der Stichprobe«, so ist X nach $B(n; p)$ verteilt. X soll von μ um höchstens $\frac{1}{10}n$ abweichen, da ja 1000 Theodor-Wähler $\frac{1}{10}$ der Wählerschaft sind. Also

$P(|X - \mu| \leqq \frac{1}{10}n) \geqq 0{,}975$ (*)

$\Leftrightarrow P(|X - \mu| > \frac{1}{10}n) \leqq 0{,}025.$

Das ist sicher erfüllt, wenn

$$\frac{npq}{(\frac{1}{10}n)^2} \leqq \frac{n}{4 \cdot (\frac{1}{10}n)^2} \leqq 0{,}025 \Leftrightarrow n \geqq 1000.$$

b) 1) Nun kann $p = 0{,}6$ gesetzt werden. Also genügt

$$\frac{n \cdot 0{,}6 \cdot 0{,}4}{(\frac{1}{10}n)^2} \leqq 0{,}025 \Leftrightarrow n \geqq 960$$

2) Da $p \mapsto pq$ in $[\frac{1}{2}; 1]$ echt monoton fallend ist, ist (*) sicher erfüllt, wenn

$$\frac{npq}{(\frac{1}{10}n)^2} \leqq \frac{n \cdot 0{,}8 \cdot 0{,}2}{(\frac{1}{10}n)^2} \leqq 0{,}025 \Leftrightarrow n \geqq 640.$$

273/82. $P\left(|H_n - p| \leqq \frac{1}{t}\right) \geqq c \cdot P\left(|H_n - p)| > \frac{1}{t}\right)$

$$\Leftrightarrow 1 - P\left(|H_n - p| > \frac{1}{t}\right) \geqq c \cdot P\left(|H_n - p| > \frac{1}{t}\right)$$

$$\Leftrightarrow P\left(|H_n - p| > \frac{1}{t}\right) \leqq \frac{1}{1+c} \qquad (*)$$

Nun gilt nach *Tschebyschow* $P\left(|H_n - p| > \frac{1}{t}\right) < \dfrac{pq}{n \cdot \frac{1}{t^2}}$.

Also ist (*) sicher erfüllt, wenn

$$\frac{pq \cdot t^2}{n} \leqq \frac{1}{1+c} \Leftrightarrow n \geqq (1+c)pqt^2 = (1+c)\frac{r}{t} \cdot \frac{s}{t} \cdot t^2 = (1+c)rs.$$

1) $r:s = 20:30$
$c = 10^3 \Rightarrow n \geqq 600600 \gg 25500$
$c = 10^4 \Rightarrow n \geqq 6000600 \gg 31258$
$c = 10^5 \Rightarrow n \geqq 60000600 \gg 36965$

2) $r:s = 200:300$
$c = 10^3 \Rightarrow n \geqq 60060000 \gg 3149821$
$c = 10^4 \Rightarrow n \geqq 600060000 \gg 3725598$
$c = 10^5 \Rightarrow n \geqq 6000060000 \gg 4301374$

273/83. a) $P(|X - \mu| < a) \geqq 99\% \Leftrightarrow P(|X - \mu| \geqq a) \leqq 1\%$

Das ist sicher erfüllt, wenn $\frac{n}{4a^2} \leqq 0{,}01 \Leftrightarrow a^2 \geqq 25n \Leftrightarrow a \geqq 5\sqrt{n}$

1) $n = 500$: $\quad a \geqq 50\sqrt{5} = 111{,}8\ldots$

Also $\quad |X - 250| \geqq a \geqq 111{,}8\ldots \;\Leftrightarrow\; X \leqq 138 \vee X \geqq 362$

Das gesuchte Intervall ergäbe sich zu $[139;\, 361]$.

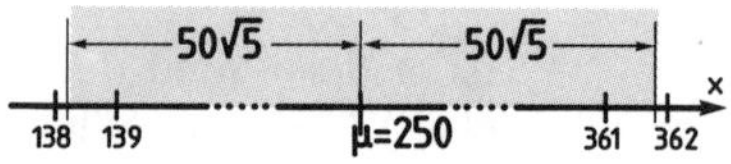

Nun ergibt sich die eigenartige Situation, daß dieses Intervall bereits eine Ungleichung $|X - \mu| < a$ mit $a > 111$ erfüllt, ebenso wie die Menge $\{x \mid x \leqq 138 \vee x \geqq 362\}$ Lösungsmenge einer Ungleichung $|X - \mu| \geqq a$ mit $a > 111$ ist.
Nimmt a aber Werte aus $]111;\, 50\sqrt{5}[$ an, so ist für solche Werte nicht mehr gewährleistet, daß das *Tschebyschow*-Risiko $\dfrac{500}{4a^2}$ höchstens 1% wird. Will man dies sicherstellen, so muß die Antwort lauten: Lösungsintervall für $P(|X - 250| < a) \geqq 99\%$ ist $[138;\, 362]$; denn zu diesem Intervall passen nur Werte für a, die größer als 112 sind, also die aus der Forderung »*Tschebyschow*-Risiko $\leqq 1\%$« gewonnene Bedingung $a \geqq 50\sqrt{5}$ sicher erfüllen.
Andererseits weiß man aus der Bauart der Zufallsgröße X, daß sich die gesuchte Wahrscheinlichkeit $P(|X - 250| < a)$ nicht ändert, wenn man a Werte aus $]111;\, 50\sqrt{5}[$ annehmen läßt. Es ist also aus dieser Kenntnis über X heraus gerechtfertigt, als Lösungsmenge der Ungleichung $P(|X - 250| < a) \geqq 99\%$ das kleinere Intervall $[139;\, 361]$ anzugeben.

2) $n = 2000$: $\quad a \geqq 100\sqrt{5} = 223{,}6\ldots$

$|X - 1000| \geqq a \geqq 223{,}6\ldots \;\Leftrightarrow\; X \leqq 776 \vee X \geqq 1224$

Wie vorher erhält man:
Soll auch die Bedingung des *Tschebyschow*-Risikos erfüllt sein, so muß man sich »auf die sichere Seite schlagen«; die Lösungsmenge von $P(|X - 1000| < a) \geqq 99\%$ ist dann das Intervall $[776;\, 1224]$.
Andererseits kann, aus der Kenntnis von X heraus, als Lösungsmenge $[777;\, 1223]$ gewählt werden.

b) $P(|X - \mu| \geqq a) \leqq 1\%$ ist sicher erfüllt, wenn

$$\frac{n \cdot \frac{1}{6} \cdot \frac{5}{6}}{a^2} \leqq 0{,}01 \quad\Leftrightarrow\quad a^2 \geqq \frac{5n}{36 \cdot 0{,}01}.$$

1) $n = 500$: $\quad a^2 \geqq \dfrac{5 \cdot 500}{36 \cdot 0{,}01} \;\Leftrightarrow\; a \geqq \dfrac{500}{6}$

Somit $\quad |X - \frac{500}{6}| < \frac{500}{6}$

$\Leftrightarrow\; 0 < X < \frac{1000}{6}$

$\Leftrightarrow\; 1 \leqq X \leqq 166 \quad\Rightarrow\quad L = [1;\, 166].$

Soll das *Tschebyschow*-Risiko miterfüllt werden, so wählt man $L = [0;\, 167]$.

2) $n = 2000$: $\quad a^2 \geqq \dfrac{5 \cdot 2000}{36 \cdot 0{,}01} = \dfrac{10^6}{36} \;\Leftrightarrow\; a \geqq \dfrac{10^3}{6}$

Somit $\quad |X - \frac{2000}{6}| < \dfrac{10^3}{6}$

$\Leftrightarrow\; \frac{1000}{6} < X < \frac{3000}{6}$

$\Leftrightarrow\; 167 \leqq X \leqq 499 \;\Rightarrow\; L = [167;\, 499].$

Aber erst für $L = [166;\, 500]$ ist auch das *Tschebyschow*-Risiko erfüllt.

c) $P(|X-\mu|<a) \geqq 99\%$ ist sicher erfüllt, wenn

$$\frac{n \cdot \frac{1}{10} \cdot \frac{9}{10}}{a^2} \leqq 0{,}01 \Leftrightarrow a^2 \geqq 9n \Leftrightarrow a \geqq 3\sqrt{n}$$

1) $n = 500$: $\quad a \geqq 30\sqrt{5} = 67{,}08\ldots$

$|X-50| < 67{,}08\ldots \Leftrightarrow -17{,}08\ldots < X < 117{,}08\ldots \Leftrightarrow 0 \leqq X \leqq 117$

$\Rightarrow L = [0; 117]$

Für $L = [0; 118]$ ist auch noch das *Tschebyschow*-Risiko erfüllt.

2) $n = 2000$: $\quad a \geqq 60\sqrt{5} = 134{,}1\ldots$

$|X-200| < 134{,}1\ldots \Leftrightarrow 65{,}8\ldots < X < 334{,}1\ldots \Leftrightarrow 66 \leqq X \leqq 334$

$\Rightarrow L = [66; 334]$.

Für $L = [65; 335]$ ist auch noch das *Tschebyschow*-Risiko erfüllt.

273/84. a) $P(|X-\mu|<a) \geqq 90\% \Leftrightarrow P(|X-\mu| \geqq a) \leqq 10\%$. Das ist sicher erfüllt, wenn

$$\frac{200 \cdot \frac{1}{5} \cdot \frac{4}{5}}{a^2} \leqq 0{,}1 \Leftrightarrow a \geqq 8\sqrt{5} = 17{,}8\ldots$$

$|X-40| < 17{,}8\ldots \Leftrightarrow 22{,}1\ldots < X < 57{,}8\ldots \quad \Rightarrow \quad L = [23; 57]$.

Ganz sicher geht man mit $L = [22; 58]$, da dann auch das *Tschebyschow*-Risiko erfüllt ist.

b) $P(23 \leqq X \leqq 57) = F_{0,2}^{200}(57) - F_{0,2}^{200}(22) = 0{,}99801$

$P(22 \leqq X \leqq 58) = F_{0,2}^{200}(58) - F_{0,2}^{200}(21) = 0{,}99889$

c) $P(\mu - a' \leqq X \leqq \mu + a') \geqq 90\%$

$\Leftrightarrow F_{0,2}^{200}(\mu + a') - F_{0,2}^{200}(\mu - a' - 1) \geqq 90\%$

Aus den *Stochastik-Tabellen*:

$F_{0,2}^{200}(49) = 0{,}95065$

$F_{0,2}^{200}(30) = 0{,}04302$

$P(31 \leqq X \leqq 49) = 0{,}90763 > 90\%$

274/85. $P(|h_{100} - p| < \varepsilon) \geqq 1 - \eta$ ist sicher erfüllt, wenn $\dfrac{1}{4n\varepsilon^2} \leqq \eta \Leftrightarrow \varepsilon \geqq \dfrac{1}{2\sqrt{n\eta}}$

1) $\eta = 50\%$: $\quad \varepsilon \geqq \frac{1}{20}\sqrt{2} = 0{,}0707\ldots$ also $h_{100} - \frac{1}{20}\sqrt{2} < p < h_{100} + \frac{1}{20}\sqrt{2}$

2) $\eta = 10\%$: $\quad \varepsilon \geqq \frac{1}{20}\sqrt{10}$, also $h_{100} - \frac{1}{20}\sqrt{10} < p < h_{100} + \frac{1}{20}\sqrt{10}$.

274/86. a) $P(|h_{800} - p| < \varepsilon) \geqq 99{,}6\% \Leftrightarrow P(|h_{800} - p| \geqq \varepsilon) \leqq 0{,}4\%$

Das ist sicher erfüllt, wenn $\dfrac{p(1-p)}{800\,\varepsilon^2} \leqq 0{,}004$.

Grobe Abschätzung

$$\frac{1}{4 \cdot 800 \cdot \varepsilon^2} \leqq 0{,}004 \Leftrightarrow \varepsilon \geqq \tfrac{1}{8}\sqrt{5} = 0{,}2795\ldots$$

Mit $\varepsilon = 0{,}2796$ gilt

$0{,}2204 < p < 0{,}7796$, also erst recht $22\% < p < 78\%$.

Näherung

$$\varepsilon \geqq \sqrt{\frac{h(1-h)}{n\eta}} \qquad \text{ergibt denselben Wert!}$$

Echtes Konfidenzintervall

$$|h-p| = \sqrt{\frac{p(1-p)}{n\eta}}$$

$$\Leftrightarrow (h^2 - 2hp + p^2)n\eta = p - p^2$$

$$\Leftrightarrow p^2(1+n\eta) - p(2n\eta h + 1) + n\eta h^2 = 0$$

$$\Leftrightarrow p = \frac{1 + 2n\eta h \pm \sqrt{1 + 4n\eta h(1-h)}}{2(1+n\eta)}$$

Mit $h_{800} = \frac{1}{2}$ und $n\eta = 800 \cdot 0{,}004 = 3{,}2$ erhält man

$$p_{1,2} = \frac{1 + 2 \cdot 3{,}2 \cdot 0{,}5 \pm \sqrt{1 + 4 \cdot 3{,}2 \cdot 0{,}5 \cdot 0{,}5}}{2(1+3{,}2)} = \begin{cases} 0{,}744 \\ 0{,}256 \end{cases}$$

Also $0{,}256 < p < 0{,}744$

b)

	grobe Abschätzung = Näherung	echtes Konfidenzintervall
1) $\eta = 5\%$	$\varepsilon \geqq \frac{1}{40}\sqrt{10}$ $p \in]0{,}4209;\ 0{,}5791[$	$p_{1,2} = \frac{1}{2}\left(1 \pm \frac{1}{\sqrt{41}}\right)$ $p \in]0{,}4219;\ 0{,}5781[$
2) $\eta = 10\%$	$\varepsilon \geqq \frac{1}{40}\sqrt{5}$ $p \in]0{,}444;\ 0{,}556[$	$p_{1,2} = \frac{1}{2}(1 \pm \frac{1}{9})$ $p \in]\frac{4}{9};\ \frac{5}{9}[$
3) $\eta = 20\%$	$\varepsilon \geqq \frac{1}{80}\sqrt{10}$ $p \in]0{,}460;\ 0{,}540[$	$p_{1,2} = \frac{1}{2}\left(1 \pm \frac{1}{\sqrt{161}}\right)$ $p \in]0{,}460;\ 0{,}540[$

274/87. a) $\eta = 1\%$, $n\eta = 3$

$$\varepsilon \geqq \frac{1}{2\sqrt{n\eta}} = \frac{1}{2\sqrt{3}} = \tfrac{1}{6}\sqrt{3}$$

$$I(h_{300}) = \left]\frac{5-\sqrt{3}}{6};\ \frac{5+\sqrt{3}}{6}\right[\subset]0{,}544;\ 1]$$

b) $$\tilde{I}(h_{300}) = \left]\frac{15-\sqrt{15}}{18};\ \frac{15+\sqrt{15}}{18}\right[\subset]0{,}618;\ 1]$$

c) $$|p - \tfrac{5}{6}| = \sqrt{\frac{p(1-p)}{3}}$$

$$\Leftrightarrow 48p^2 - 72p + 25 = 0$$

$$\Rightarrow \mathfrak{J}(h_{300}) = \left]\frac{9-\sqrt{6}}{12};\ \frac{9+\sqrt{6}}{12}\right[\subset]0{,}545;\ 0{,}955[$$

d) Parallelenpaar: $p = h_{300} \pm \frac{1}{6}\sqrt{3} = \frac{1}{6}(5 \pm \sqrt{3})$.

Obere und untere Grenzen von Näherungs- und echtem Konfidenzintervall auf 3 Dezimalstellen so gerundet, daß sie in den offenen Intervallen liegen.

h_{300}	Näherungsellipse		Konfidenzellipse	
0	0	0	0	0,25
0,05	−0,075	0,176	0,005	0,320
0,10	−0,073	0,274	0,019	0,381
0,15	−0,056	0,357	0,038	0,437
0,20	−0,030	0,431	0,061	0,489
0,25	0	0,5	0,087	0,538
0,30	0,035	0,565	0,115	0,585
0,35	0,074	0,626	0,146	0,629
0,40	0,117	0,683	0,178	0,672
0,45	0,162	0,738	0,213	0,712
0,50	0,211	0,789	0,25	0,75
0,55	0,262	0,838	0,288	0,787
0,60	0,317	0,883	0,328	0,822
0,65	0,374	0,926	0,371	0,854
0,70	0,435	0,965	0,415	0,885
0,75	0,5	1	0,462	0,913
0,80	0,569	1,031	0,511	0,939
0,85	0,643	1,057	0,563	0,962
0,90	0,726	1,074	0,619	0,981
0,95	0,824	1,076	0,680	0,995
1	1	1	0,75	1

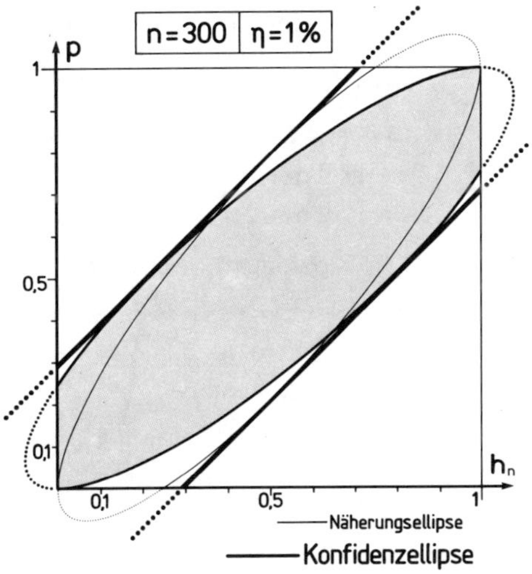

Bemerkungen zu den Ellipsen

Eine Quadrik der Form

$$c_{11}x_1^2 + 2c_{12}x_1x_2 + c_{22}x_2^2 + 2c_{10}x_1 + 2c_{20}x_2 + c_{00} = 0$$

ist eine Ellipse, wenn $\begin{vmatrix} c_{11} & c_{12} \\ c_{12} & c_{22} \end{vmatrix} > 0.$

Mit der Vereinbarung $c_{21} := c_{12}$, $\mathfrak{C} = \begin{pmatrix} c_{11} & c_{12} \\ c_{21} & c_{22} \end{pmatrix}$ und $\mathfrak{c} := \begin{pmatrix} c_{10} \\ c_{20} \end{pmatrix}$ läßt sich die Quadrik auch schreiben

$\mathfrak{x}^T \mathfrak{C} \mathfrak{x} + 2\mathfrak{c}^T \mathfrak{x} + c_{00} = 0.$ Dabei bedeutet T die Transposition.

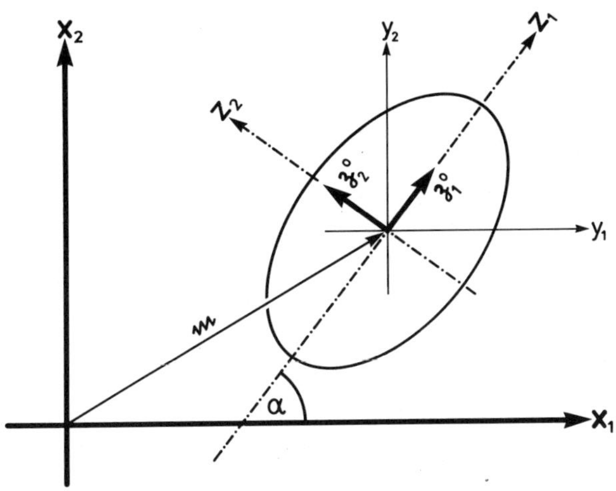

Durch eine Translation $\mathfrak{x} = \mathfrak{y} + \mathfrak{m}$ des x_1-x_2-Koordinatensystems läßt sich die Ellipse im Bildsystem (y_1-y_2) frei von linearen Gliedern darstellen. Unter Beachtung von $\mathfrak{C}^T = \mathfrak{C}$ und $\mathfrak{m}^T\mathfrak{C} = \mathfrak{C}^T\mathfrak{m}$ erhält man

$$(\mathfrak{y}+\mathfrak{m})^T\mathfrak{C}(\mathfrak{y}+\mathfrak{m}) + 2\mathfrak{c}^T(\mathfrak{y}+\mathfrak{m}) + c_{00} = 0$$
$$\Leftrightarrow \mathfrak{y}^T\mathfrak{C}\mathfrak{y} + \mathfrak{y}^T\mathfrak{C}\mathfrak{m} + \mathfrak{m}^T\mathfrak{C}\mathfrak{y} + \mathfrak{m}^T\mathfrak{C}\mathfrak{m} + 2\mathfrak{c}^T\mathfrak{y} + 2\mathfrak{c}^T\mathfrak{m} + c_{00} = 0$$
$$\Leftrightarrow \mathfrak{y}^T\mathfrak{C}\mathfrak{y} + 2(\mathfrak{m}^T\mathfrak{C} + \mathfrak{c}^T)\mathfrak{y} + \mathfrak{m}^T\mathfrak{C}\mathfrak{m} + 2\mathfrak{c}^T\mathfrak{m} + c_{00} = 0.$$

Der Koeffizient von $\mathfrak{y}$ wird der transponierte Nullvektor $\mathfrak{o}^T$, wenn

$$\mathfrak{m}^T\mathfrak{C} + \mathfrak{c}^T = \mathfrak{o}^T \Leftrightarrow \mathfrak{C}\mathfrak{m} + \mathfrak{c} = \mathfrak{o} \Leftrightarrow \mathfrak{C}\mathfrak{m} = -\mathfrak{c}.$$

$\mathfrak{m} = -\mathfrak{C}^{-1}\mathfrak{c}$ ist also der Ortsvektor des Ellipsenmittelpunkts im x_1-x_2-System. Damit erhält man

$$\mathfrak{y}^T\mathfrak{C}\mathfrak{y} - \mathfrak{c}^T\mathfrak{m} + 2\mathfrak{c}^T\mathfrak{m} + c_{00} = 0 \Leftrightarrow \mathfrak{y}^T\mathfrak{C}\mathfrak{y} + \mathfrak{c}^T\mathfrak{m} + c_{00} = 0$$

Dreht man nun das y_1-y_2-System in das z_1-z_2-System durch $\mathfrak{y} = \mathfrak{D}\mathfrak{z}$ mit

$$\mathfrak{D} = \begin{pmatrix} \cos\alpha & -\sin\alpha \\ \sin\alpha & \cos\alpha \end{pmatrix}, \text{ so ist } \mathfrak{z}^T\mathfrak{D}^T\mathfrak{C}\mathfrak{D}\mathfrak{z} + \mathfrak{c}^T\mathfrak{m} + c_{00} = 0$$

die Gleichung der Ellipse in achsenparalleler Mittelpunktslage. Dabei verschwindet das gemischte Glied mit $y_1 y_2$. Den Drehwinkel α bestimmt man dazu aus

$$\mathfrak{D}^T\mathfrak{C}\mathfrak{D} = \begin{pmatrix} \cos\alpha & \sin\alpha \\ -\sin\alpha & \cos\alpha \end{pmatrix}\begin{pmatrix} c_{11} & c_{12} \\ c_{21} & c_{22} \end{pmatrix}\begin{pmatrix} \cos\alpha & -\sin\alpha \\ \sin\alpha & \cos\alpha \end{pmatrix} =$$
$$= \begin{pmatrix} \cos\alpha & \sin\alpha \\ -\sin\alpha & \cos\alpha \end{pmatrix}\begin{pmatrix} c_{11}\cos\alpha + c_{12}\sin\alpha & -c_{11}\sin\alpha + c_{12}\cos\alpha \\ c_{21}\cos\alpha + c_{22}\sin\alpha & -c_{21}\sin\alpha + c_{22}\cos\alpha \end{pmatrix} =$$
$$= \begin{pmatrix} \bullet & -c_{11}\sin\alpha\cos\alpha + c_{12}(\cos\alpha)^2 - c_{21}(\sin\alpha)^2 + c_{22}\sin\alpha\cdot\cos\alpha \\ \bullet & \bullet \end{pmatrix}$$

durch die Forderung

$$-c_{11}\sin\alpha\cos\alpha + c_{12}\big((\cos\alpha)^2 - (\sin\alpha)^2\big) + c_{22}\sin\alpha\cos\alpha = 0$$
$$\Leftrightarrow c_{12}\cos 2\alpha - \tfrac{1}{2}(c_{11} - c_{22})\sin 2\alpha = 0$$
$$\Leftrightarrow \tan 2\alpha = \frac{2c_{12}}{c_{11} - c_{22}}.$$

Die Drehmatrix und die Hauptachsenrichtungen erhält man auch mittels der Hauptachsentransformation. Dazu bestimmt man die Eigenwerte λ_1, λ_2 der charakteristischen Gleichung $|\mathfrak{C} - \lambda\mathfrak{E}| = 0$ und die zugehörigen Eigenvektoren $\mathfrak{z}_1, \mathfrak{z}_2$ aus $\mathfrak{C}\mathfrak{z} = \lambda_i\mathfrak{z}$ ($i = 1, 2$). Bilden $\mathfrak{z}_1^0, \mathfrak{z}_2^0$ ein Rechtssystem, dann ist $\mathfrak{D} = (\mathfrak{z}_1^0, \mathfrak{z}_2^0)$ die gesuchte Drehmatrix.
Die Gleichung der Ellipse lautet dann

$$\mathfrak{z}^T\begin{pmatrix} \lambda_1 & 0 \\ 0 & \lambda_2 \end{pmatrix}\mathfrak{z} + \mathfrak{c}^T\mathfrak{m} + c_{00} = 0$$
$$\Leftrightarrow \lambda_1 z_1^2 + \lambda_2 z_2^2 + \mathfrak{c}^T\mathfrak{m} + c_{00} = 0.$$

Mit $\beta := -(\mathfrak{c}^T\mathfrak{m} + c_{00})$ erhält man

$$\frac{z_1^2}{\left(\sqrt{\frac{\beta}{\lambda_1}}\right)^2} + \frac{z_2^2}{\left(\sqrt{\frac{\beta}{\lambda_2}}\right)^2} = 1$$

Anwendung

A. Bestimmung der Näherungsellipse

$x_1 := h_n$, hier abgekürzt mit h; $x_2 := p$.

$$|p-h| = \sqrt{\frac{h(1-h)}{n\eta}}$$

$$\Leftrightarrow h^2(1+n\eta) - 2n\eta hp + n\eta p^2 - h = 0.$$

D.h. $\mathfrak{C} = \begin{pmatrix} 1+n\eta & -n\eta \\ -n\eta & n\eta \end{pmatrix}$, $\mathfrak{c} = \begin{pmatrix} -\frac{1}{2} \\ 0 \end{pmatrix}$, $c_{00} = 0$.

a) Mittelpunkt: $\left.\begin{aligned} (1+n\eta)m_1 - n\eta m_2 &= \tfrac{1}{2} \\ -n\eta m_1 + n\eta m_2 &= 0 \end{aligned}\right\} \Leftrightarrow \begin{aligned} m_1 &= \tfrac{1}{2} \\ m_2 &= \tfrac{1}{2} \end{aligned}$

b) Drehwinkel: $\tan 2\alpha = \dfrac{-2n\eta}{1+n\eta-n\eta} = -2n\eta$;

also $\tan 2\alpha = -6$

$\Leftrightarrow 2\alpha \approx 99{,}46°$

$\Leftrightarrow \alpha \approx 49°\,44'$

c) Achsenbestimmung:

$$\begin{vmatrix} 1+n\eta-\lambda & -n\eta \\ -n\eta & n\eta-\lambda \end{vmatrix} = 0$$

$$\Leftrightarrow \lambda^2 - (1+2n\eta)\lambda + n\eta = 0$$

$$\Leftrightarrow \lambda_1 = \tfrac{1}{2}\left(1+2n\eta-\sqrt{1+(2n\eta)^2}\right)$$

$$\wedge\ \lambda_2 = \tfrac{1}{2}\left(1+2n\eta+\sqrt{1+(2n\eta)^2}\right)$$

Also $\lambda_1 = \frac{1}{2}(7-\sqrt{37})$, $\lambda_2 = \frac{1}{2}(7+\sqrt{37})$.

Damit erhält man mit $\beta = -(\mathfrak{c}^T\mathfrak{m} + c_{00}) = \frac{1}{4}$

$$a = \sqrt{\frac{\beta}{\lambda_1}} = \tfrac{1}{12}\sqrt{6(7+\sqrt{37})} \approx 0{,}738$$

$$b = \sqrt{\frac{\beta}{\lambda_2}} = \tfrac{1}{12}\sqrt{6(7-\sqrt{37})} \approx 0{,}195$$

d) Orte mit waagrechter Tangente

$$h = \frac{1}{2}\left(1 \pm \sqrt{\frac{n\eta}{1+n\eta}}\right)$$

B. Bestimmung der Konfidenzellipse

$x_1 := h_n$, abgekürzt mit h; $x_2 := p$.

$$|p-h| = \sqrt{\frac{p(1-p)}{n\eta}}$$

$$\Leftrightarrow (p^2 - 2ph + h^2)n\eta = p - p^2$$

$$\Leftrightarrow n\eta h^2 - 2n\eta hp + p^2(1+n\eta) - p = 0.$$

$\mathfrak{C} = \begin{pmatrix} n\eta & -n\eta \\ -n\eta & 1+n\eta \end{pmatrix}$; $\mathfrak{c} = \begin{pmatrix} 0 \\ -\frac{1}{2} \end{pmatrix}$, $c_{00} = 0$.

a) Mittelpunkt: $\left.\begin{aligned} n\eta m_1 - n\eta m_2 &= 0 \\ -n\eta m_1 + (1+n\eta)m_2 &= \tfrac{1}{2} \end{aligned}\right\} \Leftrightarrow \begin{aligned} m_1 &= \tfrac{1}{2} \\ m_2 &= \tfrac{1}{2} \end{aligned}$

b) Drehwinkel: $\tan 2\alpha = \dfrac{-2n\eta}{n\eta - (1 + n\eta)} = 2n\eta;$

$$\text{also} \quad \tan 2\alpha = 6$$
$$\Leftrightarrow \alpha \approx 40^\circ\, 16'$$

c) Achsenbestimmung:

$$\begin{vmatrix} n\eta - \lambda & -n\eta \\ -n\eta & 1 + n\eta - \lambda \end{vmatrix} = 0$$

$\lambda^2 - \lambda(1 + 2n\eta) + n\eta = 0.$ Das ist dieselbe Gleichung wie bei der Näherungsellipse.

$\Leftrightarrow \lambda_{1,2} = \frac{1}{2}(1 + 2n\eta \mp \sqrt{1 + (2n\eta)^2})$

Also: Wie bei der Näherungsellipse:

$a \approx 0{,}738 \qquad b \approx 0{,}195$

d) Orte mit senkrechter Tangente:

$$h = \frac{1}{2}\left(1 \pm \sqrt{\frac{1}{1 + n\eta}}\right)$$

274/88. $P(|h_{100} - p| < a) \geqq 99\%$ ist sicher erfüllt, wenn $\dfrac{1}{4 \cdot 100 \cdot a^2} \leqq 0{,}01 \Leftrightarrow a \geqq \frac{1}{2}.$

274/89. $P(|h_{1200} - p| < \varepsilon) \geqq 99\%$ ist sicher erfüllt, wenn

$\dfrac{pq}{1200\,\varepsilon^2} \leqq 0{,}01 \Leftrightarrow \varepsilon \geqq \sqrt{\dfrac{pq}{12}}$ gemacht wird.

Da $p \mapsto pq$ in $[0; \frac{1}{2}]$ echt monoton steigend ist,

– gilt für die »Zwei«: Man wähle $\varepsilon \geqq \sqrt{\dfrac{0{,}25 \cdot 0{,}75}{12}} = \frac{1}{8};$

– gilt für die »Vier«: Man wähle $\varepsilon \geqq \sqrt{\dfrac{0{,}15 \cdot 0{,}85}{12}} = \frac{1}{40}\sqrt{17}.$

Somit gilt mit einer Sicherheit von mindestens 99%:

$P(\{2\}) \in]20{,}3\% - \frac{1}{8}; 20{,}3\% + \frac{1}{8}[=]7{,}8\%; 32{,}8\%[$

$P(\{4\}) \in]12{,}9\% - 10{,}31\%; 12{,}9\% + 10{,}31\%[\subset]2{,}5\%; 23{,}3\%[$

274/90. $P(|h_{1024} - p| < \varepsilon) \geqq 97{,}5\%$ ist sicher erfüllt, wenn

$\dfrac{1}{4 \cdot 1024\,\varepsilon^2} \leqq 0{,}025 \Leftrightarrow \varepsilon \geqq \frac{1}{32}\sqrt{10}$

a) Grobes Konfidenzintervall:

$I(0{,}28) =]0{,}28 - \varepsilon; 0{,}28 + \varepsilon[\subset]18{,}1\%; 37{,}9\%[$

b) Näherungskonfidenzintervall:

Man wählt $\varepsilon = \sqrt{\dfrac{h_{1024}(1 - h_{1024})}{1024 \cdot 0{,}025}} = \sqrt{\dfrac{0{,}28 \cdot 0{,}72}{1024 \cdot 0{,}025}} = \frac{3}{200}\sqrt{35} = 0{,}08874\ldots$

Damit $\tilde{I}(0{,}28) \subset]19{,}1\%; 36{,}9\%[$

c) Echtes Konfidenzintervall:

$|h - p| = \sqrt{\dfrac{p(1 - p)}{1024 \cdot 0{,}025}} \wedge h := h_{1024} = 0{,}28$

$\Leftrightarrow\ 25{,}6(h^2 - 2hp + p^2) = p - p^2$

$\Leftrightarrow\ 26{,}6p^2 - 15{,}336p + 2{,}00704 = 0$

$\Rightarrow\ p_{1,2} = \frac{1}{53{,}2}(15{,}336 \pm \sqrt{21{,}64384})$

$\Leftrightarrow\ p_{1,2} = \frac{1}{53{,}2}(15{,}336 \pm 4{,}652294)$

$\Leftrightarrow\ p_1 = 0{,}20082\ldots \wedge p_2 = 0{,}37571\ldots$

Damit

$\mathfrak{I}(0{,}28) \subset\ ]20{,}0\%;\ 37{,}6\%[$

274/91. $P(|1000 \cdot h_{100} - 1000p| \geqq 50) =$

$$= P(|h_{100} - p| \geqq \tfrac{1}{20}) \leqq \frac{pq}{100 \cdot 0{,}05^2} \leqq \frac{0{,}2 \cdot 0{,}8 \cdot 400}{100} = 64\%,$$

da $p \mapsto pq$ in $[0;\ 0{,}2]$ echt monoton steigend ist.

274/92. a) $P(|X - 200| \geqq 20) \leqq \dfrac{300 \cdot \frac{2}{3} \cdot \frac{1}{3}}{20^2} = \frac{1}{6} < 16{,}7\%$

b) $P(|X - 200| \geqq a) < 5\%$ ist sicher erfüllt, wenn

$\dfrac{300 \cdot \frac{2}{3} \cdot \frac{1}{3}}{a^2} < 0{,}05 \Leftrightarrow a > \frac{20}{3}\sqrt{30} = 36{,}5\ldots$

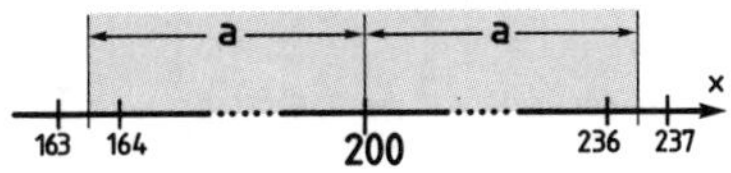

Nähme man als Lösungsmenge von $|X - 200| \geqq a$ die Menge $[0;\ 163] \cup [237;\ 300]$, so ließe sich diese bereits durch ein $a \in\ ]36;\ \frac{20}{3}\sqrt{30}]$ erzeugen. Also ist als Lösungsmenge $[0;\ 162] \cup [238;\ 300]$ zu wählen, damit $a > \frac{20}{3}\sqrt{30}$ gewährleistet ist.

Damit kann man sagen:

Mit einer Wahrscheinlichkeit von weniger als 5% geht man irrtümlicherweise von der $\frac{2}{3}$-Vermutung ab, wenn man sich entscheidet, dies zu tun, falls bei 300 Zügen mindestens 238 oder höchstens 162 rote Kugeln gezogen werden.

Bei einer Irrtumswahrscheinlichkeit von weniger als 5‰ ergibt sich

$a > \frac{200}{3}\sqrt{3} = 115{,}4\ldots,$

also als Lösungsmenge von $|X - 200| \geqq 115{,}4\ldots$ analog nur das Intervall $[0;\ 83]$.

Damit kann man sagen:

Mit einer Wahrscheinlichkeit von weniger als 5‰ geht man irrtümlicherweise von der $\frac{2}{3}$-Vermutung ab, wenn man sich entscheidet, dies zu tun, falls bei 300 Zügen höchstens 83 rote Kugeln gezogen werden.

275/93. a) $P(|X - 250| > 20) = P(|X - 250| \geqq 21) \leqq \dfrac{500 \cdot 0{,}5 \cdot 0{,}5}{441} < 28{,}4\%$

b) $P(|X - 250| \geqq a) < 10\%$ ist sicher erfüllt, wenn

$\dfrac{500 \cdot 0{,}5 \cdot 0{,}5}{a^2} < 0{,}1$

$\Leftrightarrow a > 5\sqrt{50} = 35{,}3\ldots$

Fordert man $P(|X - 250| \geqq a) < 5\%$, so ergibt sich $a > 50$.

Damit kann man sagen:

Mit einer Wahrscheinlichkeit von weniger als 10% [5%] hält man irrtümlicherweise eine L-Münze für eine schiefe Münze, wenn man sich entschließt, so zu entscheiden, falls bei 500 Würfen mindestens 287mal [301mal] oder höchstens 213mal [199mal] Adler fällt.

275/94. **a)** $\varepsilon = \frac{1}{2\sqrt{n\eta}} = \frac{1}{2\sqrt{1000 \cdot 0{,}1}} = \frac{1}{20} \Rightarrow I(41\%) =]36\%; 46\%[$

b) $\varepsilon \approx \sqrt{\frac{0{,}41 \cdot 0{,}59}{1000 \cdot 0{,}1}} = 4{,}918\ldots\% \Rightarrow \tilde{I}(41\%) \subset]36{,}0\%; 46{,}0\%[$

c) $|0{,}41 - p| = \sqrt{\frac{p(1-p)}{1000 \cdot 0{,}1}}$

$\Leftrightarrow 101p^2 - 83p + 16{,}81 = 0 \Rightarrow p_1 = 0{,}36194\ldots$
$p_2 = 0{,}45983\ldots$

Somit $\mathfrak{I}(41\%) \subset]36{,}1\%; 46{,}0\%[$

d) **a)** $\varepsilon = \frac{1}{2\sqrt{10^4 \cdot 0{,}1}} = \frac{\sqrt{10}}{200} = 1{,}58\ldots\% \Rightarrow I(41\%) \subset]39{,}4\%; 42{,}6\%[$

b) $\varepsilon \approx \sqrt{\frac{0{,}41 \cdot 0{,}59}{10^4 \cdot 0{,}1}} = 1{,}55\ldots\% \Rightarrow \tilde{I}(41\%) \subset]39{,}4\%; 42{,}6\%[$

c) $|0{,}41 - p| = \sqrt{\frac{p(1-p)}{10^4 \cdot 0{,}1}}$

$\Leftrightarrow 1001p^2 - 821p + 168{,}1 = 0 \Rightarrow p_1 = 0{,}39454\ldots$
$p_2 = 0{,}42563\ldots$

Somit $\mathfrak{I}(0{,}41) \subset]39{,}4\%; 42{,}6\%[$

275/95. $h_{4000} = \frac{6}{40} = 15\%$

a) $P(|h_{4000} - p| < \varepsilon) \geqq 90\% \Leftrightarrow P(|h_{4000} - p| \geqq \varepsilon) \leqq 10\%$.

Das ist sicher erfüllt, wenn $r_T \leqq 10\%$.

1) Grobes Konfidenzintervall:

$r_T \leqq \frac{1}{4n\varepsilon^2} \leqq \frac{1}{10} \Leftrightarrow \varepsilon \geqq \frac{1}{40} = 2{,}5\% \Rightarrow I(15\%) =]12{,}5\%; 17{,}5\%[$

2) Näherungskonfidenzintervall:

$\varepsilon \approx \sqrt{\frac{0{,}15 \cdot 0{,}85}{4000 \cdot 0{,}1}} = 1{,}7853\ldots\% \Rightarrow \tilde{I}(15\%) \subset]13{,}214\%; 16{,}786\%[$

3) Echtes Konfidenzintervall:

$|p - 0{,}15| = \sqrt{\frac{p(1-p)}{4000 \cdot 0{,}1}}$

$\Leftrightarrow 401p^2 - 121p + 9 = 0$

$\Leftrightarrow p = \frac{121 \pm \sqrt{14641 - 14436}}{2 \cdot 401} = \frac{121 \pm \sqrt{205}}{802}$

$\Rightarrow p_1 = 13{,}302\ldots\% \wedge p_2 = 16{,}872\ldots\%$

Also $\mathfrak{I}(15\%) \subset]13{,}302\%; 16{,}873\%[$

b) Je nachdem, welches Konfidenzintervall man zugrunde legt, erhält man für die zu erwartenden A-Wählerzahlen

1) [10000; 14000] **2)** [10572; 13428] **3)** [10642; 13498]

c) $P(|H_{4000} - 0{,}15| \leqq 0{,}01) = 1 - P(|H_{4000} - 0{,}15| > 0{,}01) >$

$> 1 - r_T = 1 - \frac{0{,}15 \cdot 0{,}85}{4000 \cdot 0{,}01^2} = 68\frac{1}{8}\%$

275/96. Ab 3. Auflage, siehe Seite 267.
275/97. Ab 3. Auflage, siehe Seite 268.

Aufgaben zu 15.

Bemerkung: Die Werte von φ und Φ wurden meist mit dem Taschenrechner Aristo M 800 errechnet. Die mit Hilfe der *Stochastik-Tabellen* – Argumente wurden auf Hundertstel gerundet – ermittelten Werte werden mit **T** gekennzeichnet, falls sie von den anderen Werten verschieden sind.

Aufgaben zu 15.1.

312/1. $P\left(|H_n - p| < \frac{\sigma}{n}\right) = 1 - P\left(|H_n - p| \geqq \frac{\sigma}{n}\right) \geqq 1 - \frac{pq}{n\left(\frac{\sigma}{n}\right)^2} = 0.$

312/2. a) $\frac{\sigma}{n} = \frac{\sqrt{200 \cdot 0{,}25}}{200} = \frac{1}{40}\sqrt{2} < 0{,}0354.$

$P(|H_{200} - \frac{1}{2}| < 0{,}0354) =$
$= P(0{,}4646 < H_{200} < 0{,}5354) =$
$= P(92{,}32 < X < 107{,}8) =$
$= F_{0,5}^{200}(107) - F_{0,5}^{200}(92) =$
$= 0{,}85559 - 0{,}14441 =$
$= 0{,}71118.$

b) $\frac{\sigma}{n} = \frac{\sqrt{200 \cdot 0{,}4 \cdot 0{,}6}}{200} = \frac{4\sqrt{3}}{200} = \frac{1}{50}\sqrt{3}.$

$P\left(|H_{200} - 0{,}4| < \frac{4\sqrt{3}}{200}\right) =$
$= P(|X - 80| < 4\sqrt{3}) =$
$= P(74 \leqq X \leqq 86) =$
$= F_{0,4}^{200}(86) - F_{0,4}^{200}(73) =$
$= 0{,}82607 - 0{,}17423 =$
$= 0{,}65184.$

c) $\frac{\sigma}{n} = \frac{\sqrt{200 \cdot 0{,}01 \cdot 0{,}99}}{200} = \frac{\sqrt{1{,}98}}{200}.$

$P\left(|H_{200} - 0{,}01| < \frac{\sqrt{1{,}98}}{200}\right) =$
$= P(|X - 2| < 1{,}41) =$
$= P(1 \leqq X \leqq 3) =$
$= F_{0,01}^{200}(3) - F_{0,01}^{200}(0) =$
$= 0{,}85803 - 0{,}13398 =$
$= 0{,}72405.$

312/3. a) $P(5 - \frac{1}{2}\sqrt{10} \leqq X \leqq 5 + \frac{1}{2}\sqrt{10}) =$
$= P(4 \leqq X \leqq 6) =$
$= F_{0,5}^{10}(6) - F_{0,5}^{10}(3) =$
$= 0{,}82813 - 0{,}17188 =$
$= 0{,}65625.$

b) $P(50 - 5 \leqq X \leqq 50 + 5) =$
$= P(45 \leqq X \leqq 55) =$
$= F_{0,5}^{100}(55) - F_{0,5}^{100}(44) =$
$= 0{,}86437 - 0{,}13563 =$
$= 0{,}72874.$

c) $P(100 - 5\sqrt{2} \leqq X \leqq 100 + 5\sqrt{2}) =$
$= P(93 \leqq X \leqq 107) =$
$= F_{0,5}^{200}(107) - F_{0,5}^{200}(92) =$
$= 0{,}85559 - 0{,}14441 =$
$= 0{,}71118.$

Aufgaben zu 15.2.

312/4. **a)** $\mathscr{E}X = 3, \qquad \sigma = \sqrt{2}.$

x	1	2	3	4	5
u	$-\sqrt{2}$	$-\frac{1}{2}\sqrt{2}$	0	$\frac{1}{2}\sqrt{2}$	$\sqrt{2}$
$\sigma W(x)$	$\frac{1}{5}\sqrt{2}$	$\frac{1}{5}\sqrt{2}$	$\frac{1}{5}\sqrt{2}$	$\frac{1}{5}\sqrt{2}$	$\frac{1}{5}\sqrt{2}$

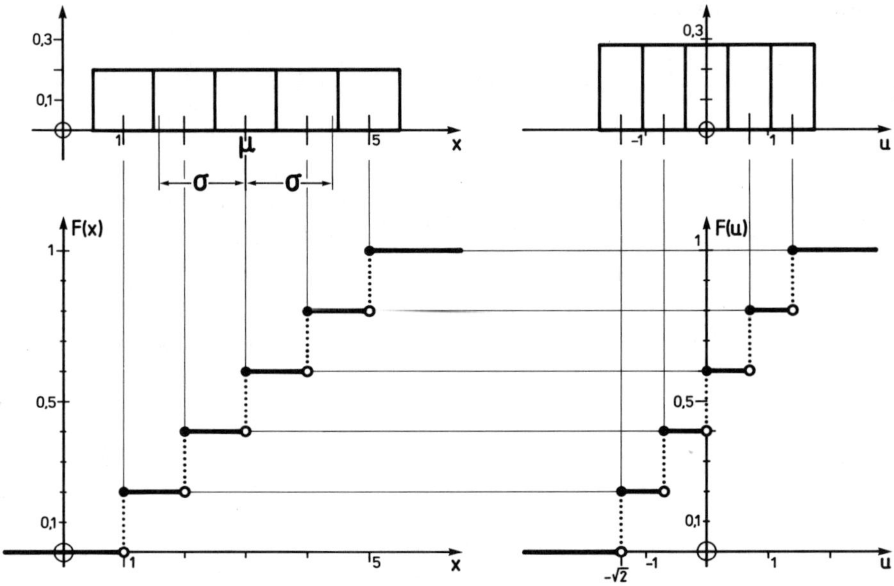

Die Ordnungslinien zwischen den verschiedenen Koordinatensystemen sollen den Zusammenhang verdeutlichen.

b) $\mathscr{E}X = \frac{31}{16}; \quad \sigma = \frac{1}{16}\sqrt{367} \approx 1{,}197.$

	x	1	2	3	4	5
u	exakt	$-\frac{15}{\sqrt{367}}$	$\frac{1}{\sqrt{367}}$	$\frac{17}{\sqrt{367}}$	$\frac{33}{\sqrt{367}}$	$\frac{49}{\sqrt{367}}$
	gerundet	$-0{,}783$	0,052	0,887	1,723	2,558
$\sigma W(x)$	exakt	$\frac{1}{32}\sqrt{367}$	$\frac{1}{64}\sqrt{367}$	$\frac{1}{128}\sqrt{367}$	$\frac{1}{256}\sqrt{367}$	$\frac{1}{256}\sqrt{367}$
	gerundet	0,599	0,299	0,150	0,075	0,075

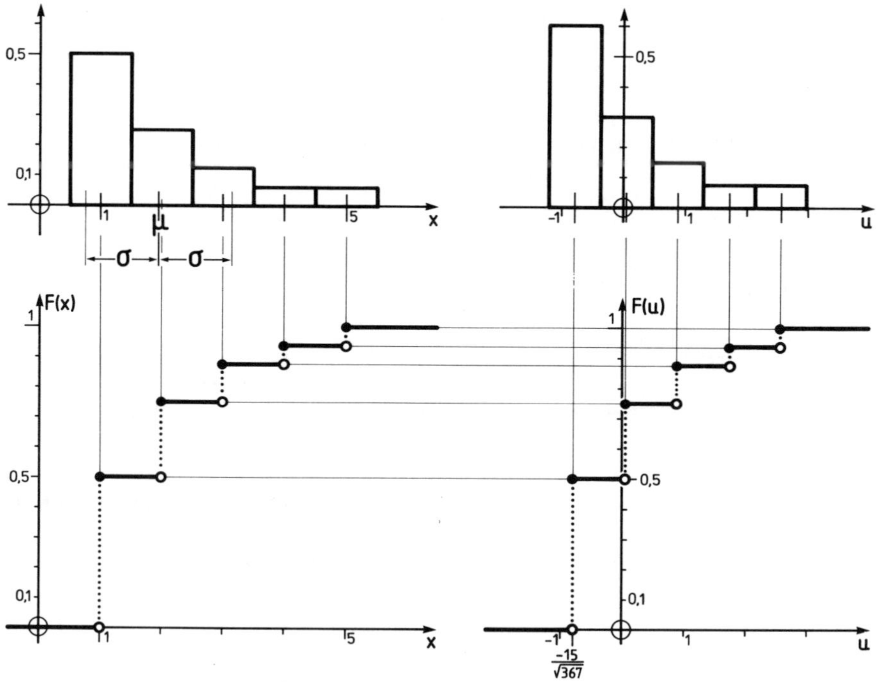

312/5. **a)** $\mathscr{E}X = 1{,}5; \quad \sigma = \frac{1}{2}\sqrt{3}.$

x	0	1	2	3
u	$-\sqrt{3}$	$-\frac{1}{3}\sqrt{3}$	$\frac{1}{3}\sqrt{3}$	$\sqrt{3}$
$\sigma\,\mathrm{B}(3; \frac{1}{2})$	$\frac{1}{16}\sqrt{3}$	$\frac{3}{16}\sqrt{3}$	$\frac{3}{16}\sqrt{3}$	$\frac{1}{16}\sqrt{3}$

b)

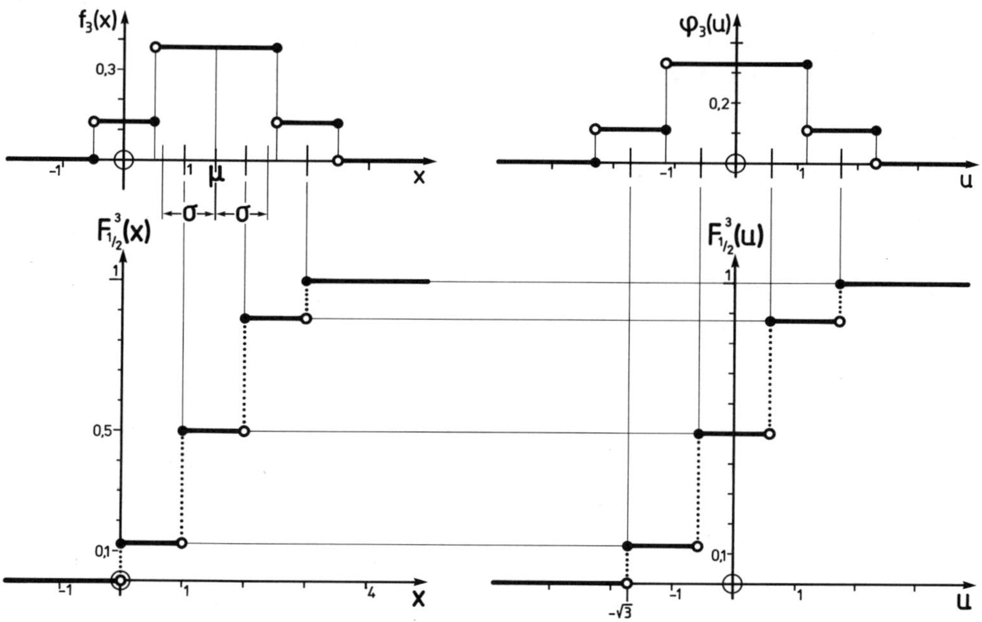

312/6. **a)** $\mathscr{E}X = 0{,}3$; $\sigma = 0{,}3 \cdot \sqrt{3} \approx 0{,}5196$.

x	0	1	2	3
u	$-\frac{1}{3}\sqrt{3}$	$\frac{7}{9}\sqrt{3}$	$\frac{17}{9}\sqrt{3}$	$3\sqrt{3}$
$\sigma\,\mathrm{B}(3; \frac{1}{10})$	0,379	0,126	0,0140	0,0005

b)

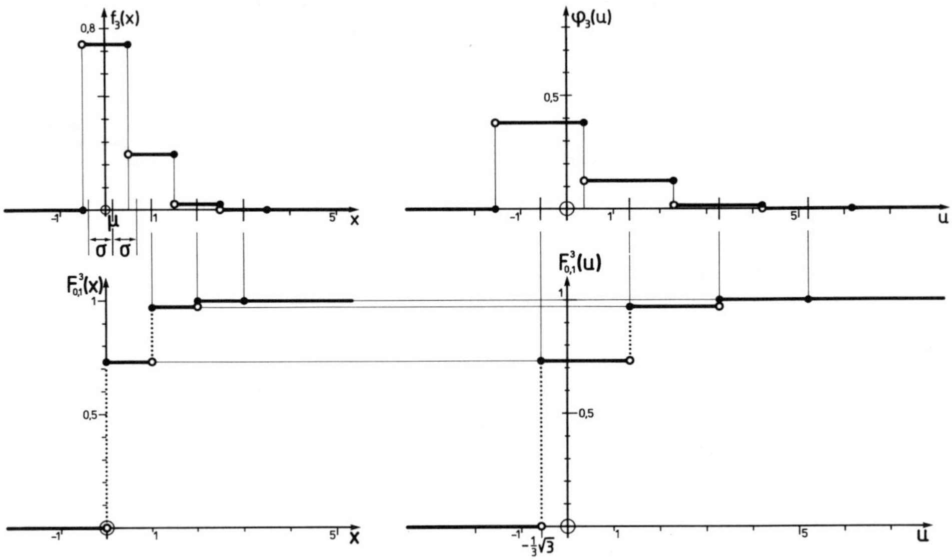

Aufgaben zu 15.3.

312/7. $S_{10} = \frac{1}{2}(1 + 0{,}882 + 0{,}607 + 0{,}325 + 0{,}135 + 0{,}044 + 0{,}011 + 0{,}002) = 1{,}503$

$s_{10} = \frac{1}{2}(0{,}882 + 0{,}607 + 0{,}325 + 0{,}135 + 0{,}044 + 0{,}011 + 0{,}002) = 1{,}003$

$2I \approx \int\limits_{-\infty}^{+\infty} e^{-\frac{1}{2}x^2}\,dx$, weil $x \mapsto e^{-\frac{1}{2}x^2}$ achsensymmetrisch zur y-Achse ist und die Funktionswerte für $x > 5$ sehr klein sind.

Näherungswert $= 2{,}506$

$\sqrt{2\pi} = 2{,}5066\ldots$

312/8. **a)** $n = 10$:

$\mathrm{B}(10; 0{,}6; 6) = 0{,}25082$

$$\mathrm{B}(10; 0{,}6; 6) \approx \frac{1}{\sqrt{2{,}4}} \cdot \varphi\left(\frac{6-6}{\sqrt{2{,}4}}\right) = 0{,}25752$$

Fehler $= 2{,}7\%$

$n = 50$:

$\mathrm{B}(50; 0{,}6; 30) = 0{,}11456$

$$\mathrm{B}(50; 0{,}6; 30) \approx \frac{1}{\sqrt{12}}\,\varphi(0) = 0{,}11517$$

Fehler $= 0{,}53\%$

b) $n = 10$:

$B(10; 0{,}3; 5) = 0{,}10292$

$B(10; 0{,}3; 5) \approx \frac{1}{\sqrt{2{,}1}}\,\varphi\left(\frac{5-3}{\sqrt{2{,}1}}\right) =$

$= 0{,}10622$ **T**: $0{,}10624$

Fehler $= 3{,}2\%$

$n = 50$:

$B(50; 0{,}3; 23) = 0{,}00668$

$B(50; 0{,}3; 23) \approx \frac{1}{\sqrt{10{,}5}}\,\varphi\left(\frac{23-15}{\sqrt{10{,}5}}\right) =$

$= 0{,}00584$ **T**: $0{,}00583$

Fehler $= -12{,}5\%$

312/9. $B(1000; 0{,}1; 110) \approx \frac{1}{\sqrt{90}}\,\varphi\left(\frac{110-100}{\sqrt{90}}\right) = 0{,}0241$ **T**: $0{,}0242$

$B(100\,000; 0{,}1; 11\,000) \approx \frac{1}{\sqrt{9000}}\,\varphi\left(\frac{11\,000-10\,000}{\sqrt{9000}}\right) \approx 3\cdot 10^{-27} \approx 0$

312/10. Ereignis I := »In Tippreihe I genau 9 Richtige«
Ereignis II := »In Tippreihe II genau 9 Richtige«

$P(\text{I} \cup \text{II}) = P(\text{I}) + P(\text{II}) - P(\text{I} \cap \text{II}) =$
$= P(\text{I}) + P(\text{II}) - P(\text{I}) \cdot P(\text{II}) =$
$= 2P(\text{I}) - (P(\text{I}))^2$

Nun ist $P(\text{I}) = B(11; \frac{1}{3}; 9) = 0{,}0012419$

$\Rightarrow P(\text{I} \cup \text{II}) = 0{,}0024823$

Näherungswert:

$P(\text{I}) \approx \frac{1}{\sqrt{\frac{22}{9}}}\,\varphi\left(\frac{9-\frac{11}{3}}{\sqrt{\frac{22}{9}}}\right) = 0{,}0007586$ **T**: $0{,}0007881$

$P(\text{I} \cup \text{II}) \approx 0{,}0015166.$ **T**: $0{,}0015756$
Fehler $= -38{,}9\%$ **T**: $-36{,}5\%$

312/11. $B(800; \frac{1}{2}; 400) \approx \frac{1}{\sqrt{200}} \cdot \varphi(0) = 0{,}0282$

312/12. Gleichmäßige Verteilung der Geburtstage übers Jahr vorausgesetzt.

$p = \frac{1}{365}$; $n = 968$; $\mu = 2{,}652$; $\sigma = 1{,}626$

$B(968; \frac{1}{365}; 3) \approx \frac{1}{\sigma}\,\varphi\left(\frac{3-\mu}{\sigma}\right) = 0{,}240$

$B(968; \frac{1}{365}; 5) \approx 0{,}0865$ **T**: $0{,}0870$

$B(968; \frac{1}{365}; 7) \approx 0{,}007.$

313/13. X := Anzahl der Adler von Dorothea
Y := Anzahl der Adler von Theodor. X und Y sind gleich verteilt.

$$P(X = Y) = \sum_{k=0}^{n} P(X = k \wedge Y = k) = \sum_{k=0}^{n} P(X = k) \cdot P(Y = k) =$$
$$= \sum_{k=0}^{n} [P(X = k)]^2 = \sum_{k=0}^{n} \left[\binom{n}{k}\frac{1}{2^n}\right]^2 = \frac{1}{2^{2n}}\sum_{k=0}^{n}\binom{n}{k}^2 =$$
$$= \binom{2n}{n}\frac{1}{2^{2n}} = B(2n; \tfrac{1}{2}; n) \approx \sqrt{\frac{2}{n}}\,\varphi(0).$$

$n = 10$ $B(20; \frac{1}{2}; 10) = 0{,}17620$

$n = 100$ $B(200; \frac{1}{2}; 100) = 0{,}05635$

$n = 1000$ $B(2000; \frac{1}{2}; 1000) = 0{,}01784$

313/14. $B(10^{25}; \frac{1}{2}; 5\cdot 10^{24}) = \binom{10^{25}}{5\cdot 10^{24}}\cdot 2^{-10^{25}} \approx \frac{2}{\sqrt{10^{25}}}\,\varphi\left(\frac{5\cdot 10^{24}-5\cdot 10^{24}}{2\cdot 10^{-12,5}}\right) <$

$< 2{,}6\cdot 10^{-13} < 10^{-12}$

313/15. $B(n; p; k) \approx \frac{1}{\sigma}\,\varphi\left(\frac{k-\mu}{\sigma}\right) \leqq \frac{1}{\sigma}\,\varphi(0) = \frac{1}{\sigma}\cdot\frac{1}{\sqrt{2\pi}}$

Aufgaben zu 15.4.

313/16. $\sigma^2 = 30 > 9.$

$P(|H_{3600} - \frac{1}{2}| \leqq \frac{1}{120}) =$

$= P(|X - 1800| \leqq 30) =$

$= P(1770 \leqq X \leqq 1830) \approx$

$\approx \Phi\left(\frac{1830-1800+0{,}5}{30}\right) - \Phi\left(\frac{1769-1800+0{,}5}{30}\right) =$

$= 2\Phi\left(\frac{30{,}5}{30}\right) - 1 =$

$= 0{,}6907.$ **T**: 0,69228

Der von *de Moivre* angegebene Wert ergibt sich bei Verzicht auf die Stetigkeitskorrektur, d.h. für $n \to \infty$.

313/17. a) $X :=$ Anzahl der Knaben; $p = \frac{1}{2}$

$P(9953 \leqq X \leqq 10047) \approx$

$\approx \Phi\left(\frac{10047-10000+0{,}5}{\sqrt{5000}}\right) - \Phi\left(\frac{9952-10000+0{,}5}{\sqrt{5000}}\right) =$

$= \Phi\left(\frac{47{,}5}{50\sqrt{2}}\right) - \Phi\left(-\frac{47{,}5}{50\sqrt{2}}\right) =$

$= 2\Phi(0{,}67175) - 1 =$

$= 0{,}49826.$ **T**: 0,49714

Andererseits:

$P(X > 10047 \vee X < 9953) =$

$= P(X > 10047) + P(X < 9953) =$

$= 2P(X \leqq 9952) \approx$

$\approx 2\Phi\left(\frac{9952-10000+0{,}5}{50\sqrt{2}}\right) = 2\Phi\left(-\frac{47{,}5}{50\sqrt{2}}\right) = 2 - 2\Phi(0{,}67175) =$

$= 0{,}50174.$ **T**: 0,50286

b) $X :=$ Anzahl der Knaben. $p = \frac{18}{35} \approx 0{,}51428$; $\mu = 7200$; $\sigma = \frac{12}{7}\sqrt{1190}$

$P(7037 \leqq X \leqq 7363) = P(|X - 7200| \leqq 163) \approx$

$\approx \Phi\left(\frac{7363-7200+0{,}5}{\sigma}\right) - \Phi\left(\frac{7036-7200+0{,}5}{\sigma}\right) =$

$= 2\Phi\left(\frac{163{,}5}{\sigma}\right) - 1 =$

$= 2\Phi(2{,}76478) - 1 =$

$= 0{,}9943.$ **T**: 0,99422

Lineare Interpolation der Tabelle der Standardnormalverteilung liefert 0,994306.

313/18. a) $n = 10$: $\quad \mu = 6; \quad \sigma = \sqrt{2{,}4}; \quad \sigma^2 \ll 9$.

$$P(X \leqq 6) = 0{,}61772$$

$$P(X \leqq 6) \approx \Phi\left(\frac{6 - 6 + 0{,}5}{\sqrt{2{,}4}}\right) = \Phi(0{,}32275) = 0{,}62655. \qquad \textbf{T}\colon 0{,}62552$$

$$P(X \geqq 6) = 1 - P(X \leqq 5) = 0{,}63310$$

$$P(X \geqq 6) \approx 1 - \Phi\left(\frac{5 - 6 + 0{,}5}{\sqrt{2{,}4}}\right) = 1 - \Phi(-0{,}32275) = 0{,}62655 \qquad \textbf{T}\colon 0{,}62552$$

$n = 50$: $\quad \mu = 30; \quad \sigma = 2\sqrt{3}; \quad \sigma^2 > 9$

$$P(X \leqq 30) = 0{,}55352$$

$$P(X \leqq 30) \approx \Phi\left(\frac{1}{2\sigma}\right) = \Phi(0{,}14434) = 0{,}55738 \qquad \textbf{T}\colon 0{,}55567$$

$$P(X \geqq 30) = 0{,}56103$$

$$P(X \geqq 30) \approx 1 - \Phi\left(-\frac{1}{2\sigma}\right) = 0{,}55738 \qquad \textbf{T}\colon 0{,}55567$$

b) $n = 10$: $\quad \mu = 3; \quad \sigma = \sqrt{10 \cdot 0{,}3 \cdot 0{,}7} = \sqrt{2{,}1}; \quad \sigma^2 \ll 9$.

$$P(X \geqq 5) = 1 - F_{0,3}^{10}(4) = 0{,}15027$$

$$P(X \geqq 5) = 1 - \Phi\left(\frac{4 - 3 + 0{,}5}{\sqrt{2{,}1}}\right) = 0{,}15031 \qquad \textbf{T}\colon 0{,}14917$$

$n = 50$: $\quad \mu = 15; \quad \sigma = \sqrt{10{,}5}; \quad \sigma^2 > 9$

$$P(X \geqq 23) = 1 - F_{0,3}^{50}(22) = 0{,}01228$$

$$P(X \geqq 23) \approx 1 - \Phi\left(\frac{22 - 15 + 0{,}5}{\sqrt{10{,}5}}\right) = 0{,}01032 \qquad \textbf{T}\colon 0{,}01044$$

313/19. $n = 1000$: $\quad \mu = 100; \quad \sigma = \sqrt{90}; \quad \sigma^2 \gg 9$.

$$P(X > 110) = 1 - P(X \leqq 110) \approx 1 - \Phi\left(\frac{110 - 100 + 0{,}5}{\sqrt{90}}\right) = 0{,}13419 \qquad \textbf{T}\colon 0{,}1335$$

$n = 100\,000$: $\quad \mu = 10^4; \quad \sigma = \sqrt{9000}; \quad \sigma^2 \gg 9$.

$$P(X > 11\,000) = 1 - P(X \leqq 11\,000) \approx$$

$$\approx 1 - \Phi\left(\frac{11\,000 - 10\,000 + 0{,}5}{\sqrt{9000}}\right) = 1 - \Phi(10{,}5462) = 0$$

313/20. $X_i :=$ Anzahl der Treffer in Reihe i $(i = 1, 2)$.
Es werde angenommen, daß die Reihen unabhängig voneinander ausgefüllt werden.

$\mathrm{I} := »X_1 \geqq 9«; \quad \mathrm{II} := »X_2 \geqq 9«$.

Wegen $P(\mathrm{I}) = P(\mathrm{II})$ und stochastischer Unabhängigkeit erhält man

$$P(\mathrm{I} \cup \mathrm{II}) = 2P(\mathrm{I}) - (P(\mathrm{I}))^2 =$$
$$= 2 \cdot (1 - F_{\frac{1}{3}}^{11}(8)) - (1 - F_{\frac{1}{3}}^{11}(8))^2.$$

Nun ist

$1 - F_{\frac{1}{3}}^{11}(8) = \mathrm{B}(11; \tfrac{1}{3}; 9) + \mathrm{B}(11; \tfrac{1}{3}; 10) + \mathrm{B}(11; \tfrac{1}{3}; 11) =$

$= \frac{1}{3^{11}}\left(4 \cdot \binom{11}{2} + 2 \cdot \binom{11}{1} + \binom{11}{0}\right) =$

$= 0{,}00137174.$ Damit

$P(\mathrm{I} \cup \mathrm{II}) = 0{,}0027416$

Näherung:

$F_{\frac{1}{3}}^{11}(8) \approx \Phi\left(\frac{8 - \frac{11}{3} + \frac{1}{2}}{\frac{1}{3}\sqrt{22}}\right) = \Phi(3{,}09141).$

$P(\mathrm{I} \cup \mathrm{II}) = 1 - [F_{\frac{1}{3}}^{11}(8)]^2 \approx 1 - (\Phi(3{,}09141))^2 = 0{,}002019$ **T**: 0,001999

313/21. a) $P(390 \leqq X \leqq 410) = P(389 < X \leqq 410) \approx$

$\approx \Phi\left(\frac{410 - 400 + 0{,}5}{10\sqrt{2}}\right) - \Phi\left(\frac{389 - 400 + 0{,}5}{10\sqrt{2}}\right) = 2\,\Phi\left(\frac{10{,}5}{10\sqrt{2}}\right) - 1 =$

$= 0{,}5422$ **T**: 0,5407

b) $P(379 < X \leqq 400) \approx$

$\approx \Phi\left(\frac{400 - 400 + 0{,}5}{10\sqrt{2}}\right) - \Phi\left(\frac{379 - 400 + 0{,}5}{10\sqrt{2}}\right) =$

$= \Phi\left(\frac{1}{20\sqrt{2}}\right) + \Phi\left(\frac{41}{20\sqrt{2}}\right) - 1 =$

$= 0{,}4405$ **T**: 0,44242

313/22. a) $P(|X - 200| > 10) \approx 2\,\Phi\left(\frac{189 - 200 + 0{,}5}{\sqrt{\frac{500}{3}}}\right) =$

$= 2 \cdot (1 - \Phi(0{,}8133)) = 0{,}41602 \approx 41{,}6\%$ **T**: 0,41794 ≈ 41,8%

b) $P(X \leqq 189) + P(X > 210) =$

$= P(X \leqq 189) + 1 - P(X \leqq 210) \approx$

$\approx 1 + \Phi\left(\frac{189 - 180 + 0{,}5}{\sqrt{153}}\right) - \Phi\left(\frac{210 - 180 + 0{,}5}{\sqrt{153}}\right) =$

$= 1 + \Phi(0{,}7680) - \Phi(2{,}4658) =$

$= 1 + 0{,}77877 - 0{,}99317 = 0{,}7856 \approx 78{,}6\%.$ **T**: 0,78611

313/23. Siehe die Lösung von 269/**66. b) A. III. 3)** auf Seite 161. Es ist $\sigma^2 > 9$.

313/24. a) $n = 10$: $\quad 0{,}45 \leqq \frac{k}{10} \leqq 0{,}55 \Leftrightarrow k = 5.$

$P(X = 5) = \mathrm{B}(10; \tfrac{1}{2}; 5) = \binom{10}{5}\left(\tfrac{1}{2}\right)^{10} = 0{,}24609$

b) $n = 1000$: $\quad \mu = 500; \quad \sigma = 5\sqrt{10}; \quad \sigma^2 \gg 9$

$0{,}45 \leqq \frac{k}{1000} \leqq 0{,}55 \Leftrightarrow 450 \leqq k \leqq 550$

$P(450 \leqq X \leqq 550) = P(449 < X \leqq 550) \approx$

$\approx \Phi\left(\frac{550 - 500 + 0{,}5}{5\sqrt{10}}\right) - \Phi\left(\frac{449 - 500 + 0{,}5}{5\sqrt{10}}\right) =$

$= 2\,\Phi(3{,}1939) - 1 = 0{,}99858.$

313/25. $P(380 < X < m) \geqq 0{,}5 \Leftrightarrow P(380 < X \leqq m-1) \geqq 0{,}5$

a) $\mu = 400; \quad \sigma = 10\sqrt{2}; \quad \sigma^2 > 9$

Näherungsweise:

$$\Phi\left(\frac{m-1-400+0{,}5}{10\sqrt{2}}\right) - \Phi\left(\frac{380-400+0{,}5}{10\sqrt{2}}\right) \geqq 0{,}5$$

$$\Leftrightarrow \Phi\left(\frac{m-400{,}5}{10\sqrt{2}}\right) \geqq 0{,}58397$$

$$\Leftrightarrow \frac{m-400{,}5}{10\sqrt{2}} \geqq 0{,}21206 \qquad \textbf{T}\text{: } 0{,}2019$$

$$\Leftrightarrow m \geqq 403{,}498\ldots \Rightarrow m_{\min} = 404 \qquad \textbf{T}\text{: } m_{\min} = 401$$

b) $\mu = 360 \Rightarrow$ Es gibt kein m, so daß die Bedingung erfüllt ist.

c) $\mu = 440; \quad \sigma = 3\sqrt{22}; \ \sigma^2 \gg 9$

Näherungsweise:

$$\Phi\left(\frac{m-1-440+0{,}5}{3\sqrt{22}}\right) - \Phi\left(\frac{380-440+0{,}5}{3\sqrt{22}}\right) \geqq 0{,}5$$

$$\Leftrightarrow \Phi\left(\frac{m-440{,}5}{3\sqrt{22}}\right) \geqq 0{,}50001$$

$$\Leftrightarrow \frac{m-440{,}5}{3\sqrt{22}} \geqq 0{,}00005 \qquad \textbf{T}\text{: } 0$$

$$\Leftrightarrow m \geqq 440{,}5\ldots \Rightarrow m_{\min} = 441$$

314/26. *Bernoulli*-Kette der Länge 1000.
$A_i :=$ Gast Nr. i entscheidet sich für Fährschiff 1.
$p = P(A_i) = 0{,}5$
$X :=$ »Anzahl der Gäste, die sich für Fährschiff 1 entscheiden« ist $B(1000; \frac{1}{2})$-verteilt.
Damit ist auch $Y := 1000 - X$ nach $B(1000; \frac{1}{2})$ verteilt.
$k :=$ Kapazität jedes der beiden Schiffe. Dabei muß $k \geqq 500$ sein, da sonst mit Sicherheit Passagiere abgewiesen werden müßten.
Bedingung:
$P(X > k \vee Y > k) \leqq 1\% \wedge k$ minimal.
$\Leftrightarrow P(X > k) + P(Y > k) - P(X > k \wedge Y > k) \leqq 1\%$
Wegen $k \geqq 500$ ist $X > k \wedge Y > k$ das unmögliche Ereignis. Also bleibt
$P(X > k) + P(Y > k) \leqq 1\%$.
$\Leftrightarrow 2P(X > k) \leqq 1\%$ (wegen Gleichverteilung)
$\Leftrightarrow P(X > k) \leqq \frac{1}{2}\% \quad \wedge k$ minimal.
Mit $\mu = 500; \quad \sigma = 5\sqrt{10}; \quad \sigma^2 \gg 9$ erhält man näherungsweise

$$P(X > k) \approx 1 - \Phi\left(\frac{k-500+0{,}5}{5\sqrt{10}}\right) \leqq 0{,}005.$$

$$\Leftrightarrow \Phi\left(\frac{k-499{,}5}{5\sqrt{10}}\right) \geqq 0{,}995 \Leftrightarrow \frac{k-499{,}5}{5\sqrt{10}} \geqq 2{,}5758$$

$$\Leftrightarrow k \geqq 540{,}2\ldots \Rightarrow k_{\min} = 541$$

Die Fährschiffe müssen jeweils eine Kapazität von mindestens 541 haben.

314/27. a) $X :=$ Anzahl der verwandelten Strafstöße, B(300; 0,9)-verteilt.

$\mu = 270; \quad \sigma = 3\sqrt{3}; \quad \sigma^2 \gg 9$

1) $P(X < 260) \approx \Phi\left(\frac{259 - 270 + 0{,}5}{3\sqrt{3}}\right) = \Phi(-2{,}02073) = 0{,}02164 \approx 2{,}2\%$

2) $P(X \geqq 290) \approx 1 - \Phi\left(\frac{289 - 270 + 0{,}5}{3\sqrt{3}}\right) = 1 - \Phi(3{,}75278) = 1 \cdot 10^{-4} = 0{,}1‰$

b) $P(X \leqq m) > 0{,}5.$ Näherungsweise:

$$\Phi\left(\frac{m - 270 + 0{,}5}{3\sqrt{3}}\right) > 0{,}5 \Leftrightarrow \frac{m - 270 + 0{,}5}{3\sqrt{3}} > 0 \Leftrightarrow m > 269{,}5 \Rightarrow m_{\min} = 270$$

c) $P(|X - 270| \leqq a) \geqq 0{,}95.$ Näherungsweise:

$$\Phi\left(\frac{270 + a - 270 + 0{,}5}{3\sqrt{3}}\right) - \Phi\left(\frac{270 - a - 1 - 270 + 0{,}5}{3\sqrt{3}}\right) \geqq 0{,}95$$

$$2\Phi\left(\frac{a + 0{,}5}{3\sqrt{3}}\right) - 1 \geqq 0{,}95 \quad \Leftrightarrow \quad \Phi\left(\frac{a + 0{,}5}{3\sqrt{3}}\right) \geqq 0{,}975$$

$\frac{a + 0{,}5}{3\sqrt{3}} \geqq 1{,}9600 \Rightarrow a \geqq 9{,}68\ldots$ Somit $260 \leqq X \leqq 280.$

314/28. a) 1) $P(Z = z) = \binom{6}{z-3}\left(\frac{1}{3}\right)^{z-3}\left(\frac{2}{3}\right)^{9-z}; \quad 3 \leqq z \leqq 9$

z	3	4	5	6	7	8	9
$W(z)$	$\frac{64}{729}$	$\frac{192}{729}$	$\frac{240}{729}$	$\frac{160}{729}$	$\frac{60}{729}$	$\frac{12}{729}$	$\frac{1}{729}$

$$F(z) = \begin{cases} 0 & z \in]-\infty; 3[\\ \frac{64}{729} & z \in [3; 4[\\ \frac{256}{729} & z \in [4; 5[\\ \frac{496}{729} \quad \text{für} & z \in [5; 6[\\ \frac{656}{729} & z \in [6; 7[\\ \frac{716}{729} & z \in [7; 8[\\ \frac{728}{729} & z \in [8; 9[\\ 1 & z \in [9; +\infty[\end{cases}$$

2) $X :=$ Anzahl der $n - k$ Personen, die mit JA stimmen. X ist nach B(6; $\frac{1}{3}$) verteilt.

$\mathscr{E}Z = \mathscr{E}(X + 3) = \mathscr{E}X + 3) = 6 \cdot \frac{1}{3} + 3 = 5.$

$\operatorname{Var} Z = \operatorname{Var}(X + a) = \operatorname{Var} X = 6 \cdot \frac{1}{3} \cdot \frac{2}{3} = \frac{4}{3}.$

3) $P(Z > \frac{9}{2}) = P(X > \frac{3}{2}) = 1 - P(X \leqq 1) = 1 - F_{\frac{1}{3}}^{6}(1) = 0{,}64883.$

b) $P(Z > 450000) = P(X > 150000) = 1 - P(X \leqq 150000)$

X ist nach B(600000; $\frac{1}{3}$) verteilt.

Näherungsweise:

$\mu = 2 \cdot 10^5; \quad \sigma = \frac{200}{3}\sqrt{30}; \quad \sigma^2 \gg 9.$

$$1 - P(X \leqq 1{,}5 \cdot 10^5) \approx 1 - \Phi\left(\frac{(1{,}5 - 2) \cdot 10^5 + 0{,}5}{\frac{200}{3}\sqrt{30}}\right) = 1 - \Phi(-136{,}9) \approx 1.$$

Der Antrag wird praktisch sicher angenommen.

314/29. a) *Bernoulli*-Kette der Länge 1000; $p = 0{,}51$
$X :=$ Anzahl der Stimmen für A.
$\mu = 510; \quad \sigma = \sqrt{249{,}9}; \quad \sigma^2 \gg 9.$

$$P(X > 500) = 1 - P(X \leqq 500) \approx 1 - \Phi\left(\frac{500 - 510 + 0{,}5}{\sqrt{249{,}9}}\right) = 0{,}72606 \approx 72{,}6\%$$
T: 0,72575

b) $\binom{8}{8}(0{,}72606)^8(1 - 0{,}72606)^0 \approx 0{,}07723 = 7{,}7\%$

c) $\binom{8}{7}(0{,}72606)^7(1 - 0{,}72606)^1 = 0{,}23311 \approx 23{,}3\%$

d) $P(490 < X < 530) = P(490 < X \leqq 529) \approx$

$$\approx \Phi\left(\frac{529 - 510 + 0{,}5}{\sqrt{249{,}9}}\right) - \Phi\left(\frac{490 - 510 + 0{,}5}{\sqrt{249{,}9}}\right) =$$

$$= 1 - 2\,\Phi\left(\frac{19{,}5}{\sqrt{249{,}9}}\right) =$$

$$= 0{,}7826 \approx 78{,}3\%$$ **T**: 0,7813

314/30. $X :=$ Anzahl der defekten Zündkerzen.
$n = 500; \quad \mu = 25; \quad \sigma = \sqrt{23{,}75}; \quad \sigma^2 > 9.$

$$P(X > 30) = 1 - F_{0{,}05}^{500}(30) \approx 1 - \Phi\left(\frac{30 - 25 + 0{,}5}{\sqrt{23{,}75}}\right) = 1 - \Phi(1{,}12858) = 0{,}12954.$$
T: 0,12924

314/31. $n = 123; \quad \mu = 55{,}35; \quad \sigma = \sqrt{30{,}4425}; \quad \sigma^2 > 9.$
$X :=$ Anzahl der geheilten Patienten.

$$P(X \geqq 64) = 1 - F_{0{,}45}^{123}(63) \approx 1 - \Phi\left(\frac{63 - 55{,}35 + 0{,}5}{\sqrt{30{,}4425}}\right) =$$

$$= 1 - \Phi(1{,}4771) = 6{,}98\%$$ **T**: 0,06944

Die Wahrscheinlichkeit ist größer als 5%; es liegt also keine signifikante Abweichung vor.

315/32. $X :=$ Anzahl der Jungen.

1) $n = 50; \quad \mu = 25{,}7; \quad \sigma = \sqrt{12{,}4902}; \quad \sigma^2 > 9.$

$$P(X \geqq 28) \approx 1 - \Phi\left(\frac{27 - 25{,}7 + 0{,}5}{\sqrt{12{,}4902}}\right) \approx 1 - \Phi(0{,}50932) \approx 30{,}5\%.$$

2) $n = 200; \quad \mu = 102{,}8; \quad \sigma = \sqrt{49{,}9608}; \quad \sigma^2 > 9.$

$$P(X \geqq 112) \approx 1 - \Phi\left(\frac{111 - 102{,}8 + 0{,}5}{\sqrt{49{,}9608}}\right) \approx 1 - \Phi(1{,}23085) \approx 10{,}9\%.$$

315/33. $X :=$ Anzahl der defekten Transistoren

a) $n = 110; \quad \mu = 11; \quad \sigma = \sqrt{9{,}9}; \quad \sigma^2 > 9.$

$$P(X > 10) \approx 1 - \Phi\left(\frac{10 - 11 + 0{,}5}{\sqrt{9{,}9}}\right) \approx 1 - \Phi(-0{,}15891) \approx 56{,}3\%.$$
T: 56,4%

b) $P(n - X \geqq 100) \geqq 0{,}975 \quad \Leftrightarrow \quad P(X \leqq n - 100) \geqq 0{,}975$

Näherung:

$$\Phi\left(\frac{n - 100 - n \cdot 0{,}1 + 0{,}5}{\sqrt{n \cdot 0{,}09}}\right) \geqq 0{,}975$$

$$\Leftrightarrow \Phi\left(\frac{0{,}9n - 99{,}5}{\sqrt{n \cdot 0{,}09}}\right) \geqq 0{,}975 \Leftrightarrow \frac{0{,}9n - 99{,}5}{0{,}3\sqrt{n}} \geqq 1{,}96$$

$\Leftrightarrow\ 0{,}9n - 0{,}588\sqrt{n} - 99{,}5 \geqq 0$

Nullstellen: $\sqrt{n} = \dfrac{+0{,}588 \pm \sqrt{358{,}54}}{1{,}8} = \dfrac{+0{,}588 \pm 18{,}935}{1{,}8} = \begin{cases} 10{,}846 \\ \text{negativ} \end{cases}$

$n \geqq 117{,}6\ldots \Rightarrow n_{\min} = 118.$

315/34. $n = ?;\quad \mu = n \cdot p;\quad \sigma = \sqrt{npq}$

$P(|H_n - p| \leqq 0{,}05) \geqq 0{,}9$

$\Leftrightarrow\ P(|X - np| \leqq 0{,}05n) \geqq 0{,}9 \qquad (*)$

$\Leftrightarrow\ P(np - 0{,}05n \leqq X \leqq np + 0{,}05n) \geqq 0{,}9 \qquad (**)$

1. Fall: $np \pm \frac{1}{20}n$ ganzzahlig.

Näherungsweise erhält man für (**):

$$\Phi\left(\frac{np + 0{,}05n - np + 0{,}5}{\sqrt{npq}}\right) - \Phi\left(\frac{np - 0{,}05n - 1 - np + 0{,}5}{\sqrt{npq}}\right) \geqq 0{,}9$$

$$\Leftrightarrow\ \Phi\left(\frac{0{,}05n + 0{,}5}{\sqrt{npq}}\right) - \Phi\left(-\frac{0{,}05n + 0{,}5}{\sqrt{npq}}\right) \geqq 0{,}9$$

$$\Leftrightarrow\ \Phi\left(\frac{0{,}05n + 0{,}5}{\sqrt{npq}}\right) \geqq 0{,}95$$

$$\Leftrightarrow\ \frac{0{,}05n + 0{,}5}{\sqrt{npq}} \geqq 1{,}6449$$

Die linke Seite wird minimal für $p = 0{,}5$; und da man über p nichts weiß, muß man fordern

$$0{,}1\sqrt{n} + \frac{1}{\sqrt{n}} \geqq 1{,}6449 \Rightarrow n_{\min} = 251.$$

2. Fall: In den noch möglichen anderen 3 Fällen hinsichtlich der Ganzzahligkeit von $np \pm \frac{1}{20}n$ ergeben sich in Φ Argumente, die eine weitere Vereinfachung nicht erlauben. Man muß sich also mit der Näherungslösung des 1. Falles zufriedengeben.

Hinweis: Man kann die Aufgabe nach Behandlung von Abschnitt **15.6** nochmals aufgreifen und von (*) ausgehend folgendermaßen schließen:

Unter der Annahme der Normalverteilung für X erhält man aus der σ-Bereichstabelle $t \geqq 1{,}6449$. Also gilt:

$0{,}05n = t\sigma \geqq 1{,}6449 \cdot \sigma$

Weil p unbekannt ist, schätzt man weiter ab:

$1{,}6449\,\sigma \leqq 1{,}6449 \cdot \frac{1}{2}\sqrt{n} \leqq 0{,}05n$

$\Leftrightarrow\ \sqrt{n} \geqq 16{,}449;$

$\Leftrightarrow\ n \geqq 270{,}5\ldots \Rightarrow n_{\min} = 271.$

315/35. a) 1)

ω	000	001	010	011	100	101	110	111
$P(\{\omega\})$	$\frac{3}{64}$	$\frac{1}{64}$	$\frac{9}{64}$	$\frac{3}{64}$	$\frac{9}{64}$	$\frac{3}{64}$	$\frac{27}{64}$	$\frac{9}{64}$

z	0	1	2	3
$P(Z = z)$	$\frac{3}{64}$	$\frac{19}{64}$	$\frac{33}{64}$	$\frac{9}{64}$

2) Die Werte für das Histogramm stehen in der Tabelle $z \mapsto P(Z = z)$.

3)
$$F(z) = \begin{cases} 0 & & -\infty < z < 0 \\ \frac{3}{64} & & 0 \leqq z < 1 \\ \frac{22}{64} & \text{falls} & 1 \leqq z < 2 \\ \frac{55}{64} & & 2 \leqq z < 3 \\ 1 & & 3 \leqq z < +\infty \end{cases}$$

4) $\mathscr{E} Z = 0 \cdot \frac{3}{64} + 1 \cdot \frac{19}{64} + 2 \cdot \frac{33}{64} + 3 \cdot \frac{9}{64} = \frac{7}{4}$.

Im Mittel werden $1\frac{3}{4}$ Fragen richtig beantwortet.

$$\operatorname{Var} Z = (0 - \tfrac{7}{4})^2 \cdot \tfrac{3}{64} + (1 - \tfrac{7}{4})^2 \cdot \tfrac{19}{64} + (2 - \tfrac{7}{4})^2 \cdot \tfrac{33}{64} + (3 - \tfrac{7}{4})^2 \cdot \tfrac{9}{64} =$$
$$= \tfrac{1}{64 \cdot 16}(3 \cdot 49 + 19 \cdot 9 + 1 \cdot 33 + 25 \cdot 9) = \tfrac{576}{64 \cdot 16} = \tfrac{9}{16};$$
$$\sigma = \tfrac{3}{4}.$$

5) $P(E_1) = P(Z \leqq 2) = F(2) = \frac{55}{64}$;

$P(E_2) = 1 - P(Z \leqq 1) = 1 - F(1) = 1 - \frac{22}{64} = \frac{42}{64} = \frac{21}{32}$.

b) 1) $P(Z = k) = \binom{100}{k} 0{,}4^k \cdot 0{,}6^{100-k} \approx \frac{1}{\sigma} \varphi\left(\frac{k - \mu}{\sigma}\right)$

mit $\mu = 100 \cdot 0{,}4 = 40$ und $\sigma = \sqrt{100 \cdot 0{,}4 \cdot 0{,}6} = 2\sqrt{6}$.

$$P(Z = 45) \approx \frac{1}{2\sqrt{6}} \varphi\left(\frac{45 - 40}{2\sqrt{6}}\right) = \frac{\sqrt{6}}{12} \varphi\left(\frac{5\sqrt{6}}{12}\right) \approx 4{,}84\%.$$

[Exakter Wert: $B(100; 0{,}4; 45) = 4{,}781\%$]

2)
$$P(Z \geqq 50) = 1 - P(Z < 50) = 1 - P(Z \leqq 49) =$$
$$= 1 - \sum_{k=0}^{49} \binom{100}{k} 0{,}4^k 0{,}6^{100-k} \approx$$
$$\approx 1 - \Phi\left(\frac{49 - 40 + 0{,}5}{2\sqrt{6}}\right) =$$
$$= 1 - \Phi(1{,}9392) = 1 - 0{,}97376 = 2{,}6\%. \qquad \mathbf{T}\text{: } 1 - 0{,}97381$$

[Exakter Wert: $1 - F_{0,4}^{100}(49) = 2{,}71\%$]

3) $P(Z \geqq k) \leqq 75\% \ \wedge k$ minimal $\Leftrightarrow P(Z \leqq k - 1) \geqq 25\% \wedge k$ minimal

Näherung:

$$\Phi\left(\frac{k - 1 - 40 + 0{,}5}{2\sqrt{6}}\right) \geqq 0{,}25$$
$$\Leftrightarrow \frac{k - 40{,}5}{2\sqrt{6}} \geqq -0{,}6745$$
$$\Leftrightarrow k \geqq 37{,}1\ldots \Rightarrow k_{\min} = 38.$$

4) Die Wahrscheinlichkeit, daß ein beliebiger Bewerber mindestens 38 Fragen löst, ist höchstens 75%. Gesucht ist

$$P(|H_N - 0{,}75| \geqq 0{,}05) =$$
$$= 1 - P(|H_N - 0{,}75| < 0{,}05) = 1 - P(|X - 0{,}75N| < 0{,}05N) =$$
$$= 1 - P(0{,}7N < X < 0{,}8N).$$

Setzt man $N = 300$, so erhält man für die gesuchte Wahrscheinlichkeit:

$$1 - P(210 < X < 240) \approx 2 - 2\Phi\left(\frac{14{,}5}{7{,}5}\right) = 2\big(1 - \Phi(1{,}93333)\big) = 5{,}32\% \quad \mathbf{T}\text{: } 5{,}36\%$$

315/36. $X :=$ Anzahl der Orangensaftbesteller,
$Y :=$ Anzahl der Tomatensaftbesteller

a) X ist $B(240; \frac{1}{2})$-verteilt. $\mu_X = 120;\quad \sigma_X = 2\sqrt{15};\quad \sigma_X^2 \gg 9$
Y ist $B(240; \frac{1}{10})$-verteilt. $\mu_Y = 24;\quad \sigma_Y = \sqrt{21{,}6};\quad \sigma_Y^2 \gg 9$

1) $P(X \leqq k) \geqq 0{,}95 \quad \wedge\ k$ minimal

$$\Phi\left(\frac{k-120+0{,}5}{2\sqrt{15}}\right) \geqq 0{,}95$$

$$\Leftrightarrow \frac{k-119{,}5}{2\sqrt{15}} \geqq 1{,}6449$$

$$\Leftrightarrow k \geqq 132{,}2\ldots \Rightarrow k_{\min} = 133.$$

$P(Y \leqq k) \geqq 0{,}95 \quad \wedge\ k$ minimal

$$\Phi\left(\frac{k-24+0{,}5}{\sqrt{21{,}6}}\right) \geqq 0{,}95$$

$$\Leftrightarrow k \geqq 31{,}1\ldots \Rightarrow k_{\min} = 32.$$

Es müssen mindestens 133 Dosen Orangensaft und mindestens 32 Dosen Tomatensaft an Bord genommen werden, d.h. 10,8% bzw. 33,3% mehr, als durchschnittlich verlangt wird.

2) $P(X \leqq k) \geqq 0{,}99$

also $\dfrac{k-120+0{,}5}{2\sqrt{15}} \geqq 2{,}3264$

$\Leftrightarrow k \geqq 137{,}5\ldots$

$\Rightarrow k_{\min} = 138$

$P(Y \leqq k) \geqq 0{,}99$

also $\dfrac{k-24+0{,}5}{\sqrt{21{,}6}} \geqq 2{,}3264$

$\Leftrightarrow k \geqq 34{,}3\ldots$

$\Rightarrow k_{\min} = 35$

Mindestens 138 Dosen Orangensaft und mindestens 35 Dosen Tomatensaft, d.h. 15,0% bzw. 45,8% mehr als durchschnittlich verlangt wird.

b) X ist $B(480; \frac{1}{2})$-verteilt. $\mu = 240;\quad \sigma = \sqrt{120};\quad \sigma^2 \gg 9$
Y ist $B(480; \frac{1}{10})$-verteilt. $\mu = 48;\quad \sigma = \sqrt{43{,}2};\quad \sigma^2 \gg 9$

1) $P(X \leqq k) \geqq 0{,}95$
angenähert $k \geqq 257{,}5\ldots$
$\Rightarrow k_{\min} = 258$

$P(Y \leqq k) \geqq 0{,}95$
angenähert $k \geqq 58{,}3\ldots$
$\Rightarrow k_{\min} = 59$

Mindestens 258 Dosen Orangensaft und mindestens 59 Dosen Tomatensaft, d.h. 7,5% bzw. 22,9% mehr, als erwartet.

2) $k \geqq 264{,}9\ldots$
$\Rightarrow k_{\min} = 265$

$k \geqq 62{,}7\ldots$
$\Rightarrow k_{\min} = 63$

Mindestens 265 Dosen Orangensaft und mindestens 63 Dosen Tomatensaft, d.h. 10,4% bzw. 31,3% mehr als erwartet.

315/37. $X :=$ Anzahl der Bucher, die zum Flug erscheinen.
Bernoulli-Kette der Länge n mit $p := P(\text{»Bucher } i \text{ erscheint«}) = 0{,}9$.
Bedingung: $P(X > 240) < 1\%$

Näherungsweise: $1 - \Phi\left(\dfrac{240-0{,}9n+0{,}5}{0{,}3\sqrt{n}}\right) < 0{,}01$

$$\Leftrightarrow \Phi\left(\frac{240-0{,}9n+0{,}5}{0{,}3\sqrt{n}}\right) \geqq 0{,}99$$

$$\Leftrightarrow \frac{240{,}5-0{,}9n}{0{,}3\sqrt{n}} \geqq 2{,}3264$$

$\Leftrightarrow 9n + 6{,}9792\sqrt{n} - 2405 \leqq 0.$ [Quadratische Ungleichung in $\mathbb{R}_0^+$ für $\sqrt{n}$.]

$\Leftrightarrow \sqrt{n} \leqq 15{,}96379 \Rightarrow n_{\max} = 254$

316/38. $r = 30; \quad s = 20; \quad t = 50.$

$p = \frac{3}{5}; \quad \sigma = \sqrt{0{,}24n} = \frac{1}{5}\sqrt{6n}$

$$P\left(|H_n - p| \leqq \frac{1}{t}\right) \geqq c \cdot P\left(|H_n - p| > \frac{1}{t}\right)$$

$$\Leftrightarrow P\left(|H_n - p| \leqq \frac{1}{t}\right) \geqq \frac{c}{1+c}$$

$$\Leftrightarrow P\left(|X - \mu| \leqq \frac{n}{t}\right) \geqq \frac{c}{1+c}$$

Näherungsweise:

$$\Phi\left(\frac{\mu + nt^{-1} - \mu}{\sigma}\right) - \Phi\left(\frac{\mu - nt^{-1} - \mu}{\sigma}\right) \geqq \frac{c}{1+c}$$

$$\Leftrightarrow 2\Phi\left(\frac{nt^{-1}}{\sigma}\right) \geqq 1 + \frac{c}{1+c}$$

$$\Leftrightarrow \Phi\left(\frac{\sqrt{n}}{t\sqrt{pq}}\right) \geqq \frac{1+2c}{2(1+c)}$$

1) $c = 10^3$

$$\Phi\left(\frac{\sqrt{n}}{50\sqrt{0{,}24}}\right) \geqq \tfrac{2001}{2002} > 0{,}9995$$

$$\Leftrightarrow \frac{\sqrt{n}}{10\sqrt{6}} > 3{,}2905 \Leftrightarrow n > 6496{,}4\ldots$$

$\Rightarrow$ Es sind um die 6497 Versuche ausreichend.

2) $c = 10^4$

$$\Phi\left(\frac{\sqrt{n}}{10\sqrt{6}}\right) \geqq \tfrac{20\,001}{20\,002} > 0{,}9999500049$$

$$\Leftrightarrow \frac{\sqrt{n}}{10\sqrt{6}} > 3{,}89059$$

$$\Leftrightarrow n > 9082{,}01\ldots \Rightarrow n_{\min} \approx 9083.$$

3) $c = 10^5$

$$\Phi\left(\frac{\sqrt{n}}{10\sqrt{6}}\right) \geqq \tfrac{200\,001}{200\,002} = 0{,}999995$$

$$\Leftrightarrow \frac{\sqrt{n}}{10\sqrt{6}} > 4{,}41739$$

$$\Leftrightarrow n > 11\,707{,}9\ldots \Rightarrow n_{\min} \approx 11\,708.$$

316/39. Schlimmstenfalls ist $k = \frac{1}{2}n$. Dann sind es $(\frac{1}{2}n - 1) + (\frac{1}{2}n - 1) + \frac{1}{2}n + 1 = \frac{3}{2}n - 1$ Multiplikationen bzw. Divisionen. Man benötigt rund 4757 Jahre.

Aufgaben zu 15.6.

316/40. $S_n :=$ Augensumme beim n-fachen Wurf eines Laplace-Würfels.
$X_i :=$ Augenzahl des L-Würfels beim Wurf Nr. i $(i = 1, 2, \ldots, n)$.
Für $S_1 := X_1$ gilt

$P(S_1 = k) = \frac{1}{6} \qquad$ für $k = 1, 2, \ldots, 6$.

Die Verteilung für $S_2 := X_1 + X_2$ entnehme man dem Beispiel auf Seite 202 des Lehrbuchs.
Für $S_3 := X_1 + X_2 + X_3$ erhält man für $k = 3, 4, \ldots, 18$:

$$P(S_3 = k) = \sum_{j=2}^{12} P(S_2 = j) \cdot P(X_3 = k - j).$$

Für $S_4 := \sum_{i=1}^{4} X_i$ erhält man für $k = 4, 5, \ldots, 24$:

$$P(S_4 = k) = \sum_{j=2}^{12} P(S_2 = j) \cdot P(S_2 = k - j).$$

Für $S_8 := \sum_{i=1}^{8} X_i$ erhält man für $k = 8, 9, \ldots, 48$:

$$P(S_8 = k) = \sum_{j=4}^{24} P(S_4 = j) P(S_4 = k - j).$$

Das ergibt die folgende Tabelle, die für S_8 symmetrisch bis 48 fortzusetzen ist.

k	$6 \cdot P(S_1 = k)$	$36 \cdot P(S_2 = k)$	$6^3 \cdot P(S_3 = k)$	$6^4 \cdot P(S_4 = k)$	$6^8 \cdot P(S_8 = k)$
1	1				
2	1	1			
3	1	2	1		
4	1	3	3	1	
5	1	4	6	4	
6	1	5	10	10	
7		6	15	20	
8		5	21	35	1
9		4	25	56	8
10		3	27	80	36
11		2	27	104	120
12		1	25	125	330
13			21	140	792
14			15	146	1708
15			10	140	3368
16			6	125	6147
17			3	104	10480
18			1	80	16808
19				56	25488
20				35	36688
21				20	50288
22				10	65808
23				4	82384
24				1	98813
25					113688
26					125588
27					133288
28					135954

Daraus ergibt sich der folgende Vergleich mit den zugehörigen $\varphi_{\mu\sigma}$-Funktionen.

$n = 1$	$\mu = 3{,}5$	$\sigma = \frac{1}{6}\sqrt{105}$
k	$P(S_1 = k)$	$\varphi_{\mu\sigma}$
1	0,16667	0,08001
2	0,16667	0,15884
3	0,16667	0,22380
4	0,16667	0,22380
5	0,16667	0,15884
6	0,16667	0,08001

$n = 2$	$\mu = 7$	$\sigma = \frac{1}{6}\sqrt{210}$
k	$P(S_2 = k)$	$\varphi_{\mu\sigma}$
2	0,02778	0,01938
3	0,05556	0,04191
4	0,08333	0,07637
5	0,11111	0,11723
6	0,13889	0,15161
7	0,16667	0,16518
8	0,13889	0,15161
9	0,11111	0,11723
10	0,08333	0,07637
11	0,05556	0,04191
12	0,02778	0,01938

$n = 3$	$\mu = 10{,}5$	$\sigma = \frac{1}{2}\sqrt{35}$
k	$P(S_3 = k)$	$\varphi_{\mu\sigma}$
3	0,00463	0,00542
4	0,01389	0,01206
5	0,02778	0,02394
6	0,04630	0,04240
7	0,06944	0,06697
8	0,09722	0,09436
9	0,11574	0,11860
10	0,12500	0,13295
11	0,12500	0,13295
12	0,11574	0,11860
13	0,09722	0,09436
14	0,06944	0,06697
15	0,04630	0,04240
16	0,02778	0,02394
17	0,01389	0,01206
18	0,00463	0,00542

$n = 4$	$\mu = 14$	$\sigma = \frac{1}{3}\sqrt{105}$
k	$P(S_4 = k)$	$\varphi_{\mu\sigma}$
4	0,00077	0,00161
5	0,00309	0,00363
6	0,00772	0,00752
7	0,01543	0,01430
8	0,02701	0,02497
9	0,04321	0,04001
10	0,06173	0,05883
11	0,08025	0,07942
12	0,09645	0,09840
13	0,10802	0,11190
14	0,11265	0,11680
15	0,10802	0,11190
16	0,09645	0,09840
17	0,08025	0,07942
18	0,06173	0,05883
19	0,04321	0,04001
20	0,02701	0,02497
21	0,01543	0,01430
22	0,00772	0,00752
23	0,00309	0,00363
24	0,00077	0,00161

$n = 8$	$\mu = 28$	$\sigma = \frac{1}{3}\sqrt{210}$
k	$P(S_8 = k)$	$\varphi_{\mu\sigma}$
8	$5{,}95 \cdot 10^{-7}$	$156{,}5 \cdot 10^{-7}$
9	$4{,}76 \cdot 10^{-6}$	$36{,}1 \cdot 10^{-6}$
10	$2{,}14 \cdot 10^{-5}$	$8{,}0 \cdot 10^{-5}$
11	$7{,}14 \cdot 10^{-5}$	$16{,}9 \cdot 10^{-5}$
12	$1{,}96 \cdot 10^{-4}$	$3{,}4 \cdot 10^{-4}$
13	$4{,}72 \cdot 10^{-4}$	$6{,}7 \cdot 10^{-4}$
14	0,00102	0,00124
15	0,00201	0,00221
16	0,00366	0,00377
17	0,00624	0,00618
18	0,01000	0,00969
19	0,01517	0,01456
20	0,02184	0,02096
21	0,02994	0,02890
22	0,03918	0,03819
23	0,04905	0,04834
24	0,05883	0,05862
25	0,06769	0,06810
26	0,07477	0,07580
27	0,07936	0,08084
28	0,08094	0,08259

316/41. Ab 2. Auflage siehe Seite 269.

316/42. a) $\mu = 51; \quad \sigma = 4. \quad X :=$ Länge des Babys

$P(X > 56) = 1 - F(56) \approx 1 - \Phi(\frac{56-51}{4}) = 1 - \Phi(1{,}25) = 0{,}10565.$

Etwa 106 der 1000 Babys werden länger als 56 cm sein.

b) $P(X < 43) = F(43) \approx \Phi(\frac{43-51}{4}) = \Phi(-2) = 1 - \Phi(2) = 0{,}02275.$

Etwa 23 der 1000 Babys werden kürzer als 43 cm sein.

c) $P(49 < X < 55) = F(55) - F(49) \approx$

$\approx \Phi(\frac{55-51}{4}) - \Phi(\frac{49-51}{4}) = \Phi(1) - 1 + \Phi(0{,}5) = 0{,}53280.$

Etwa 533 der 1000 Babys werden eine Körperlänge zwischen 49 cm und 55 cm haben.

d) $P(47{,}5 \leqq X < 48{,}5) = F(48{,}5) - F(47{,}5) \approx$

$\approx \Phi(\frac{48{,}5-51}{4}) - \Phi(\frac{47{,}5-51}{4}) = \Phi(-0{,}625) - \Phi(-0{,}875) =$
$= \Phi(0{,}875) - \Phi(0{,}625) = 0{,}07520. \qquad$ **T**: 0,07492

oder: $P(X = 48) \approx \frac{1}{4}\varphi(\frac{48-51}{4}) = \frac{1}{4}\varphi(-0{,}75) = 0{,}075285.$
Etwa 75 der 1000 Babys werden auf cm genau 48 cm lang sein.

316/43. $\mu = 13; \quad \sigma = 2{,}5; \quad X :=$ Anzahl der Punkte.
Da X nur ganzzahlige Werte annehmen kann, ist es sinnvoll, hier mit der Stetigkeitskorrektur zu rechnen.

a) $P(X \geqq 10) = 1 - F(9) \approx 1 - \Phi\left(\frac{9 - 13 + 0{,}5}{2{,}5}\right) = \Phi(1{,}4) = 0{,}91924$

b) $P(X \leqq k) \leqq \frac{1}{3}$

also näherungsweise

$\Phi\left(\frac{k - 13 + 0{,}5}{2{,}5}\right) \leqq \frac{1}{3} \quad \wedge\ k$ maximal

$\Leftrightarrow \frac{k - 12{,}5}{2{,}5} \leqq -0{,}4307 \qquad$ **T**: $-0{,}4399$

$\Leftrightarrow k \leqq 11{,}4\ldots \Rightarrow k_{\max} = 11$

c) $P(X \geqq k) \leqq 0{,}1 \quad \wedge\ k$ minimal

$\Leftrightarrow 1 - F(k-1) \leqq 0{,}1 \Leftrightarrow F(k-1) \geqq 0{,}9$

also näherungsweise

$\Phi\left(\frac{k - 1 - 13 + 0{,}5}{2{,}5}\right) \geqq 0{,}9 \Leftrightarrow \frac{k - 13{,}5}{2{,}5} \geqq 1{,}2816$

$\Leftrightarrow k \geqq 16{,}7\ldots \Rightarrow k_{\min} = 17$

316/44. a) $\mu = 25; \quad \sigma = 0{,}05; \quad X :=$ Länge in mm.

$P(X < 24{,}93) = F(24{,}93) \approx \Phi\left(\frac{24{,}93 - 25}{0{,}05}\right) = \Phi(-1{,}40) = 1 - \Phi(1{,}40) =$

$= 0{,}08076.$

b) $P(|X-25|>0{,}12) = 1 - P(|X-25| \leqq 2{,}4\,\sigma) = 2\cdot\big(1-\Phi(2{,}4)\big) = 0{,}01640.$

c) $P(|X-25|>a) \leqq 0{,}06$

$$\Leftrightarrow 2\left(1-\Phi\left(\frac{a}{0{,}05}\right)\right) \leqq 0{,}06 \Leftrightarrow \Phi\left(\frac{a}{0{,}05}\right) \geqq 0{,}97$$

$$\Leftrightarrow \frac{a}{0{,}05} \geqq 1{,}8808 \Leftrightarrow a \geqq 0{,}09404.$$

d) $P(X<24{,}88) + 1 - P(X \leqq 25{,}12) =$

$$= \Phi\left(\frac{24{,}88-25{,}02}{0{,}05}\right) + 1 - \Phi\left(\frac{25{,}12-25{,}02}{0{,}05}\right) =$$

$$= \Phi(-2{,}8) + 1 - \Phi(2{,}00) = 2 - \Phi(2{,}8) - \Phi(2{,}00) = 0{,}02531.$$

316/45. $P(|H_n - p| \leqq 5\cdot 10^{-3}) \geqq 0{,}99 \Leftrightarrow P(|X-np| \leqq 5n\cdot 10^{-3}) \geqq 0{,}99$

Nimmt man an, daß X annähernd normalverteilt ist, dann erhält man aus der σ-Bereichstabelle $t \geqq 2{,}5758$, also

$5n\cdot 10^{-3} = t\sigma \geqq 2{,}5758\,\sigma.$

Da p unbekannt ist, muß man σ durch seinen Maximalwert $\frac{1}{2}\sqrt{n}$ ersetzen. »Sicherlich« ist die obige Ungleichung erfüllt, wenn

$5n\cdot 10^{-3} \geqq 2{,}5758\cdot\frac{1}{2}\sqrt{n} \Leftrightarrow \sqrt{n} \geqq 257{,}58 \Leftrightarrow n \geqq 66\,347{,}4\ldots \Rightarrow n_{\min} = 66\,348$

317/46. $X_i :=$ Masse des i-ten Gemusterten. Die X_i sind gleichverteilt und unabhängig. Ist $M_m :=$ Masse von m Gemusterten, so gilt mit $M_m = \sum_{i=1}^{m} X_i$ nach Satz 205.1 und 209.1:

$\mathscr{E} M_m = m\cdot 67{,}2\,\text{kg},\ \operatorname{Var} M_m = m\cdot(8{,}3\,\text{kg})^2$

a) $P(M_6 > 450\,\text{kg}) = 1 - P(M_6 \leqq 450\,\text{kg}) =$

$$= 1 - \Phi\left(\frac{450-403{,}2}{8{,}3\sqrt{6}}\right) = 1 - \Phi(2{,}30193) \approx 1{,}07\%$$

b) $P(M_7 \leqq 450\,\text{kg}) = \Phi\left(\dfrac{450-470{,}4}{8{,}3\sqrt{7}}\right) = \Phi(-0{,}92897) \approx 17{,}6\%$

c) $P(M_6 < 430\,\text{kg}) = \Phi\left(\dfrac{430-403{,}2}{8{,}3\sqrt{6}}\right) = \Phi(1{,}31820) \approx 90{,}6\%$ **T**: 90,7%

317/47. a) $M :=$ Füllmasse in g

$P(M < 485) \leqq 5‰ \wedge P(M < 492{,}5) \leqq 2\%$

Näherungsweise

$$\Phi\left(\frac{485-\mu}{\sigma}\right) \leqq 0{,}005 \wedge \Phi\left(\frac{492{,}5-\mu}{\sigma}\right) \leqq 0{,}02$$

$$\Leftrightarrow \frac{485-\mu}{\sigma} \leqq -2{,}5758 \wedge \frac{492{,}5-\mu}{\sigma} \leqq -2{,}0538$$

$$\Leftrightarrow \quad \mu - 2{,}5758\,\sigma \geqq 485$$
$$\wedge\ \mu - 2{,}0538\,\sigma \geqq 492{,}5$$

$$0{,}522\,\sigma \geqq 7{,}5 \Leftrightarrow \sigma \geqq 14{,}367816$$
$$\wedge \qquad \mu \geqq 522{,}00862$$

Eine Einstellung auf $\mu = 522{,}1$ g und $\sigma = 14{,}4$ g sichert die Einhaltung der Bedingungen.

b) $P(M > 500) = 1 - \Phi\left(\frac{500 - 522{,}1}{14{,}4}\right) = 1 - \Phi(-1{,}53472) \approx 93{,}8\%$ **T**: 93,7%

317/48. $P(|h_{417} - p| < \varepsilon) \geqq 95\% \Leftrightarrow P(|k - \mu| < 417\,\varepsilon) \geqq 95\%$
Mit $n = 417$, $\eta = 0{,}05$, $t(\eta) = 1{,}96$ wird $417\,\varepsilon \geqq 1{,}96\sqrt{417 \cdot pq}$

1) Grobes Konfidenzintervall:
Mit $pq \leqq \frac{1}{4}$ wird $\varepsilon = 4{,}799\ldots\%$ und damit $I(\frac{16}{417}) \subset [0; 8{,}64\%[$.

2) Näherungskonfidenzintervall:
Mit $p = \frac{16}{417}$ wird $\varepsilon = 1{,}84\ldots\%$ und damit $\tilde{I}(\frac{16}{417}) \subset]1{,}99\%; 5{,}69\%[$.

3) Echtes Konfidenzintervall:
Löst man $|\frac{16}{417} - p| < 1{,}96\sqrt{\frac{p(1-p)}{417}}$, so erhält man $\mathfrak{I}(\frac{16}{417}) \subset]2{,}37\%; 6{,}15\%[$.

317/49. a) 272/**73. c)** $P(|H_{1000} - \frac{1}{6}| > \frac{1}{30}) = P(|X - \frac{500}{3}| > \frac{100}{3}) =$
$= P(X > 200 \vee X < \frac{400}{3}) =$
$= 1 - P(X \leqq 200) + P(X \leqq 133) \approx$
$\approx 1 - \Phi\left(\frac{200 - \frac{1000}{6} + \frac{1}{2}}{\frac{25}{3}\sqrt{2}}\right) + \Phi\left(\frac{133 - \frac{1000}{6} + \frac{1}{2}}{\frac{25}{3}\sqrt{2}}\right) =$
$= 2 - \Phi(2{,}87085) - \Phi(2{,}81428) =$
$= 2 - 0{,}99795 - 0{,}99755 =$
$= 4{,}5‰$.

b) 273/**77.** $P(|H_n - \frac{1}{2}| < 0{,}01) \geqq 0{,}99$
$\Leftrightarrow P(|X - \frac{1}{2}n| < 0{,}01\,n) \geqq 0{,}99$ (*)
$\Leftrightarrow P(0{,}49\,n < X < 0{,}51\,n) \geqq 0{,}99$
Näherungsweise gilt mit $\mu = 0{,}5\,n$ und $\sigma = 0{,}5\sqrt{n}$
$\Phi\left(\frac{0{,}51\,n - 0{,}5\,n}{0{,}5\sqrt{n}}\right) - \Phi\left(\frac{0{,}49\,n - 0{,}5\,n}{0{,}5\sqrt{n}}\right) \geqq 0{,}99$
$\Leftrightarrow 2\Phi(0{,}02\sqrt{n}) - 1 \geqq 0{,}99$
$\Leftrightarrow \Phi(0{,}02\sqrt{n}) \geqq 0{,}995$
$\Leftrightarrow 0{,}02\sqrt{n} \geqq 2{,}5758 \Rightarrow n_{min} = 16587$.

Kürzer: (*) wird näherungsweise zu $\Phi(|X - \mu| < 0{,}01n) \geqq 0{,}99$. Dies liefert mit der σ-Bereichstabelle
$0{,}01\,n \geqq 2{,}5758 \cdot 0{,}5\sqrt{n} \Rightarrow n_{min} = 16587$.

c) 273/**80. a)** $P(|H_n - p| \leqq 0{,}05) \geqq 95\%$

Näherungsweise gilt
$\Phi(|X - \mu| \leqq 0{,}05\,n) \geqq 95\% \Leftrightarrow 0{,}05\,n \geqq 1{,}96\sqrt{npq}$.
Wegen $pq \leqq \frac{1}{4}$ ist dies sicher erfüllt, wenn gilt
$\sqrt{n} \geqq \frac{1{,}96}{4 \cdot 0{,}05} \Rightarrow n_{min} = 97$.

b) $0{,}05\,n \geqq 1{,}4395\sqrt{npq}$
Analog wie oben erhält man $n_{min} = 52$.

c) a) $n_{min} = 601$ **b)** $n_{min} = 324$

d) 273/**84. a)** $P(|X-\mu|<a) \geqq 90\%$

Mit $\sigma = \sqrt{200 \cdot 0{,}2 \cdot 0{,}8} = 4\sqrt{2}$ gilt näherungsweise

$\Phi(|X-\mu|<a) \geqq 90\%$

$\Leftrightarrow a > 1{,}6449 \cdot 4\sqrt{2} = 9{,}304\ldots$

Also gilt $30{,}6\ldots < X < 49{,}3\ldots \Leftrightarrow 31 \leqq X \leqq 49$. Das wäre aber durch ein kleineres a erfüllbar. Sicher geht man daher mit der Aussage

$30 \leqq X \leqq 50$.

Die Lösungsmenge [31; 49] verwendet hingegen die Erkenntnis, daß X nur Werte aus $\mathbb{N}$ annimmt.

b) $P(30 \leqq X \leqq 50) = F_{0,2}^{200}(50) - F_{0,2}^{200}(29) =$

$= 0{,}96550 - 0{,}02828 = 0{,}93722.$

$P(31 \leqq X \leqq 49) = 0{,}95065 - 0{,}04302 = 0{,}90763.$

e) 274/**86. a)** $1-\eta = 99{,}6\% \Leftrightarrow \eta = 0{,}004.$ $t(0{,}004) = 2{,}8782$

$I(\frac{1}{2}) = \tilde{I}(\frac{1}{2}) \subset]0{,}44912; 0{,}55088[$

$\mathfrak{I}(\frac{1}{2}) \subset]0{,}44938; 0{,}55062[$

b) 1) $1-\eta = 95\% \Leftrightarrow \eta = 0{,}05.$ $t(0{,}05) = 1{,}96$

$I(\frac{1}{2}) = \tilde{I}(\frac{1}{2}) \subset]0{,}46535; 0{,}53465[$

$\mathfrak{I}(\frac{1}{2}) \subset]0{,}46543; 0{,}53457[$

2) $1-\eta = 90\% \Leftrightarrow \eta = 0{,}1.$ $t(0{,}1) = 1{,}6449$

$I(\frac{1}{2}) = \tilde{I}(\frac{1}{2}) \subset]0{,}47092; 0{,}52908[$

$\mathfrak{I}(\frac{1}{2}) \subset]0{,}47097; 0{,}52903[$

3) $1-\eta = 80\% \Leftrightarrow \eta = 0{,}2.$ $t(0{,}2) = 1{,}2816$

$I(\frac{1}{2}) = \tilde{I}(\frac{1}{2}) \subset]0{,}47734; 0{,}52266[$

$\mathfrak{I}(\frac{1}{2}) \subset]0{,}47736; 0{,}52264[$

f) 274/**87. a)** $1-\eta = 99\% \Leftrightarrow \eta = 0{,}01.$ $t(0{,}01) = 2{,}5758$

$I(\frac{5}{6}) \subset]0{,}75897; 0{,}90770[$

b) $\tilde{I}(\frac{5}{6}) \subset]0{,}77791; 0{,}88876[$

c) $\mathfrak{I}(\frac{5}{6}) \subset]0{,}77082; 0{,}88142[$

d) Wegen der Rundungen vgl. die dortige Erklärung

Parallelenpaar $p = h_{300} \pm 0{,}07436$

h_{300}	Näherungsellipse		Konfidenzellipse	
0	0	0	0	0,022
0,05	0,017	0,083	0,026	0,094
0,10	0,053	0,145	0,063	0,154
0,15	0,096	0,204	0,104	0,211
0,20	0,140	0,260	0,147	0,266
0,25	0,185	0,315	0,191	0,320
0,30	0,231	0,369	0,236	0,372
0,35	0,279	0,421	0,283	0,424
0,40	0,327	0,473	0,330	0,475
0,45	0,376	0,524	0,377	0,525
0,50	0,425	0,575	0,426	0,574
0,55	0,476	0,624	0,475	0,623
0,60	0,527	0,673	0,525	0,670
0,65	0,579	0,721	0,576	0,717
0,70	0,631	0,769	0,628	0,764

Fortsetzung Seite 202

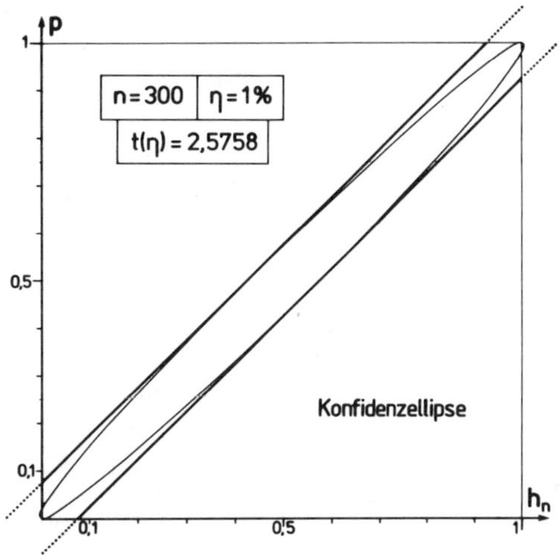

noch
317/49

h_{300}	Näherungsellipse		Konfidenzellipse	
0,75	0,685	0,815	0,680	0,809
0,80	0,740	0,860	0,734	0,853
0,85	0,796	0,904	0,789	0,896
0,90	0,855	0,945	0,846	0,937
0,95	0,917	0,983	0,907	0,974
1	1	1	0,978	1

Bei der verwendeten Zeichengenauigkeit fallen Näherungsellipse und Konfidenzellipse fast immer zusammen, ausgenommen die kritischen Bereiche um $h_n = 0$ bzw. $h_n = 1$.
Man vergleiche die Graphik von Aufgabe 274/**87** auf Seite 175.

g) 274/**92. a)** $P(|X-200| \geqq 20) = 1 - P(|X-200| < 20) =$

$= 1 - P(181 \leqq X \leqq 219) \approx$

$$\approx 1 - \Phi\left(\frac{219-200+0{,}5}{\frac{10}{3}\sqrt{6}}\right) + \Phi\left(\frac{180-200+0{,}5}{\frac{10}{3}\sqrt{6}}\right) =$$

$= 2 - 2\Phi(2{,}38825) \approx$

$\approx 1{,}7\%$.

b) 5% Irrtumswahrscheinlichkeit ist bereits erfüllt.
Für eine Irrtumswahrscheinlichkeit von 5‰ muß also gelten

$P(|X-200| \geqq a) < 0{,}005 \Leftrightarrow P(|X-200| < a) > 0{,}995$.

Mit der Normalverteilung erhält man aus der σ-Bereichstabelle näherungsweise

$a > 2{,}8070 \cdot \sigma \Leftrightarrow a > \frac{10}{3}\sqrt{6} \cdot 2{,}8070 \Leftrightarrow a > 22{,}91\ldots$

Damit $a > 22{,}91\ldots$ erfüllt wird, muß man als Lösungsmenge von $|X-200| \geqq a$ die Menge $[0; 176] \cup [224; 300]$ nehmen. Also:
Erhält man bei 300 Zügen höchstens 176 oder mindestens 224 rote Kugeln und entschließt sich dann, von der $\frac{2}{3}$-Vermutung abzugehen, so ist diese Entscheidung in etwa weniger als 5‰ aller Fälle falsch.

Lösung ohne σ-Bereichstabelle:

$P(|X-200| < a) > 0{,}995 \Leftrightarrow P(200-a < X < 200+a) > 0{,}995$.

Sei $a \in \mathbb{N}$, dann gilt näherungsweise

$$\Phi\left(\frac{199+a-200+0{,}5}{\frac{10}{3}\sqrt{6}}\right) - \Phi\left(\frac{200-a-200+0{,}5}{\frac{10}{3}\sqrt{6}}\right) > 0{,}995$$

$$\Leftrightarrow 2\Phi\left(\frac{a-0{,}5}{\frac{10}{3}\sqrt{6}}\right) - 1 > 0{,}995$$

$$\Leftrightarrow \Phi\left(\frac{a-0{,}5}{\frac{10}{3}\sqrt{6}}\right) > 0{,}9975$$

$$\Leftrightarrow \frac{a-0{,}5}{\frac{10}{3}\sqrt{6}} > 2{,}80703$$

$$\Leftrightarrow a > 23{,}4 \Rightarrow a_{\min} = 24,$$

d.h. $176 < X < 224$, also ist $[0; 176] \cup [224; 300]$ die Lösungsmenge von $P(|X-200| \geqq a) < 0{,}005$.

h) 275/**93. a)** $P(|X-250|>20)=1-P(|X-250|\leqq 20)\approx 2-2\,\Phi\left(\frac{20{,}5}{5\sqrt{5}}\right)\approx 6{,}7\%$

b) 10% Irrtumswahrscheinlichkeit ist bereits erfüllt.
5% Irrtumswahrscheinlichkeit bedeutet also

$P(|X-250|\geqq a)<5\%$

$\Leftrightarrow P(|X-250|<a)>95\%$ (*)

Näherung mit Φ ergibt aus der σ-Bereichstabelle

$a>1{,}96\cdot 5\sqrt{5} \Leftrightarrow a>21{,}9\ldots$

Nähme man als Lösungsmenge von (*) das Intervall [239; 271], so ließe sich dies auch durch ein a kleiner als 21,9 erzeugen. Folglich muß als Lösungsmenge von (*) das Intervall [238; 272] gewählt werden. Damit gilt:
Die Irrtumswahrscheinlichkeit ist in etwa kleiner als 5%, wenn man von der $\frac{2}{3}$-Vermutung dann abgeht, falls höchstens 237 oder mindestens 273 rote Kugeln bei 300 Zügen gezogen werden.

Lösung von (*) ohne σ-Bereichstabelle:

$P(250-a<X<250+a)>95\%$.

Sei $a\in\mathbb{N}$, dann gilt

$P(250-a<X\leqq 249+a)>95\%$, also näherungsweise

$$\Phi\left(\frac{249+a-250+0{,}5}{5\sqrt{5}}\right)-\Phi\left(\frac{250-a-250+0{,}5}{5\sqrt{5}}\right)>95\%$$

$$\Leftrightarrow \Phi\left(\frac{a-0{,}5}{5\sqrt{5}}\right)-\Phi\left(-\frac{a-0{,}5}{5\sqrt{5}}\right)>95\%$$

$$\Leftrightarrow 2\Phi\left(\frac{a-0{,}5}{5\sqrt{5}}\right)-1>0{,}95$$

$$\Leftrightarrow \Phi\left(\frac{a-0{,}5}{5\sqrt{5}}\right)>0{,}975 \Leftrightarrow \frac{a-0{,}5}{5\sqrt{5}}>1{,}96$$

$$\Leftrightarrow a>22{,}4\ldots \Rightarrow a_{\min}=23$$

Das liefert $237<X<273$ in Übereinstimmung mit dem 1. Weg.

i) 272/**76. a)** $P(|h_n-p|\leqq 0{,}02)\geqq 90\% \Leftrightarrow P(|k-\mu|\leqq 0{,}02n)\geqq 90\%$

Aus der σ-Bereichstabelle entnimmt man $0{,}02n\geqq 1{,}6449\cdot\sqrt{npq}$.

Wegen $pq\leqq\frac{1}{4}$ ist dies erfüllt für

$0{,}02\sqrt{n}\geqq 1{,}6449\cdot 0{,}5 \Rightarrow n_{\min}=1692$

b) Wie **a)**.

c) $0{,}02\sqrt{n}\geqq 1{,}6449\sqrt{0{,}2\cdot 0{,}8} \Rightarrow n_{\min}=1083$.

273/**78. a)** $P(|h_n-p|<0{,}02)\geqq 60\% \Leftrightarrow P(|k-\mu|<0{,}02n)\geqq 60\%$.

Unter Annahme der Normalverteilung gilt $0{,}02n\geqq 0{,}8416\sqrt{npq}$.

Wegen $pq\leqq\frac{1}{4}$ muß man fordern $n_{\min}=443$.

273/**79.** $P(|h_n-p|<0{,}05)\geqq 0{,}95 \Leftrightarrow P(|k-\mu|<0{,}05n)\geqq 0{,}95$.

Im Falle der Normalverteilung gilt $0{,}05n\geqq 1{,}96\sqrt{npq}$.

Mit $pq\leqq\frac{1}{4}$ folgt $n_{\min}=385$.

273/**81. a)** $P(|X-\mu|\leqq\frac{1}{10}n)\geqq 0{,}975$

Mit $\sigma\leqq 0{,}5\sqrt{n}$ erhält man aus der σ-Bereichstabelle

$0{,}1\,n\geqq 2{,}2414\sqrt{n}\cdot 0{,}5 \Rightarrow n_{\min}=126$.

noch **317/49**

b) 1) Nun ist $\sigma \leqq \sqrt{n \cdot 0{,}6 \cdot 0{,}4}$. Damit $n_{\min} = 121$.

2) Nun ist $\sigma \leqq \sqrt{n \cdot 0{,}8 \cdot 0{,}2}$. Dann ist $n_{\min} = 81$.

273/**83. a)** $P(|X - \mu| < a) \geqq 99\%$

$$\Rightarrow a \geqq \tfrac{1}{2}\sqrt{n} \cdot 2{,}5758 = \begin{cases} 28{,}7\ldots & \text{für } n = 500 \\ 57{,}5\ldots & \text{für } n = 2000 \end{cases}$$

Damit die Bedingung für a erfüllt wird, muß man schließen:

$221 \leqq X \leqq 279$ für $n = 500$,
$942 \leqq X \leqq 1058$ für $n = 2000$.

b) $P(|X - \mu| < a) \geqq 99\%$

$$\Rightarrow a \geqq 2{,}5758 \cdot \tfrac{1}{6} \cdot \sqrt{n \cdot 5} = \begin{cases} 21{,}4\ldots & \text{für } n = 500 \\ 42{,}9\ldots & \text{für } n = 2000 \end{cases}$$

Die Bedingung für a ist erfüllt, falls

$61 \leqq X \leqq 105$ für $n = 500$,
$290 \leqq X \leqq 377$ für $n = 2000$.

c) $a \geqq 2{,}5758 \cdot 0{,}3\sqrt{n} = \begin{cases} 17{,}2\ldots & \text{für } n = 500 \\ 34{,}5\ldots & \text{für } n = 2000 \end{cases}$

$n = 500$: $32 \leqq X \leqq 68$
$n = 2000$: $165 \leqq X \leqq 235$

274/**90.** $n = 1024$, $\eta = 0{,}025$, $t(\eta) = 2{,}2414$

a) $I(0{,}28) \subset \,]0{,}24497; 0{,}31503[$

b) $\tilde{I}(0{,}28) \subset \,]0{,}24855; 0{,}31145[$

c) $\mathfrak{I}(0{,}28) \subset \,]0{,}24968; 0{,}31247[$

275/**94.** $n = 1000$, $\eta = 0{,}1$, $t(\eta) = 1{,}6449$

a) $I(0{,}41) \subset \,]0{,}38399; 0{,}43601[$

b) $\tilde{I}(0{,}41) \subset \,]0{,}38441; 0{,}43559[$

c) $\mathfrak{I}(0{,}41) \subset \,]0{,}38469; 0{,}43580[$

d) $n = 10\,000$

a) $I(0{,}41) \subset \,]0{,}40177; 0{,}41823[$
b) $\tilde{I}(0{,}41) \subset \,]0{,}40190; 0{,}41810[$
c) $\mathfrak{I}(0{,}41) \subset \,]0{,}40193; 0{,}41812[$

275/**95. a)** $P(|h_{4000} - p| < \varepsilon) \geqq 90\%$
$n = 4000$, $\eta = 0{,}1$, $t(\eta) = 1{,}6449$

1) $I(0{,}15) \subset \,]0{,}13699; 0{,}16301[$

2) $\tilde{I}(0{,}15) \subset \,]0{,}14071; 0{,}15929[$

3) $\mathfrak{I}(0{,}15) \subset \,]0{,}14094; 0{,}15953[$

b) 1) $[10\,960; 13\,040]$

2) $[11\,257; 12\,743]$

3) $[11\,276; 12\,762]$

c) $P(|H_{4000} - 0{,}15| \leqq 0{,}01) = P(|X - 600| \leqq 40) = P(560 \leqq X \leqq 640) \approx$

$$\approx \Phi\left(\frac{640 - 600 + 0{,}5}{\sqrt{510}}\right) - \Phi\left(\frac{559 - 600 + 0{,}5}{\sqrt{510}}\right) =$$

$= 2\Phi(1{,}79337) - 1 =$

$= 92{,}71\%$ **T**: $92{,}65\%$

317/50. a) $h_{5738}(X = k) = \dfrac{N_k}{5738}$

k	$10^4 \cdot h_{5738}(X = k)$	k	$10^4 \cdot h_{5738}(X = k)$
33	5	41	1628
34	31	41	1148
35	141	43	645
36	322	44	160
37	732	45	87
38	1305	46	38
39	1867	47	7
40	1882	48	2

b) Man beachte: Da es sich um eine Klasseneinteilung handelt, sind die kumulativen Werte erst am Ende einer Klasse aufzutragen!
$\mu \approx 39{,}8$; $\sigma \approx 2$.

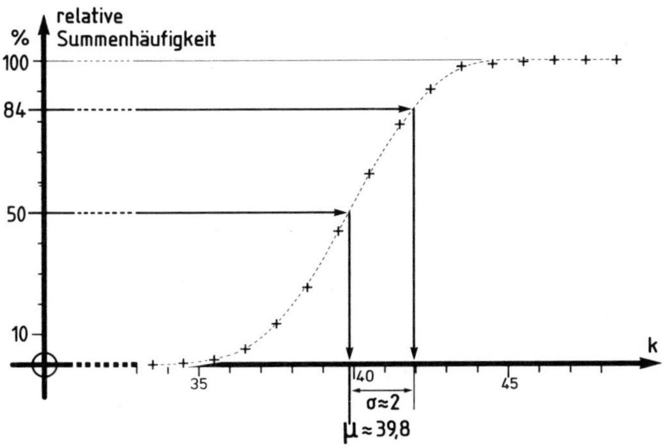

c) Idealwerte der relativen Häufigkeit: $\hat{h}_{5738}(X = k) := \frac{1}{2}\,\varphi\left(\dfrac{k - 39{,}8}{2}\right)$

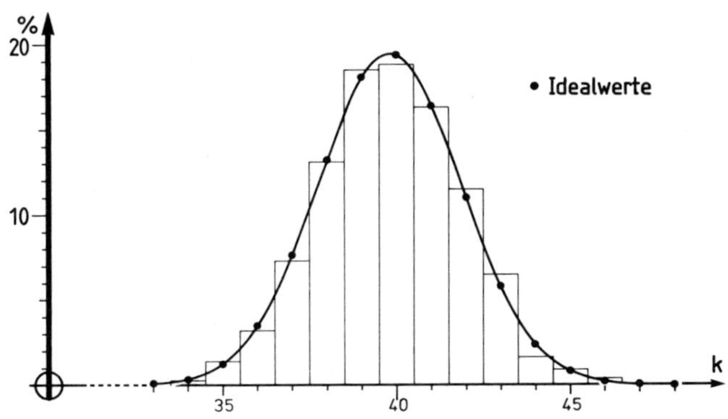

d) Idealwerte $\hat{N}_k$ für N_k: $\hat{N}_k := \frac{1}{2}\varphi\left(\frac{k-39{,}8}{2}\right)\cdot 5738$

k	$10^4 \cdot \hat{h}_{5738}(X = k)$	$\hat{N}_k$
33	8	4
34	34	20
35	120	69
36	339	195
37	749	430
38	1306	749
39	1793	1029
40	1940	1113
41	1655	949
42	1112	638
43	589	338
44	246	141
45	81	47
46	21	12
47	4	3
48	1	0

Zu c) und d):

Berechnung mit einem Tischcomputer liefert
$\mu = 39{,}83182293482$, Stichprobenvarianz $S^2 = 4{,}200925449887$.
Nehmen wir $\sigma = \sqrt{S^2} = 2{,}0496159274$, dann ergibt sich

k	$\varphi_{\mu\sigma}(k)$	$\hat{N}_k$	N_k
33	0,00075	4,3	3
34	0,00340	19,5	18
35	0,01209	69,4	81
36	0,03391	194,6	185
37	0,07494	430,0	420
38	0,13055	749,1	749
39	0,17926	1028,6	1073
40	0,19399	1113,1	1079
41	0,16546	949,4	934
42	0,11124	638,3	658
43	0,05894	338,2	370
44	0,02461	141,2	92
45	0,00810	46,5	50
46	0,00210	12,1	21
47	0,00043	2,5	4
48	0,00007	0,4	1
Summe:	0,99984	5737,2	5738

Aufgaben zu 16.

326/1.

k	0	5	10	15	20
$B(100; \frac{1}{10}; k)$	0,00003	0,03387	0,13187	0,03268	0,00117
$P(10; k)$	0,00005	0,03784	0,12511	0,03472	0,00186
Differenz	−0,00002	−0,00397	+0,00676	−0,00204	−0,00069
relative Abweichung	66,7%	11,7%	−5,1%	6,2%	59,0%

326/2. $B(500; 0{,}98; k) = B(500; 0{,}02; 500 - k) \approx P(10; 500 - k)$.

326/3. Exakt: $\sum_{i=0}^{2} \binom{250}{i}\left(\frac{1}{200}\right)^i\left(\frac{199}{200}\right)^{250-i} = 0{,}28561 + 0{,}35880 + 0{,}22448 = 0{,}86889$.

Poisson-Näherung:

$$P(1{,}25; 0) + P(1{,}25; 1) + P(1{,}25; 2) = e^{-1{,}25}\left(1 + 1{,}25 + \frac{1{,}25^2}{2}\right) \approx 0{,}86847.$$

326/4. a) Hörnchen ≙ cm-Intervalle; Rosinen ≙ markierte Punkte.

b) Beispiel: Tabelle der Zufallszahlen aus den *Stochastik-Tabellen*, die beiden letzten Zeilen auf Seite 48. Je 2 Ziffern geben die Nummer des cm-Intervalls an. Auswertung am einfachsten graphisch:

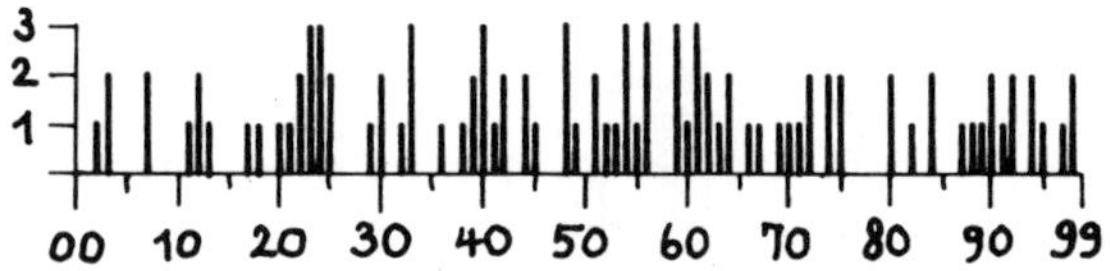

c)

k	0	1	2	3	≧4
Zahl der Intervalle mit k Punkten	39	31	21	9	0
Idealwert $100 \cdot P(1; k)$	36,788	36,788	18,394	6,131	1,899

326/5. P(»Genau k Doppelsechsen«) $= B(27; \frac{1}{36}; k) \approx P(\frac{27}{36}; k) = P(\frac{3}{4}; k)$

k	0	1	2	3	4	5
$P(0{,}75; k)$	0,47	0,35	0,13	0,034	0,006	0,0009

327/6. P(»Mindestens 3 Sechser«) $= 1 - P$(»Höchstens 2 Sechser«) $\approx 1 - \sum_{i=0}^{2} P(1; i) =$ $= 0{,}0803$.

327/7. a) *Bernoulli*-Kette der Länge $n = 40000$.
Treffer an der Stelle $i :=$ Einsendung Nr. i richtig. $p = 10^{-6}$

$$\begin{aligned} B(40000; 10^{-6}; 2) &= \binom{40000}{2} \cdot 10^{-12} \cdot (1 - 10^{-6})^{39998} = \\ &= 20000 \cdot 39999 \cdot 10^{-12} \cdot 0{,}96079 = \\ &= 7{,}68614 \cdot 10^{-4} \end{aligned}$$

Poisson-Näherung:

$\mu = 0{,}04$
$P(0{,}04; 2) = 7{,}68632 \cdot 10^{-4}$

b) $P(\text{»Mindestens 2 richtige Antworten«}) = 1 - F_{10^{-6}}^{40000}(1) = 7{,}7896 \cdot 10^{-4}$

Poisson-Näherung: $1 - e^{-0{,}04}(1 + 0{,}04) = 7{,}7898 \cdot 10^{-4}$

327/8. Die Molekülzahl X in 1 Liter ist nach $\mathrm{P}\left(\frac{6 \cdot 10^{22}}{1{,}4 \cdot 10^{21}}\right) \approx \mathrm{P}(42{,}86)$ verteilt.

Die Tabelle der kumulativen *Poisson*-Verteilungen bietet als Näherung P(45). Damit $P(X > 40) = 1 - 0{,}25555 \approx 0{,}74$.

Mit einem Rechner erhält man $P(X > 40) = 1 - \sum_{i=0}^{40} \mathrm{P}(\frac{60}{1{,}4}; i) = 0{,}63219$.

327/9. 537 Einschläge auf $229 + 211 + 93 + 35 + 7 + 1 = 576$ Quadraten.

k	0	1	2	3	4	5 und mehr
Idealwerte $576 \cdot \mathrm{P}(\frac{537}{576}; k)$	226,7	211,4	98,5	30,6	7,1	1,6

327/10.

2	3	5	1	6	1	2
3	0	0	3	4	2	2
5	2	2	1	2	4	
3	6	6	2	2	1	
1	7	3	1	2	5	
3	1	2	2	2	2	
1	3	5	3	3	2	
2	3	6	0	2	4	

k	0	1	2	3	4	5	6	$\geqq 7$
N_k	3	8	17	10	3	4	4	1
$50 \cdot \mathrm{P}(\mu; k)$	3,8	9,8	12,6	10,8	7,0	3,6	1,6	0,8

$\Rightarrow \mu = \frac{129}{50} = 2{,}58$

327/11. Auf $\frac{1}{4}$ Quadratgrad entfallen im Mittel also 10 Sterne. Mit $\mu = 10$ und der Annahme, daß die Anzahl der Felder mit k Sternen $\mathrm{P}(\mu)$-verteilt ist, ergibt sich für die Anzahl der Felder von $\frac{1}{4}$ Quadratgrad mit weniger als 7 Sternen

$$100 \cdot F_{10}(6) = 100 \cdot \sum_{i=0}^{6} \mathrm{P}(10; i) = 13{,}014 \approx 13.$$

327/12. Ausschuß bei 100 Flaschen: exakt: $1 - \mathrm{B}(100; \frac{1}{100}; 0) = 0{,}63397 \approx 63{,}4\%$

Poisson-Näherung: $1 - \mathrm{P}(1; 0) = 0{,}63212 \approx 63{,}2\%$

Ausschuß bei 1000 Flaschen $\approx 1 - \mathrm{P}(\frac{1}{10}; 0) = 0{,}09516 \approx 9{,}5\%$

327/13. $\mathrm{P}(\mu; 0) := \frac{800}{900} \Leftrightarrow e^{-\mu} = \frac{8}{9} \Leftrightarrow \mu = \ln\frac{9}{8} \Rightarrow \mu \approx 0{,}12 \Rightarrow N \approx 900 \cdot 0{,}12 = 108$

328/14. $\mathrm{P}(\mu; 0) := \frac{12}{400} \Rightarrow N \approx 400\,\mu = 400 \ln\frac{400}{12} = 1403$

328/15. $1 - \sum_{i=0}^{2} \mathrm{P}(2; i) = 1 - 0{,}67668 = 0{,}32332 \approx 32\%$

328/16. *Bernoulli*-Kette der Länge 500; $p = \frac{1}{100}$. Treffer an der Stelle $i :=$ Samen Nr. i ist Unkrautsamen. $X :=$ Anzahl der Unkrautsamen in der Packung.

$P(X \leqq k) \geqq 80\%$

Poisson-Näherung:

$\sum_{i=0}^{k} \mathrm{P}(\frac{500}{100}; i) \geqq 0{,}8 \Leftrightarrow k \geqq 7 \Rightarrow k_{\min} = 7$

(Dann sogar 86,7% Sicherheit)

328/17. Beobachtungszeit 110 Jahre mit insgesamt 63 Kriegsausbrüchen und ebenso vielen Friedensschlüssen. $\mu = \frac{63}{110} = 0{,}573$.

k	0	1	2	3	4	>4
»ideale« Zahl $110 \cdot \mathrm{P}(\frac{63}{110}; k)$	62,0	35,5	10,2	1,94	0,28	0,04

Die Zeiten sind schlechter geworden! Seit der Gründung der Vereinten Nationen (1945) gab es (bis Mitte 1983) 150 Kriege.

328/18. Zahl der Wörter: $N = 3949$
Zahl der Silben: $1 \cdot 1983 + 2 \cdot 1557 + \ldots + 6 \cdot 9 = 6459$
Mittlere Wortlänge: $\mu = 6459 : 3949 = 1{,}636$

k	1	2	3	4	5	6
$N \cdot \mathrm{P}(\mu - 1;\ k - 1)$	2091	1329	422	89,5	14,2	1,8

Deutung: Die Wortlängen wechseln völlig unregelmäßig; die mittlere Wortlänge ist überall im Text gleich groß (und wohl als ein Stilmerkmal anzusehen).

328/19. X sei nach $\mathrm{P}(\mu)$ verteilt.

$$\mathscr{E}X = \sum_{k=0}^{\infty} k \cdot \frac{\mu^k}{k!} \mathrm{e}^{-\mu} = \mathrm{e}^{-\mu} \cdot \mu \cdot \sum_{k=1}^{\infty} \frac{\mu^{k-1}}{(k-1)!} =$$

$$= \mu \cdot \mathrm{e}^{-\mu} \cdot \sum_{i=0}^{\infty} \frac{\mu^i}{i!} = \mu \cdot \mathrm{e}^{-\mu} \cdot \mathrm{e}^{\mu} = \mu.$$

$$\operatorname{Var} X = \mathscr{E}(X^2) - \mu^2 = \sum_{k=0}^{\infty} k^2 \cdot \frac{\mu^k}{k!} \cdot \mathrm{e}^{-\mu} - \mu^2.$$

Mit $k^2 = k(k-1) + k$ ergibt sich

$$\operatorname{Var} X = \mu^2 \cdot \mathrm{e}^{-\mu} \cdot \sum_{k=2}^{\infty} \frac{\mu^{k-2}}{(k-2)!} + \mu \cdot \mathrm{e}^{-\mu} \sum_{k=1}^{\infty} \frac{\mu^{k-1}}{(k-1)!} - \mu^2 =$$

$$= \mu^2 \cdot \mathrm{e}^{-\mu} \cdot \mathrm{e}^{\mu} + \mu \cdot \mathrm{e}^{-\mu} \cdot \mathrm{e}^{\mu} - \mu^2 = \mu.$$

328/20. $\mu \approx \frac{1}{2608} \cdot \sum_{k=0}^{14} k \cdot N_k = \frac{10\,097}{2608} \approx 3{,}87$

Idealwerte $\hat{N}_k = \mathrm{P}(3{,}87; k) \cdot 2608$

k	0	1	2	3	4	5	6	7	8	9	10	11	12	13	14
$\hat{N}_k$	54	210	407	525	508	394	254	141	68	29	11	4	1	0	0

Wegen der großen Anzahl der Atome ändert sich die Zusammensetzung beim Zerfall kaum. Man kann also eine *Bernoulli*-Kette annehmen.

329/21. $\mu = 3$
$P(X \geqq 8) = 1 - F_3(7) = 0{,}01190 \approx 1{,}2\%$
Wegen $P(X \geqq 8) < 5\%$ sind außerordentliche Umstände zu vermuten.

329/22. a) $\mu = \frac{1}{365} \cdot 1800 \approx 4{,}93$
$P(X \leqq k) \geqq 0{,}995 \Leftrightarrow F_{4,93}(k) \geqq 0{,}995$
Mit einem Rechner erhält man $k \geqq 11$.
Aus den *Stochastik-Tabellen* entnimmt man als Näherungswert:
$F_5(k) \geqq 0{,}995 \Leftrightarrow k \geqq 12$.

b) $\mu = \frac{1}{365} \cdot 18 = 0{,}0493\ldots \approx 0{,}05$
$F_{0,05}(k) \geqq 0{,}995 \quad \Rightarrow \quad k \geqq 1$
Hier liefert der Rechner für F_μ denselben Wert $k_{\min} = 1$.

329/23. $P(X \geqq 12) = 1 - F_4(11) = 0{,}00092 < 1‰$
Der Vorwurf ist berechtigt.

329/24. Im Mittel halten sich $\mu = 25$ Kunden im Postamt auf.
$X :=$ Anzahl der Kunden, die einen Parkplatz finden.

$P(X \leqq k) \geqq 0{,}9$	$P(X \leqq k) \geqq 0{,}95$
$F_{25}(k) \geqq 0{,}9$	$F_{25}(k) \geqq 0{,}95$
$k \geqq 32$	$k \geqq 33$

329/25. $\mu = 2$ (Anrufe/Minute)
$X :=$ Anzahl der Anrufe/Minute
$P(X > 3) = 1 - F_2(3) = 0{,}14288 \approx 14{,}3\%$.

Aufgabe zu 17.1.

364/

r	S	V
1	4π	$\frac{4}{3}\pi$
2	16π	$\frac{32}{3}\pi$
3	36π	36π

$\bar{S} = \frac{1}{2}(4\pi + 36\pi) = 20\pi \neq 16\pi$
$\bar{V} = \frac{1}{2}(\frac{4}{3}\pi + 36\pi) = \frac{56}{3}\pi \neq \frac{32}{3}\pi$

Aufgabe zu 17.2.

364/ $\Omega =$ Menge aller Wahlberechtigten Bayerns, die ihrer Wahlpflicht nachgekommen sind.
Die Zufallsgröße $X :=$ »Wahlverhalten« ordnet jedem ω die Listennummer j derjenigen Partei zu, der er seine Zweitstimme gibt; dabei war $1 =$ CSU, $2 =$ SPD, $3 =$ F.D.P. usw.
Die Wahrscheinlichkeitsverteilung von X bilden die – nach der Auszählung bekanntwerdenden – Anteile der Parteien, also

$$W(x_j) = \frac{\text{Anzahl der Wähler von Liste Nr. } j}{|\Omega|}.$$

$X_i :=$ »Wahlverhalten des Bürgers ω_i«.
Die Länge der Stichprobe ist die Mächtigkeit der Menge der Wahlberechtigten aus den ausgewählten 175 Stimmbezirken.
Die X_i sind nicht unabhängig, da die Auszählung durch Ziehen ohne Zurücklegen vorgenommen wird.
Das Stichprobenergebnis von Titelbild 18 stellt eine Punktschätzung von W_X, nämlich

$$\hat{W}(x_j) = \frac{\text{Anzahl der Wähler von Liste } j}{\text{Anzahl der Wähler aus 55 Stimmbezirken}} \text{ dar.}$$

Aufgaben zu 17.3.

364/1. Bezeichnet man z. B. »Dieses weiße Pulver ist Rauschgift« als Hypothese H_0, dann ist »Dieses weiße Pulver ist Schnupftabak« die Hypothese H_1, und es gilt dann auch: Der Sheriff hat den Fehler 2. Art gemacht. Der Fehler 1. Art wäre gewesen, Rauschgift für Schnupftabak zu halten. Man sieht, daß hier die Wahrscheinlichkeit für den Fehler 1. Art klein gemacht werden muß. Dann wird es u. U. leicht passieren, daß ein Fehler 2. Art unterläuft. Dies ist aber nicht weiter schlimm und führt höchstens zu einer humorigen Pressenotiz.

364/2. Testgröße $Z :=$ Anzahl der roten Kugeln in der Stichprobe
$\Omega = \{0, 1, \ldots, 10\}$

a) $H_0 := Z$ ist nach B(10; 0,1) verteilt.
$H_1 := Z$ ist nach B(10; 0,3) verteilt.

$$\delta_1 : \begin{cases} Z \leqq 1 \Rightarrow \text{Entscheidung für } H_0 \\ Z \geqq 2 \Rightarrow \text{Entscheidung für } H_1 \end{cases}$$

$\alpha' = P_{0,1}^{10}(Z \geqq 2) = 1 - F_{0,1}^{10}(1) = 0{,}26390 \approx 26{,}4\%$
$\beta' = P_{0,3}^{10}(Z \leqq 1) = F_{0,3}^{10}(1) = 0{,}14931 \approx 14{,}9\%$

Sicherheit des Urteils:
Falls H_0 zutrifft: $1 - \alpha' \approx 73{,}6\%$
Falls H_1 zutrifft: $1 - \beta' \approx 85{,}1\%$

b) $H_0 := Z$ ist nach H(20; 2; 10) verteilt.
$H_1 := Z$ ist nach H(20; 6; 10) verteilt.

$$\alpha' = P_{H_0}(Z \geqq 2) = P_{H_0}(Z = 2) = \frac{\binom{2}{2}\binom{18}{8}}{\binom{20}{10}} = \frac{43\,758}{184\,756} = 0{,}23684 \approx 23{,}7\%$$

$$\beta' = P_{H_1}(Z \leqq 1) = \frac{\binom{6}{0}\binom{14}{10}}{\binom{20}{10}} + \frac{\binom{6}{1}\binom{14}{9}}{\binom{20}{10}} = \frac{1001 + 6 \cdot 2002}{184756} =$$

$$= \frac{13\,013}{184\,756} = 0{,}07043 \approx 7{,}0\%$$

Sicherheit des Urteils:
Falls H_0 zutrifft: $1 - \alpha' \approx 76{,}3\%$
Falls H_1 zutrifft: $1 - \beta' \approx 93{,}0\%$

364/3. **a)** $\alpha' = P_{0,1}^{20}(Z \geqq k + 1) = 1 - F_{0,1}^{20}(k) \leqq 5\%$
$\Leftrightarrow F_{0,1}^{20}(k) \geqq 95\%$
$\Leftrightarrow k \geqq 4$; also $k_{\min} = 4$

b) $\beta' = P_{0,3}^{20}(Z \leqq k) = F_{0,3}^{20}(k) \leqq 1\%$
$\Leftrightarrow k \leqq 1$; also $k_{\max} = 1$

c) $\alpha' + \beta' = 1 - F_{0,1}^{20}(k) + F_{0,3}^{20}(k)$

k	$\alpha'(k)$	$\beta'(k)$	$\alpha' + \beta'$
−1	1	0	1
0	0,87842	0,00080	0,87922
1	0,60825	0,00764	0,61589
2	0,32307	0,03548	0,35855
3	0,13295	0,10709	0,24004
4	0,04317	0,23751	0,28008
5	0,01125	0,41637	0,42762
6	0,00239	0,60801	0,61040
7	0,00042	0,77227	0,77269
8	0,00006	0,88667	0,88673
9	0,00001	0,95204	0,95205
10	0,00000	0,98286	0,98286
11		0,99486	0,99486
12		0,99872	0,99872
13		0,99974	0,99974
14		0,99996	0,99996
15		0,99999	0,99999
..	...	...	...
20	0	1	1

d) Zu **a)** Man zieht die Gerade $\alpha' = 5\%$. Alle Lösungspunkte liegen auf und links von ihr.

Zu **b)** Man zieht die Gerade $\beta' = 1\%$. Alle Lösungspunkte liegen auf und unterhalb von ihr.

Zu **c)** Die Punkte $(\alpha' | \beta')$ mit $\alpha' + \beta' = \text{const.}$ liegen auf einer Geraden mit der Gleichung $\beta' = -\alpha' + c$. Man zieht also die Parallelenschar mit der Steigung -1 durch die Punkte $(\alpha'(k) | \beta'(k))$. Die am tiefsten liegende Gerade bestimmt den k-Wert, für den $\alpha'(k) + \beta'(k)$ minimal wird.

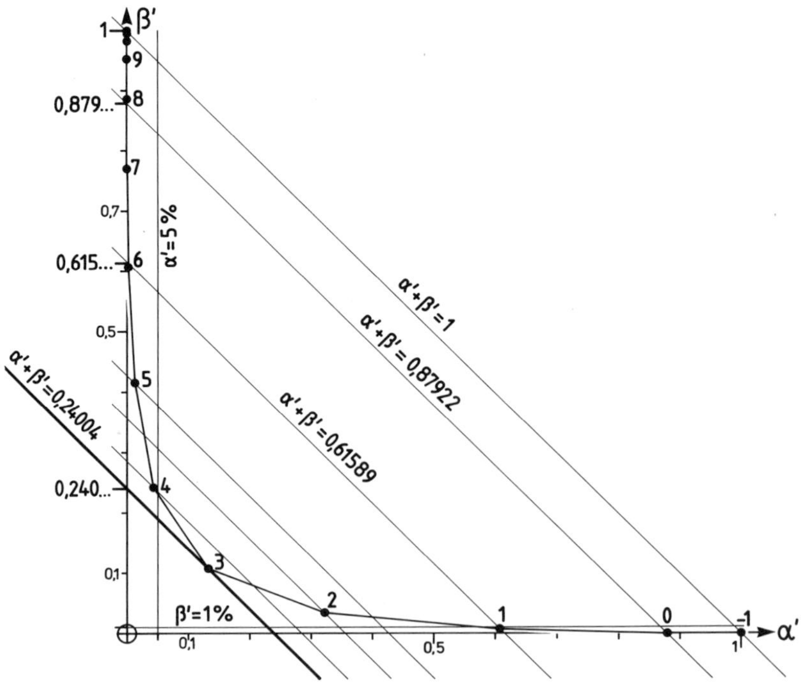

365/4. **a)** $\alpha' = 1 - F^n_{0,1}(k) \leqq 5\% \wedge \beta' = F^n_{0,3}(k) \leqq 10\%$

$\Leftrightarrow F^n_{0,1}(k) \geqq 95\% \wedge F^n_{0,3}(k) \leqq 10\% \quad (*)$

$\Leftarrow n = 40 \wedge k \geqq 7 \wedge k \leqq 7$

$n = 40$ und $k = 7$ erfüllen die Bedingungen.
Dann ist sogar

$\alpha' \approx 4{,}2\%$ und $\beta' \approx 5{,}5\%$

b) $p_0 = 0{,}1; \quad \mu_0 = 0{,}1n; \quad \sigma_0 = 0{,}3\sqrt{n}$

$p_1 = 0{,}3; \quad \mu_1 = 0{,}3n; \quad \sigma_1 = \sqrt{0{,}21n}.$

Mit $n \approx 40$ sind $\sigma_0^2 \approx 3{,}6 \ll 9$ und $\sigma_1^2 \approx 8{,}4 \approx 9$; also sind nach der Faustregel die Näherungen mit Vorsicht zu betrachten.
Die Bedingungsgleichungen von **a)** werden zu

$$\Phi\left(\frac{k - 0{,}1n + 0{,}5}{0{,}3\sqrt{n}}\right) \geqq 0{,}95 \wedge \Phi\left(\frac{k - 0{,}3n + 0{,}5}{\sqrt{0{,}21n}}\right) \leqq 0{,}1$$

$$\Leftrightarrow \frac{k - 0{,}1n + 0{,}5}{0{,}3\sqrt{n}} \geqq 1{,}6449 \wedge \frac{k - 0{,}3n + 0{,}5}{\sqrt{0{,}21n}} \leqq -1{,}2816$$

$$\Leftrightarrow 0{,}1n + 0{,}49347\sqrt{n} - 0{,}5 \leqq k \leqq 0{,}3n - 1{,}2816\sqrt{0{,}21n} - 0{,}5$$

Diese Ungleichungskette wird man durch Einsetzen lösen. Da $n = 30$ zu klein ist und $n = 40$ als zu groß vermutet wird, prüft man $n = 35$ und erhält

$5{,}9194\ldots \leqq k \leqq 6{,}5254\ldots \Rightarrow k = 6$

Prüfung von $n = 34$: $5{,}77\ldots \leqq k \leqq 6{,}27\ldots \Rightarrow k = 6$

Prüfung von $n = 33$: $5{,}63\ldots \leqq k \leqq 6{,}02\ldots \Rightarrow k = 6$

Prüfung von $n = 32$: $5{,}49\ldots \leqq k \leqq 5{,}77\ldots$; nicht erfüllbar.

Die Überprüfung von (*) mit einem Rechner ergibt:

$n = 32$: Es gibt kein k, so daß $F^{32}_{0,1}(k) \geqq 95\% \wedge F^{32}_{0,3}(k) \leqq 10\%$

$n = 33$: $F^{33}_{0,1}(6) = 95{,}830\% \wedge F^{33}_{0,3}(6) = 9{,}445\%$ richtig

$n = 34$: $F^{34}_{0,1}(6) = 95{,}186\% \wedge F^{34}_{0,3}(6) = 7{,}853\%$ richtig

$n = 35$: $F^{35}_{0,1}(6) = 94{,}482\% \wedge F^{35}_{0,3}(6) = 6{,}5\%$, d. h.,
die Näherungslösung ($n = 35$; $k = 6$) ist *keine* Lösung.

365/5.

b	0	10	100
$W(b)$	$0{,}1\alpha' + 0{,}9\beta'$	$(1-\beta')\cdot 0{,}9$	$(1-\alpha')\cdot 0{,}1$

$\mathscr{E}B = 10 \cdot 0{,}9(1-\beta') + 100 \cdot 0{,}1(1-\alpha') = 19 - 10\alpha' - 9\beta'$

k	$\alpha'(k)$	$\beta'(k)$	$\mathscr{E}B$
−1	1	0	9,00
0	0,92821	0,00013	9,72
1	0,72879	0,00157	11,70
2	0,46291	0,00896	14,29
3	0,23641	0,03324	16,34
4	0,09799	0,09047	17,21
5	0,03340	0,19349	16,92
6	0,00948	0,34065	15,84

Maximale Belohnung bei $k = 4$.

365/6. a)

k	$\alpha'(k)$	$\beta'(k)$	$\alpha'+\beta'$	$5\alpha'+3\beta'$
−1	1	0	1	5
0	0,65132	0,02825	0,67357	3,34135
1	0,26390	0,14931	0,41270	1,76743
2	0,07019	0,38278	0,45297	1,49929
3	0,01280	0,64961	0,66241	2,01283
4	0,00163	0,84973	0,85136	2,55734
5	0,00015	0,95265	0,95280	2,85870
6	0,00001	0,98941	0,98942	2,96829
7	0,00000	0,99841	0,99841	2,99523
8	0,00000	0,99986	0,99986	2,99958
9	0,00000	0,99999	0,99999	2,99997
10	0	1	1	3

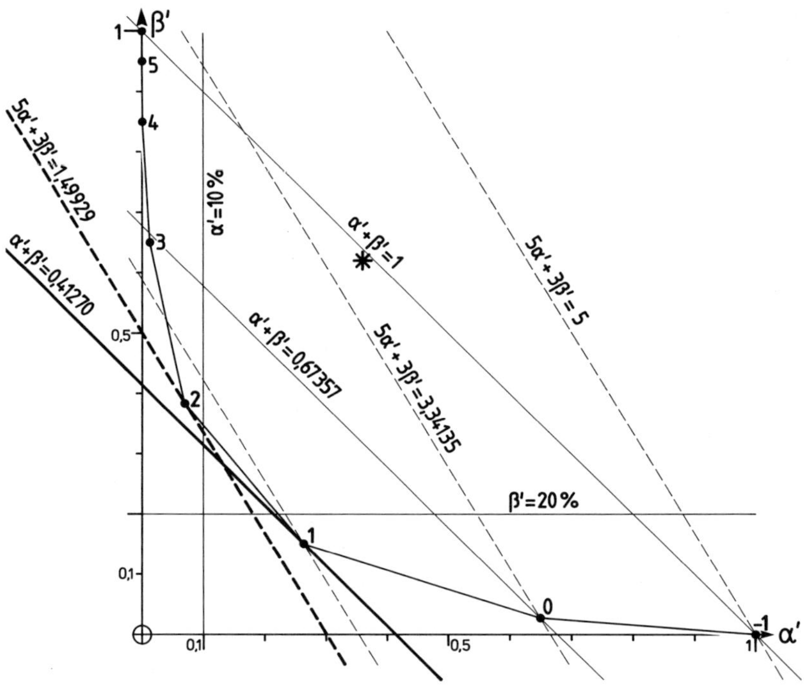

b) 1) $k \geqq 2$

2) $k \leqq 1$

3) Es gibt keinen Annahmebereich »$Z \leqq k$«, so daß beide Bedingungen erfüllt sind.

c) $\alpha' + \beta'$ minimal $\Leftrightarrow k = 1$

d) $5\alpha' + 3\beta'$ minimal $\Leftrightarrow k = 2$

e) $\alpha' = P_{0,1}^{10}(\bar{A}_1) = 1 - P_{0,1}^{10}(\{1, 2, 3\}) = 1 - F_{0,1}^{10}(3) + \mathrm{B}(10; \frac{1}{10}; 0) = 0{,}36148.$

$\beta' = P_{0,3}^{10}(A_1) = F_{0,3}^{10}(3) - \mathrm{B}(10; \frac{3}{10}; 0) = 0{,}62136.$

Der Punkt $(0{,}36148 \,|\, 0{,}62136)$ wird im α'-β'-Diagramm durch ✱ dargestellt.

365/7. a) Wegen der Symmetrie der Alternativen wird auch das Entscheidungsverfahren symmetrisch zu wählen sein, falls man nicht einen Grund hat, eines der beiden

möglichen Fehlurteile für schlimmer zu halten als das andere. Also mit $p :=$ Anteil roter Kugeln in der Urne und $Z :=$ Anzahl roter Kugeln in der Stichprobe, wobei $\Omega = \{0, 1, 2, 3, 4, 5\}$:
Hypothese H_0: $P^5_{0,4}$. Annahmebereich $A :=$ »$Z \leqq 2$«.
$\alpha' = P^5_{0,4}(Z > 2) = 1 - P^5_{0,4}(Z \leqq 2) = 1 - 0{,}68256 = 0{,}31744 \approx 32\%$.
$\alpha' = \beta'$ wegen der Symmetrie.

b) Dies ist ein Test des Testverfahrens!
P(»6 oder mehr Personen urteilen falsch«) $= P^{10}_{\alpha'}(Z \geqq 6) \approx 1 - P^{10}_{0,3}(Z \leqq 5) \approx 5\%$.
Genaue Rechnung mit einem Rechner: $P^{10}_{\alpha'}(Z \geqq 6) = 0{,}06143 \approx 6{,}1\%$.
Es ist also ein recht unwahrscheinliches Unglück passiert. Vermutlich wurden die Kugeln nicht ordentlich gemischt.

365/8. Testgröße $Z :=$ Anzahl roter Kugeln in einer Stichprobe der Länge 3. $\Omega = \{0, 1, 2, 3\}$.
H_0: $P^3_{0,6}$; Annahmebereich $A :=$ »$Z = 3$«.
H_1: $P^3_{0,4}$; Annahmebereich $\bar{A} =$ »$Z \leqq 2$«.
6 rote Kugeln in der Urne: $\alpha' = P^3_{0,6}(Z < 3) = 1 - 0{,}6^3 = 0{,}784$.
4 rote Kugeln in der Urne: $\beta' = P^3_{0,4}(Z = 3) = 0{,}4^3 = 0{,}064$.
Das Verfahren ist unsymmetrisch: Urnen mit 6 roten Kugeln werden leichter falsch beurteilt.

365/9. $H_0 := P^n_{0,4}$ $\qquad A :=$ »$Z \leqq k$«
$H_1 := P^n_{0,6}$ $\qquad \bar{A} =$ »$Z > k$«
$\alpha' = P^n_{0,4}(Z > k) = 1 - F^n_{0,4}(k)$
$\beta' = P^n_{0,6}(Z \leqq k) = F^n_{0,6}(k) = 1 - F^n_{0,4}(n - k - 1)$
$\alpha' = \beta' \Leftrightarrow k = n - k - 1 \Leftrightarrow k = \frac{1}{2}(n-1)$.
Somit $A = [0; \frac{1}{2}(n-1)]$.

n	1	3	5	7	9	15	25
α'	0,40000	0,35200	0,31744	0,28979	0,26657	0,21310	0,15377

365/10. (Sogenannter **randomisierter Test**; random engl. = zufällig)
$\alpha' = \beta' = P^4_{0,6}(Z \leqq 1) + \frac{1}{2} P^4_{0,6}(Z = 2) = 0{,}4^4 + 4 \cdot 0{,}6 \cdot 0{,}4^3 + 3 \cdot 0{,}6^2 \cdot 0{,}4^2 = 0{,}352$

365/11. Testgröße $Z :=$ Anzahl der Nachkommen der Farbe 1. $\Omega = \{0, 1, \ldots, 15\}$
$H_0 :=$ »Farbe 1 ist dominant«, d.h., Z ist nach B(15; 0,75) verteilt.
$H_1 :=$ »Farbe 1 ist rezessiv«, d.h., Z ist nach B(15; 0,25) verteilt.
Annahmebereich für H_0: $A :=$ »$Z \geqq 8$«.
Aus Symmetriegründen sind beide Irrtumswahrscheinlichkeiten gleich:
$$\alpha' = P^{15}_{0,75}(Z \leqq 7) = F^{15}_{0,75}(7) = 1 - F^{15}_{0,25}(15 - 7 - 1) = 1 - F^{15}_{0,25}(7) =$$
$$= P^{15}_{0,25}(Z \geqq 8) = \beta'.$$
Damit $\alpha' = \beta' = 0{,}0173$.

365/12. a) $\Omega = \{0, 1, 2, 3\}$

$H_0 := Z$ ist nach H(7; 2; 3) verteilt. $H_1 := Z$ ist nach H(7; 4; 3) verteilt.

Es sei $P_0 :=$ H(7; 2; 3) und $P_1 :=$ H(7; 4; 3).

k	0	1	2	3	
$P_0(Z = k)$	10	20	5	0	Nenner jeweils $\binom{7}{3} = 35$
$P_1(Z = k)$	1	12	18	4	
zu **b)** $P_1 - P_0$	−9	−8	+13	+4	

b) A sei der Annahmebereich für H_0. $1 - P_0(A)$ und $P_1(A)$ sind die Fehlerwahrscheinlichkeiten. Es muß also $P_1(A) - P_0(A)$ möglichst klein gemacht werden.
$A = \emptyset$: $P_1(A) - P_0(A) = 0$.
A 1elementig: $P_0(A)$ und $P_1(A)$ sind schon in **a)** berechnet worden. In der 4. Zeile der Tabelle stehen die Differenzen. $A = \{0\}$ liefert bisher das beste Verfahren.
A 2- oder mehrelementig: Die Wahrscheinlichkeiten und ihre Differenzen errechnen sich einfach als Summen aus den in **a)** gefundenen Werten.

A	$35 \cdot (P_1(A) - P_0(A))$
$\{0; 1\}$	-17
$\{0; 2\}$	4
$\{0; 3\}$	-5
$\{1; 2\}$	5
$\{1; 3\}$	-7
$\{2; 3\}$	17

A	$35 \cdot (P_1(A) - P_0(A))$
$\{0, 1, 2\}$	-4
$\{0, 1, 3\}$	-13
$\{0, 2, 3\}$	8
$\{1, 2, 3\}$	11
$\{0, 1, 2, 3\}$	0

$A = \{0; 1\}$ liefert das beste Verfahren. Die Summe der Irrtumswahrscheinlichkeiten ist dann gleich $1 - \frac{17}{35} = \frac{18}{35}$.

366/13. Testgröße $Z :=$ Anzahl der schlechten Schrauben in der Stichprobe.

$\Omega = \{0, 1, 2, 3, 4, 5\}$
$H_0 :=$ Z ist nach $B(5; 0{,}1)$ verteilt. $A :=$ »$Z \leqq 1$«
$H_1 :=$ Z ist nach $B(5; 0{,}4)$ verteilt. $\bar{A} =$ »$Z \geqq 2$«

$\alpha' = P^5_{0,1}(\bar{A}) = 1 - F^5_{0,1}(1) = 0{,}08146$ $\qquad \beta' = P^5_{0,4}(A) = F^5_{0,4}(1) = 0{,}33696$

366/14. a) Behalten wir die Testgröße $Z :=$ »Anzahl der schlechten Schrauben in der Stichprobe« bei, so gilt die Entscheidungsregel

$$\delta: \begin{cases} Z = 0 \Rightarrow \text{Entscheidung für } H_0 \\ Z > 0 \Rightarrow \text{Entscheidung für } H_1 \end{cases}$$

$\alpha' = P^3_{0,1}(Z > 0) = 1 - P^3_{0,1}(Z = 0) = 1 - B(3; \tfrac{1}{10}; 0) = 1 - 0{,}9^3 = 0{,}271$
$\beta' = P^3_{0,4}(Z = 0) = B(3; \tfrac{4}{10}; 0) = (1 - 0{,}4)^3 = 0{,}6^3 = 0{,}216$

b) $\alpha' = P^k_{0,1}(Z > 0) = 1 - 0{,}9^k$
$\beta' = P^k_{0,4}(Z = 0) = 0{,}6^k$

k	1	2	3	4	5
α'	0,1	0,19	0,27	0,34	0,41
β'	0,6	0,36	0,22	0,13	0,08

Siehe Figur!

c)
$$\delta_k: \begin{cases} Z = k \Rightarrow \text{Entscheidung für } H_1 \\ Z < k \Rightarrow \text{Entscheidung für } H_0 \end{cases}$$

$\alpha' = P^k_{0,1}(Z = k) = 0{,}1^k$
$\beta' = P^k_{0,4}(Z < k) = 1 - P^k_{0,4}(Z = k) = 1 - 0{,}4^k$

k	1	2	3
α'	0,1	0,01	0,001
β'	0,6	0,84	0,936

Siehe Figur!

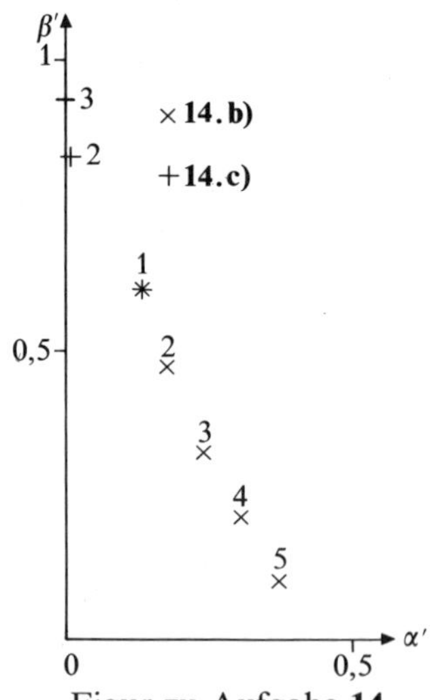

Figur zu Aufgabe **14.**

366/15. Testgröße: Zahl Z der Treffer bei 20 Schüssen. $\Omega = \{0, 1, \ldots, 20\}$
Hypothese H_0: $P_{0,7}^{20}$ (d.h., das Gewehr ist mittelmäßig).
Annahmebereich für H_0: »$Z \leqq k$«.
Es soll gelten: $P_{0,9}^{20}(Z \leqq k) \geqq 2\,P_{0,7}^{20}(Z > k)$
Umformung: $P_{0,1}^{20}(Z \geqq 20-k) \geqq 2\,P_{0,3}^{20}(Z < 20-k)$
$\Leftrightarrow 1 - P_{0,1}^{20}(Z \leqq 19-k) \geqq 2\,P_{0,3}^{20}(Z \leqq 19-k)$
Beste Näherung: $19 - k = 2$; $k = 17$.
Fehlerwahrscheinlichkeiten dann $\alpha' = 3{,}5\%$, $\beta' = 32{,}3\%$.

366/16. Testgröße $Z :=$ Anzahl der richtig gelösten Aufgaben. $\Omega := \{0, 1, \ldots, n\}$
Die Beantwortung der Fragen entspricht einer *Bernoulli*-Kette der Länge n.
H_0: Prüfling sehr gut vorbereitet $\Leftrightarrow$ Z ist nach $\mathrm{B}(n; 0{,}97)$ verteilt.
H_1: Prüfling schlecht vorbereitet $\Leftrightarrow$ Z ist nach $\mathrm{B}(n; 0{,}75)$ verteilt.
$A :=$ »$Z \geqq k+1$« $\qquad \bar{A} =$ »$Z \leqq k$«

Bedingung: $P_{0,97}^{n}(Z \geqq k+1) \geqq 97{,}5\% \wedge P_{0,75}^{n}(Z \leqq k) \geqq 90\%$
$\Leftrightarrow P_{0,97}^{n}(Z \leqq k) \leqq 0{,}025 \wedge P_{0,75}^{n}(Z \leqq k) \geqq 0{,}9$
$n = 15$: Es müßte zugleich $k \leqq 12$ und $k \geqq 13$ sein!
$n = 20$: Möglich ist $k = 17$.
$n = 50$: Möglich ist $k = 41, \ldots, 45$.

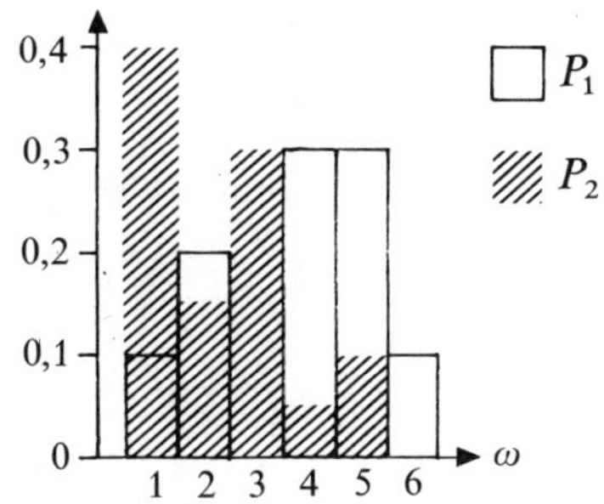

366/17. a) Sicherheit 60%, wenn P_1 vorliegt;
85%, wenn P_2 vorliegt.

b) $P_1(A) \geqq 0{,}8$ gilt für folgende Mengen:
$\{2, 4, 5\}$, $\{2, 3, 4, 5\}$, $\{1, 4, 5, 6\}$,
$\{1, 3, 4, 5, 6\}$ und Ω.
$P_2(A)$ nimmt dann beziehungsweise die Werte
0,7; 0,4; 0,45; 0,15; 0 an.
Also ist $A := \{2, 4, 5\}$ zu wählen.

c) Der Statistiker wendet das sogenannte **Maximum-Likelihood-Prinzip** an und erhält $A = \{2; 4; 5\}$ mit $\alpha' = 20\%$ und $\beta' = 30\%$ (vgl. Aufgabe **b)**!).

d) $A := \{\omega \mid P_1(\{\omega\}) > P_2(\{\omega\})\}$.

1) Wir vergrößern A.
$A^* := A \cup \{\omega^*\}$, wobei $P_1(\{\omega^*\}) \leqq P_2(\{\omega^*\})$
$(\alpha^*)' = P_1(\overline{A^*}) = 1 - P_1(A^*) = 1 - P_1(A) - P_1(\{\omega^*\}) = \alpha' - P_1(\{\omega^*\})$
$(\beta^*)' = P_2(A^*) = P_2(A) + P_2(\{\omega^*\}) = \beta' + P_2(\{\omega^*\})$.
$(\alpha^*)' + (\beta^*)' = \alpha' + \beta' + P_2(\{\omega^*\}) - P_1(\{\omega^*\}) \geqq \alpha' + \beta'$.

2) Wir verkleinern A.
$\tilde{A} := A \setminus \{\tilde{\omega}\}$ mit $P_1(\{\tilde{\omega}\}) > P_2\{(\tilde{\omega}\})$.
$\tilde{\alpha}' = P_1(\bar{\tilde{A}}) = 1 - P(\tilde{A}) = 1 - P_1(A) + P_1(\{\tilde{\omega}\}) = \alpha' + P_1(\{\tilde{\omega}\})$
$\tilde{\beta}' = P_2(\tilde{A}) = P_2(A) - P_2(\{\tilde{\omega}\}) = \beta' - P_2(\{\tilde{\omega}\})$.
$\tilde{\alpha}' + \tilde{\beta}' = \alpha' + \beta' + P_1(\{\tilde{\omega}\}) - P_2(\{\tilde{\omega}\}) > \alpha' + \beta'$.

In beiden Fällen nimmt die Summe der Irrtumswahrscheinlichkeiten nicht ab.
In Figur 342.1 ist $\alpha' + \beta'$ noch nicht minimal, da $\mathrm{B}(50; 0{,}15; 14) < \mathrm{B}(50; 0{,}4; 14)$, aber $14 \in A$.
Für $A' := \{0, 1, \ldots, 13\}$ ist das Konstruktionsprinzip von **c)** erfüllt.

367/18. $Z :=$ Anzahl der Sechser; $\Omega = \{0, 1, \ldots, 600\}$.

$H_0 := Z$ ist $B(600; \frac{1}{6})$-verteilt. $H_1 := Z$ ist $B(600; \frac{1}{5})$-verteilt.

a) $A :=$ »$Z \leqq 110$«.

$$\alpha' = P^{600}_{\frac{1}{6}}(Z \geqq 111) \approx 1 - \Phi\left(\frac{110 - 100 + 0{,}5}{\sqrt{\frac{500}{6}}}\right) = 1 - \Phi(1{,}15022) = 12{,}5\%$$

$$\beta' = P^{600}_{0,2}(Z \leqq 110) \approx \Phi\left(\frac{110 - 120 + 0{,}5}{\sqrt{96}}\right) = \Phi(-0{,}96959) = 16{,}6\%$$

b) $A := [0; k]$

$$\alpha' = P^{600}_{\frac{1}{6}}(Z \geqq k + 1) \leqq 5\%$$

näherungsweise:

$$\Phi\left(\frac{k - 100 + 0{,}5}{\sqrt{\frac{500}{6}}}\right) \geqq 95\%$$

$$\Leftrightarrow k - 99{,}5 \geqq \sqrt{\tfrac{500}{6}} \cdot 1{,}6449$$

$$\Leftrightarrow k \geqq 114{,}5\ldots$$

$$\Rightarrow k_{\min} = 115.$$

$$\beta' = P^{600}_{0,2}(Z \leqq 115) \approx \Phi\left(\frac{115 - 120 + 0{,}5}{\sqrt{96}}\right) =$$

$$= \Phi(-0{,}45928) = 32{,}3\%$$

c) $P^n_{\frac{1}{6}}(Z \geqq k + 1) < 1\% \wedge P^n_{0,2}(Z = k) < 1\%$

Näherungsweise:

$$1 - \Phi\left(\frac{k - \frac{1}{6}n + 0{,}5}{\sqrt{n \cdot \frac{5}{36}}}\right) < 1\% \wedge$$

$$\wedge\, \Phi\left(\frac{k - 0{,}2n + 0{,}5}{\sqrt{n \cdot \frac{4}{25}}}\right) < 1\%$$

$$\Leftrightarrow \frac{6k - n + 3}{\sqrt{5n}} > 2{,}3264 \wedge \frac{5k - n + 2{,}5}{2\sqrt{n}} < -2{,}3264$$

$$\Leftrightarrow \tfrac{1}{6}(n + 2{,}3264\sqrt{5}\sqrt{n} - 3) < k < \tfrac{1}{5}(n - 2 \cdot 2{,}3264\sqrt{n} - 2{,}5).$$

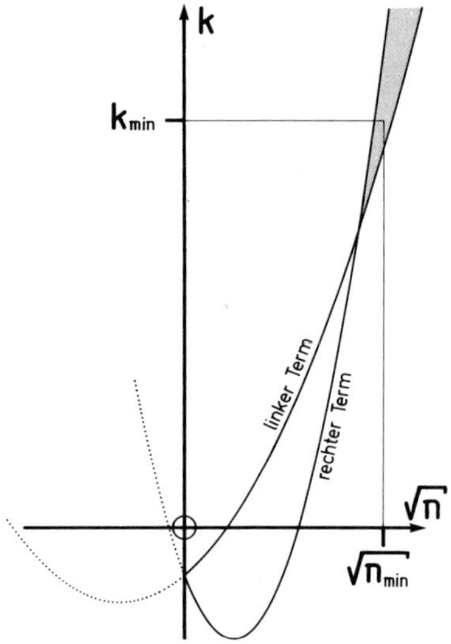

In einem $\sqrt{n}$-k-System stellen die beiden Terme Teile von Parabeln dar (siehe Skizze).

Bestimmung der $\sqrt{n}$-Werte:

Notwendigerweise muß gelten

$$\tfrac{1}{5}(n - 2 \cdot 2{,}3264\sqrt{n} - 2{,}5) - \tfrac{1}{6}(n + 2{,}3264\sqrt{5}\sqrt{n} - 3) > 0$$

$$\Leftrightarrow \sqrt{n}\,(\sqrt{n} - 2{,}3264(12 + 5\sqrt{5})) > 0$$

$$\Leftrightarrow \sqrt{n} > 53{,}92\ldots$$

$$\Leftrightarrow n > 2908{,}09\ldots \Rightarrow n_{\min} \geqq 2909$$

Bestimmung der dazu passenden k-Werte:

$$\tfrac{1}{6}(2909 + 2{,}3264 \cdot \sqrt{5 \cdot 2909} - 3) < k < \tfrac{1}{5}(2909 - 2 \cdot 2{,}3264\sqrt{2909} - 2{,}5)$$

$\Leftrightarrow 531{,}09\ldots < k < 531{,}1\ldots$; nicht erfüllbar.

Da beide Schranken für k mit n monoton wachsen, muß k mindestens 532 sein. Dann müßte gelten

$\frac{1}{5}(n - 2 \cdot 2{,}3264\sqrt{n} - 2{,}5) > 532$, woraus man erhält: $n > 2913{,}64$.

Mit $n = 2914$ gewinnt man dann

$\frac{1}{6}(2914 + 2{,}3264\sqrt{5 \cdot 2914} - 3) < k < \frac{1}{5}(2914 - 2 \cdot 2{,}3264\sqrt{2914} - 2{,}5)$

$\Leftrightarrow\ 531{,}96\ldots < k < 532{,}06\ldots$

Also erfüllen $n = 2914$ und $k = 532$ die gestellte Bedingung für Φ und hoffentlich auch für das eigentliche Problem.

367/19. a) $\alpha' = P_{0,15}^{300}(Z \geqq 83) = P_{0,15}^{300}(Z - 45 \geqq 38) < P_{0,15}^{300}(|Z - 45| \geqq 38) \leqq$

$\leqq \dfrac{300 \cdot 0{,}15 \cdot 0{,}85}{38^2} < 2{,}7\%$

$\beta' = P_{0,4}^{300}(Z \leqq 82) = P_{0,4}^{300}(Z - 120 \leqq -38) =$

$= P_{0,4}^{300}(120 - Z \geqq 38) \leqq P_{0,4}^{300}(|Z - 120| \geqq 38) \leqq \dfrac{300 \cdot 0{,}4 \cdot 0{,}6}{38^2} < 5\%$

b) $\alpha' \approx 1 - \Phi\left(\dfrac{82 - 45 + 0{,}5}{\sqrt{38{,}25}}\right) = 6{,}68 \cdot 10^{-8}\%.$

$\beta' \approx \Phi\left(\dfrac{82 - 120 + 0{,}5}{\sqrt{72}}\right) = \Phi(-4{,}419417382) = 1 - 0{,}9999950465 < 4{,}96 \cdot 10^{-4}\%.$

367/20. Da der Spieler nicht weiß, vor welchem Automaten er steht, ist sowohl α' als auch β' höchstens 10% zu machen.

$Z :=$ Anzahl der Gewinnspiele; $\Omega = \{0, 1, \ldots, n\}$.

H_0: Der Automat hat die Gewinnwahrscheinlichkeit 0,49, d.h., Z ist $B(n; 0{,}49)$-verteilt.

H_1: Der Automat hat die Gewinnwahrscheinlichkeit 0,51, d.h., Z ist $B(n; 0{,}51)$-verteilt.

1. Fall: n ist gerade.

$A := »Z \leqq \frac{1}{2}n«$

$1 - \alpha' = P_{0,49}^{n}(Z \leqq \frac{1}{2}n) \geqq 90\%$, $\quad n \in \mathbb{N}$

angenähert

$\Phi\left(\dfrac{0{,}5n - n \cdot 0{,}49 + 0{,}5}{\sqrt{n \cdot 0{,}49 \cdot 0{,}51}}\right) \geqq 0{,}9$

$\Leftrightarrow n - 128{,}16\sqrt{0{,}2499}\sqrt{n} + 50 \geqq 0$

$\Leftrightarrow n \geqq 4003{,}9\ldots \vee n \leqq 0{,}63$

$\Rightarrow n_{\min} = 4004.$

$1 - \beta' = P_{0,51}^{n}(Z > \frac{1}{2}n) \geqq 90\%$

ergibt angenähert

$\Phi\left(\dfrac{0{,}5n - 0{,}51n + 0{,}5}{\sqrt{n \cdot 0{,}49 \cdot 0{,}51}}\right) \leqq 0{,}1$

$\Leftrightarrow n - 128{,}16\sqrt{0{,}2499}\sqrt{n} - 50 \geqq 0$

$\Rightarrow n \geqq 4204{,}009\ldots$

$\Rightarrow n_{\min} = 4206$, da n gerade sein muß.

Es müßte also mindestens 4206mal gespielt werden.

2. Fall: n ist ungerade

$A := »Z \leqq \frac{1}{2}n - \frac{1}{2}«$

$1 - \alpha' = P_{0,49}^{n}(Z \leqq \frac{1}{2}n - \frac{1}{2}) \geqq 90\% \wedge 1 - \beta' = P_{0,51}^{n}(Z > \frac{1}{2}n - \frac{1}{2}) \geqq 90\%$

Angenähert:

$\Phi\left(\dfrac{0{,}5n - 0{,}49n}{\sqrt{0{,}2499n}}\right) \geqq 90\% \wedge 1 - \Phi\left(\dfrac{0{,}5n - 0{,}51n}{\sqrt{0{,}2499n}}\right) \geqq 90\%$

Beide Ungleichungen sind identisch. Man erhält

$\sqrt{n} - 128{,}16\sqrt{0{,}2499} \geqq 0 \Rightarrow n_{\min} = 4105.$

Die ungerade Spielanzahl ist günstiger als die gerade!

Mit einer Sicherheit von 90% kann man nach 4105 Versuchen sagen: Gewinnt man höchstens 2052mal, so handelt es sich um den Automaten mit der Gewinnwahrscheinlichkeit 0,49.

367/21. $S :=$ Schaden in DM pro Schachtel

$$\mathscr{E}S = 0{,}7 \cdot 10 \cdot \alpha' + 0{,}3 \cdot 5 \cdot \beta' =$$
$$= 7\alpha' + 1{,}5\,\beta' =$$
$$= 7\,P_{0,1}^{20}(Z > k) + 1{,}5\,P_{0,4}^{20}(Z \leqq k) =$$
$$= 7 - 7\,P_{0,1}^{20}(Z \leqq k) + 1{,}5\,P_{0,4}^{20}(Z \leqq k)$$

k	2	3	4	5	6	7
$7P_{0,1}^{20}(Z \leqq k)$	4,7385	6,069	6,698	6,921	6,983	6,997
$1{,}5P_{0,4}^{20}(Z \leqq k)$	0,0054	0,024	0,077	0,188	0,375	0,624
$\mathscr{E}S$	2,2669	0,955	0,379	0,267	0,392	0,627

Der optimale Annahmebereich für die Hypothese »10% Ausschuß« ist also $A =$ »höchstens 5 schlechte Stücke in der Stichprobe«. Der mittlere Verlust pro Schachtel ist dann 26,7 Pf.

Bemerkung:

Eine weitergehende Frage wäre, ob denn die Annahmebereiche der Form »$Z \leqq k$« überhaupt die günstigsten sind. Sie zeichnen sich dadurch aus, daß sie zusammenhängend sind. Aber könnte nicht vielleicht ein unzusammenhängender Annahmebereich wie z.B. »$Z = 0$ oder $3 \leqq Z \leqq 6$« zu noch besseren Resultaten führen? Wir können auf die zugehörige Theorie nicht eingehen, vermerken aber das Ergebnis: In unseren Beispielen sind die zusammenhängenden Annahmebereiche tatsächlich nachweislich die besten, wie man es wohl schon gefühlsmäßig vermutet hätte.

367/22. Wie in Aufgabe **21** erhält man

$$\mathscr{E}S = 7\left(1 - P_{0,1}^{n}(Z \leqq k)\right) + 1{,}5\,P_{0,4}^{n}(Z \leqq k).$$

k \ n	1	2
0	1,6	1,87
1	1,5	1,33
2		1,5

Bemerkung:
Der jeweils größte Wert von k bedeutet, daß gar kein Test gemacht wird.

367/23. a) $\mathscr{E}S = 7 \cdot \gamma + 1{,}5(1 - \gamma) = 1{,}5 + 5{,}5\,\gamma$.
Minimale Kosten für $\gamma = 0$, d.h., die Münze zeigt (praktisch) nie den Adler, und jede Schachtel wird für »gut« erklärt. Der Münzenwurf bringt also keinen Vorteil, was auch zu erwarten war.

b) Beim optimalen Verfahren nach **a)** ist der mittlere Verlust gleich 1,5 DM. Kostet die Prüfung von 1 Schraube mehr als diesen Betrag, so lohnt es sich nicht, zu prüfen.

Ergänzung: 367/**22** zeigt, daß man mindestens 2 Stücke prüfen muß, um einen Vorteil zu erzielen. Man kann dann den mittleren Verlust auf 1,33 DM senken. Dies lohnt sich aber nicht, wenn 1 Prüfung teurer als 1,33 DM : 2 = 0,665 DM kommt.

367/24. a) Verlust in DM bei Annahme: $V_1 := 100p \cdot 0{,}5 = 50p$
Verlust in DM bei Ablehnung: $V_2 := 20 + 100(1 - p) \cdot 0{,}3 = 50 - 30p$

Annahme vorteilhafter $\Leftrightarrow V_1 < V_2$
$\Leftrightarrow 50p < 50 - 30p$
$\Leftrightarrow p < 0{,}625$

Am ungünstigsten für den Abnehmer ist die Situation $V_1 = V_2 \Leftrightarrow p = 0{,}625$ (was zwar bei 100 Stück nicht realisierbar ist), da er dann bei Annahme und Ablehnung den gleichen höchsten Verlust von 31,25 DM hat.

p	$\mathscr{E}V$, $k = 5$	$\mathscr{E}V$, $k = 11$
0	0	0
0,05	2,50	2,50
0,10	5,09	5,00
0,15	8,14	7,50
0,20	12,08	10,00
0,25	16,95	12,50
0,30	22,24	15,00
0,35	27,09	17,51
0,40	30,74	20,03
0,45	32,85	22,59
0,50	33,49	25,18
0,55	33,04	27,75
0,60	31,93	30,18
0,65	30,52	32,15
0,70	29,02	33,22
0,75	27,51	32,89
0,80	26,00	30,93
0,85	24,50	27,69
0,90	23,00	24,22
0,95	21,50	21,64
1	20,00	20,00

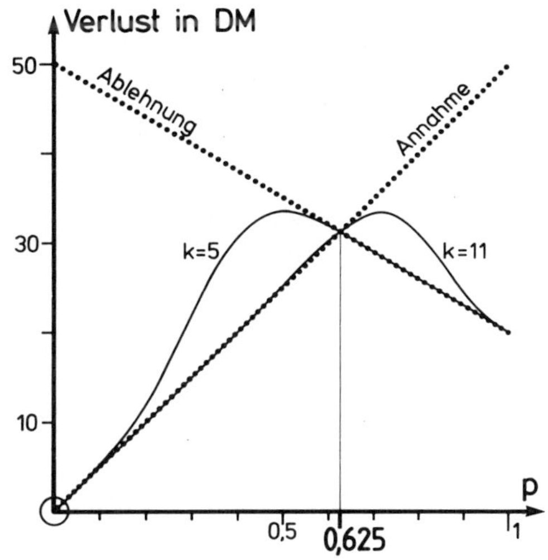

b) $\mathscr{E}V = 50p\,P_p^{15}(Z \leqq k) + (50 - 30p)\,P_p^{15}(Z > k) =$
$= 50 - 30p + (80p - 50)\,F_p^{15}(k).$

Man erkennt aus der Wertetabelle, daß sich im Rahmen der Zeichengenauigkeit die Graphen von $\mathscr{E}V$ für $k = 5$ nicht von der »Ablehnungsgeraden« und für $k = 11$ nicht von der »Annahmegeraden« unterscheiden. Trotz des Augenscheins sind diese Geraden keine Tangenten:

$$k = 5\colon \frac{d\mathscr{E}V}{dp}(0{,}625) = -30 + 80 \cdot 0{,}02103 = -28{,}32 \neq -30 = \text{Steigung von } V_2$$

$$k = 11\colon \frac{d\mathscr{E}V}{dp}(0{,}625) = -30 + 80 \cdot 0{,}87330 = 39{,}864 \neq 50 = \text{Steigung von } V_1$$

Maximaler Verlust bei $k = 5$ ca. 3,5 DM, bei $k = 11$ ca. 3,3 DM.

c) Die Umformung in **b)** läßt erkennen, daß Schranken für $\mathscr{E}V$ bei gegebenem p die Zahlen $50 - 30p$ und $50p$ sind.

368/25. Höchstens 3 Stücke sind zu prüfen.

Mit $p := \dfrac{d}{100}$ erhält man (mit Hilfe eines Baumes):

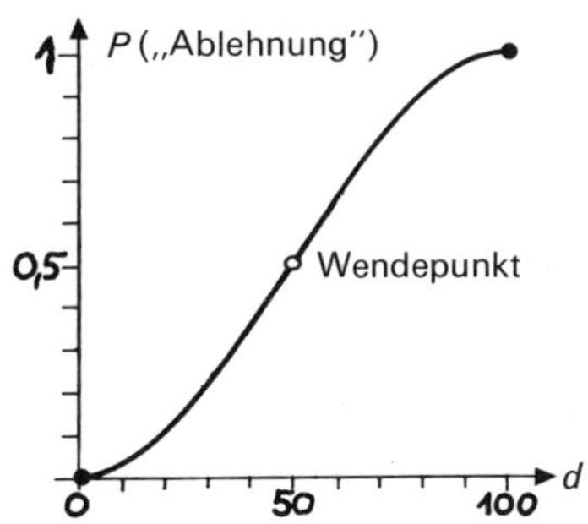

$P(\text{»Ablehnung«}) = p^2 + 2(1-p)p^2 = p^2(3-2p) = 2d^2(150-d)\cdot 10^{-6}$

n	2	3
$P(N=n)$	$p^2+(1-p)^2$	$2p(1-p)$

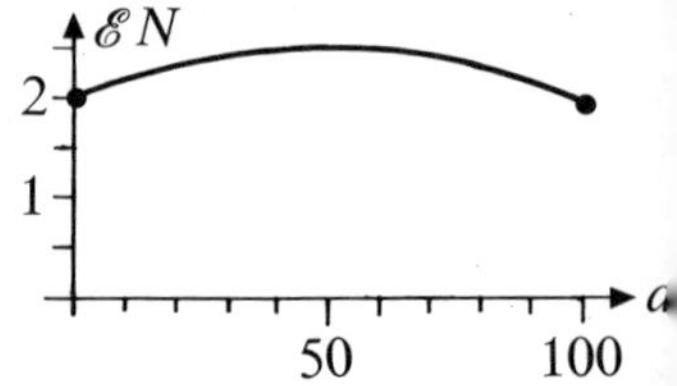

$$\mathscr{E}N = 2\left(p^2+(1-p)^2\right) + 3\cdot 2p(1-p) =$$
$$= 2 + 2p(1-p) =$$
$$= 2 + \frac{2d}{100}\left(1 - \frac{d}{100}\right)$$

Für die Zeichnung:

$$\mathscr{E}N = -2(p-\tfrac{1}{2})^2 + \tfrac{5}{2} =$$
$$= -\frac{2}{10^4}(d-50)^2 + \tfrac{5}{2}.$$

368/26.

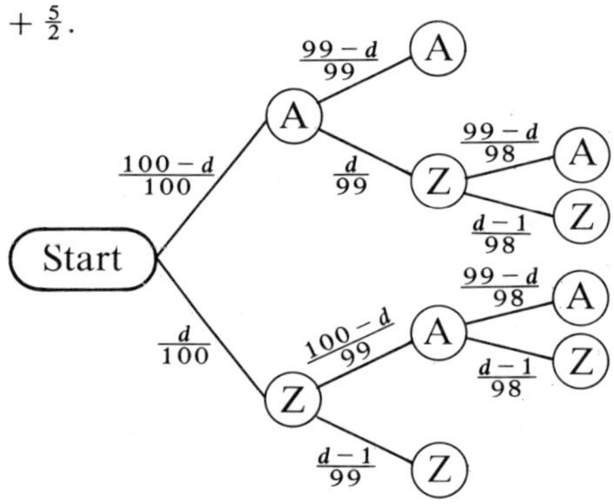

$$P(\text{»Ablehnung«}) = \frac{100-d}{100}\cdot\frac{d}{99}\cdot\frac{d-1}{98} + \frac{d}{100}\cdot\frac{100-d}{99}\cdot\frac{d-1}{98} + \frac{d}{100}\cdot\frac{d-1}{99} =$$
$$= \frac{d(d-1)(149-d)}{100\cdot 99\cdot 49}.$$

n	2	3
$P(N=n)$	$\dfrac{d(d-1)+(100-d)(99-d)}{100\cdot 99}$	$\dfrac{2(100-d)d}{100\cdot 99}$

$$\mathscr{E}N = 2\cdot\frac{d(d-1)+(100-d)(99-d)}{100\cdot 99} + 3\cdot\frac{2d(100-d)}{100\cdot 99} = 2 + 2\cdot\frac{d}{99}\left(1-\frac{d}{100}\right).$$

Man vergleiche P(»Ablehnung«) und $\mathscr{E}N$ mit den Ergebnissen aus 368/**25.** Die graphischen Darstellungen für 368/**25** und 368/**26** fallen im Rahmen der Zeichengenauigkeit zusammen.

368/27. a) $\mathscr{E}S = \frac{1}{2}\cdot 200\cdot P_{0,1}(\text{»Ablehnung«}) + \frac{1}{2}\cdot 100\cdot P_{0,3}(\text{»Annahme«}) =$
$= \frac{1}{2}\cdot 200\cdot 0{,}01(3-0{,}2) + \frac{1}{2}\cdot 100\cdot(1-0{,}09(3-0{,}6)) = 42.$

b) $\mathscr{E}$(Schaden bei ungeprüfter Annahme/DM) $= \frac{1}{2}\cdot 0 + \frac{1}{2}\cdot 100 = 50.$
Vom Preis von 50 DM pro Prüfung an lohnt sich kein wie auch immer geplanter Test mehr. Der Test aus 368/**25** lohnt sich nur, wenn die mittleren Prüfkosten 8 DM nicht übersteigen.
Wegen $\mathscr{E}N = 2{,}18$ für $d = 10$ und $\mathscr{E}N = 2{,}42$ für $d = 30$ darf der Preis pro Prüfung eines Geräts nicht größer als $8\,\text{DM} : [\frac{1}{2}(2{,}18+2{,}42)] = 3{,}48\,\text{DM}$ sein. Der Test ist dem Problem sehr schlecht angepaßt.

Aufgaben zu 17.4.

368/28. a) $H := \{B(30; p) \mid p \in [0; 1]\}, \qquad H_0 := \{B(30; \frac{1}{6})\}$

$\delta: \begin{cases} Z \in [0; 2] \cup [8; 30] \Rightarrow H_0 \text{ ablehnen.} \\ Z \in [3; 7] \Rightarrow H_0 \text{ kann nicht abgelehnt werden.} \end{cases}$

b) $\alpha' = P_{\frac{1}{6}}^{30}(Z \in K) =$

$= 1 - F_{\frac{1}{6}}^{30}(7) + F_{\frac{1}{6}}^{30}(2) =$

$= 1 - 0{,}88631 + 0{,}10279 = 21{,}648\%$

c) $\beta'(15\%) = P_{0,15}^{30}(Z \in \bar{K}) =$
$= F_{0,15}^{30}(7) - F_{0,15}^{30}(2) =$
$= 0{,}93022 - 0{,}15140 =$
$= 77{,}882\%.$

$\beta'(20\%) = P_{0,2}^{30}(Z \in \bar{K}) =$
$= 0{,}76079 - 0{,}04418 =$
$= 71{,}661\%.$

d) Auswertung von Tabelle 32.1 ergibt folgende Anzahlen von Sechsern:

5	6	**8**	4	5	5	5	4
7	5	7	3	5	**2**	4	3
6	4	4	4	**9**	3	6	5
2	5	4	5	7	**8**	**2**	6
3	6	5	**2**	**8**	5	**9**	4

In 9 von den 40 Tests, also in 22,5% aller durchgeführten Tests, würde man die Nullhypothese ablehnen.

e) $K := [0; k_1] \cup [k_2; 30] \qquad \alpha' = P_{H_0}(Z \in K) \leqq 10\%$

Man konstruiert K so, daß $P_{H_0}(Z \in [0; k_1]) \leqq 5\% \wedge P_{H_0}(Z \in [k_2; 30]) \leqq 5\%$

$\Leftrightarrow F_{\frac{1}{6}}^{30}(k_1) \leqq 5\% \wedge F_{\frac{1}{6}}^{30}(k_2 - 1) \geqq 95\%$

$\Leftrightarrow k_1 \leqq 1 \wedge k_2 - 1 \geqq 9$

Somit $K = [0; 1] \cup [10; 30]$

Damit kann die Nullhypothese bei keinem der 40 Tests abgelehnt werden.

368/29. $Z :=$ Anzahl der Steinchen, bei denen der Buchstabe oben liegt.

a) $\Omega = \{0, 1, \ldots, 50\}$.

$H := Z$ ist nach $B(50; p)$ mit $p \in [0; 1]$ verteilt.

$H_0 := Z$ ist nach $B(50; \frac{1}{4})$ verteilt.

$K := [0; k_1] \cup [k_2; 50]$

$P_{0,25}^{50}(Z \leqq k_1) \leqq 5\% \wedge P_{0,25}^{50}(Z \geqq k_2) \leqq 5\%$

$\Leftrightarrow k_1 \leqq 7 \wedge k_2 - 1 \geqq 18$

Also $K = [0; 7] \cup [19; 50]$.

$15 \in \bar{K} \Rightarrow H_0$ kann nicht abgelehnt werden.

Man wird die Steinchen als symmetrisch behandeln.

b) $\mu = 125; \quad \sigma = \frac{5}{2}\sqrt{15}$

$P_{0,25}^{500}(Z \leqq k_1) \leqq 5\% \wedge P_{0,25}^{500}(Z \geqq k_2) \leqq 5\%$

Angenähert gilt

$$\Phi\left(\frac{k_1 - 125 + 0{,}5}{2{,}5\sqrt{15}}\right) \leqq 5\% \wedge \Phi\left(\frac{k_2 - 1 - 125 + 0{,}5}{2{,}5\sqrt{15}}\right) \geqq 95\%$$

$$\Leftrightarrow \frac{k_1 - 125 + 0{,}5}{2{,}5\sqrt{15}} \leqq -1{,}6449 \wedge \frac{k_2 - 1 - 125 + 0{,}5}{2{,}5\sqrt{15}} \geqq 1{,}6449$$

$k_1 \leqq 108{,}5\ldots \wedge k_2 \geqq 141{,}4\ldots$
also $K := [0; 108] \cup [142; 500]$.
$150 \in K \Rightarrow H_0$ wird abgelehnt.
Man wird die Steinchen nicht als symmetrisch akzeptieren.

369/30. a) Testgröße $Z :=$ Anzahl der Adler bei n Würfen. $\Omega = \{0, 1, \ldots, n\}$
Zulässige Hypothese $H := \{B(n; p) \mid p \in [0; 1]\}$ Nullhypothese $H_0 := \{B(n; \frac{1}{2})\}$
Kritischer Bereich $K := [0; k_1] \cup [k_2; n]$
Forderung: $P_{0,5}^n(Z \leqq k_1) \leqq 5\% \wedge P_{0,5}^n(Z \geqq k_2) \leqq 5\%$

n	k_1	k_2	$\alpha' = P_{0,5}^n(K)$	$\beta' = P_{0,6}^n(\bar{K})$
50	18	32	6,490%	66,387%
100	41	59	8,862%	37,737%
200	87	113	7,684%	13,966%

Auswertung von Tabelle 11.1 (Anzahlen der Adler):

50fach-Würfe:	22	24	23	30	21	28	32	26	20	23	28	27	30	20	19	27
100fach-Würfe:	46		53		49		58		43		55		50		46	
200fach-Würfe:	99				107				98				96			

Entscheidungen bei $n = 50$: Stets »Münze symmetrisch« außer in 1 Fall.
Entscheidungen bei $n = 100$ und 200: Stets »Münze symmetrisch«.

b) Das Versuchsergebnis legt nahe, daß »Adler« häufiger erscheint als Zahl.
Mit $H := [\frac{1}{2}; 1]$ und $H_0 = \{\frac{1}{2}\}$ müßte *Poisson* einseitig testen und als $K := [2048; 4040]$ wählen.

$$\alpha' = P_{H_0}(K) = P_{0,5}^{4040}(Z \geqq 2048) = 1 - F_{0,5}^{4040}(2047) \approx$$

$$\approx 1 - \Phi\left(\frac{2047 - 2020 + 0{,}5}{\sqrt{1010}}\right) = 1 - \Phi(0{,}86531) = 19{,}343\% \qquad \textbf{T}\text{: } 19{,}215\%$$

$$\beta'(0{,}52) = P_{0,52}(\bar{K}) = P_{0,52}^{4040}(Z \leqq 2047) = F_{0,52}^{4040}(2047) \approx$$

$$\approx \Phi\left(\frac{2047 - 4040 \cdot 0{,}52 + 0{,}5}{\sqrt{4040 \cdot 0{,}52 \cdot 0{,}48}}\right) = \Phi(-1{,}67847) = 4{,}663\% \qquad \textbf{T}\text{: } 4{,}648\%$$

Poisson könnte sich aber auch auf den Standpunkt stellen:
Die Wahrscheinlichkeit für »Adler« kann sowohl größer als auch kleiner als $\frac{1}{2}$ sein, also $H = [0; 1]$. Nur der Zufall hat uns diese Häufigkeit von »Adler« beschert. Dann würde er zweiseitig testen mit $K := [0; 1992] \cup [2048; 4040]$ und erhielte

$$\alpha' = P_{H_0}(K) = F_{0,5}^{4040}(1992) + 1 - F_{0,5}^{4040}(2047) \approx$$

$$\approx 2 - 2\Phi\left(\frac{27{,}5}{\sqrt{1010}}\right) = 38{,}686\% \qquad \textbf{T}\text{: } 38{,}43\%$$

$$\beta' = P_{0,52}(\bar{K}) = P_{0,52}^{4040}(1993 \leqq Z \leqq 2047) \approx$$

$$\approx \Phi\left(\frac{2047 - 4040 \cdot 0{,}52 + 0{,}5}{\sqrt{4040 \cdot 0{,}52 \cdot 0{,}48}}\right) - \Phi\left(\frac{1992 - 4040 \cdot 0{,}52 + 0{,}5}{\sqrt{4040 \cdot 0{,}52 \cdot 0{,}48}}\right) =$$

$$= \Phi(-1{,}67847) - \Phi(-3{,}41047) = 4{,}63\%. \qquad \textbf{T}\text{: } 4{,}72\%.$$

369/31. a) 1) $n = 493\,472 \qquad \mu = 246\,736 \qquad \sigma = \sqrt{123\,368}$

Testgröße $Z :=$ Anzahl der Knabengeburten; $\Omega = \{0, 1, 2, \ldots, 493\,472\}$

Einseitiger Test:

$H := \{B(493\,472; p) \mid p \geqq \frac{1}{2}\} \qquad H_0 := \{B(493\,472; \frac{1}{2})\}$

$K := [251\,527; 493\,472]$

$$\alpha' = P^n_{0,5}(K) \approx 1 - \Phi\left(\frac{251\,526 - 246\,736 + 0{,}5}{\sqrt{123\,368}}\right) = 1 - \Phi(13{,}64) = 0\,.$$

Dasselbe Ergebnis bei einem zweiseitigen Test mit
$H := \{B(493\,472; p) \mid p \in [0; 1]\}$ und $K := [0; 241\,945] \cup [251\,527; 493\,472]$.

2) $n = 1\,436\,587 \qquad \mu = 718\,293{,}5 \qquad \sigma = \sqrt{359\,146{,}75}$

$K := [737\,629; 1\,436\,587]$

$$\alpha' \approx 1 - \Phi\left(\frac{737\,628 - 718\,293{,}5 + 0{,}5}{\sqrt{359\,146{,}75}}\right) = 1 - \Phi(32{,}26) = 0$$

Kein anderes Ergebnis bei zweiseitigem Test.
Die Hypothese »Z ist nach $B(n; \frac{1}{2})$ verteilt« kann in beiden Fällen praktisch auf jedem Signifikanzniveau abgelehnt werden.

b) 1) $n = 493\,472 \qquad \mu = 253\,644{,}608 \qquad \sigma = 351{,}1$

H wie oben, $H_0 := \{B(n; 0{,}514)\}$

Einseitiger Test: $K := [0; 251\,527]$

$$\alpha' \approx \Phi\left(\frac{251\,527 - \mu + 0{,}5}{\sigma}\right) = \Phi(-6{,}03) = 8{,}23 \cdot 10^{-10}.$$

Kein anderes Ergebnis bei einem zweiseitigen Test.
Die Hypothese »Z ist nach $B(n; 0{,}514)$ verteilt« kann praktisch auf jedem Niveau abgelehnt werden.

2) $n = 1\,436\,587 \qquad \mu = 738\,405{,}718 \qquad \sigma = 599{,}054$

Zweiseitiger Test:

$H_0 := Z$ ist $B(1\,436\,587; 0{,}514)$-verteilt
$H := Z$ ist $B(1\,436\,587; p)$-verteilt, $p \in [0; 1]$
$K := [0; 737\,629] \cup [739\,183; 1\,436\,587]$

$\alpha' = P(Z \leqq 737\,629) + P(Z \geqq 739\,183) \approx$

$$\approx 2\Phi\left(\frac{737\,629 - \mu + 0{,}5}{\sigma}\right) = 2\Phi(-1{,}29574) = 19{,}51\%. \qquad \mathbf{T}\text{: } 19{,}36\%$$

Einseitiger Test:

H_0 wie oben; $H := Z$ ist $B(1\,436\,587; p)$-verteilt, $p \in [0; 0{,}514]$.
$K := [0; 737\,629]$

$\alpha' = P(Z \leqq 737\,629) \approx \Phi(-1{,}29574) = 9{,}753\% \qquad$ **T**: $9{,}68\%$

Bei einem zweiseitigen Test kann die Hypothese »$p = 0{,}514$« auf dem 10%-Niveau nicht abgelehnt werden. Bei einem einseitigen Test hingegen kann sie abgelehnt werden.

369/32. Testgröße $Z =$ Anzahl der Jahre, in denen Knabengeburten überwiegen;
$\Omega = \{0, 1, \ldots, 50\}$
$H_0 := Z$ ist $B(50; \frac{1}{2})$-verteilt. $H := Z$ ist $B(50; p)$-verteilt, $p \in [\frac{1}{2}; 1]$.

Einseitiger Test, $K := [k; 50]$.

$\alpha' = P_{0,5}^{50}(K) \leqq 0{,}001 \Leftrightarrow K = [37; 50]$

Da bei *John Arbuthnots* Untersuchung in allen 82 Jahren die Knabengeburten überwogen haben, gilt dies auch für die ersten 50 Jahre seiner Untersuchung. Wegen $50 \in K$ kann die Nullhypothese »P(»Pro Jahr werden mehr Knaben als Mädchen geboren«) $= \frac{1}{2}$« auf dem 1‰-Niveau abgelehnt werden. Es darf also mit einer Sicherheit von 99,9% geschlossen werden, daß P(»Knabengeburt«) $> P$(»Mädchengeburt«). *Arbuthnot* schließt daraus, daß Planung und nicht blindes Walten die Welt regiert.

370/33. a) $Z :=$ Anzahl der Aphrodite-Würfe; $\Omega = \{0, 1, \ldots, 100\}$.

Einseitiger Test mit $H := Z$ ist $B(100; p)$-verteilt mit $p \in [0{,}03; 1]$;

$H_0 := Z$ ist $B(100; 0{,}03)$-verteilt.

$K := [6; 100]$

$\alpha' = P_{0,03}^{100}(K) = 1 - F_{0,03}^{100}(5) = 8{,}084\%$.

Die Nullhypothese, daß kein Astragalus präpariert ist, kann auf dem 5%-Niveau nicht abgelehnt werden.

b) 1) Zweiseitiger Test

$X :=$ Anzahl der Würfe, die 6 bringen; $\Omega = \{0, 1, \ldots, 500\}$

$H := X$ ist nach $B(500; p)$ mit $p \in [0; 1]$ verteilt.

$H_0 := X$ ist $B(500; 0{,}07)$-verteilt.

$K = [0; k_1] \cup [k_2; 500]$, so daß $F_{0,07}^{500}(k_1) \leqq 0{,}5\% \wedge 1 - F_{0,07}^{500}(k_2 - 1) \leqq 0{,}5\%$

Näherungsrechnung mit der Normalverteilung:

$$\Phi\left(\frac{k_1 - 35 + 0{,}5}{\sqrt{32{,}55}}\right) \leqq 0{,}5\% \wedge \Phi\left(\frac{k_2 - 1 - 35 + 0{,}5}{\sqrt{32{,}55}}\right) \geqq 99{,}5\%$$

$\Leftrightarrow k_1 \leqq 19{,}8\ldots \wedge k_2 \geqq 50{,}19\ldots$

$\Rightarrow K = [0; 19] \cup [51; 500]$.

Mit der *Poisson*-Verteilung erhält man

$F_{35}(k_1) \leqq 0{,}005 \wedge F_{35}(k_2 - 1) \geqq 0{,}995$

$\Rightarrow k_1 = 20 \wedge k_2 = 52 \Rightarrow K = [0; 20] \cup [52; 500]$

2) Einseitiger Test

X, Ω und H_0 wie oben, für H ist $p \in [0{,}07; 1]$.

$K = [k; 500] \wedge k$ minimal, so daß $1 - F_{0,07}^{500}(k - 1) \leqq 1\%$.

Normalverteilung: $\Phi\left(\frac{k - 1 - 35 + 0{,}5}{\sqrt{32{,}55}}\right) \geqq 0{,}99 \Rightarrow K = [49; 500]$

Poisson-Näherung: $F_{35}(k - 1) \geqq 0{,}99 \Rightarrow K = [50; 500]$

3) Einseitiger Test

X, Ω und H_0 wie oben

$H := X$ ist nach $B(500; p)$ mit $p \in [0; 0{,}07]$ verteilt

$K = [0; k] \wedge k$ maximal, so daß $F_{0,07}^{500}(k) \leqq 1\%$.

Normalverteilung: $\Phi\left(\frac{k - 35 + 0{,}5}{\sqrt{32{,}55}}\right) \leqq 0{,}01 \Rightarrow K = [0; 21]$

Poisson-Näherung: $F_{35}(k) \leqq 0{,}01 \Rightarrow K = [0; 21]$

370/34. $K := [16; 20]$
$\alpha' = P_{0,5}^{20}(Z \geqq 16) = 1 - F_{0,5}^{20}(15) = 1 - 0{,}99409 = 0{,}00591 < 1\%$.
Lady X. kann auf dem 1%-Niveau Begabung attestiert werden.

370/35. a) P(»Genau k richtige Antworten«) $= \mathrm{B}(20; \frac{1}{4}; k)$

Note	1	2	3	4	5	6
Wahrscheinlichkeit	0,00000	0,00000	0,00094	0,03999	0,54423	0,41484

b) $Z :=$ Anzahl der richtigen Lösungen; $\Omega = \{0, 1, \ldots, 20\}$
$H := Z$ ist $\mathrm{B}(20; p)$-verteilt, $p \in [\frac{1}{4}; 1]$. $H_0 := Z$ ist $\mathrm{B}(20; \frac{1}{4})$-verteilt.

Gesucht ist ein möglichst großes $K := [k; 20]$, aber so, daß $\alpha' \leqq 5\%$, d.h.,

$P_{0,25}^{20}(Z \geqq k) \leqq 5\% \wedge k$ minimal $\Leftrightarrow F_{0,25}^{20}(k-1) \geqq 95\% \Rightarrow k_{\min} = 9$.

370/36. Testgröße $Z :=$ Anzahl der Kreise unter n angepickten »Körnern«.
$\Omega = \{0, 1, \ldots, n\}$
Nullhypothese: $P(Z = k) = \mathrm{B}(n; \frac{1}{2}; k)$.
Der Nullhypothese liegt die Vorstellung zugrunde, das Küken picke »blindlings« auf die Attrappen los, ohne Rücksicht auf die Form.
Alternativen: $P(Z = k) = \mathrm{B}(n; p; k)$ mit $p > \frac{1}{2}$.
Dies bedeutet, daß das Küken die Kreise bevorzugt. Jedes Zupicken erfolgt aber unabhängig; das Tier lernt nicht etwa im Laufe des Experiments aus Erfahrung.

1. Fall: Kritischer Bereich $K := \{15, \ldots, 20\}$, $\alpha' = P_{0,5}^{20}(Z \geqq 15) = 0{,}02069$

2. Fall: Kritischer Bereich $K := \{7, 8, 9\}$, $\alpha' = P_{0,5}^{9}(Z \geqq 7) = 0{,}08984$.

Im 1. Fall kann die Nullhypothese »Blindes Picken« auf dem 3%-Niveau, im 2. Fall nur auf dem 9%-Niveau abgelehnt werden.
Es fällt auf, daß das Signifikanzniveau im zweiten Fall höher, die »Leistung« des Kükens also geringer ist, obwohl hier das Küken in $\frac{7}{9}$ der Versuche Treffer erzielt hat gegenüber nur $\frac{3}{4}$ im 1. Fall. Die Länge der Stichprobe ist entscheidend! (Hauptsatz der Mathematischen Statistik)

370/37. Testgröße ist jeweils die Anzahl der Anhänger in der Stichprobe.

a) Theodor muß zweiseitig testen.

1) Unionsparteien
$H_0 := \{\mathrm{B}(2000; 0{,}47)\}$; $H := \{\mathrm{B}(2000; p) \mid p \in [0; 1]\}$
$K := [0; k_1] \cup [k_2; 1]$, k_1 maximal, k_2 minimal, so daß
$F_{0,47}^{2000}(k_1) \leqq 2{,}5 \wedge 1 - F_{0,47}^{2000}(k_2 - 1) \leqq 2{,}5\%$.
Näherungsweise

$$\Phi\left(\frac{k_1 - 940 + 0{,}5}{\sqrt{498{,}2}}\right) \leqq 0{,}025 \wedge \Phi\left(\frac{k_2 - 940 - 0{,}5}{\sqrt{498{,}2}}\right) \geqq 0{,}975$$

$\Leftrightarrow k_1 \leqq 895{,}75\ldots \wedge k_2 \geqq 984{,}24\ldots$
$\Rightarrow k_{1,\max} = 895 \wedge k_{2,\min} = 985$. Also $K = [0; 895] \cup [985; 2000]$

2) Die Grünen
$H_0 := \{\mathrm{B}(2000; 0{,}065)\}$, H wie bei **1)**
Analog wie oben

$$\Phi\left(\frac{k_1 - 130 + 0{,}5}{\sqrt{121{,}55}}\right) \leqq 0{,}025 \wedge \Phi\left(\frac{k_2 - 130 - 0{,}5}{\sqrt{121{,}55}}\right) \geqq 0{,}975$$

$\Leftrightarrow k_1 \leqq 107{,}89\ldots \wedge k_2 \geqq 152{,}10\ldots \Rightarrow K = [0; 107] \cup [153; 2000]$

b) Dorothea muß einseitig testen.

1) Unionsparteien

$H_0 := \{B(2000; 0{,}47)\}; \quad H := \{B(2000; p) \mid p \in [0; 0{,}47]\}$

$K := [0; k] \wedge k$ maximal, so daß $F_{0,47}^{2000}(k) \leqq 5\%$.

Näherungsweise

$$\Phi\left(\frac{k - 940 + 0{,}5}{\sqrt{498{,}2}}\right) \leqq 0{,}05$$

$\Leftrightarrow k \leqq 902{,}78\ldots \Rightarrow K = [0; 902]$

2) Die Grünen

$H_0 := \{B(2000; 0{,}065)\}; \quad H := \{B(2000; p) \mid p \in [0; 0{,}065]\}$

Analog wie oben

$$\Phi\left(\frac{k - 130 + 0{,}5}{\sqrt{121{,}55}}\right) \leqq 0{,}05 \Rightarrow K = [0; 111]$$

371/38. Testgröße $Z :=$ Anzahl der Felder mit Mehrertrag bei Anwendung von X.

$\Omega = \{0, 1, 2, \ldots, 20\}$

$H_0 := \{B(20; \tfrac{1}{2})\}; \quad H := \{B(20; p) \mid 0 \leqq p \leqq 1\}; \quad \alpha = 15\%$

$K := [0; k_1] \cup [k_2; 20]$ mit k_1 maximal und k_2 minimal, so daß

$P_{H_0}(Z \leqq k_1) \leqq \tfrac{1}{2}\alpha \wedge P_{H_0}(Z \geqq k_2) \leqq \tfrac{1}{2}\alpha$

$\Leftrightarrow F_{0,5}^{20}(k_1) \leqq 7{,}5\% \wedge F_{0,5}^{20}(k_2 - 1) \geqq 92{,}5\%$

$\Rightarrow k_1 = 6 \wedge k_2 = 14,$

also $K = [0; 6] \cup [14; 20]$

Da $13 \in \bar{K}$, kann H_0 auf dem 15%-Niveau nicht abgelehnt werden.

Minimales Niveau für die Ablehnung:

Soll $13 \in$ kritischer Bereich sein, so wählen wir als kritischen Bereich $[0; k_1] \cup [13; 20]$ und erhalten für

$P_{H_0}(Z \geqq 13) = 1 - F_{0,5}^{20}(12) = 0{,}13159 \leqq \tfrac{1}{2}\alpha.$

Die Nullhypothese könnte man auf dem 26,5%-Niveau noch ablehnen.

$\beta' = P_{0,7}^{20}(\bar{K}) = P_{0,7}^{20}(7 \leqq Z \leqq 13) = F_{0,7}^{20}(13) - F_{0,7}^{20}(6) = 0{,}39173 < 39{,}2\%$

371/39. Z und H_0 wie in Aufgabe **38**, $\quad H := \{B(20; p) \mid \tfrac{1}{2} \leqq p \leqq 1\}$

$K := [k; 20] \wedge k$ minimal, so daß $P_{H_0}(K) \leqq 15\% \Leftrightarrow 1 - F_{0,5}^{20}(k - 1) \leqq 15\%$

$\Rightarrow k = 13$, also $K = [13; 20]$.

Da $13 \in K$, kann die Nullhypothese auf dem 15%-Niveau abgelehnt werden.
Sie kann sogar auf dem 13,2%-Niveau noch abgelehnt werden.

371/40. Bei einem zweiseitigen Test wäre es möglich, daß man sich bei ganz wenigen geheilten Personen für die Behauptung der Firma entscheidet, was sicherlich nicht sinnvoll ist.

Testgröße: $Z :=$ Anzahl der geheilten Personen, $\Omega = \{0, \ldots, 20\}$

Zulässige Hypothese H: $P(Z = k) = B(20; p; k) \wedge p \in [0{,}7; 1]$

Nullhypothese H_0: $P(Z = k) = B(20; 0{,}7; k)$.

Entscheidungsvorschrift: Glaube die Behauptung der Firma genau dann, wenn von 20 Personen mindestens k geheilt werden, d.h., $K = [k; 20] \wedge k$ minimal.

$\alpha' = P_{0,7}^{20}(Z \geqq k) = 1 - F_{0,7}^{20}(Z \leqq k-1) \leqq 5\% \Leftrightarrow k-1 = 17 \Leftrightarrow k = 18.$

Werden also mindestens 18 Personen geheilt, dann kann auf dem 5%-Niveau, ja sogar auf dem 3,6%-Niveau, die Nullhypothese abgelehnt und die Behauptung der Firma geglaubt werden.

371/41. Einseitiger Test, um zu verhindern, daß bei sehr geringem Bekanntheitsgrad die Agentur die Prämie erhält.
Testgröße $Z :=$ Anzahl der Personen, die bei der Befragung angeben, Albil zu kennen
$\Omega = \{0, 1, \ldots, n\}$, wobei $n = 200$ bzw. 2000.
$H := Z$ ist nach $B(n; p)$ mit $p \in [0; 1]$ verteilt.
$H_0 := Z$ ist nach $B(n, p)$ mit $p \in [0; 0{,}45]$ verteilt.
Entscheidungsregel: Die Agentur erhält die Prämie genau dann, wenn mindestens k der befragten Personen angeben, Albil zu kennen.
Der kritische Bereich $K := [k; n] \wedge k$ minimal ist so zu wählen, daß

$\alpha' = P_{H_0}(Z \in K) \leqq 0{,}005 \Leftrightarrow 1 - F_p^n(k-1) \leqq 0{,}005$ für alle $p \in [0; 0{,}45]$.

Da F_p^n bei festem Argument mit wachsendem p echt monoton fallend ist, ist $1 - F_p^n$ echt monoton steigend. Somit ist die letzte Ungleichung für alle $p \in [0; 0{,}45]$ erfüllt, wenn sie für $p = 0{,}45$ erfüllt ist; also $F_{0,45}^n(k-1) \geqq 0{,}995$.

1) $n = 200$: $k - 1 \geqq 108 \Rightarrow k_{\min} = 109$.
Risiko der Agentur für die Alternative »$p = 0{,}6$«:
$\beta' = P_{0,6}^{200}(Z \leqq 108) = 0{,}04918 < 5\%$

2) $n = 2000$: $F_{0,45}^{2000}(k-1) \geqq 99{,}5\%$
Näherungsweise:

$$\Phi\left(\frac{k - 1 - 900 + 0{,}5}{3\sqrt{55}}\right) \geqq 0{,}995$$

$$\Leftrightarrow k \geqq 2{,}5758 \cdot 3 \cdot \sqrt{55} + 900{,}5 = 957{,}8\ldots \Rightarrow k_{\min} = 958.$$

Risiko der Agentur für die Alternative »$p = 0{,}6$«:

$$\beta' = P_{0,6}^{2000}(Z \leqq 957) \approx \Phi\left(\frac{957 - 1200 + 0{,}5}{4\sqrt{30}}\right) = \Phi(-11{,}0685) = 0.$$

371/42. p sei der Anteil an faulen Äpfeln in der Sendung.
Testgröße $Z :=$ Anzahl der faulen Äpfel unter 50 Äpfeln; $\Omega = \{0, 1, 2, \ldots, 50\}$
$H := \{B(50; p) \mid p \in [0; 1]\}$

a) Der Verkäufer muß einen ungerechtfertigten Preisnachlaß hinnehmen, wenn $p \leqq 0{,}15$ und $Z > 11$. Mit $H_0 := \{B(50; p) \mid 0 \leqq p \leqq 0{,}15\}$ ist das Risiko des Verkäufers

$\alpha' = P_{H_0}(Z > 11) = P_p^{50}(Z > 11) \wedge p \in [0; 0{,}15]$
$\Leftrightarrow \alpha' = 1 - F_p^{50}(11) \wedge 0 \leqq p \leqq 15\%.$

Da α' mit p echt monoton steigt, ist der ungünstigste Fall $p = 0{,}15$, also
$\alpha'(0{,}15) = 1 - F_{0,15}^{50}(11) = 0{,}06281 < 6{,}3\%.$

b) Der Käufer muß einen ungerechtfertigten Preisaufschlag hinnehmen, wenn $p \geqq 0{,}15$ und $Z < 5$.
Mit $H_0^* := \{B(50; p) \mid 0{,}15 \leqq p \leqq 1\}$ ist das Risiko des Käufers

$\alpha'_* = P_{H_0^*}(Z < 5) = P_p^{50}(Z \leqq 4) \wedge p \in [15\%; 1]$
$\Leftrightarrow \alpha'_* = F_p^{50}(4) \wedge p \in [15\%; 1]$

Da α'_* mit wachsendem p echt monoton fällt, ist $p = 0{,}15$ der ungünstigste Fall: $\alpha'_*(0{,}15) = F_{0,15}^{50}(4) = 0{,}11211 \approx 11{,}2\%$.

c) $P_{0,15}^{50}(Z > k_1) \leqq 5\% \Leftrightarrow F_{0,15}^{50}(k_1) \geqq 95\% \Rightarrow k_1 \geqq 12$
$P_{0,15}^{50}(Z < k_2) \leqq 5\% \Leftrightarrow F_{0,15}^{50}(k_2 - 1) \leqq 5\% \Rightarrow k_2 \leqq 4$

Entscheidungsregel: Nachlaß bei mehr als 12, Aufschlag bei weniger als 4 faulen Äpfeln.

d) Nachlaß: $P_{0,25}^{50}(Z > 11) = 1 - 0{,}38162 \approx 62\%$
Aufschlag: $P_{0,25}^{50}(Z < 5) = 0{,}00211 \approx 0{,}2\%$.

371/43. Testgröße $Z :=$ Zahl der Personen mit weniger als 1600 DM Einkommen
$\Omega = \{0, 1, \ldots, 100\}$
Nullhypothese $H_0 := Z$ ist nach $B(100; \frac{1}{2})$ verteilt, d.h., die Zeitung hat recht.
Zulässige Hypothese $H := Z$ ist nach $B(100; p)$ mit $p \in [0; 1]$ verteilt.
Kritischer Bereich $K := [0; 42] \cup [58; 100]$
Zweiseitiger Test sinnvoll, da als Alternativen Verteilungen $B(100; p)$ mit $p < \frac{1}{2}$ wie auch mit $p > \frac{1}{2}$ in Frage kommen. Wegen der Symmetrie von H_0 und K gilt $\alpha' = P_{H_0}(Z \in K) = 2 \cdot F_{0,5}^{100}(42) = 0{,}13322$. Signifikanzniveau $\alpha = 13{,}4\%$.

371/44. 1. Art: Testgröße $Z :=$ Anzahl der Lampen, die weniger als 1000 Std. brennen.
$H := \{B(100; p) \mid 0 \leqq p \leqq 0{,}25\}$; $\quad H_0 := \{B(100; 0{,}25)\}$

$K := [0; k] \wedge k$ maximal, so daß $P_{0,25}^{100}(K) \leqq 5\%$, d.h. $F_{0,25}^{100}(k) \leqq 5\% \Rightarrow k = 17$.

Es dürfen höchstens 17 der 100 Lampen weniger als 1000 Std. brennen, d.h., es müssen mindestens 83 der 100 Lampen mindestens 1000 Std. brennen, damit man die Nullhypothese auf dem 5%-Niveau ablehnen kann.

2. Art: Wählt man als Testgröße $X :=$ Anzahl der Lampen, die mindestens 1000 Std. brennen, so lautet die Nullhypothese $H_0 := \{B(100; 0{,}75)\}$ und die zulässige Hypothese $H := \{B(100; p) \mid 0{,}75 \leqq p \leqq 1\}$.

$K := [k; 100] \wedge k$ minimal, so daß $P_{0,75}^{100}(K) \leqq 5\%$, d.h. $1 - F_{0,75}^{100}(k-1) \leqq 5\%$
$\Rightarrow k = 83$

Es müssen mindestens 83 der 100 Lampen mindestens 1000 Std. brennen, damit man die Nullhypothese auf dem 5%-Niveau ablehnen kann.
Tatsächliches Risiko $< 3{,}8\%$.

371/45. Testgröße $Z :=$ Zahl der Personen, die ihre Leistung nach Einnahme des Mittels steigern. (Ein Gleichbleiben der Leistung sei ausgeschlossen.) $\Omega = \{0, \ldots, 15\}$

Nullhypothese: $P(Z = k) = B(15, \frac{1}{2}; k)$, d.h., die Leistung ändert sich rein zufällig, ohne einen »Trend«.

Zulässige Hypothese im Fall **a)**: $P(Z = k) = B(15; p; k) \wedge p \in [\frac{1}{2}; 1]$
b): $P(Z = k) = B(15; p; k) \wedge 0 \leqq p \leqq 1$

a) $K := [k; 15] \wedge k$ minimal, so daß $P_{0,5}^{15}(K) \leqq 30\% \Rightarrow k = 10$.

Entscheidungsregel: Präparat wirksam, wenn sich mindestens 10 Personen steigern. Im konkreten Fall Entscheidung »wirksam«.

b) $K := [0; k_1] \cup [k_2; 15] \wedge k_1$ maximal $\wedge\, k_2$ minimal, so daß
$P_{0,5}^{15}(K) \leqq 30\%$, d.h.
$F_{0,5}^{15}(k_1) \leqq 15\% \wedge 1 - F_{0,5}^{15}(k_2 - 1) \leqq 15\%$
$\Rightarrow k_1 = 4 \wedge k_2 = 11$

Entscheidungsregel: Präparat wirksam im positiven Sinn, wenn sich mindestens 11, im negativen Sinn, wenn sich höchstens 4 Personen steigern.
Im konkreten Fall Entscheidung »nicht wirksam«.

372/46. Es muß einseitig getestet werden, weil andernfalls Zahlen, die besonders häufig kommen, »selten« heißen und umgekehrt.

a) *Seltene Zahlen*
Testgröße $Z :=$ Absolute Ziehungshäufigkeit bei 1225 Ziehungen.
$\Omega = \{0, 1, 2, \ldots, 1225\}$
$H_0 := Z$ ist nach $\mathrm{B}(1225; \frac{6}{49})$ verteilt.
$H := Z$ ist nach $\mathrm{B}(1225; p)$ mit $p \in [0; \frac{6}{49}]$ verteilt.
$K := [0; k] \wedge k$ maximal, so daß $\alpha' = P_{H_0}(K) \leqq 1\% \Leftrightarrow F_{\frac{6}{49}}^{1225}(k) \leqq 1\%$.

Angenähert verlangt man

$$\Phi\left(\frac{k - 1225 \cdot \frac{6}{49} + 0{,}5}{\sqrt{1225 \cdot \frac{6}{49} \cdot \frac{43}{49}}}\right) \leqq 1\%$$
$$\Leftrightarrow k \leqq -2{,}3264 \cdot \tfrac{35}{49}\sqrt{258} - 0{,}5 + 1225 \cdot \tfrac{6}{49}$$
$$\Rightarrow k_{\max} = 122.$$

Bei der Zahl 13 kann die Nullhypothese, eine nicht-seltene Zahl zu sein, auf dem 1%-Niveau abgelehnt werden.

b) *Häufige Zahlen*
Testgröße Z, Ω und H_0 wie bei **a)**.
$H := Z$ ist nach $\mathrm{B}(1225; p)$ mit $p \in [\frac{6}{49}; 1]$ verteilt.

$K = [k; 1225] \wedge k$ minimal, so daß $\alpha' = P_{H_0}(K) \leqq 1\% \Leftrightarrow 1 - F_{\frac{6}{49}}^{1225}(k-1) \leqq 1\%$
Näherungsweise

$$\Phi\left(\frac{k - 1 - 1225 \cdot \frac{6}{49} + 0{,}5}{\frac{35}{49}\sqrt{258}}\right) \geqq 99\%$$
$$\Leftrightarrow k \geqq 2{,}3264 \cdot \tfrac{35}{49}\sqrt{258} + 1225 \cdot \tfrac{6}{49} + 0{,}5 \Rightarrow k_{\min} = 178$$

Für keine Zahl kann auf dem 1%-Niveau die Nullhypothese, eine nicht-häufige Zahl zu sein, abgelehnt werden.

372/47. a) $X :=$ Anzahl der richtig erkannten Teebeuteltassen
$\Omega := \{0; 1\}$, $K := \{1\}$,
$H := \{\mathrm{B}(1|p) \,|\, p \in [\frac{1}{2}; 1]\}$, $H_0 := \{\mathrm{B}(1; \frac{1}{2})\}$; $\alpha' = \mathrm{B}(1; \frac{1}{2}; 1) = 0{,}5$.

Auf dem 50%-Niveau kann Begabung attestiert werden.

b) $Z :=$ Anzahl der richtig erkannten Tassen
$\Omega := \{0, 1, 2\}$, $K := \{2\}$
Zulässige Hypothese ist die Menge aller Binomialverteilungen $\mathrm{B}(2; p)$ mit $p \in [\frac{1}{2}; 1]$.
Nullhypothese: Z ist nach $\mathrm{B}(2; \frac{1}{2})$ verteilt.
$\alpha' = \mathrm{B}(2; \frac{1}{2}; 2) = 0{,}25$. Auf dem 25%-Niveau kann Begabung attestiert werden.

c) $Y :=$ Anzahl der richtig erkannten Paare
$\Omega := \{0, 1, 2, 3, 4, 5\}, \quad K := \{5\}$
$H := \{\mathrm{B}(5; p) \mid p \in [\frac{1}{2}; 1]\}, \quad H_0 := \{\mathrm{B}(5; \frac{1}{2})\}$
$\alpha' = \mathrm{B}(5; \frac{1}{2}; 5) = 2^{-5} = 0{,}003125$. Signifikanzniveau $= 3\frac{1}{8}\%$.

d) Testgröße Z wie in **b)**.
$\Omega := \{0, 1, 2, \ldots, 9, 10\}, \quad K := \{10\}$
$H := \{\mathrm{B}(10; p) \mid p \in [\frac{1}{2}; 1]\}, \quad H_0 := \{\mathrm{B}(10; \frac{1}{2})\}$
$\alpha' = \mathrm{B}(10; \frac{1}{2}; 10) = 2^{-10}$. Signifikanzniveau $= 1‰$.

e) Testgröße X wie in **a)**.
Das Zufallsexperiment besteht in der Auswahl der 5 Teebeuteltassen.
$\Omega := \{0, 1, 2, 3, 4, 5\}, \quad K := \{5\}$
Nullhypothese H_0: X ist nach $\mathrm{H}(10; 5; 5)$ verteilt.

$$\alpha' = P_{H_0}(X = 5) = \mathrm{H}(10; 5; 5; 5) = \frac{1}{\binom{10}{5}} = \frac{1}{252} = 0{,}003968\ldots$$

Signifikanzniveau $= 4‰$.

f) Testgröße X wie in **e)**.
Das Zufallsexperiment besteht darin, einer geprüften Tasse aus den noch verbleibenden 9 Tassen die 4 gleich gebrühten zuzugesellen.
$\Omega := \{0, 1, 2, 3, 4\}, \quad K := \{4\}$
Nullhypothese H_0: X ist nach $\mathrm{H}(9; 4; 4)$ verteilt.

$$\alpha' = P_{H_0}(X = 4) = \mathrm{H}(9; 4; 4; 4) = \frac{1}{\binom{9}{4}} = \frac{1}{126} = 0{,}007936\ldots$$

Signifikanzniveau $= 8‰$.

372/48. a) 1) Es sei zunächst $k < n$.

$$F_p^n(k) = \sum_{i=0}^{k} \binom{n}{i} p^i (1-p)^{n-i}$$

$$\begin{aligned}
\frac{\mathrm{d}\,F_p^n(k)}{\mathrm{d}p} &= \frac{\mathrm{d}}{\mathrm{d}p}\left[(1-p)^n + \sum_{i=1}^{k} \binom{n}{i} p^i (1-p)^{n-i}\right] = \\
&= -n(1-p)^{n-1} + \sum_{i=1}^{k} \binom{n}{i}\left[i p^{i-1}(1-p)^{n-i} - (n-i) p^i (1-p)^{n-i-1}\right] = \\
&= -n(1-p)^{n-1} + n \sum_{i=1}^{k} \binom{n-1}{i-1} p^{i-1}(1-p)^{n-i} - \\
&\qquad - n \sum_{i=1}^{k} \binom{n-1}{i} p^i (1-p)^{n-1-i} = \\
&= n\left[-(1-p)^{n-1} + \sum_{j=0}^{k-1} \binom{n-1}{j} p^j \cdot (1-p)^{n-1-j} - \right. \\
&\qquad \left. - \sum_{i=1}^{k} \binom{n-1}{i} p^i (1-p)^{n-1-i}\right] = \\
&= n\left[-(1-p)^{n-1} + (1-p)^{n-1} - \binom{n-1}{k} p^k (1-p)^{n-1-k}\right] = \\
&= -n\binom{n-1}{k} p^k (1-p)^{n-1-k}.
\end{aligned}$$

Ist $k = n$, so ist $F_p^n(n) = 1$, also $\dfrac{\mathrm{d}\,F_p^n(n)}{\mathrm{d}p} = 0$. Dieser Wert ergibt sich auch, wenn man im oben gewonnenen Ausdruck für $k = n$ setzt.

2) $\frac{d}{dp} \sum_{i=k+1}^{l} B(n; p; i) = \frac{d}{dp}\left(F_p^n(l) - F_p^n(k)\right) =$

$= -n\binom{n-1}{l}p^l(1-p)^{n-1-l} + n\binom{n-1}{k}p^k(1-p)^{n-1-k} =$

$= np^k(1-p)^{n-1-l}\left[\binom{n-1}{k}(1-p)^{l-k} - \binom{n-1}{l}p^{l-k}\right]$

b) Typ 1: $OC(p) = 1 - F_p^n(k)$. Nach **a) 1)** ist $\frac{d\,OC(p)}{dp} > 0$.

Typ 2: $OC(p) = F_p^n(k-1)$. Nach **a) 1)** ist $\frac{d\,OC(p)}{dp} < 0$

Typ 3: $OC(p) = F_p^n(k_2 - 1) - F_p^n(k_1)$. Nach **a) 2)** gilt

$$\frac{d\,OC(p)}{dp} = np^{k_1}(1-p)^{n-1-k_2+1}\left[\binom{n-1}{k_1}(1-p)^{k_2-1-k_1} - \binom{n-1}{k_2-1}p^{k_2-1-k_1}\right].$$

Für $0 < p < 1$ erhält man als innere Nullstelle dieser Ableitung

$$p_0 := \left(1 + \sqrt[k_2-k_1-1]{\frac{\binom{n-1}{k_2-1}}{\binom{n-1}{k_1}}}\right)^{-1}$$

Man erkennt mit $\kappa := k_2 - k_1 - 1$

$$\frac{d\,OC(p)}{dp} = np^{k_2-1}(1-p)^{n-k_2}\binom{n-1}{k_1}\left[\left(\frac{1}{p}-1\right)^{\kappa} - \frac{\binom{n-1}{k_2-1}}{\binom{n-1}{k_1}}\right]$$

Ist $p > p_0$, so ist $\left(\frac{1}{p}-1\right)^{\kappa} < \frac{\binom{n-1}{k_2-1}}{\binom{n-1}{k_1}}$, also die OC-Kurve echt monoton fallend in $[p_0; 1]$. Ist $p < p_0$, so ist andererseits die OC-Kurve echt monoton steigend in $[0; p_0]$. Somit ist p_0 innere Maximalstelle.

Typ 4: $OC(p) = F_p^n(k_1 - 1) + 1 - F_p^n(k_2) = 1 - [F_p^n(k_2) - F_p^n(k_1 - 1)]$

Zurückführung auf Typ 3 ergibt, daß die OC-Kurve eine innere Minimalstelle bei

$$p = \left(1 + \sqrt[k_2-k_1+1]{\frac{\binom{n-1}{k_2}}{\binom{n-1}{k_1-1}}}\right)^{-1} \quad \text{hat.}$$

372/49. a)

p	$OC(p)$
0	0
0,01	0,00332
0,02	0,02172
0,03	0,06007
0,04	0,11688
0,05	0,18774
0,06	0,26730
0,07	0,35042
0,08	0,43263
0,09	0,51035

p	$OC(p)$
0,10	0,58087
0,15	0,77881
0,20	0,71661
0,25	0,50369
0,30	0,27926
0,35	0,12342
0,40	0,04348
0,45	0,01210
0,50	0,00261
0,55	0,00042
0,60	0,00005
0,65	0,00000

Zulässige Hypothese ist $\{B(30; p) \mid p \in [0; 1]\}$. $\bar{K} = [3; 7]$

OC: $p \mapsto \sum_{i=3}^{7} B(30; p; i)$. $\quad \frac{d\,OC}{dp}$: $p \mapsto 30p^2(1-p)^{22}\left[\binom{29}{2}(1-p)^5 - \binom{29}{7}p^5\right]$

Für den inneren Hochpunkt gilt also $\left(\frac{1-p}{p}\right)^5 = \frac{\binom{29}{7}}{\binom{29}{2}} \Leftrightarrow p \approx 0{,}16099.$

Das Maximum hat den Wert 0,78514.

b)

p	OC(p)
0	1
0,01	0,99947
0,02	0,98452
0,03	0,91916
0,04	0,78837
0,05	0,61600
0,06	0,44069
0,07	0,29142
0,08	0,17988
0,09	0,10452
0,10	0,05758
0,11	0,03025
0,12	0,01522
0,13	0,00737
0,14	0,00344
0,15	0,00155
0,20	0,00002
0,25	0,00000

OC: $p \mapsto F_p^{100}(5) = \sum_{i=0}^{5} \binom{100}{i} p^i (1-p)^{100-i}$

$\frac{\mathrm{d\,OC}}{\mathrm{d}p}: p \mapsto -100\binom{99}{5} p^5 (1-p)^{94}$

Die OC-Kurve ist echt monoton fallend. Randmaximum bei $p = 0$.

c) $n = 200$

$\bar{K} = [0; 108]$

OC: $p \mapsto F_p^{200}(108)$

$\frac{\mathrm{d\,OC}(p)}{\mathrm{d}p} =$

$= -200\binom{199}{108} p^{108}(1-p)^{91} < 0$

Randmaximum bei $p = 0$.

$n = 2000$

$\bar{K} = [0; 957]$

OC: $p \mapsto F_p^{2000}(957)$

$\frac{\mathrm{d\,OC}(p)}{\mathrm{d}p} = -2000\binom{1999}{957} p^{957}(1-p)^{1042} < 0$

Randmaximum bei $p = 0$.
Näherungsweise

$F_p^{2000}(957) \approx \Phi\left(\frac{957{,}5 - 2000p}{20\sqrt{5pq}}\right)$

p	OC(p)
0,35	1,00000
0,40	0,99998
0,45	0,99563
0,475	0,97197
0,50	0,88538
0,525	0,68954
0,55	0,41474
0,575	0,17613
0,60	0,04918
0,625	0,00851
0,65	0,00086
0,675	0,00005
0,70	0,00000

p	OC(p) $\approx \Phi(p)$
0,42	1,00000
0,43	0,99999
0,44	0,99976
0,45	0,99512
0,46	0,95376
0,47	0,78349
0,48	0,45545
0,49	0,15710
0,50	0,02867
0,51	0,00259
0,52	0,00011
0,53	0,00000

372/50. $H := Z$ ist nach $B(6; p)$ verteilt mit $p \in \{\frac{3}{10}, \frac{4}{10}, \ldots, 1\}$

$H_0 := Z$ ist nach $B(6; \frac{3}{10})$ verteilt

$\alpha'(\delta_k) = P_{H_0}(Z \geqq k) = 1 - F_{0,3}^6(k-1)$

$\mathrm{OC}(p) = P_p(Z < k) = F_p^6(k-1) = \sum_{i=0}^{k-1} B(6; p; i) =$

$= \sum_{i=0}^{k-1} \binom{6}{i} p^i (1-p)^{6-i}$

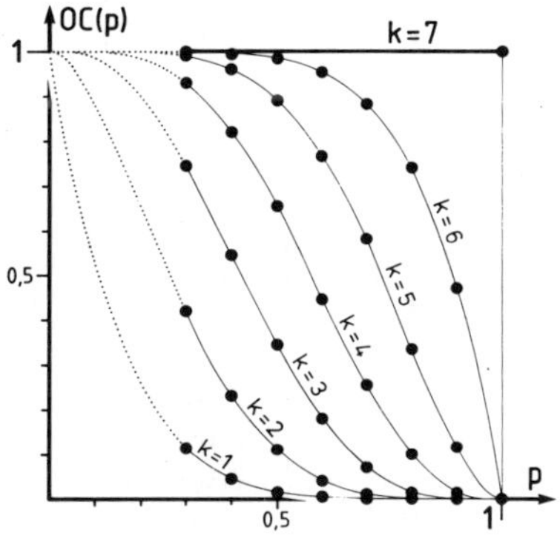

Auf Grund der zulässigen Hypothese stehen nur in den grau unterlegten Zeilen Punkte der OC-Kurve. Nur diese sind vom Schüler zu bestimmen! Im Schaubild ist die zulässige Hypothese auf $p \in [0; 1]$ erweitert. Für $p \in [0; \frac{3}{10}]$ ist die OC-Kurve punktiert gezeichnet, für $[\frac{3}{10}; 1]$ ist sie ausgezogen gezeichnet.

k	0	1	2	3	4	5	6	7
$\alpha'(\delta_k)$	1	0,88235	0,57982	0,25569	0,07047	0,01093	0,00073	0
p		OC-Kurven in Abhängigkeit von k, also $\mathrm{OC}_k(p)$						
0	1	1	1	1	1	1	1	1
0,05	0	0,73509	0,96723	0,99777	0,99991	1,00000	1,00000	1
0,10	0	0,53144	0,88574	0,98415	0,99873	0,99995	1,00000	1
0,15	0	0,37715	0,77648	0,95266	0,99411	0,99960	0,99999	1
0,20	0	0,26214	0,65536	0,90112	0,98304	0,99840	0,99994	1
0,25	0	0,17798	0,53394	0,83057	0,96240	0,99536	0,99976	1
0,30	0	0,11765	0,42018	0,74431	0,92953	0,98907	0,99927	1
0,35	0	0,07542	0,31908	0,64709	0,88258	0,97768	0,99816	1
0,40	0	0,04666	0,23328	0,54432	0,82080	0,95904	0,99590	1
0,45	0	0,02768	0,16357	0,44152	0,74474	0,93080	0,99170	1
0,50	0	0,01563	0,10938	0,34375	0,65625	0,89063	0,98438	1
0,55	0	0,00830	0,06920	0,25526	0,55848	0,83643	0,97232	1
0,60	0	0,00410	0,04096	0,17920	0,45568	0,76672	0,95334	1
0,65	0	0,00184	0,02232	0,11742	0,35291	0,68092	0,92458	1
0,70	0	0,00073	0,01094	0,07047	0,25569	0,57983	0,88235	1
0,75	0	0,00024	0,00464	0,03760	0,16943	0,46606	0,82202	1
0,80	0	0,00006	0,00160	0,01696	0,09888	0,34464	0,73786	1
0,85	0	0,00001	0,00040	0,00589	0,04734	0,22352	0,62285	1
0,90	0	0,00000	0,00006	0,00127	0,01585	0,11427	0,46856	1
0,95	0	0,00000	0,00000	0,00009	0,00223	0,03277	0,26491	1
1	0	0	0	0	0	0	0	1

372/51.

p	$\mathrm{OC}(p)$
0	1
0,05	0,99986
0,10	0,92743
0,15	0,45722
0,20	0,08044
0,25	0,00542
0,30	0,00016
0,35	0,00000

$\alpha'(0{,}1) = 1 - \mathrm{OC}(0{,}1) = 0{,}07257$

$\beta'(0{,}15) = \mathrm{OC}(0{,}15) = 0{,}45722$

$\beta'(0{,}25) = \mathrm{OC}(0{,}25) = 0{,}00542$

373/52. $K := [0; k_1] \cup [k_2; n]$, k_1 maximal, k_2 minimal, so daß $F_{0,5}^n(k_1) \leqq 2{,}5\%$ und $F_{0,5}^n(k_2 - 1) \geqq 97{,}5\%$.

$n = 15 \Rightarrow \bar{K} = [4; 12]$ $\qquad$ $n = 50 \Rightarrow \bar{K} = [18; 32]$

$n = 20 \Rightarrow \bar{K} = [6; 15]$ $\qquad$ $n = 100 \Rightarrow \bar{K} = [39; 61]$

$$\text{OC: } p \mapsto P_p^n(Z \in \bar{K}) = F_p^n(k_1) + 1 - F_p^n(k_2 - 1) = 1 - \sum_{i=k_1+1}^{k_2-1} \mathrm{B}(n; p; i)$$

p \ n	15	20	50	100
0	0	0	0	0
0,05	0,00547	0,00033	0,00000	0,00000
0,10	0,05556	0,01125	0,00000	0,00000
0,15	0,17734	0,06731	0,00021	0,00000
0,20	0,35184	0,19579	0,00626	0,00001
0,25	0,53871	0,38283	0,05512	0,00140
0,30	0,70312	0,58362	0,21781	0,03398
0,35	0,82725	0,75455	0,49402	0,23013
0,40	0,90922	0,87408	0,76294	0,61780
0,45	0,95647	0,94314	0,92123	0,90439
0,50	0,97873	0,97340	0,96716	0,97902
0,55	0,98302	0,97470	0,92123	0,90439
0,60	0,97096	0,94744	0,76294	0,61780
0,65	0,93779	0,88149	0,49402	0,23013
0,70	0,87308	0,76245	0,21781	0,03398
0,75	0,76390	0,58515	0,05512	0,00140
0,80	0,60198	0,37035	0,00626	0,00001
0,85	0,39577	0,17015	0,00021	0,00000
0,90	0,18406	0,04317	0,00000	0,00000
0,95	0,03620	0,00257	0,00000	0,00000
1	0	0	0	0

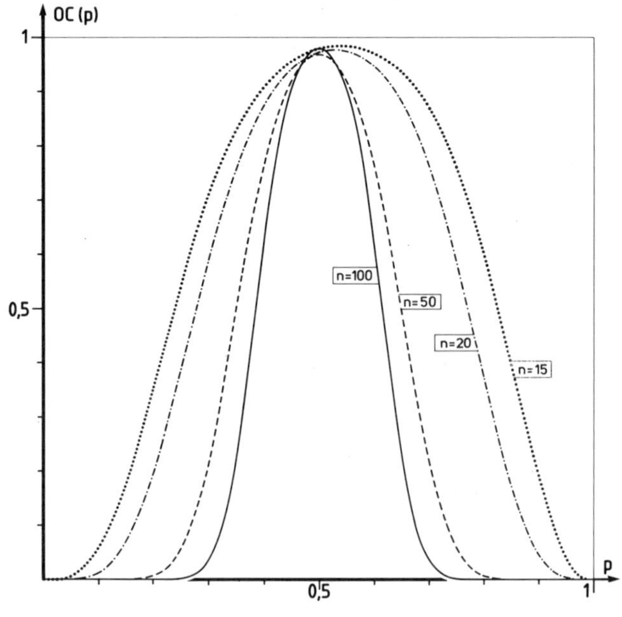

373/53. $Z := $ Anzahl der Befragten, die sich für Meier erklären.

a) $\Omega := \{0, 1, 2, \dots, 20\}$
$H := Z$ ist nach $B(20; p)$ mit $p \in [0; 1]$ verteilt
$H_0 := Z$ ist nach $B(20; p)$ mit $p \in [0; 0{,}6[$ verteilt

Einseitiger Test mit $K := [k; 20] \wedge k$ minimal, so daß
$\alpha' = P_{H_0}(Z \geqq k) \leqq 10\%$.
Die OC-Kurve ist echt monoton fallend, d.h., α' ist mit p echt monoton wachsend.

Daher verlangen wir
$P_{0,6}^{20}(Z \geqq k) \leqq 10\% \Leftrightarrow 1 - F_{0,6}^{20}(k-1) \leqq 0{,}1 \Rightarrow k = 16.$

Entscheidungsregel: Erklären sich höchstens 15 der 20 Befragten für Meier, so ist ein harter Wahlkampf zu führen.

OC-Kurve zum Ereignis $A := [0; 15]$: $\mathrm{OC}(p) = F_p^{20}(15)$

p	$\mathrm{OC}(p)$
0	1
0,25	1,00000
0,30	0,99999
0,35	0,99995
0,40	0,99968
0,45	0,99847
0,50	0,99409
0,55	0,98114
0,60	0,94905
0,65	0,88180
0,70	0,76249
0,75	0,58516
0,80	0,37035
0,85	0,17015
0,90	0,04317
0,95	0,00257
1	0

b) $\Omega := \{0, 1, 2, \dots, 2000\}$
$H := Z$ ist nach $B(2000; p)$ mit $p \in [0; 1]$ verteilt
$H_0 := Z$ ist nach $B(2000; p)$ mit $p \in [0; 0{,}6[$ verteilt
$K := [k; 2000]$, sonst wie bei **a)**:
$1 - F_{0,6}^{2000}(k-1) \leqq 10\%$.
Näherungsweise erhält man

$$\Phi\left(\frac{k - 1 - 1200 + 0{,}5}{4\sqrt{30}}\right) \geqq 90\%$$

$$\Leftrightarrow \frac{k - 1200{,}5}{4\sqrt{30}} \geqq 1{,}2816$$

$\Leftrightarrow k \geqq 1228{,}5\dots$
Also $K = [1229; 2000]$.

Harter Wahlkampf, falls höchstens 1228 der 2000 Befragten sich für Meier erklären.

OC-Kurve zum Ereignis $A := [0; 1228]$:

$$\mathrm{OC}(p) = F_p^{2000}(1228) \approx \Phi\left(\frac{1228 - 2000p + 0{,}5}{20\sqrt{5p(1-p)}}\right)$$

p	$\mathrm{OC}(p) \approx \Phi(p)$
0,55	1,00000
0,56	1,00000
0,57	0,99997
0,58	0,99904
0,59	0,98627
0,60	0,90334
0,61	0,65161
0,62	0,29813
0,63	0,07230
0,64	0,00822
0,65	0,00040

373/54. Da $\alpha'(p) = P_p^5(K) = P_p^5(Z \geqq k+1) = 1 - F_p^5(k)$ mit p echt monoton steigend ist, müßte
$\alpha'(0{,}4) = 1 - F_{0,4}^5(k) \leqq 1\%$
gemacht werden, also $F_{0,4}^5(k) \geqq 99\%$. Das ist nur für $k = 5$, also für $\bar{K} = [0; 5]$ möglich.
Man dürfte die Nullhypothese also nie ablehnen. Ein Test würde sich damit erübrigen.

Wertetabelle der OC-Kurven von Figur 357.1 auf Seite 238.

p \ k	0	1	2	3	4	5
0	1	1	1	1	1	1
0,05	0,77378	0,97741	0,99884	0,99997	1,00000	1
0,10	0,59049	0,91854	0,99144	0,99954	0,99999	1
0,15	0,44371	0,83521	0,97339	0,99777	0,99992	1
0,20	0,32768	0,73728	0,94208	0,99328	0,99968	1
0,25	0,23730	0,63281	0,89648	0,98438	0,99902	1
0,30	0,16807	0,52822	0,83692	0,96922	0,99757	1
0,35	0,11603	0,42842	0,76483	0,94598	0,99475	1
0,40	0,07776	0,33696	0,68256	0,91296	0,98976	1
0,45	0,05033	0,25622	0,59313	0,86878	0,98155	1
0,50	0,03125	0,18750	0,50000	0,81250	0,96875	1
0,55	0,01845	0,13122	0,40687	0,74378	0,94967	1
0,60	0,01024	0,08704	0,31744	0,66304	0,92224	1
0,65	0,00525	0,05402	0,23517	0,57159	0,88397	1
0,70	0,00243	0,03078	0,16308	0,47178	0,83193	1
0,75	0,00098	0,01563	0,10352	0,36719	0,76270	1
0,80	0,00032	0,00672	0,05792	0,26272	0,67232	1
0,85	0,00008	0,00223	0,02661	0,16479	0,55629	1
0,90	0,00001	0,00046	0,00856	0,08146	0,40951	1
0,95	0,00000	0,00003	0,00116	0,02259	0,22622	1
1	0	0	0	0	0	1

373/55.

p \ A	**a)** [0; 6]	**b)** [4; 10]	**c)** [0; 4] ∪ [7; 10]	**d)** [5; 6]	**e)** [0; 10]	**f)** ∅
0	1	0	1	0	1	0
0,05	1,00000	0,00103	0,99994	0,00006	1	0
0,10	0,99999	0,01280	0,99837	0,00163	1	0
0,15	0,99987	0,04997	0,99026	0,00974	1	0
0,20	0,99914	0,12087	0,96807	0,03193	1	0
0,25	0,99649	0,22412	0,92538	0,07462	1	0
0,30	0,98941	0,35039	0,86032	0,13968	1	0
0,35	0,97398	0,48617	0,77752	0,22248	1	0
0,40	0,94524	0,61772	0,68787	0,31213	1	0
0,45	0,89801	0,73396	0,60640	0,39360	1	0
0,50	0,82813	0,82813	0,54883	0,45117	1	0
0,55	0,73396	0,89801	0,52760	0,47240	1	0
0,60	0,61772	0,94524	0,54852	0,45148	1	0
0,65	0,48617	0,97398	0,60876	0,39124	1	0
0,70	0,35039	0,98941	0,69696	0,30304	1	0
0,75	0,22412	0,99649	0,79560	0,20440	1	0
0,80	0,12087	0,99914	0,88550	0,11450	1	0
0,85	0,04997	0,99987	0,95141	0,04859	1	0
0,90	0,01280	0,99999	0,98735	0,01265	1	0
0,95	0,00103	1,00000	0,99897	0,00103	1	0
1	0	1	1	0	1	0

a) $A = [0; 6]$: $\quad \mathrm{OC}(p) = F_p^{10}(6) = \sum_{i=0}^{6} \binom{10}{i} p^i (1-p)^{10-i}$

$$\frac{\mathrm{d}\,\mathrm{OC}(p)}{\mathrm{d}p} = -10\binom{9}{6} p^6 (1-p)^3 < 0$$

OC-Kurve ist echt monoton fallend in [0; 1].

b) $A = [4; 10]$: $\mathrm{OC}(p) = 1 - F_p^{10}(3) = 1 - \sum_{i=0}^{3} \binom{10}{i} p^i (1-p)^{10-i}$

$$\frac{\mathrm{d\,OC}(p)}{\mathrm{d}p} = 10\binom{9}{3} p^3 (1-p)^6 > 0$$

OC-Kurve ist echt monoton steigend in $[0; 1]$.

c) $A = [0; 4] \cup [7; 10]$: $\mathrm{OC}(p) = F_p^{10}(4) + 1 - F_p^{10}(6) = 1 - \sum_{i=5}^{6} \binom{10}{i} p^i (1-p)^{10-i}$.

$$\begin{aligned} \frac{\mathrm{d\,OC}(p)}{\mathrm{d}p} &= 10p^4(1-p)^3\left[\binom{9}{4}(1-p)^2 - \binom{9}{6}p^2\right] = \\ &= 420p^4(1-p)^3(p^2 - 6p + 3) = \\ &= 420p^4(1-p)^3\left(p - (3 - \sqrt{6})\right)\left(p - (3 + \sqrt{6})\right) \end{aligned}$$

OC-Kurve echt monoton steigend in $[0; 3 - \sqrt{6}]$, echt monoton fallend in $[3 - \sqrt{6}; 1]$.

d) $A = [5; 6]$: $\mathrm{OC}(p) = F_p^{10}(6) - F_p^{10}(4) = \sum_{i=5}^{6} \binom{10}{i} p^i (1-p)^{10-i}$

Unter Ausnutzung von **c)** ergibt sich: OC-Kurve echt monoton fallend in $[0; 3 - \sqrt{6}]$ und echt monoton steigend in $[3 - \sqrt{6}; 1]$.

373/56. a) 1) Testgröße $Z :=$ »Anzahl der Meßwerte, die über μ liegen«. $\Omega = \{0, 1, 2, \ldots, 7\}$
Es sei $p := P$(»Meßwert $> \mu$«). Da »Meßwert $= \mu$« praktisch die Wahrscheinlichkeit 0 hat, liegen bei einer gut funktionierenden Analyse die Meßwerte mit gleicher Wahrscheinlichkeit über bzw. unter μ. Somit:

Zulässige Hypothese $H :=$ Z ist nach $B(7; p)$ mit $p \in [0; 1]$ verteilt.
Nullhypothese $H_0 :=$ Z ist nach $B(7; \frac{1}{2})$ verteilt.
Kritischer Bereich $K := \{0; 7\}$.
$\alpha' = P_{0,5}^7(\{0; 7\}) = 2^{-6} = 0{,}015625$.

$$\begin{aligned} \mathrm{OC}(p) = P_p(Z \in \bar{K}) &= P_p(Z \in \{1, 2, \ldots, 6\}) = \\ &= 1 - B(7; p; 7) - B(7; p; 0) = 1 - p^7 - (1-p)^7. \end{aligned}$$

Wertetabelle siehe unten! (Seite 240)

2) Testgröße $Z :=$ Maximalzahl monoton liegender Werte.
$\Omega = \{2, 3, 4, 5, 6, 7\}$
Es bedeute $p := P$(»Der nächste Meßwert ist größer als der vorhergehende.«)

Beachte: Z ist nicht binomial verteilt!

Für die zulässige Hypothese ist die Menge aller Wahrscheinlichkeitsverteilungen von Z über Ω aufzustellen. Dies soll in **b)** geschehen. Dabei wird $p \in [0; 1]$ zugelassen.
Für die Nullhypothese wählen wir »$p = \frac{1}{2}$«, was sicherlich problematisch ist. Denn wenn z.B. ein Meßwert über μ liegt, so ist die Wahrscheinlichkeit, daß der nächste Meßwert noch größer ist, vermutlich kleiner als $\frac{1}{2}$.

Kritischer Bereich $K := \{7\}$.

$$\begin{aligned} \alpha' &= P_{H_0}(Z = 7) = \\ &= P_{H_0}(\text{»Alle 7 Werte sind monoton steigend } \textit{oder} \text{ monoton fallend«}) = \\ &= 2 \cdot (\tfrac{1}{2})^6 = 2^{-5} = 0{,}03125. \end{aligned}$$

$\mathrm{OC}(p) = P(Z \in \bar{K}) = 1 - P_p(Z = 7) = 1 - p^6 - (1-p)^6$.

Wertetabelle auf Seite 240.

p	1) $OC(p)$	2) $OC(p)$
0	0	0
0,01	0,06793	0,05850
0,02	0,13187	0,11409
0,03	0,19202	0,16703
0,04	0,24855	0,21724
0,05	0,30166	0,26491
0,06	0,35152	0,31013
0,07	0,39830	0,35301
0,08	0,44215	0,39364
0,09	0,48324	0,43213

p	1) $OC(p)$	2) $OC(p)$
0,10	0,52170	0,46866
0,15	0,67942	0,62284
0,20	0,79027	0,73779
0,25	0,86646	0,82178
0,30	0,91743	0,88162
0,35	0,95033	0,92274
0,40	0,97037	0,94925
0,45	0,98104	0,96402
0,50	0,98438	0,96875

Symmetrisch zu $p = 0{,}5$ fortsetzen!

b) Der erste Meßwert ist durch ○ dargestellt. Ist ein Nachfolger größer als der Vorgänger, so steht +, andernfalls −, z. B.:

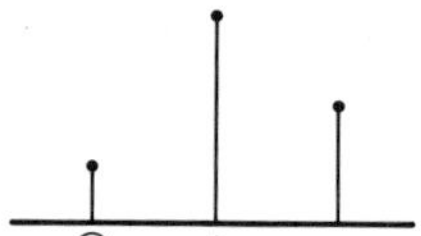

Die rechte Spalte enthält die noch ausstehende Wahrscheinlichkeitsverteilung von **a) 2)**.

k	Folgen mit zugehöriger Wahrscheinlichkeit Für die geklammerten Folgen sind die Wahrscheinlichkeiten bereits addiert.		$P(Z = k)$
7	○++++++ p^6	○−−−−−− q^6	$p^6 + q^6$
6	○+++++− $p^5 q$ ○−+++++ $p^5 q$	○−−−−−+ $q^5 p$ ○+−−−−− $q^5 p$	$2(p^5 q + q^5 p)$
5	○++++−+, ○++++−− } $p^4 q$ ○−++++− $p^4 q^2$ ○+−++++, ○−−++++ } $p^4 q$	○−−−−+−, ○−−−−++ } $q^4 p$ ○+−−−−+ $q^4 p^2$ ○−+−−−−, ○++−−−− } $q^4 p$	$p^4 q^2 + q^4 p^2 +$ $+ 2(p^4 q + q^4 p)$
4	○+++−−−, ○+++−−+ } $p^3 q^2$ ○+++−+−, ○+++−++ } $p^4 q$ ○−+++−+, ○−+++−− } $p^3 q^2$ ○+−+++−, ○−−+++− } $p^3 q^2$ ○++−+++, ○+−−+++ } $p^4 q$ ○−+−+++ $p^4 q^2$	○−−−+++, ○−−−++− } $q^3 p^2$ ○−−−+−+, ○−−−+−− } $q^4 p$ ○+−−−+−, ○+−−−++ } $q^3 p^2$ ○−+−−−+, ○++−−−+ } $q^3 p^2$ ○−−+−−−, ○−++−−− } $q^4 p$ ○+−+−−− $q^4 p^2$	$p^4 q^2 + q^4 p^2 +$ $+ 2(p^4 q + q^4 p) +$ $+ 3(p^3 q^2 + q^3 p^2)$
3	○++−−++ $p^4 q^2$ ○++−++−, ○++−−+− } $p^3 q^2$ ○++−+−−, ○++−+−+ } $p^3 q^2$ ○−++−−+ $p^3 q^3$ ○−++−+−, ○−++−++ } $p^3 q^2$ ○+−++−−, ○+−++−+ } $p^3 q^2$ ○+−+−++ $p^4 q^2$ ○−+−++− $p^3 q^3$	○−−++−− $q^4 p^2$ ○−−+−−+, ○−−++−+ } $q^3 p^2$ ○−−+−++, ○−−+−+− } $q^3 p^2$ ○+−−++− $q^3 p^3$ ○+−−+−+, ○+−−+−− } $q^3 p^2$ ○−+−−++, ○−+−−+− } $q^3 p^2$ ○−+−+−− $q^4 p^2$ ○+−+−−+ $q^3 p^3$	$2(p^4 q^2 + q^4 p^2) +$ $+ 4(p^3 q^2 + q^3 p^2) +$ $+ 4 p^3 q^3$
2	○+−+−+− $p^3 q^3$	○−+−+−+ $q^3 p^3$	$2 p^3 q^3$

Erwartungswert $\mathscr{E}Z$:

$$\begin{aligned}\mathscr{E}Z &= 7(p^6+q^6)+12pq(p^4+q^4)+5p^2q^2(p^2+q^2)+\\ &\quad +10pq(p^3+q^3)+4p^2q^2(p^2+q^2)+8pq(p^3+q^3)+12\,p^2q^2(p+q)+\\ &\quad +6p^2q^2(p^2+q^2)+12p^2q^2(p+q)+12p^3q^3+4p^3q^3=\\ &= 7(p^6+q^6)+12pq(p^4+q^4)+18pq(p^3+q^3)+15p^2q^2(p^2+q^2)+\\ &\quad +24p^2q^2+16p^3q^3=\end{aligned}$$

NR:
$$\begin{aligned} p+q &= 1\\ p^2+q^2 &= (p+q)^2-2pq=1-2pq\\ p^3+q^3 &= (p+q)(p^2-pq+q^2)=1-3pq\\ p^4+q^4 &= (p^2+q^2)^2-2p^2q^2=(1-2pq)^2-2p^2q^2=\\ &= 1-4pq+2p^2q^2\\ p^6+q^6 &= (p^3+q^3)^2-2p^3q^3=1-6pq+9p^2q^2-2p^3q^3\end{aligned}$$

$$\begin{aligned} &= 7(1-6pq+9p^2q^2-2p^3q^3)+12pq(1-4pq+2p^2q^2)+\\ &\quad +18pq(1-3pq)+15p^2q^2(1-2pq)+24p^2q^2+16p^3q^3=\\ &= 7-12pq-4p^3q^3.\end{aligned}$$

Varianz $\operatorname{Var}Z=\mathscr{E}(Z^2)-(\mathscr{E}Z)^2$

$$\begin{aligned}\operatorname{Var}Z &= 49(p^6+q^6)+72pq(p^4+q^4)+50pq(p^3+q^3)+25p^2q^2(p^2+q^2)+\\ &\quad +16p^2q^2(p^2+q^2)+32pq(p^3+q^3)+48p^2q^2(p+q)+18p^2q^2(p^2+q^2)+\\ &\quad +36p^2q^2(p+q)+36p^3q^3+8p^3q^3-(7-12pq-4p^3q^3)^2=\\ &= 49(1-6pq+9p^2q^2-2p^3q^3)+72pq(1-4pq+2p^2q^2)+\\ &\quad +59p^2q^2(1-2pq)+82pq(1-3pq)+84p^2q^2+44p^3q^3-\\ &\quad -49-144p^2q^2-16p^6q^6+168pq+56p^3q^3-96p^4q^4=\\ &= 28pq-94p^2q^2+28p^3q^3-96p^4q^4-16p^6q^6=\\ &= 2pq(14-47pq+14p^2q^2-48p^3q^3-8p^5q^5).\end{aligned}$$

Für $p=\frac{1}{2}$ ist $\mathscr{E}Z=\frac{63}{16}=3{,}9375$ und $\operatorname{Var}Z=\frac{415}{256}\approx 1{,}62$.

373/57. Testgröße $Z :=$ Anzahl der Tore; $\Omega := \mathbb{N}_0$

$H_0 := Z$ ist $\mathrm{P}(\mu)$-verteilt mit $0<\mu\leqq 1{,}5$

$H_1 := Z$ ist $\mathrm{P}(\mu)$-verteilt mit $\mu>1{,}5$

Rechtfertigung für die Annahme einer *Poisson*verteilung für Z: In jedem Spiel werden sehr viele Versuche gemacht, ein Tor zu schießen; für jeden Versuch ist die Wahrscheinlichkeit eines Treffers sehr klein.

$K := [3;+\infty[$

$\alpha' = P_{H_0}(Z\in K)=P_{H_0}(Z\geqq 3)=1-P_{H_0}(Z\leqq 2)=1-F_\mu(2)=1-\mathrm{e}^{-\mu}(1+\mu+\frac{1}{2}\mu^2).$

$\frac{\mathrm{d}\alpha'}{\mathrm{d}\mu}=\frac{1}{2}\mu^2\mathrm{e}^{-\mu}>0.$ Somit: α' wird in H_0 maximal für $\mu=1{,}5$, also

$\alpha'_{\max}=1-F_{1,5}(2)=1-0{,}80885=0{,}19115.$

$$\begin{aligned}\mathrm{OC}(\mu) &= P_\mu(Z\in\bar{K})=\\ &= F_\mu(2)=\\ &= \sum_{i=0}^{2}\mathrm{P}(\mu;i)=\\ &= (1+\mu+\tfrac{1}{2}\mu^2)\mathrm{e}^{-\mu},\qquad \mu>0\end{aligned}$$

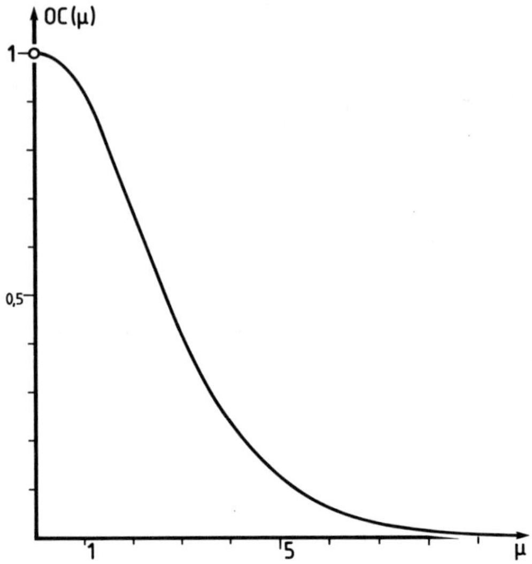

μ	$OC(\mu)$
0,05	0,99998
0,1	0,99985
0,5	0,98561
1,0	0,91970
1,5	0,80885
2,0	0,67668
2,5	0,54381
3,0	0,42319
3,5	0,32085
4,0	0,23810
4,5	0,17358
5,0	0,12465
5,5	0,08838
6,0	0,06197
6,5	0,04304
7,0	0,02964
8,0	0,01375
9,0	0,00632
10,0	0,00277

Aufgaben zu 17.6.

373/58. Für die Operationscharakteristik des Ereignisses $\bar{K} = [4; 7]$ gilt

$$OC\colon\ p \mapsto \sum_{i=4}^{7} \binom{10}{i} p^i q^{10-i}$$

$$OC'(p) = \sum_{i=4}^{7} \binom{10}{i} \left[i p^{i-1} q^{10-i} - (10-i)\, p^i q^{9-i} \right].$$

Es genügt zu zeigen, daß $OC'(\tfrac{1}{2}) \neq 0$ ist.

$$OC'(\tfrac{1}{2}) = \frac{1}{2^9} \sum_{i=4}^{7} \binom{10}{i}(2i-10) = \frac{1}{2^7}\binom{10}{7} \neq 0, \qquad \text{q.e.d.}$$

Für den Hochpunkt gilt zunächst $OC'(p) = 0$

$$\Leftrightarrow \sum_{i=4}^{7} \binom{10}{i}\left(i p^{i-1} q^{10-i} - (10-i) p^i q^{9-i}\right) = 0$$

$$\Leftrightarrow \sum_{i=4}^{7} \left(\frac{10!}{(i-1)!(10-i)!} p^{i-1} q^{10-i} - \frac{10!}{i!(10-i-1)!} p^i q^{9-i} \right) = 0$$

$$\Leftrightarrow 10 \sum_{i=4}^{7} \left[\binom{9}{i-1} p^{i-1} q^{9-(i-1)} - \binom{9}{i} p^i q^{9-i} \right] = 0$$

$$\Leftrightarrow 10 \left\{ \sum_{j=3}^{6} \binom{9}{j} p^j q^{9-j} - \sum_{i=4}^{7} \binom{9}{i} p^i q^{9-i} \right\} = 0$$

$$\Leftrightarrow 10 \left\{ \binom{9}{3} p^3 q^6 - \binom{9}{7} p^7 q^2 \right\} = 0$$

$$\Leftrightarrow 10 p^3 q^2 \left\{ \binom{9}{3} q^4 - \binom{9}{7} p^4 \right\} = 0$$

$$\Leftrightarrow 10 p^7 q^2 \binom{9}{3} \left\{ \left(\frac{q}{p}\right)^4 - \tfrac{3}{7} \right\} = 0$$

$$\Leftrightarrow \left(\frac{1-p}{p}\right)^4 = \tfrac{3}{7} \Leftrightarrow p = \frac{1}{\sqrt[4]{\tfrac{3}{7}} + 1} \approx 0{,}55276$$

p	$OC(p)$
0	0
0,05	0,00103
0,10	0,01279
0,15	0,04996
0,20	0,12080
0,25	0,22371
0,30	0,34880
0,35	0,48135
0,40	0,60542
0,45	0,70657
0,50	0,77344
0,55	0,79845
0,60	0,77795
0,65	0,71237
0,70	0,60663
0,75	0,47090
0,80	0,32134
0,85	0,17967
0,90	0,07018
0,95	0,01150
1	0

Man erkennt durch leichte Rechnung, daß $\mathrm{OC}'(p) \gtrless 0$ für $p \lessgtr \frac{1}{\sqrt[4]{\frac{3}{7}}+1}$, also liegt bei $p \approx 0{,}55276$ ein Hochpunkt der OC-Kurve. Außerdem 4fache Nullstelle bei $p = 0$ und 3fache bei $p = 1$.

374/59. a) $H_0 := Z$ ist $\mathrm{B}(6; \frac{3}{10})$-verteilt

$H := Z$ ist $\mathrm{B}(6; p)$-verteilt mit $p \in \{0; \frac{1}{10}, \frac{2}{10}, \ldots, 1\}$.

Bedingung: $P_{0,3}^6(Z \leqq k_1) \leqq 12.5\% \wedge P_{0,3}^6(Z \geqq k_2) \leqq 12{,}5\%$

$\Leftrightarrow F_{0,3}^6(k_1) \leqq 0.12500 \wedge F_{0,3}^6(k_2-1) \geqq 0{,}87500$

$\Leftrightarrow k_1 \leqq 0 \wedge k_2 - 1 \geqq 3$

$\Rightarrow K = \{0\} \cup [4; 6]$

Operationscharakteristik des Ereignisses $\bar{K} = [1; 3]$: OC: $p \mapsto \sum_{i=1}^{3} \binom{6}{i} p^i q^{6-i}$

$$\frac{\mathrm{d}\,\mathrm{OC}(p)}{\mathrm{d}p} = \sum_{i=1}^{3} \binom{6}{i}(ip^{i-1}q^{6-i} - (6-i)p^i q^{5-i}) =$$
$$= 6q^5 - 6 \cdot 5pq^4 + 15 \cdot 2 \cdot pq^4 - 15 \cdot 4p^2q^3 + 20 \cdot 3p^2q^4 - 20 \cdot 3p^3q^2 =$$
$$= 6q^2(q^3 - 10p^3).$$

Da $\mathrm{OC}'(\frac{3}{10}) = 6 \cdot \frac{49}{100}(\frac{343}{1000} - \frac{27}{100}) \neq 0$, wäre der Test verfälscht, wenn in H als Parametermenge für p das Intervall $[0; 1]$ zugelassen wäre. Der Hochpunkt der OC-Kurve läge dann nämlich bei

$$p = \frac{1}{1+\sqrt[3]{10}} \approx 0{,}31701.$$

Bei der gegebenen zulässigen Hypothese ist der Test unverfälscht, wie die Wertetabelle der OC zeigt. Graph auf Seite 244.

p	$\mathrm{OC}(p)$
0	0
0,1	0,46729
0,2	0,72090
0,3	0,81188
0,4	0,77414
0,5	0,64063
0,6	0,45158
0,7	0,25496
0,8	0,09882
0,9	0,01585
1	0

b) Es bedeute R die Anzahl der roten Kugeln in der Urne. Damit sei

$H_0 := Z$ ist $\mathrm{H}(10; 3; 6)$-verteilt

$H := Z$ ist $\mathrm{H}(10; R; 6)$-verteilt mit $R \in \{0, 1, 2, \ldots, 10\}$.

k	$\mathrm{H}(10; 3; 6; k)$	$F(k)$
0	$\frac{7}{210}$	0,03333
1	$\frac{63}{210}$	0,33333
2	$\frac{105}{210}$	0,83333
3	$\frac{35}{210}$	1,00000

$F(k_1) \leqq 0{,}125 \wedge F(k_2 - 1) \geqq 0{,}875$ ist erfüllt für $k_1 \leqq 0 \wedge k_2 - 1 \geqq 3$, d.h. $k_1 \leqq 0 \wedge k_2 \geqq 4$.

Als kritischer Bereich ergibt sich $K := \{0\} \cup [4; 6]$. Die zugehörige Operationscharakteristik lautet:

$$\mathrm{OC}: \quad p \mapsto \sum_{i=1}^{3} \mathrm{H}(10; 10p; 6; i) = \sum_{i=1}^{3} \frac{\binom{10p}{i}\binom{10-10p}{6-i}}{\binom{10}{6}}$$

Graph auf Seite 244.

Der Test ist unverfälscht.

p	$\mathrm{OC}(p)$
0	0
0,1	0,60000
0,2	0,86667
0,3	0,96667
0,4	0,92381
0,5	0,73810
0,6	0,45238
0,7	0,16667
0,8	0
0,9	0
1,0	0

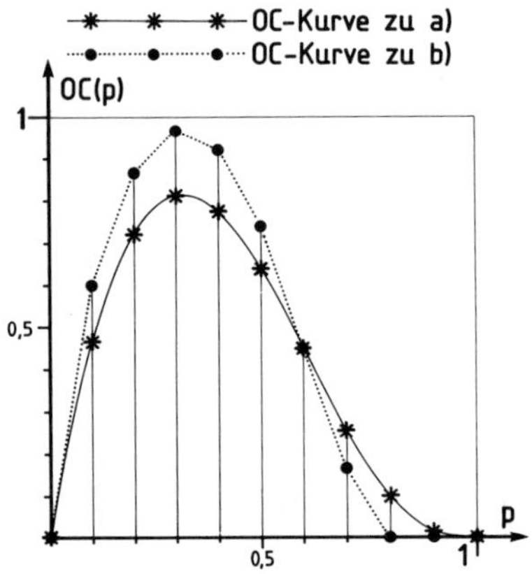

Die ausgezogene Verbindungslinie ist die OC-Kurve, wenn $p \in [0; 1]$ zugelassen ist. Die punktierte Verbindung hat keinen Sinn; sie dient lediglich dazu, den Zusammenhang der Punkte darzustellen.

c) H wie in **a)**

$H_0 := Z$ ist $B(6; p)$-verteilt mit $p \in \{\frac{3}{10}, \frac{4}{10}, \ldots, 1\}$.

Man wird einen einseitigen Test ausführen mit $K := [0; k]$, so daß

$\alpha'(p) = P_p^6(Z \leqq k) \leqq 25\%$

für alle $p \in \{\frac{3}{10}, \frac{4}{10}, \ldots, 1\}$.

Da $\dfrac{d\alpha'(p)}{dp} = \dfrac{dF_p^6(k)}{dp} =$

$$= -6\binom{5}{k} p^k (1-p)^{5-k} < 0,$$

muß $\alpha'(0{,}3) \leqq 25\%$ gemacht werden.

Das ergibt als kritischen Bereich $K = \{0\}$.

Die zugehörige Operationscharakteristik lautet:

$$\text{OC:} \quad p \mapsto \sum_{i=1}^{6} \binom{6}{i} p^i q^{6-i} = 1 - q^6$$

p	OC(p)
0	0
0,1	0,46856
0,2	0,73786
0,3	0,88235
0,4	0,95334
0,5	0,98438
0,6	0,99590
0,7	0,99927
0,8	0,99994
0,9	1,00000
1	1

Der Test ist unverfälscht, auch wenn man $p \in [0; 1]$ in H zuläßt.

d) H wie bei **b)**

$H_0 := Z$ ist $H(10; R; 6)$-verteilt mit $R \in \{3, 4, \ldots, 10\}$.

Für alle R aus H_0 muß $\alpha' = P_R(Z \leqq k) \leqq 25\%$ sein. Da sich das Maximum der Verteilungen $H(10; R; 6)$ mit wachsendem R nach rechts bezüglich k verschiebt, muß $P_{R=3}(Z \leqq k) \leqq 25\%$ sein. Das ist erfüllt nach **b)** für $k = 0$. Somit $K = \{0\}$.

Die zugehörige Operationscharakteristik lautet:

$$\text{OC:} \quad p \mapsto \sum_{i=1}^{6} H(10; 10p; 6; i) =$$

$$= \sum_{i=1}^{6} \frac{\binom{10p}{i}\binom{10-10p}{6-i}}{\binom{10}{6}} =$$

$$= 1 - \frac{\binom{10p}{0}\binom{10-10p}{6}}{\binom{10}{6}} =$$

$$= 1 - \frac{\binom{10-10p}{6}}{210}$$

p	OC(p)
0	0
0,1	0,60000
0,2	0,86667
0,3	0,96667
0,4	0,99524
0,5	1

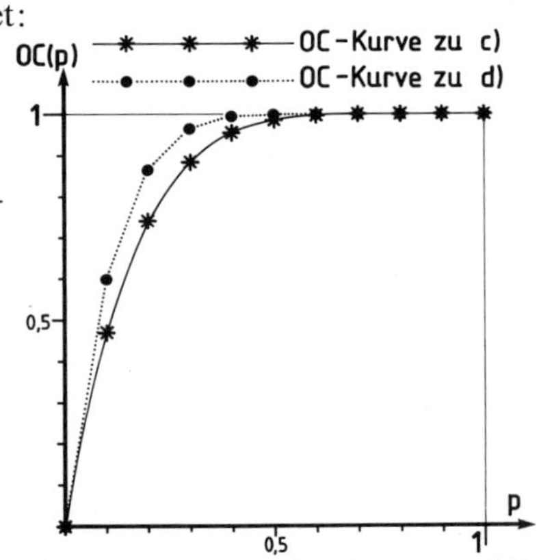

Der Test ist unverfälscht.

Siehe Bemerkung zu den Graphen von **a)** und **b)**

374/60. a) $\mathrm{OC}(p) = F_p^{12}(3) - \mathrm{B}(12; p; 0) =$

$$= \sum_{i=1}^{3} \binom{12}{i} p^i (1-p)^{12-i} \qquad \text{(Tabelle bei **b**))}$$

$$\frac{\mathrm{d}\,\mathrm{OC}(p)}{\mathrm{d}p} = 12(1-p)^8 \left[\binom{11}{0}(1-p)^3 - \binom{11}{3}p^3\right] = 0$$

$$\Rightarrow p = (1 + \sqrt[3]{165})^{-1} \approx 0{,}15421 \neq \tfrac{1}{6}$$

Maximalwert 0,76594.

Für $H_0 := »p = (1 + \sqrt[3]{165})^{-1}«$ ist der Test unverfälscht.

b) $\mathrm{OC}(p) = F_p^{20}(7) - \mathrm{B}(20; p; 0) = \sum_{i=1}^{7} \binom{20}{i} p^i (1-p)^{20-i}$

$$\frac{\mathrm{d}\,\mathrm{OC}(p)}{\mathrm{d}p} = 20(1-p)^{12} \left[\binom{19}{0}(1-p)^7 - \binom{19}{7}p^7\right] = 0$$

$$\Rightarrow p = (1 + \sqrt[7]{50388})^{-1} \approx 0{,}17555 \neq \tfrac{1}{5}$$

Maximalwert 0,96365

p	OC von **a)**	OC von **b)**
0	0	0
0,05	0,45740	0,64151
0,10	0,69193	0,87801
0,15	0,76555	0,95532
0,20	0,72585	0,95633
0,25	0,61710	0,89502
0,30	0,47867	0,77147
0,35	0,34096	0,60085
0,40	0,22316	0,41586
0,45	0,13370	0,25200
0,50	0,07275	0,13159
0,55	0,03551	0,05803
0,60	0,01525	0,02103
0,65	0,00561	0,00602
0,70	0,00169	0,00128
0,75	0,00039	0,00018
0,80	0,00006	0,00002
0,85	0,00001	0,00000
0,90	0,00000	0,00000

374/61. Aufgabe **52** zufolge gilt

$$\mathrm{OC}\colon \quad p \mapsto 1 - \sum_{i=k_1+1}^{k_2-1} \mathrm{B}(n; p; i)$$

Nach 372/**48** erhält man

$$\frac{\mathrm{d}\,\mathrm{OC}(p)}{\mathrm{d}p} = -np^{k_1}(1-p)^{n-k_2}\left[\binom{n-1}{k_1}(1-p)^{k_2-k_1-2} - \binom{n-1}{k_2-1}p^{k_2-k_1-2}\right] = 0$$

$n = 15$: $\quad \binom{14}{3}(1-p)^8 - \binom{14}{12}p^8 = 0$

$$\Leftrightarrow p = \left(1 + \frac{1}{\sqrt[4]{2}}\right)^{-1} \approx 0{,}54321$$

Der Test ist verfälscht.

$n = 20$: $\binom{19}{5}(1-p)^9 - \binom{19}{15}p^9 = 0$

$$\Leftrightarrow p = \left(1 + \frac{1}{\sqrt[9]{3}}\right)^{-1} \approx 0{,}53048$$

Der Test ist verfälscht.

$n = 50$: $\binom{49}{17}(1-p)^{14} - \binom{49}{32}p^{14} = 0$

$\Leftrightarrow p = 0{,}5$

Der Test ist unverfälscht.

$n = 100$: $\binom{99}{38}(1-p)^{22} - \binom{99}{61}p^{22} = 0$

$\Leftrightarrow p = 0{,}5$

Der Test ist unverfälscht.

374/62. Fehler 1. Art: Strafanzeige, obwohl Alkoholgehalt in Wirklichkeit unter 0,8‰. Ein Unschuldiger wird angeklagt.

Fehler 2. Art: Keine Anzeige, obwohl Alkoholgehalt in Wirklichkeit über 0,8‰. Ein Schuldiger bleibt unbehelligt.

»In dubio pro reo« bedeutet: α' muß klein gemacht werden; ein großer Wert von β' in ungünstigen Fällen, nämlich wenn der wirkliche Alkoholgehalt nur ganz wenig übcr 0,8‰ liegt, ist in Kauf zu nehmen.
An der Grenze (Alkoholgehalt exakt 0,8‰) gilt $\alpha' + \beta' = 1$, andernfalls hoffentlich $\alpha' + \beta' < 1$. Ist der Test verfälscht, d.h., gibt es ein α' und ein β', so daß $\alpha' + \beta' > 1$ ist, dann könnten folgende Fälle eintreten.

a) Zwei Fahrer haben mehr als 0,8‰: Der Fahrer mit einem höheren Blutalkoholgehalt wird seltener entdeckt als der mit einem geringeren.

b) Zwei Fahrer haben weniger als 0,8‰: Der Fahrer mit einem niedrigeren Blutalkoholgehalt wird mit größerer Wahrscheinlichkeit für straffällig gehalten als der mit einem höheren Blutalkoholgehalt.

Problematisch ist der scharfe Übergang, der vom braven Bürger unmittelbar zum Verkehrssünder führt. Man muß unterstellen, daß die 0,8‰-Grenze so hoch angesetzt ist, wie man es gegenüber den zu schützenden nicht-alkoholisierten Verkehrsteilnehmern gerade noch verantworten kann. In diesem Fall führt der scharfe Übergang nicht vom »braven Bürger« zum »Verkehrssünder«, sondern vom straffrei bleibenden Verkehrssünder zum straffälligen Verkehrssünder. – Die scharfe Grenze ließe sich entschärfen, wenn dem Richter ein Ermessensspielraum zugebilligt wird.

Aufgaben zu 17.7.

Es bedeute $\mathrm{N}(\mu; \sigma)$ diejenige Wahrscheinlichkeitsverteilung, deren kumulative Verteilungsfunktion $\Phi_{\mu\sigma}$ ist.

374/63. $\bar{X} := \frac{1}{50} \sum_{i=1}^{50} X_i$; $\mu_0 = \mathscr{E}\bar{X} = 1000$; $\sigma := \sigma(\bar{X}) = \frac{\sqrt{25}}{\sqrt{50}} = \frac{1}{2}\sqrt{2}$

$H_0 := \bar{X}$ ist nach $\mathrm{N}(1000; \frac{1}{2}\sqrt{2})$ verteilt.

a) $H := \bar{X}$ ist nach $\mathrm{N}(\mu; \frac{1}{2}\sqrt{2})$ verteilt mit $\mu \geqq 1000$.
$K := [\mu_0 + t\sigma; +\infty[\wedge t$ minimal, so daß $P_{H_0}(\bar{X} \in K) \leqq 5\%$

$$\Leftrightarrow P_{H_0}(\bar{X} \geqq \mu_0 + t\sigma) \leqq 5\% \Leftrightarrow P_{H_0}\left(\frac{\bar{X} - \mu_0}{\sigma} < t\right) \geqq 95\%$$

$$\Leftrightarrow \Phi(t) \geqq 95\% \Leftrightarrow t \geqq 1{,}6449.$$

Damit $K = [1000 + 1{,}6449 \cdot \frac{1}{2}\sqrt{2}; +\infty[\subset [1001{,}163; +\infty[$.

b) $H := \bar{X}$ ist nach $N(\mu; \frac{1}{2}\sqrt{2})$ verteilt mit $\mu \in \mathbb{R}$.
$K :=]-\infty; \mu_0 - t\sigma] \cup [\mu_0 + t\sigma; +\infty[$ und t minimal, so daß
$P_{H_0}(\bar{X} \in K) \leqq 5\%$
$\Leftrightarrow P_{H_0}(|\bar{X} - \mu_0| < t\sigma) \geqq 95\%$
$\Leftrightarrow t \geqq 1{,}9600$, also
$K \subset]-\infty; 998{,}615] \cup [1001{,}385; +\infty[$

374/64. $\bar{x}_{10} = 49{,}18\ \Omega$
Rechnen wir ohne Benennung, so gilt

$$\bar{X} := \tfrac{1}{10} \sum_{i=1}^{10} X_i; \quad \mu_0 := \mathscr{E}\bar{X} = 50; \quad \sigma = \frac{\sqrt{25}}{\sqrt{10}} = \tfrac{1}{2}\sqrt{10}.$$

$H_0 := \bar{X}$ ist nach $N(50; \frac{1}{2}\sqrt{10})$ verteilt.
$H := \bar{X}$ ist nach $N(\mu; \frac{1}{2}\sqrt{10})$ verteilt mit $\mu \in \mathbb{R}$.

$K :=]-\infty; \mu_0 - t\sigma] \cup [\mu_0 + t\sigma; +\infty[$ und t minimal, so daß
$P_{H_0}(\bar{X} \in K) \leqq 5\% \Leftrightarrow P_{H_0}(|\bar{X} - \mu_0| < t\sigma) \geqq 95\% \Leftrightarrow t \geqq 1{,}96$

Also $K \subset]-\infty; 46{,}91] \cup [53{,}10; +\infty[$
Da $\bar{x}_{10} \notin K$, kann man die Nullhypothese, die Widerstände besitzen einen Nennwert von 50 Ω mit einer Streuung von 5 Ω, nicht ablehnen.

374/65. Testgröße L; $\Omega = \mathbb{R}$
$H_0 := L$ ist $N(\mu; 0{,}5)$-verteilt mit $\mu \in [97; 103]$
$H_1 := L$ ist $N(\mu; 0{,}5)$-verteilt mit $\mu \in \mathbb{R}^+ \setminus [97; 103]$
Liegt L in $[a; b]$, so kann die Maschine weiterlaufen. Es soll sein
$P_{H_1}(L \in \mathbb{R} \setminus [a; b]) \geqq 98\% \Leftrightarrow P_{H_1}(L \in [a; b]) \leqq 2\%$
$\Leftrightarrow \Phi_{\mu\sigma}(b) - \Phi_{\mu\sigma}(a) \leqq 2\%$ für alle $\mu \in \mathbb{R}^+ \setminus [97; 103]$.
Da die Graphen von $\Phi_{\mu\sigma}$ mit wachsendem μ nach rechts wandern, ist die letzte Gleichung für alle $\mu \in \mathbb{R}^+ \setminus [97; 103]$ erfüllt, wenn sie für $\mu = 97$ und für $\mu = 103$ erfüllt ist.

$$\begin{array}{ll} \text{I.} & \Phi_{103;\frac{1}{2}}(b) - \Phi_{103;\frac{1}{2}}(a) \leqq 2\% \\ \wedge\ \text{II.} & \Phi_{97;\frac{1}{2}}(b) - \Phi_{97;\frac{1}{2}}(a) \leqq 2\% \end{array} \Leftrightarrow \begin{array}{ll} \text{I.} & \Phi\left(\frac{b-103}{0{,}5}\right) - \Phi\left(\frac{a-103}{0{,}5}\right) \leqq 2\% \\ \wedge\ \text{II.} & \Phi\left(\frac{b-97}{0{,}5}\right) - \Phi\left(\frac{a-97}{0{,}5}\right) \leqq 2\% \end{array}$$

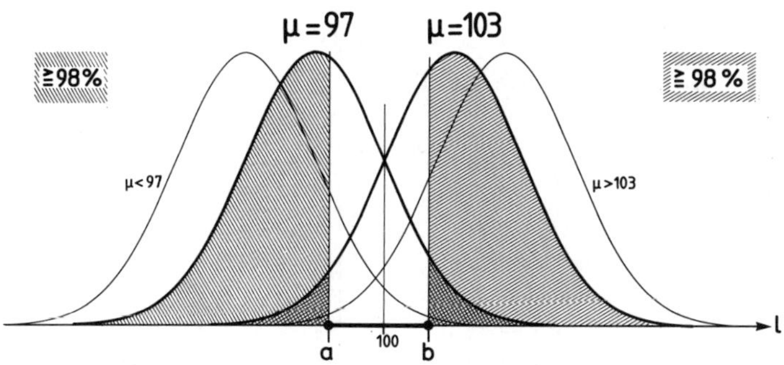

Legt man zusätzlich $[a; b]$ symmetrisch um $l = 100$, also $a = 100 - c$, $b = 100 + c$, so erhält man

$$\text{I}'.\quad \Phi\left(\frac{c-3}{0{,}5}\right) - \Phi\left(\frac{-c-3}{0{,}5}\right) \leqq 2\%$$

$$\wedge\ \text{II}'.\quad \Phi\left(\frac{c+3}{0{,}5}\right) - \Phi\left(\frac{-c+3}{0{,}5}\right) \leqq 2\%$$

Wegen $\Phi(-x) = 1 - \Phi(x)$ sind die Gleichungen I′ und II′ äquivalent. Also bleibt noch $\Phi(6+2c) - \Phi(6-2c) \leqq 2\%$.

Nun ist $\Phi(5) = 0{,}99999971$, also $\Phi(6+2c) \approx 1$.

Die letzte Ungleichung ist sicherlich erfüllt, wenn

$1 - \Phi(6-2c) \leqq 2\% \Leftrightarrow \Phi(6-2c) \geqq 0{,}98 \Leftrightarrow 6-2c \geqq 2{,}0538 \Leftrightarrow c \leqq 1{,}9731$

Damit ist mit $[a;b] = [98{,}03; 100{,}97]$ die Aufgabe gelöst.

$\alpha' = P_{H_0}(L \in \mathbb{R}\setminus[a;b])$

Da $[a;b]$ symmetrisch um $l = 100$ liegt, wird α' minimal, wenn $\mu = 100$ ist, also

$$\alpha'_{\min} = 2\,\Phi_{\mu\sigma}(a) = 2\,\Phi\left(\frac{98{,}03-100}{0{,}5}\right) = 2\cdot\Phi(-3{,}94) = 8\cdot 10^{-5}$$

NB: α' steigt aber bis auf 98%, wenn μ die Toleranzgrenzen 97 bzw. 103 erreicht.

Aufgaben zu 18.3. – 18.6.

384/1. **a)** $\bar{x}_5 = \frac{1}{5}(3+5+3+6+9) = 5{,}2$

$$s^2 = \frac{1}{5-1}\left[(3-5{,}2)^2 + (5-5{,}2)^2 + (3-5{,}2)^2 + (6-5{,}2)^2 + (9-5{,}2)^2\right] = 6{,}2.$$

b) $\bar{x}_5 = 0{,}24$, $s^2 = 0{,}283$ **c)** $\bar{x}_5 = 240$, $s^2 = 283\,000$ **d)** $\bar{x}_5 = 1$, $s^2 = 0$

384/2. $\bar{x}_{10} = 14{,}74\,\text{m}$ $s^2 = \frac{1531}{2250}\,\text{m}^2 = 0{,}68\ldots\,\text{m}^2$ Bremsweg $= 14{,}74\,\text{m} \pm 0{,}82\,\text{m}$

384/3. Nach Satz 212.1 ist $\mathscr{E}\bar{X} = \mathscr{E}X$. Nach Satz 212.2 ist $\operatorname{Var}\bar{X} = \frac{1}{n}\operatorname{Var}X$.

a) $\operatorname{Var}\bar{X} = 0{,}15$ **b)** $\operatorname{Var}\bar{X} = 0{,}01$ **c)** $\operatorname{Var}\bar{X} = 0{,}001$ **d)** $\operatorname{Var}\bar{X} = 0{,}001$

384/4. $\mathscr{E}V = \mathscr{E}\left(\frac{1}{n}\cdot\sum_{i=1}^{n}(X_i-\mu)^2\right) = \frac{1}{n}\cdot\sum_{i=1}^{n}\mathscr{E}(X_i-\mu)^2 = \frac{1}{n}\cdot\sum_{i=1}^{n}\operatorname{Var}X_i = \frac{1}{n}\cdot n\cdot\sigma_X^2 = \sigma_X^2.$

384/5. **a)** $\mathscr{E}X = 1\cdot\frac{1}{4} = \frac{1}{4}$, $\operatorname{Var}X = \frac{3}{16}$, $\sigma(X) = \frac{1}{4}\sqrt{3}$.

X nimmt nur die Werte 0 und 1 an. Für die Stichprobe $(X_1|X_2|X_3)$ gilt

$(x_1\|x_2\|x_3)$	$P(X_1=x_1 \wedge X_2=x_2 \wedge X_3=x_3)$	$\bar{x}_3$	s^2	s
000	$(\frac{3}{4})^3 = \frac{27}{64}$	0	$\frac{1}{2}[(0-0)^2+(0-0)^2+(0-0)^2]=0$	0
001	$(\frac{3}{4})^2\cdot\frac{1}{4} = \frac{9}{64}$	$\frac{1}{3}$	$\frac{1}{2}[(0-\frac{1}{3})^2+(0-\frac{1}{3})^2+(1-\frac{1}{3})^2]=\frac{1}{3}$	$\frac{1}{3}\sqrt{3}$
010	$(\frac{3}{4})^2\cdot\frac{1}{4} = \frac{9}{64}$	$\frac{1}{3}$	$\frac{1}{2}[(0-\frac{1}{3})^2+(1-\frac{1}{3})^2+(0-\frac{1}{3})^2]=\frac{1}{3}$	$\frac{1}{3}\sqrt{3}$
100	$(\frac{3}{4})^2\cdot\frac{1}{4} = \frac{9}{64}$	$\frac{1}{3}$	$\frac{1}{2}[(1-\frac{1}{3})^2+(0-\frac{1}{3})^2+(0-\frac{1}{3})^2]=\frac{1}{3}$	$\frac{1}{3}\sqrt{3}$
011	$\frac{3}{4}\cdot(\frac{1}{4})^2 = \frac{3}{64}$	$\frac{2}{3}$	$\frac{1}{2}[(0-\frac{2}{3})^2+(1-\frac{2}{3})^2+(1-\frac{2}{3})^2]=\frac{1}{3}$	$\frac{1}{3}\sqrt{3}$
101	$\frac{3}{4}\cdot(\frac{1}{4})^2 = \frac{3}{64}$	$\frac{2}{3}$	$\frac{1}{2}[(1-\frac{2}{3})^2+(0-\frac{2}{3})^2+(1-\frac{2}{3})^2]=\frac{1}{3}$	$\frac{1}{3}\sqrt{3}$
110	$\frac{3}{4}\cdot(\frac{1}{4})^2 = \frac{3}{64}$	$\frac{2}{3}$	$\frac{1}{2}[(1-\frac{2}{3})^2+(1-\frac{2}{3})^2+(0-\frac{2}{3})^2]=\frac{1}{3}$	$\frac{1}{3}\sqrt{3}$
111	$(\frac{1}{4})^3 = \frac{1}{64}$	1	$\frac{1}{2}[(1-1)^2+(1-1)^2+(1-1)^2]=0$	0

Damit erhalten wir die Verteilungen und Erwartungswerte

$\bar{x}_3$	0	$\frac{1}{3}$	$\frac{2}{3}$	1
$W(\bar{x}_3)$	$\frac{27}{64}$	$\frac{27}{64}$	$\frac{9}{64}$	$\frac{1}{64}$

$\Rightarrow \mathscr{E}\bar{X}_3 = \frac{1}{3}\cdot\frac{27}{64} + \frac{2}{3}\cdot\frac{9}{64} + 1\cdot\frac{1}{64} = \frac{1}{4} = \mathscr{E}X$

s^2	0	$\frac{1}{3}$
$W(s^2)$	$\frac{28}{64}$	$\frac{36}{64}$

$\Rightarrow \mathscr{E}S^2 = \frac{1}{3}\cdot\frac{36}{64} = \frac{3}{16} = \operatorname{Var}X$

s	0	$\frac{1}{3}\sqrt{3}$
$W(s)$	$\frac{28}{64}$	$\frac{36}{64}$

$\Rightarrow \mathscr{E}S = \frac{1}{3}\sqrt{3}\cdot\frac{36}{64} = \frac{3}{16}\sqrt{3} \neq \sigma(X)$

b) $\mathscr{E}X = 2\cdot\frac{1}{4} = \frac{1}{2}$, $\operatorname{Var}X = \frac{3}{8}$, $\sigma(X) = \frac{1}{4}\sqrt{6}$

X hat die Wahrscheinlichkeitsverteilung

x	0	1	2
$W(x)$	$\frac{9}{16}$	$\frac{6}{16}$	$\frac{1}{16}$

Für die Stichprobe $(X_1 \mid X_2)$ gilt

$(x_1 \mid x_2)$	$P(X_1 = x_1 \wedge X_2 = x_2)$	$\bar{x}_2$	s^2	s
00	$\frac{81}{256}$	0	$(0-0)^2 + (0-0)^2 = 0$	0
01	$\frac{54}{256}$	$\frac{1}{2}$	$(0-\frac{1}{2})^2 + (1-\frac{1}{2})^2 = \frac{1}{2}$	$\frac{1}{2}\sqrt{2}$
02	$\frac{9}{256}$	1	$(0-1)^2 + (2-1)^2 = 2$	$\sqrt{2}$
10	$\frac{54}{256}$	$\frac{1}{2}$	$(1-\frac{1}{2})^2 + (0-\frac{1}{2})^2 = \frac{1}{2}$	$\frac{1}{2}\sqrt{2}$
11	$\frac{36}{256}$	1	$(1-1)^2 + (1-1)^2 = 0$	0
12	$\frac{6}{256}$	$\frac{3}{2}$	$(1-\frac{3}{2})^2 + (2-\frac{3}{2})^2 = \frac{1}{2}$	$\frac{1}{2}\sqrt{2}$
20	$\frac{9}{256}$	1	$(2-1)^2 + (0-1)^2 = 2$	$\sqrt{2}$
21	$\frac{6}{256}$	$\frac{3}{2}$	$(2-\frac{3}{2})^2 + (1-\frac{3}{2})^2 = \frac{1}{2}$	$\frac{1}{2}\sqrt{2}$
22	$\frac{1}{256}$	2	$(2-2)^2 + (2-2)^2 = 0$	0

Damit erhalten wir die Verteilungen und Erwartungswerte

$\bar{x}_2$	0	$\frac{1}{2}$	1	$\frac{3}{2}$	2
$W(\bar{x}_2)$	$\frac{81}{256}$	$\frac{108}{256}$	$\frac{54}{256}$	$\frac{12}{256}$	$\frac{1}{256}$

$\Rightarrow \mathscr{E}\bar{X}_2 = \frac{128}{256} = \frac{1}{2} = \mathscr{E}X$

s^2	0	$\frac{1}{2}$	2
$W(s^2)$	$\frac{118}{256}$	$\frac{120}{256}$	$\frac{18}{256}$

$\Rightarrow \mathscr{E}S^2 = \frac{1}{2}\cdot\frac{120}{256} + 2\cdot\frac{18}{256} = \frac{96}{256} = \frac{3}{8} = \operatorname{Var}X$

s	0	$\frac{1}{2}\sqrt{2}$	$\sqrt{2}$
$W(s)$	$\frac{118}{256}$	$\frac{120}{256}$	$\frac{18}{256}$

$\Rightarrow \mathscr{E}S = \frac{1}{2}\sqrt{2}\cdot\frac{120}{256} + \frac{18}{256}\sqrt{2} = \frac{39}{128}\sqrt{2} \neq \sigma(X)$

384/6. **a)** Faßt man die Stichprobe als *Bernoulli*-Kette der Länge n auf mit »Treffer an der i-ten Stelle« = »$X_i = x_j$«, so ist $\frac{1}{n}\cdot N_j$ die relative Häufigkeit des Treffers. Also gilt nach Satz 248.1

$$P(A_j) = P(|\tfrac{1}{n}N_j - p_j| \geqq a) \leqq \frac{p_j(1-p_j)}{na^2}$$

b) $A = \bar{A}_1 \cap \ldots \cap \bar{A}_s$

c) $P(\bar{A}) = P(A_1 \cup \ldots \cup A_s) \leqq P(A_1) + \ldots + P(A_s) \leqq \frac{1}{a^2 n}\left(p_1(1-p_1) + \ldots + p_s(1-p_s)\right)$,

also $\lim_{n\to\infty} P(\bar{A}) = 0 \Leftrightarrow \lim_{n\to\infty} P(A) = 1$

384/7. $\operatorname{Var} X = 100 \cdot 0{,}4 \cdot 0{,}6 = 24.$ $\quad \operatorname{Var} \bar{X} = \frac{1}{n} \operatorname{Var} X < \frac{1}{100} \Leftrightarrow n > 2400$

384/8. X hat die Wahrscheinlichkeitsverteilung

x	0	1
$W(x)$	0,486	0,514

$\Rightarrow \mathscr{E} X = 0{,}514, \quad \operatorname{Var} X = 0{,}249804$

$\mathscr{E}(\bar{X}_{100}) = 0{,}514 \qquad \operatorname{Var} \bar{X}_{100} = \frac{1}{100} \cdot \operatorname{Var} X \qquad \sigma(\bar{X}_{100}) = 0{,}04998$

385/9. **a)** Die Schätzung lautet stets »$p = 0$« oder »$p = 1$«.
$\mathscr{E} Z = 1 \cdot p + 0 \cdot (1-p) = p$. Z ist also erwartungstreu.

b) $\mathscr{E} T = t \mathscr{E} X_1 + (1-t) \mathscr{E} X_2 = t\mu + (1-t) \cdot \mu = \mu$.

T ist für jedes t eine erwartungstreue Schätzgröße für den Erwartungswert $\mathscr{E} X$ einer Zufallsgröße X.

385/10. Es gilt zwar $\mathscr{E} Y_1 = \mathscr{E} Y - \mathscr{E} Y + \vartheta = \vartheta$; aber Y_1 ist im allgemeinen für jedes ϑ eine andere Zufallsgröße. Man kann also die Werte von Y_1 gar nicht aus der Stichprobe berechnen, wenn man ϑ nicht kennt!
Es gilt auch $\mathscr{E} Y_2 = \vartheta$. Aber Y_2 hängt ebenfalls von ϑ ab.

385/11. Z ist nach $B(n; p)$ verteilt. Daher $\mathscr{E} Z = np$. Also ist Z erwartungstreu.

385/12. **a)** $\tilde{G} = \dfrac{n+1}{n} G - 1$ ist erwartungstreu.

b) Unter Verwendung der Formel aus Aufgabe 192/**31. b)** erhält man

$$\mathscr{E}(G^2) = \frac{1}{\binom{\tau}{n}} \sum_{g=1}^{\tau} g^2 \binom{g-1}{n-1}$$

$$\Leftrightarrow \binom{\tau}{n} \mathscr{E}(G^2) = n \sum_{g=1}^{\tau} g \binom{g}{n} = n \sum_{g=1}^{\tau} \left[(g+1)\binom{g}{n} - \binom{g}{n}\right] =$$

$$= n \sum_{g=1}^{\tau} \left((n+1)\binom{g+1}{n+1} - \binom{g}{n}\right) =$$

$$= n(n+1) \sum_{g=n}^{\tau} \binom{g+1}{n+1} - n \sum_{g=n}^{\tau} \binom{g}{n} =$$

$$= n(n+1) \sum_{s=0}^{\tau-n} \binom{n+1-s}{n+1} - n \sum_{s=0}^{\tau-n} \binom{n+s}{n} =$$

$$= n(n+1)\binom{\tau+2}{n+2} - n\binom{\tau+1}{n+1}.$$

$$\Leftrightarrow \mathscr{E}(G^2) = \frac{n(\tau+1)(n\tau+n+\tau)}{(n+1)(n+2)};$$

$$\operatorname{Var} G = \mathscr{E}(G^2) - (\mathscr{E} G)^2 = \frac{n(\tau+1)(\tau-n)}{(n+2)(n+1)^2}.$$

Damit erhält man $\operatorname{Var} \tilde{G} = \left(\dfrac{n+1}{n}\right)^2 \operatorname{Var} G = \dfrac{(\tau+1)(\tau-n)}{n(n+2)}$.

c) Es sei $X_i :=$ Nummer der i-ten gezogenen Kugel, $i = 1, 2, \ldots, n$.
Wahrscheinlichkeitsverteilung von X_i:

$$P(X_i = k) = P(X_1 \neq k \wedge X_2 \neq k \wedge \ldots \wedge X_{i-1} \neq k \wedge X_i = k) =$$
$$= \frac{\tau - 1}{\tau} \cdot \frac{\tau - 2}{\tau - 1} \cdot \ldots \cdot \frac{\tau - (i-1)}{\tau - (i-2)} \cdot \frac{1}{\tau - (i-1)} = \frac{1}{\tau}$$

d.h., die Zufallsgrößen X_i sind gleichverteilt, jedes X_i ist gleichmäßig verteilt. Also ist

$$\mathscr{E} X_i = \frac{1}{\tau}(1 + 2 + \ldots + \tau) = \frac{1}{\tau} \cdot \frac{\tau(\tau+1)}{2} = \tfrac{1}{2}(\tau + 1).$$

Damit

$$\mathscr{E}(2\bar{X}) = 2\mathscr{E}(\bar{X}) = 2 \cdot \mathscr{E}\left(\tfrac{1}{n} \cdot \sum_{i=1}^{n} X_i\right) = 2 \cdot \tfrac{1}{n} \cdot n \cdot \tfrac{1}{2}(\tau + 1) = \tau + 1.$$

Erwartungstreue Schätzgröße für die Anzahl τ ist somit die Zufallsgröße $2\bar{X} - 1$.

d) Berechnung von $\operatorname{Var} \bar{X}$.
Wegen der Gleichverteilung der X_i ergibt sich zunächst für

$$\mathscr{E}(\bar{X}^2) = \mathscr{E}\left(\tfrac{1}{n} \cdot \sum_{i=1}^{n} X_i\right)^2 = \frac{1}{n^2}\,\mathscr{E}\left(\sum_{i=1}^{n} X_i^2 + \sum_{i \neq j} X_i X_j\right) =$$
$$= \frac{1}{n^2}\left[\sum_{i=1}^{n} \mathscr{E}(X_i^2) + \sum_{i \neq j} \mathscr{E}(X_i X_j)\right] =$$
$$= \frac{1}{n^2}\left[n \cdot \mathscr{E}(X_1^2) + n(n-1)\mathscr{E}(X_1 X_2)\right] =$$
$$= \frac{1}{n}\left[\mathscr{E}(X_1^2) + (n-1)\mathscr{E}(X_1 X_2)\right] =$$
$$= \frac{1}{n}\left[\frac{1}{\tau}\sum_{k=1}^{\tau} k^2 + (n-1)\frac{1}{\tau(\tau-1)}\left(\sum_{j,k=1}^{\tau} j \cdot k - \sum_{k=1}^{\tau} k^2\right)\right] =$$
$$= \frac{1}{n\tau}\left[\frac{\tau - n}{\tau - 1}\sum_{k=1}^{\tau} k^2 + \frac{n-1}{\tau-1}\sum_{j,k=1}^{\tau} j \cdot k\right] =$$
$$= \frac{1}{n\tau}\left[\frac{\tau-n}{\tau-1} \cdot \frac{\tau(\tau+1)(2\tau+1)}{6} + \frac{n-1}{\tau-1}\sum_{j=1}^{\tau}\left(j \cdot \sum_{k=1}^{\tau} k\right)\right] =$$
$$= \frac{1}{n\tau}\left[\frac{\tau-n}{\tau-1} \cdot \frac{\tau(\tau+1)(2\tau+1)}{6} + \frac{n-1}{\tau-1}\sum_{j=1}^{\tau} j \cdot \sum_{k=1}^{\tau} k\right] =$$
$$= \frac{1}{n\tau}\left[\frac{\tau-n}{\tau-1} \cdot \frac{\tau(\tau+1)(2\tau+1)}{6} + \frac{n-1}{\tau-1}\,\frac{\tau^2(\tau+1)^2}{4}\right] =$$
$$= \frac{\tau+1}{12n(\tau-1)}\left[2(\tau-n)(2\tau+1) + 3(n-1)\tau(\tau+1)\right] =$$
$$= \frac{\tau+1}{12n(\tau-1)}\left[\tau^2(3n+1) - \tau(n+1) - 2n\right].$$

Damit

$$\operatorname{Var}\bar{X} = \mathscr{E}(\bar{X}^2) - (\mathscr{E}\bar{X})^2 =$$
$$= \frac{\tau+1}{12n(\tau-1)}\left[\tau^2(3n+1) - \tau(n+1) - 2n\right] - \tfrac{1}{4}(\tau+1)^2 =$$
$$= \frac{\tau+1}{12n(\tau-1)}\left[\tau^2(3n+1) - \tau(n+1) - 2n - 3n(\tau^2-1)\right] =$$
$$= \frac{\tau+1}{12n(\tau-1)}(\tau-n)(\tau-1) = \frac{(\tau+1)(\tau-n)}{12n}.$$

$$\mathrm{Var}(2\bar{X}-1) = 4\,\mathrm{Var}\,\bar{X} = \frac{(\tau+1)(\tau-n)}{3n} = \frac{n+2}{3}\,\mathrm{Var}\,\tilde{G} > \mathrm{Var}\,\tilde{G} \qquad \text{für } n \geqq 2.$$

$\tilde{G}$ ist also in allen nicht-trivialen Fällen besser als $2\bar{X}-1$, weil es weniger streut.

385/13. Wie in Aufgabe **12** ist $P(X_i = k) = \frac{1}{\tau}$ und damit $\mathscr{E}\bar{X} = \frac{1}{2}(\tau+1)$.
$\mathscr{E}(2\bar{X}-1) = \tau$, also ist auch im Fall des Ziehens mit Zurücklegen $2\bar{X}-1$ eine erwartungstreue Schätzgröße für die Anzahl τ.
Für $\mathscr{E}(\bar{X}^2)$ erhält man jedoch (vgl. **12. d)**)

$$\mathscr{E}(\bar{X}^2) = \frac{1}{n}\left[\mathscr{E}(X_1^2) + (n-1)\mathscr{E}(X_1X_2)\right] = \frac{1}{n}\left[\frac{1}{\tau}\sum_{k=1}^{\tau} k^2 + (n-1)\cdot\frac{1}{\tau^2}\sum_{j,k=1}^{\tau} j\cdot k\right] =$$

$$= \frac{1}{n\tau}\left[\frac{\tau(\tau+1)(2\tau+1)}{6} + \frac{n-1}{\tau}\cdot\frac{\tau^2(\tau+1)^2}{4}\right] =$$

$$= \frac{\tau+1}{12n}\left[2(2\tau+1) + 3(n-1)(\tau+1)\right].$$

Damit

$$\mathrm{Var}\,\bar{X} = \frac{\tau+1}{12n}\left[4\tau+2+3n\tau+3n-3\tau-3-3n\tau-3n\right] = \frac{\tau^2-1}{12n}.$$

$$\mathrm{Var}(2\bar{X}-1) = 4\,\mathrm{Var}\,\bar{X} = \frac{\tau^2-1}{3n} = \frac{(\tau+1)(\tau-1)}{3n}.$$

Vergleicht man damit $\mathrm{Var}(2\bar{X}-1)$ für $n \geqq 2$ beim Ziehen ohne Zurücklegen, so gilt

$$\mathrm{Var}(2\bar{X}_{\text{ohne}}-1) = \frac{(\tau+1)(\tau-n)}{3n} < \frac{(\tau+1)(\tau-1)}{3n} = \mathrm{Var}(2\bar{X}_{\text{mit}}-1).$$

385/14. Hilfssatz 1: X und Y stochastisch unabhängig $\Rightarrow$ X^2 und Y^2 stochastisch unabhängig.

Beweis: Nach Voraussetzung gilt für alle i, j

$P(X = x_i \wedge Y = y_j) = P(X = x_i)\cdot P(Y = y_j)$.

Es ist zu zeigen, daß für alle k, l gilt:

$P(X^2 = \xi_l \wedge Y^2 = \eta_k) = P(X^2 = \xi_l)\cdot P(Y^2 = \eta_k)$.

Unter Weglassung der Indizes erhalten wir

$$\begin{aligned}P(X^2 = \xi \wedge Y^2 = \eta) &= P\big((X = -\sqrt{\xi} \vee X = \sqrt{\xi}) \wedge (Y = -\sqrt{\eta} \vee Y = \sqrt{\eta})\big) = \\ &= P\big((X = -\sqrt{\xi} \wedge Y = -\sqrt{\eta}) \vee (X = -\sqrt{\xi} \wedge Y = \sqrt{\eta}) \vee \\ &\quad \vee (X = \sqrt{\xi} \wedge Y = -\sqrt{\eta}) \vee (X = \sqrt{\xi} \wedge Y = \sqrt{\eta})\big).\end{aligned}$$

Da die Komponenten der Oder-Ereignisse disjunkt sind, kann man weiter umformen zu

$$\begin{aligned}&P(X = -\sqrt{\xi} \wedge Y = -\sqrt{\eta}) + P(X = -\sqrt{\xi} \wedge Y = \sqrt{\eta}) + \\ &\quad + P(X = \sqrt{\xi} \wedge Y = -\sqrt{\eta}) + P(X = \sqrt{\xi} \wedge Y = \sqrt{\eta}) = \\ &= P(X = -\sqrt{\xi})\cdot P(Y = -\sqrt{\eta}) + P(X = -\sqrt{\xi})\cdot P(Y = \sqrt{\eta}) + \\ &\quad + P(X = \sqrt{\xi})\cdot P(Y = -\sqrt{\eta}) + P(X = \sqrt{\xi})\cdot P(Y = \sqrt{\eta}) =\end{aligned}$$

$$= P(X = -\sqrt{\xi}) \cdot (P(Y = -\sqrt{\eta}) + P(Y = \sqrt{\eta})) +$$
$$+ P(X = \sqrt{\xi}) \cdot (P(Y = -\sqrt{\eta}) + P(Y = \sqrt{\eta})) =$$
$$= (P(X = -\sqrt{\xi}) + P(X = \sqrt{\xi})) \cdot P(Y = -\sqrt{\eta} \vee Y = \sqrt{\eta}) =$$
$$= P(X = -\sqrt{\xi} \vee X = \sqrt{\xi}) \cdot P(Y^2 = \eta) =$$
$$= P(X^2 = \xi) \cdot P(Y^2 = \eta), \qquad \text{q.e.d.}$$

Man beachte: Die Herleitung ist auch gültig, wenn $X^2 = \xi$ z.B. nur aus $X = \sqrt{\xi}$ entstanden ist und $-\sqrt{\xi}$ nicht zur Wertemenge von X gehört. Die entsprechenden Wahrscheinlichkeiten sind dann eben 0.
Gehört 0 zur Wertemenge von X^2 oder Y^2, so gilt:

1. Fall:

$$P(X^2 = 0 \wedge Y^2 = 0) = P(X = 0 \wedge Y = 0) = P(X = 0) \cdot P(Y = 0) =$$
$$= P(X^2 = 0) \cdot P(Y^2 = 0).$$

2. Fall: Mit $\eta \neq 0$

$$P(X^2 = 0 \wedge Y^2 = \eta) = P(X = 0 \wedge (Y = -\sqrt{\eta} \vee Y = \sqrt{\eta}) =$$
$$= P((X = 0 \wedge Y = -\sqrt{\eta}) \vee (X = 0 \wedge Y = \sqrt{\eta})) =$$
$$= P(X = 0 \wedge Y = -\sqrt{\eta}) + P(X = 0 \wedge Y = \sqrt{\eta}) =$$
$$= P(X = 0) \cdot P(Y = -\sqrt{\eta}) + P(X = 0) \cdot P(Y = \sqrt{\eta}) =$$
$$= P(X = 0) \cdot (P(Y = -\sqrt{\eta}) + P(Y = \sqrt{\eta})) =$$
$$= P(X = 0) \cdot P(Y = -\sqrt{\eta} \vee Y = \sqrt{\eta}) =$$
$$= P(X^2 = 0) \cdot P(Y^2 = \eta),$$

da es sich jeweils um disjunkte Ereignisse handelt.

3. Fall: $\xi \neq 0 \wedge \eta = 0$ (analog zum 2. Fall).

Hilfssatz 2: Wenn X, Y und Z unabhängige Zufallsgrößen sind und wenn f eine beliebige Funktion zweier Variabler ist, dann sind X und $f(Y, Z)$ auch unabhängige Zufallsgrößen.

Beweis:

$$P(X = a \wedge f(Y, Z) = b) = \sum_{f(y,z)=b} P(X = a \wedge Y = y \wedge Z = z) =$$
$$= \sum_{f(y,z)=b} P(X = a) \cdot P(Y = y) \cdot P(Z = z) =$$
$$= P(X = a) \cdot \sum_{f(y,z)=b} P(Y = y) \cdot P(Z = z) =$$
$$= P(X = a) \cdot \sum_{f(y,z)=b} P(Y = y \wedge Z = z) =$$
$$= P(X = a) P(f(Y, Z) = b).$$

Hilfssatz 3: X, Y, Z stochastisch unabhängig $\Rightarrow X^2, Y, Z$ stochastisch unabhängig.

Beweis: Wir benützen wieder das Disjunktsein der auftretenden Komponenten im Oder-Ereignis.

$$P(X^2 = a \wedge Y = b \wedge Z = c) =$$

$$= P([X = \sqrt{a} \vee X = -\sqrt{a}] \wedge Y = b \wedge Z = c) =$$
$$= P([X = \sqrt{a} \wedge Y = b \wedge Z = c] \vee [X = -\sqrt{a} \wedge Y = b \wedge Z = c]) =$$

$$= P(X = \sqrt{a} \wedge Y = b \wedge Z = c) + P(X = -\sqrt{a} \wedge Y = b \wedge Z = c) =$$
$$= P(X = \sqrt{a}) \cdot P(Y = b) \cdot P(Z = c) + P(X = -\sqrt{a}) \cdot P(Y = b) \cdot P(Z = c) =$$
$$= [P(X = \sqrt{a}) + P(X = -\sqrt{a})] \cdot P(Y = b) \cdot P(Z = c) =$$
$$= P(X = \sqrt{a} \vee X = -\sqrt{a}) \cdot P(Y = b) \cdot P(Z = c) =$$
$$= P(X^2 = a) \cdot P(Y = b) \cdot P(Z = c).$$

Zum Beweis der Konsistenz von S^2 ist zu zeigen, daß $\lim\limits_{n \to \infty} P(|S^2 - \sigma^2| \geqq \varepsilon) = 0$ für jedes $\varepsilon > 0$ gilt.

Nach der *Bienaymé-Tschebyschow*-Ungleichung gilt

$$0 \leqq \lim_{n \to \infty} P(|S^2 - \sigma^2| \geqq \varepsilon) \leqq \lim_{n \to \infty} \frac{\operatorname{Var} S^2}{\varepsilon^2} = \frac{1}{\varepsilon^2} \lim_{n \to \infty} \operatorname{Var} S^2.$$

Nun ist, da S^2 eine erwartungstreue Schätzgröße für σ^2 ist,

$$\operatorname{Var} S^2 = \mathscr{E}[(S^2)^2] - (\mathscr{E}(S^2))^2 = \mathscr{E}(S^4) - (\sigma^2)^2 = \mathscr{E}(S^4) - \sigma^4.$$

Man errechnet

$$S^4 = \left(\frac{1}{n-1} \sum_{i=1}^{n} (X_i - \bar{X})^2\right)^2 = \frac{1}{(n-1)^2} \left(\sum_{i=1}^{n} (X_i - \frac{1}{n} \sum_{j=1}^{n} X_j)^2\right)^2, \quad \text{also}$$

$$(n-1)^2 S^4 = (\sum_{i=1}^{n} [X_i^2 - \frac{2}{n} X_i \sum_{j=1}^{n} X_j + \frac{1}{n^2} (\sum_{j=1}^{n} X_j)^2])^2 =$$
$$= (\sum_{i=1}^{n} [X_i^2 - \frac{2}{n} \sum_{j=1}^{n} X_i X_j + \frac{1}{n^2} \sum_{j,k=1}^{n} X_j X_k])^2 =$$
$$= (\sum_{i=1}^{n} X_i^2 - \frac{2}{n} \sum_{i,j=1}^{n} X_i X_j + n \cdot \frac{1}{n^2} \sum_{j,k=1}^{n} X_j X_k)^2 =$$
$$= (\sum_{i=1}^{n} X_i^2 - \frac{2}{n} \sum_{j,k=1}^{n} X_j X_k + \frac{1}{n} \sum_{j,k=1}^{n} X_j X_k)^2 =$$
$$= (\sum_{i=1}^{n} X_i^2 - \frac{1}{n} \sum_{j,k=1}^{n} X_j X_k)^2 =$$
$$= \sum_{i,j=1}^{n} X_i^2 X_j^2 - \frac{2}{n} \sum_{i,j,k=1}^{n} X_i^2 X_j X_k + \frac{1}{n^2} \sum_{i,j,k,l=1}^{n} X_i X_j X_k X_l.$$

Wir zerlegen nun diesen Ausdruck in 2 Teile. Im ersten Teil fassen wir all die Glieder zusammen, bei denen mindestens 2 der Summationsindizes gleich sind. Im zweiten Teil wird dann nur über lauter verschiedene Indizes summiert. Wir lassen u. U. dabei die Angabe, daß von 1 bis n summiert wird, weg.

Ist im 1. Term $i = j$, so erhält man für den 1. Teil den Anteil $\sum\limits_{i=1}^{n} X_i^4$.

Im 2. Term kann $i = j \neq k$, $i = k \neq j$, $i \neq j = k$ und schließlich $i = j = k$ sein. Das liefert als Anteil für den 1. Teil

$$-\frac{2}{n} \sum_{i \neq k} X_i^3 X_k - \frac{2}{n} \sum_{i \neq j} X_i^3 X_j - \frac{2}{n} \sum_{i \neq j} X_i^2 X_j^2 - \frac{2}{n} \sum X_i^4 =$$
$$= -\frac{4}{n} \sum_{i \neq j} X_i^3 X_j - \frac{2}{n} \sum_{i \neq j} X_i^2 X_j^2 - \frac{2}{n} \sum_{i} X_i^4.$$

Der 3. Term liefert, je nachdem, ob alle 4 oder nur 3 oder nur 2 der 4 Indizes gleich sind, den Anteil

$$\frac{1}{n^2} \sum_{i} X_i^4 + \frac{4}{n^2} \sum_{i \neq j} X_i^3 X_j + \frac{6}{n^2} \sum_{i \neq j \neq k \neq i} X_i^2 X_j X_k.$$

Damit erhalten wir

$$(n-1)^2 S^4 = \left\{\sum_{i=1}^{n} X_i^4 - \frac{4}{n}\sum_{i\neq j} X_i^3 X_j - \frac{2}{n}\sum_{i\neq j} X_i^2 X_j^2 - \frac{2}{n}\sum_{i=1}^{n} X_i^4 + \right.$$

$$\left. + \frac{1}{n^2}\sum_{i=1}^{n} X_i^4 + \frac{4}{n^2}\sum_{i\neq j} X_i^3 X_j + \frac{6}{n^2}\sum_{i\neq j\neq k\neq i} X_i^2 X_j X_k\right\} +$$

$$+ \left\{\sum_{i\neq j} X_i^2 X_j^2 - \frac{2}{n}\sum_{i\neq j\neq k\neq i} X_i^2 X_j X_k + \frac{1}{n^2}\sum_{\substack{i\neq j\neq k\neq l\\ j\neq l\neq i\neq k}} X_i X_j X_k X_l\right\}.$$

Nach Zusammenfassung gilt also

$$\operatorname{Var} S^2 = \frac{1}{(n-1)^2}\,\mathscr{E}\left[\frac{(n-1)^2}{n^2}\sum_{i=1}^{n} X_i^4 - \frac{4(n-1)}{n^2}\sum_{i\neq j} X_i^3 X_j + \frac{n-2}{n}\sum_{i\neq j} X_i^2 X_j^2 + \right.$$

$$\left. + \frac{6-2n}{n^2}\sum_{i\neq j\neq k\neq i} X_i^2 X_j X_k + \frac{1}{n^2}\sum_{\substack{i\neq j\neq k\neq l\\ j\neq l\neq i\neq k}} X_i X_j X_k X_l\right] - \sigma^4.$$

Zur Berechnung des Erwartungswerts von S^4 bedenken wir, daß die X_i Kopien von X sind. Neben Satz 205/1 können wir ferner auch Satz 205/2 auf die Produkte anwenden, da

1. nach Hilfssatz 1 mit X_i und X_j auch X_i^2 und X_j^2 stochastisch unabhängig sind
2. nach Hilfssatz 2 mit $f(x, y) := x \cdot y$ mit X_i, X_j und X_k auch $(X_i \cdot X_j)$ und X_k und unter nochmaliger Anwendung von f auf $(X_i \cdot X_j)$, X_k und X_l auch $((X_i \cdot X_j) \cdot X_k)$ und X_l stochastisch unabhängig sind
3. nach Hilfssatz 3 mit X_i, X_j und X_k auch X_i^2, X_j und X_k stochastisch unabhängig sind und somit wegen Hilfssatz 2 auch X_i^2 und $(X_j \cdot X_k)$.

Es ist also, wenn die Indizes verschieden sind,

$$\mathscr{E}(X_i^2 \cdot X_j^2) = \mathscr{E}(X_i^2)\cdot\mathscr{E}(X_j^2) = \mathscr{E}(X^2)\cdot\mathscr{E}(X^2) = (\mathscr{E}X^2)^2$$

$$\mathscr{E}(X_i^2 X_j X_k) = \mathscr{E}\big(X_i^2\cdot(X_j X_k)\big) = \mathscr{E}(X_i^2)\cdot\mathscr{E}(X_j X_k) = \mathscr{E}(X^2)\cdot\mathscr{E}X_j\mathscr{E}X_k =$$

$$= \mathscr{E}(X^2)\cdot\mathscr{E}X\cdot\mathscr{E}X = (\sigma^2+\mu^2)\cdot\mu^2$$

$$\mathscr{E}(X_i X_j X_k X_l) = \mathscr{E}\big((X_i\cdot X_j)\cdot X_k\cdot X_l\big) = \mathscr{E}\big((X_i\cdot X_j)\cdot X_k\big)\cdot\mathscr{E}X_l =$$

$$= \mathscr{E}(X_i X_j)\cdot\mathscr{E}X_k\cdot\mu = \mathscr{E}X_i\cdot\mathscr{E}X_j\cdot\mu\cdot\mu = \mu^4.$$

Damit gilt

$$\operatorname{Var} S^2 = \frac{1}{(n-1)^2}\left\{\frac{(n-1)^2}{n^2}\cdot n\cdot\mathscr{E}(X^4) - \frac{4(n-1)}{n^2}\cdot n(n-1)\mathscr{E}(X_1^3 X_2) + \right.$$

$$+ \frac{n-2}{n}\cdot n(n-1)(\mathscr{E}X^2)^2 + \frac{6-2n}{n^2}\cdot n\cdot(n-1)(n-2)\cdot(\mathscr{E}X^2)(\mathscr{E}X)^2 +$$

$$\left. + \frac{1}{n^2}\cdot n(n-1)(n-2)(n-3)(\mathscr{E}X)^4\right\} - \sigma^4 =$$

$$= \frac{1}{n}\,\mathscr{E}(X^4) - \frac{4}{n}\,\mathscr{E}(X_1^3 X_2) +$$

$$+ \frac{1}{(n-1)n}\{n(n-2)(\sigma^2+\mu^2)^2 + (-2n^2+10n-12)(\mu^2+\sigma^2)\mu^2 +$$

$$+ (n^2-5n+6)\mu^4 - n(n-1)\sigma^4\} =$$

$$= \frac{1}{n}\,\mathscr{E}(X^4) - \frac{4}{n}\,\mathscr{E}(X_1^3 X_2) +$$

$$+ \frac{1}{n(n-1)}\,\{\mu^4(n^2 - 2n - 2n^2 + 10n - 12 + n^2 - 5n + 6) +$$

$$+ \mu^2\sigma^2(2n^2 - 4n - 2n^2 + 10n - 12) + \sigma^4(n^2 - 2n - n^2 + n)\} =$$

$$= \frac{1}{n}\left(\mathscr{E}(X^4) - 4\,\mathscr{E}(X_1^3 X_2)\right) + \frac{1}{n-1}\left\{\mu^4\left(3 - \frac{6}{n}\right) + \mu^2\sigma^2\left(6 - \frac{12}{n}\right) - \sigma^4\right\}.$$

Damit ist $\lim\limits_{n\to\infty} \operatorname{Var} S^2 = 0$, q.e.d.

Für $\tilde{S}^2$ erhält man dann

$$\lim_{n\to\infty} P(|\tilde{S}^2 - \sigma^2| \geqq \varepsilon) \leqq \lim_{n\to\infty} \frac{\operatorname{Var}\tilde{S}^2}{\varepsilon^2} = \frac{1}{\varepsilon^2}\lim_{n\to\infty} \operatorname{Var}\left(\frac{n-1}{n}\,S^2\right) =$$

$$= \frac{1}{\varepsilon^2}\lim_{n\to\infty}\left[\left(\frac{n-1}{n}\right)^2 \operatorname{Var} S^2\right] =$$

$$= \frac{1}{\varepsilon^2}\lim_{n\to\infty}\left[\left(1 - \frac{1}{n}\right)^2 \operatorname{Var} S^2\right] = 0, \qquad \text{q.e.d.}$$

Anhang II

392/1.

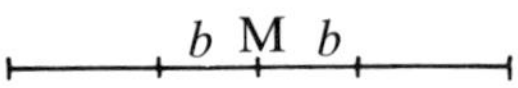

$$p = \begin{cases} \dfrac{2b}{a} & \text{für } b \leqq \dfrac{a}{2} \\[2ex] 1 & \text{für } b > \dfrac{a}{2} \end{cases}$$

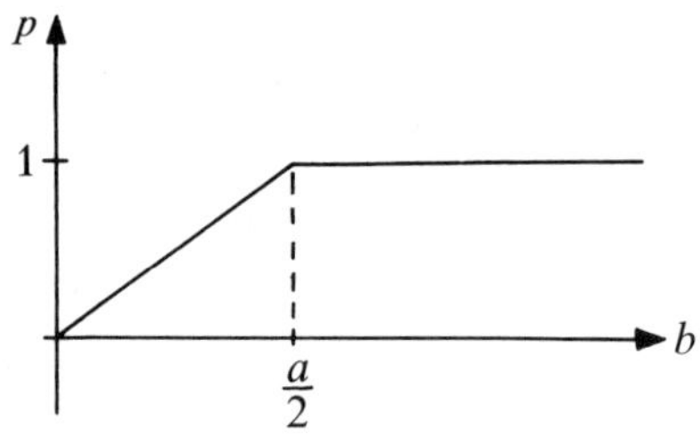

392/2.

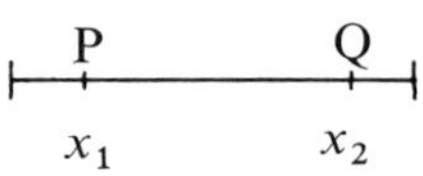

$|x_2 - x_1| \leqq b;$

$\Leftrightarrow -b \leqq x_2 - x_1 \leqq b;$

$\Leftrightarrow x_1 - b \leqq x_2 \leqq x_1 + b;$

$$p = \frac{a^2 - 2\cdot\frac{1}{2}\cdot(a-b)^2}{a^2} =$$

$$= \frac{a^2 - (a-b)^2}{a^2} =$$

$$= 1 - \left(1 - \frac{b}{a}\right)^2 \quad \text{für } b \leqq a;$$

$p = 1$ für $b > a$.

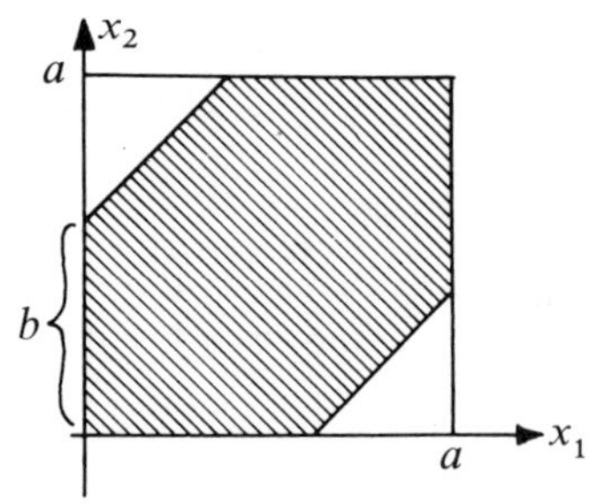

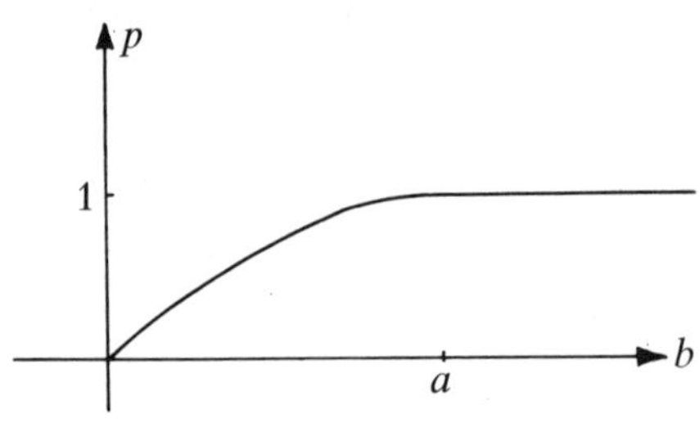

392/3. –

392/4. a) A: In einem Punkt des Umfangs wird ein drehbarer Zeiger angebracht, der in willkürliche Drehung versetzt wird und schließlich beliebig stehenbleibt.

B: Man rollt einen runden Bleistift über den Kreis.

C: Kurzzeitig eine Kreisscheibe beregnen lassen. Jeder Tropfen erzeugt einen Mittelpunkt.

D: Auf der kurzzeitig beregneten Scheibe durch jeden Tropfen eine Sehne in vorgegebener Richtung zeichnen.

Abweichungen: Psychologische Hemmungen, extreme Lagen zu wählen.

b) –

393/5. Lösung **A**:

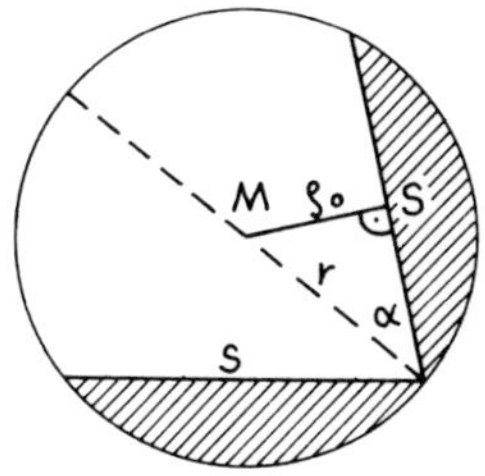

$$\sin\alpha = \frac{\varrho_0}{r} = \frac{\sqrt{r^2 - (\frac{1}{2}s)^2}}{r} = \sqrt{1 - \left(\frac{s}{2r}\right)^2}$$

$$\Leftrightarrow \alpha = \arcsin\sqrt{1 - \left(\frac{s}{2r}\right)^2}$$

$$p = \frac{\pi - 2\alpha}{\pi} = 1 - \frac{2}{\pi}\arcsin\sqrt{1 - \left(\frac{s}{2r}\right)^2} =$$

$$= \frac{2}{\pi}\left(\frac{\pi}{2} - \arccos\frac{s}{2r}\right) =$$

$$= \frac{2}{\pi}\arcsin\frac{s}{2r}$$

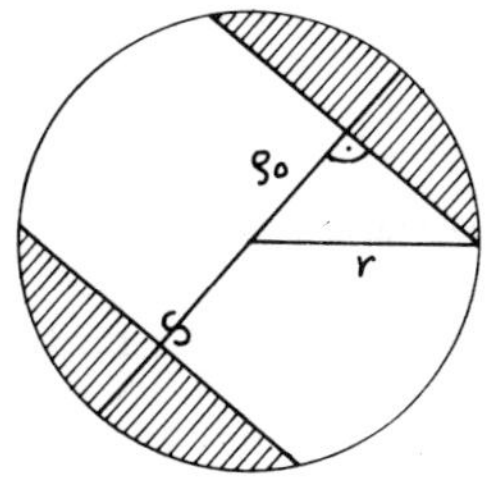

Lösung **B**:

$$\varrho_0 = \sqrt{r^2 - (\tfrac{1}{2}s)^2} = r\sqrt{1 - \left(\frac{s}{2r}\right)^2}.$$

$$p = \frac{2r - 2\varrho_0}{2r} =$$

$$= 1 - \sqrt{1 - \left(\frac{s}{2r}\right)^2}.$$

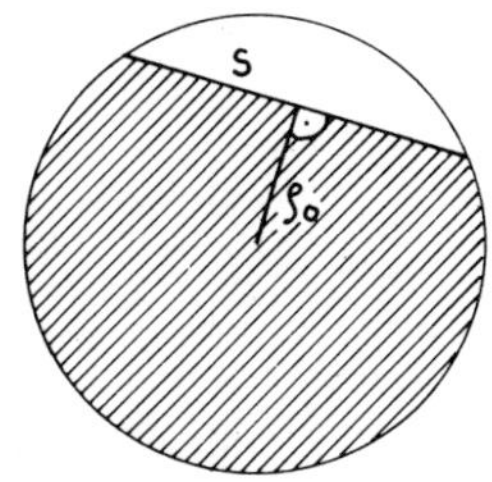

Lösung **C**:

$$p = \frac{r^2\pi - \varrho_0^2\pi}{r^2\pi} = \frac{r^2 - \varrho_0^2}{r^2} = \frac{(\frac{1}{2}s)^2}{r^2}.$$

$$p = \left(\frac{s}{2r}\right)^2$$

Lösung **D**:

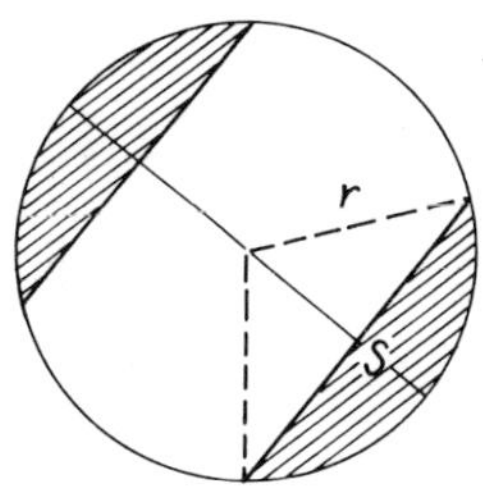

$$p = \frac{2\left(\frac{1}{2}r^2 \cdot 2 \cdot \arcsin\frac{s}{2r} - \frac{1}{2}s \cdot \sqrt{r^2 - (\frac{1}{2}s)^2}\right)}{r^2\pi} =$$

$$= \frac{2}{\pi}\left(\arcsin\frac{s}{2r} - \frac{s}{2r}\sqrt{1 - \left(\frac{s}{2r}\right)^2}\right).$$

Wertetabelle für die Wahrscheinlichkeiten p_A bis p_D in Prozent

$\frac{s}{2r}$	0	0,05	0,1	0,15	0,2	0,25	0,3	0,35	0,4	0,45	0,5	0,55	0,6	0,65	0,7	0,75	0,8	0,85	0,9	0,95	1
p_A	0	3,2	6,4	9,6	12,8	16,1	19,4	22,8	26,2	29,7	33,3	37,1	41,0	45,0	49,4	54,0	59,0	64,7	71,3	79,8	100
p_B	0	0,1	0,5	1,1	2,0	3,2	4,6	6,3	8,3	10,7	13,4	16,5	20,0	24,0	28,6	33,9	40,0	47,3	56,4	68,8	100
p_C	0	0,3	1,0	2,3	4,0	6,3	9,0	12,3	16,0	20,3	25,0	30,3	36,0	42,3	49,0	56,3	64,0	72,3	81,0	90,3	100
p_D	0	0,005	0,04	0,1	0,3	0,7	1,2	1,9	2,9	4,1	5,8	7,8	10,4	13,6	17,5	22,4	28,5	36,1	46,3	61,0	100

Der Graph von p_B ist ein Kreisbogen, der Graph von p_C ist ein Parabelbogen.

$$p_A = \frac{2}{\pi} \arcsin \frac{s}{2r}$$

$$p_B = 1 - \sqrt{1 - \left(\frac{s}{2r}\right)^2}$$

$$p_C = \left(\frac{s}{2r}\right)^2$$

$$p_D = \frac{2}{\pi}\left(\arcsin \frac{s}{2r} - \frac{s}{2r}\sqrt{1 - \left(\frac{s}{2r}\right)^2}\right)$$

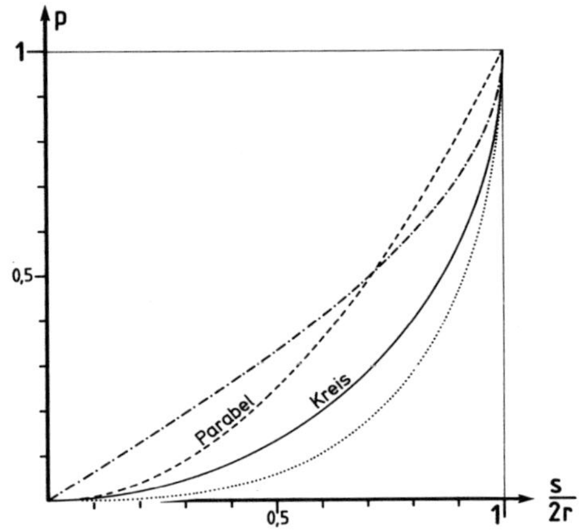

p_A –·–·–·–·–·–

p_B ————

p_C - - - - - - - - -

p_D ·····················

393/6. –

393/7. $p = \frac{2}{r^2} \int\limits_{\varrho_0}^{r} \varrho \, d\varrho - \frac{4}{r^2 \pi} \int\limits_{\varrho_0}^{r} \varrho \arcsin \frac{\varrho_0}{\varrho} \, d\varrho = \frac{2}{r^2} \left[\frac{\varrho^2}{2}\right]_{\varrho_0}^{r} - \frac{4}{r^2 \pi} I.$

Berechnung einer Stammfunktion für I:

$$\int \varrho \arcsin \frac{\varrho_0}{\varrho} \, d\varrho = \frac{1}{2} \varrho^2 \arcsin \frac{\varrho_0}{\varrho} - \frac{1}{2} \int \varrho^2 \frac{1}{\sqrt{1 - (\frac{\varrho_0}{\varrho})^2}} \cdot \frac{-\varrho_0}{\varrho^2} \, d\varrho =$$

$$= \frac{1}{2} \varrho^2 \arcsin \frac{\varrho_0}{\varrho} + \frac{\varrho_0}{2} \int \frac{\varrho}{\sqrt{\varrho^2 - \varrho_0^2}} \, d\varrho =$$

$$= \frac{1}{2} \varrho^2 \arcsin \frac{\varrho_0}{\varrho} + \tfrac{1}{2} \varrho_0 \sqrt{\varrho^2 - \varrho_0^2} + \mathbb{R}.$$

Damit erhält man

$$p = \frac{2}{r^2} (\tfrac{1}{2} r^2 - \tfrac{1}{2} \varrho_0^2) - \frac{4}{r^2 \pi} \left[\frac{1}{2} \varrho^2 \arcsin \frac{\varrho_0}{\varrho} + \tfrac{1}{2} \varrho_0 \sqrt{\varrho^2 - \varrho_0^2}\right]_{\varrho_0}^{r} =$$

$$= 1 - \frac{\varrho_0^2}{r^2} - \frac{4}{r^2 \pi} \left(\frac{1}{2} r^2 \arcsin \frac{\varrho_0}{r} + \frac{\varrho_0}{2} \sqrt{r^2 - \varrho_0^2} - \frac{1}{2} \varrho_0^2 \cdot \frac{1}{2} \pi\right) =$$

$$= 1 - \frac{\varrho_0^2}{r^2} - \frac{2}{\pi} \cdot \arcsin \frac{\varrho_0}{r} - \frac{2 \varrho_0}{r^2 \pi} \sqrt{r^2 - \varrho_0^2} + \frac{\varrho_0^2}{r^2} =$$

$$= 1 - \frac{2}{\pi} \arcsin \sqrt{1 - \left(\frac{s}{2r}\right)^2} - \frac{2}{\pi} \sqrt{1 - \left(\frac{s}{2r}\right)^2} \cdot \sqrt{1 - \left(1 - \left(\frac{s}{2r}\right)^2\right)} =$$

$$= 1 - \frac{2}{\pi} \arccos \frac{s}{2r} - \frac{2}{\pi} \cdot \frac{s}{2r} \cdot \sqrt{1 - \left(\frac{s}{2r}\right)^2} =$$

$$= \frac{2}{\pi} \left(\frac{\pi}{2} - \arccos \frac{s}{2r} - \frac{s}{2r} \cdot \sqrt{1 - \left(\frac{s}{2r}\right)^2} \right) =$$

$$= \frac{2}{\pi} \left(\arcsin \frac{s}{2r} - \frac{s}{2r} \cdot \sqrt{1 - \left(\frac{s}{2r}\right)^2} \right).$$

Beweis des lokalen Grenzwertsatzes von de Moivre und Laplace

1. Hilfsmittel aus der Analysis

Wir stellen zunächst die mathematischen Hilfsmittel bereit, die beim Beweis benötigt werden.

1.1. Die Reihenentwicklung des Logarithmus

Führt man die Polynomdivision $1:(1+t)$ nach steigenden Potenzen von t aus, so erhält man für $t \neq -1$

$$\frac{1}{1+t} = 1 - t + t^2 - t^3 + - \ldots + (-1)^{n-1} \cdot t^{n-1} + (-1)^n \frac{t^n}{1+t}.$$

Durch Integration folgt für $-1 < x < +\infty$

$$\int_0^x \frac{1}{1+t} \, \mathrm{d}t = \int_0^x \left(1 - t + t^2 - + \ldots + (-1)^{n-1} t^{n-1}\right) \mathrm{d}t + (-1)^n \int_0^x \frac{t^n}{1+t} \, \mathrm{d}t$$

oder

$$\ln(1+x) = x - \frac{x^2}{2} + \frac{x^3}{3} - + \ldots + (-1)^{n-1} \frac{x^n}{n} + (-1)^n R_n. \tag{1}$$

Wenn $|x| < 1$, strebt R_n nach 0 für $n \uparrow +\infty$. Es gibt nämlich nach dem Mittelwertsatz der Integralrechnung zu x eine Zahl θ mit $0 \leqq \theta \leqq 1$ und

$$R_n = \int_0^x \frac{t^n}{1+t} \, \mathrm{d}t = x \cdot \frac{(\theta x)^n}{1 + \theta x}.$$

Für $|x| < 1$ ist auch $|\theta x| < 1$, und damit gilt $\lim\limits_{n \uparrow +\infty} R_n = 0$. Damit haben wir bewiesen:

Für $|x| < 1$ gilt: $\ln(1+x) = x - \dfrac{x^2}{2} + \dfrac{x^3}{3} - + \ldots = \sum\limits_{n=1}^{\infty} (-1)^{n-1} \dfrac{x^n}{n}$.

Die später in **2.** verwendete Formel erhalten wir, wenn wir (1) für $n = 2$ anschreiben:

$$\boxed{\ln(1+x) = x - \frac{x^2}{2} + R_2 = x - \frac{x^2}{2} + \frac{\theta^2 x^3}{1 + \theta x}}$$

bzw. mit $-x$ statt x:

$$\ln(1-x) = -x - \frac{x^2}{2} - x^3 \frac{\theta^2}{1 + \theta x}.$$

1.2. Die Formel von *Wallis*

Durch partielle Integration erhält man nach einigen Umformungen:

$$I_n = \int\limits_0^{\frac{\pi}{2}} (\sin x)^n \mathrm{d}x = \left[-\frac{1}{n}\cos x\,(\sin x)^{n-1}\right]_0^{\frac{\pi}{2}} + \frac{n-1}{n}\int\limits_0^{\frac{\pi}{2}} (\sin x)^{n-2}\mathrm{d}x =$$

$$= \frac{n-1}{n}\int\limits_0^{\frac{\pi}{2}} (\sin x)^{n-2}\mathrm{d}x = \frac{n-1}{n} I_{n-2}.$$

Wir unterscheiden die Fälle $n = 2k$ und $n = 2k+1$ mit $k \in \mathbb{N}_0$ und erhalten rekursiv

$$\begin{aligned} I_{2k} &= \frac{2k-1}{2k} I_{2k-2} = \\ &= \frac{2k-1}{2k}\cdot\frac{2k-3}{2k-2} I_{2k-4} = \\ &= \cdots\cdots\cdots\cdots\cdots\cdots = \\ &= \frac{(2k-1)(2k-3)\cdot\ldots\cdot 1}{2k(2k-2)\cdot\ldots\cdot 2} I_0 = \frac{(2k-1)!!}{(2k)!!} I_0. \end{aligned}$$

Mit $I_0 = \int\limits_0^{\frac{\pi}{2}} \mathrm{d}x = \frac{\pi}{2}$ erhält man $I_{2k} = \frac{(2k-1)!!}{(2k)!!}\cdot\frac{\pi}{2}$.

Analog berechnet man

$$I_{2k+1} = \frac{2k}{2k+1} I_{2k-1} = \ldots = \frac{2k(2k-2)\cdot\ldots\cdot 2}{(2k+1)(2k-1)\cdot\ldots\cdot 3} I_1 = \frac{(2k)!!}{(2k+1)!!} I_1.$$

Mit $I_1 = \int\limits_0^{\frac{\pi}{2}} \sin x\,\mathrm{d}x = 1$ erhält man $I_{2k+1} = \frac{(2k)!!}{(2k+1)!!}$.

Für $0 \leqq x \leqq \frac{\pi}{2}$ gilt $(\sin x)^{2k+2} \leqq (\sin x)^{2k+1} \leqq (\sin x)^{2k}$

und daher wegen der Monotonie des bestimmten Integrals

$$\int\limits_0^{\frac{\pi}{2}} (\sin x)^{2k+2}\mathrm{d}x \leqq \int\limits_0^{\frac{\pi}{2}} (\sin x)^{2k+1}\mathrm{d}x \leqq \int\limits_0^{\frac{\pi}{2}} (\sin x)^{2k}\mathrm{d}x;$$

$$\Leftrightarrow \frac{(2k+1)!!}{(2k+2)!!}\cdot\frac{\pi}{2} \leqq \frac{(2k)!!}{(2k+1)!!} \leqq \frac{(2k-1)!!}{(2k)!!}\cdot\frac{\pi}{2};$$

$$\Leftrightarrow \frac{2k+1}{2k+2}\cdot\frac{\pi}{2} \leqq \frac{1}{2k+1}\cdot\left(\frac{(2k)!!}{(2k-1)!!}\right)^2 \leqq \frac{\pi}{2};$$

Multipliziert man diese Ungleichungskette mit $\frac{2k+1}{k}$, dann erhält man

$$\frac{2k+1}{2k+2}\cdot\frac{2k+1}{2k}\cdot\pi \leqq \frac{1}{k}\cdot\left(\frac{(2k)!!}{(2k-1)!!}\right)^2 \leqq \pi\cdot\frac{2k+1}{2k}.$$

Da die bei π stehenden Faktoren für $k\uparrow+\infty$ den Grenzwert 1 besitzen, haben wir die Formel von *Wallis** gewonnen: $\pi = \lim\limits_{k\uparrow+\infty} \frac{1}{k}\cdot\left(\frac{(2k)!!}{(2k-1)!!}\right)^2$

* John *Wallis* (1616–1703) veröffentlichte sie 1656 in seiner *Arithmetica Infinitorum* in der Gestalt
$\frac{4}{\pi} = \frac{3\cdot 3\cdot 5\cdot 5\cdot 7\cdot 7\cdot 9\cdot 9\cdot 11\cdot 11\cdot\ldots}{2\cdot 4\cdot 4\cdot 6\cdot 6\cdot 8\cdot 8\cdot 10\cdot 10\cdot 12\cdot\ldots}$.

Nun ist aber $(2k-1)!! \cdot (2k)!! = (2k)!$, außerdem $(2k)!! = 2^k \cdot k!$. Unter Verwendung dieser Beziehungen erhält man

$$\sqrt{\pi} = \lim_{k \uparrow +\infty} \frac{(2k)!!}{\sqrt{k} \cdot (2k-1)!!} = \lim_{k \uparrow +\infty} \frac{(2k)!! \cdot (2k)!!}{\sqrt{k} \cdot (2k)!} = \lim_{k \uparrow +\infty} \frac{2^{2k} \cdot (k!)^2}{\sqrt{k} \cdot (2k)!}$$

und schließlich

$$\boxed{\sqrt{\pi} = \lim_{k \uparrow +\infty} \frac{2^{2k} \cdot (k!)^2}{\sqrt{k} \cdot (2k)!}}$$

1.3. Die Formel von *Stirling*

$n!$ ist für große n sehr mühsam zu berechnen.
Man ist daher bemüht, eine Näherungsformel für $n!$ zu finden. Dazu betrachten wir zunächst $\ln n! = \ln 1 + \ln 2 + \ln 3 + \ldots + \ln n = \ln 2 + \ln 3 + \ldots + \ln n$.

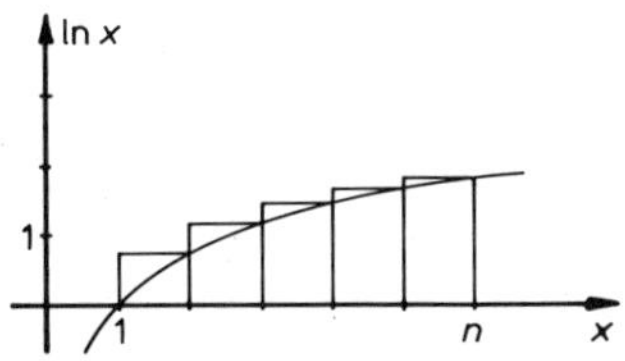

Fig. 1 Obersumme von $\int_1^n \ln x \,\mathrm{d}x$

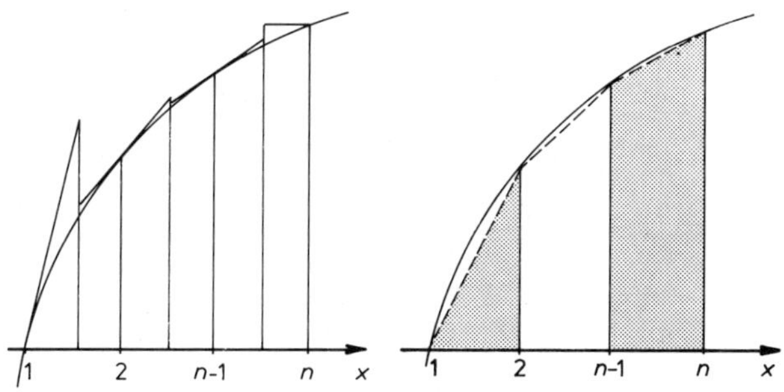

Fig. 2 Skizze zu den Sekanten- und Tangentenpolygonen für $\int_1^n \ln x \,\mathrm{d}x$.

Aus Figur 1 ersieht man, daß dieser Ausdruck eine Obersumme des Integrals $\int_1^n \ln x \,\mathrm{d}x$ ist. Um zu einer möglichst guten Abschätzung für $\ln n!$ zu kommen, nähern wir die Fläche $\int_1^n \ln x \,\mathrm{d}x$ folgendermaßen von unten und von oben an (siehe dazu Figur 2). Da $\ln x$ rechtsgekrümmt ist, liegen Sekantenpolygone immer unterhalb der Logarithmuskurve, Tangentenpolygone immer oberhalb. Das aus den Kurvenpunkten $(k \mid \ln k)$, $k = 1, 2, \ldots, n$ gebildete Sekantenpolygon bildet mit der x-Achse eine Fläche, die aus einem Dreieck und $n-2$ Trapezen besteht. Da alle Teilflächen die Höhe 1 haben, gilt für die Flächenmaßzahl dieser Fläche:

$$\tfrac{1}{2}\ln 2 + \tfrac{1}{2}(\ln 2 + \ln 3) + \ldots + \tfrac{1}{2}(\ln(n-1) + \ln n) = \ln n! - \tfrac{1}{2}\ln n.$$

Diese Fläche ist sicher kleiner als $\int_1^n \ln x \,\mathrm{d}x$. Wir wollen nun eine Fläche konstruieren, die größer als dieses Integral ist. Dazu ziehen wir an den Stellen $x = 1, 2, \ldots, n-1$ die Tangenten an die Kurve $y = \ln x$; die Ordinaten $\ln 2, \ln 3, \ldots, \ln(n-1)$ wählen wir als Mittenlinien von Trapezen. Wir erhalten wieder $n-2$ Trapeze der Gesamtfläche $\ln 2 + \ln 3 + \ldots + \ln(n-1)$. Dieses Tangentenpolygon ergänzen wir an den beiden Enden so, daß wir eine Gesamtfigur erhalten, deren Fläche sicher größer als $\int_1^n \ln x \,\mathrm{d}x$ ist. Links fügen wir das von der Tangente in $(1 \mid 0)$ gebildete Dreieck mit der Grundlinie $\frac{1}{2}$ an, das den Flächeninhalt $\frac{1}{8}$ hat. Rechts schließen wir an die Trapeze das Rechteck des Inhalts $\frac{1}{2}\ln n$ an.* Damit haben wir die größere Fläche des Inhalts

$$\tfrac{1}{8} + \ln 2 + \ln 3 + \ldots + \ln(n-1) + \tfrac{1}{2}\ln n = \tfrac{1}{8} + \ln n! - \tfrac{1}{2}\ln n .$$

Für $\int_1^n \ln x \,\mathrm{d}x$ erhält man durch partielle Integration den Wert $n \cdot \ln n - n + 1$. Es gilt also folgende Ungleichungskette:

$$\ln n! - \tfrac{1}{2}\ln n < n \cdot \ln n - n + 1 < \tfrac{1}{8} + \ln n! - \tfrac{1}{2}\ln n ;$$

$$\Leftrightarrow \quad -(n+\tfrac{1}{2})\ln n + n - 1 < -\ln n! < -(n+\tfrac{1}{2})\ln n + n - \tfrac{7}{8};$$

$$\Leftrightarrow \quad (n+\tfrac{1}{2})\ln n - n + \tfrac{7}{8} < \ln n! < (n+\tfrac{1}{2})\ln n - n + 1 ;$$

$$\Leftrightarrow \quad n^{n+\frac{1}{2}} \cdot \mathrm{e}^{-n} \cdot \mathrm{e}^{\frac{7}{8}} < n! < n^{n+\frac{1}{2}} \cdot \mathrm{e}^{-n} \cdot \mathrm{e} .$$

Zur näheren Untersuchung dieser Annäherung von $n!$ betrachten wir die Folge aus den Termen

$$a_n := \frac{n!}{n^{n+\frac{1}{2}} \cdot \mathrm{e}^{-n}} . \tag{2}$$

Wegen $\mathrm{e}^{\frac{7}{8}} < a_n < \mathrm{e}$ ist die Folge der a_n beschränkt, und falls sie konvergiert, ist ihr Grenzwert $\neq 0$. Die Folge ist konvergent, wenn sie monoton ist. Zum Nachweis dieser Monotonie untersuchen wir den Quotienten $\frac{a_n}{a_{n+1}}$. Es gilt:

$$\frac{a_n}{a_{n+1}} = \frac{n!(n+1)^{n+1+\frac{1}{2}}\mathrm{e}^{-(n+1)}}{n^{n+\frac{1}{2}}\mathrm{e}^{-n}(n+1)!} = \frac{\left(\frac{n+1}{n}\right)^{n+\frac{1}{2}}}{\mathrm{e}}$$

und damit

$$\ln \frac{a_n}{a_{n+1}} = (n+\tfrac{1}{2}) \ln\left(1 + \frac{1}{n}\right) - 1 .$$

Um den Ausdruck auf der rechten Seite abzuschätzen, betrachten wir Figur 3. Da der Graph von $y = \frac{1}{x}$ für $x > 0$ links-gekrümmt ist, ist das gezeichnete Tangentrapez dem Inhalt nach sicher kleiner als das Sekantentrapez. Zwischen diesen beiden Werten liegt der Inhalt des von der Kurve begrenzten Flächenstücks

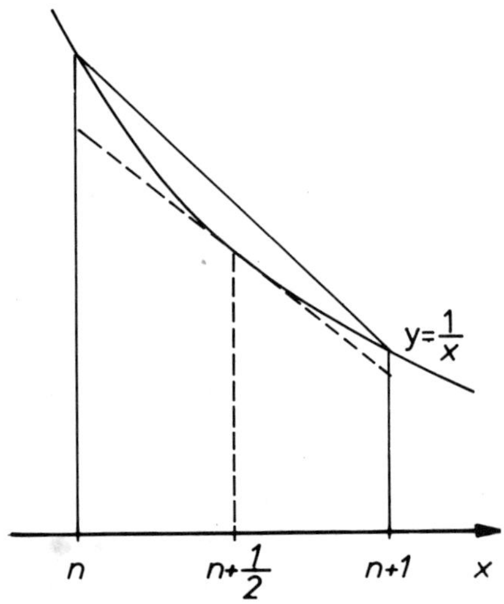

Fig. 3 Die Hyperbel $y = \frac{1}{x}$

$$\int_n^{n+1} \frac{1}{x}\,\mathrm{d}x = \ln \frac{n+1}{n}, \qquad \text{also}$$

$$\frac{1}{n+\frac{1}{2}} < \ln\left(1+\frac{1}{n}\right) < \frac{1}{2}\left(\frac{1}{n} + \frac{1}{n+1}\right);$$

$$\Leftrightarrow \quad 0 < \ln\left(1+\frac{1}{n}\right) - \frac{1}{n+\frac{1}{2}} < \frac{1}{2}\left(\frac{1}{n} + \frac{1}{n+1}\right) - \frac{1}{n+\frac{1}{2}};$$

* Diese Rechtecksfläche ist übrigens genau die Hälfte der Trapezfläche zur Mittenlinie $\ln n!$.

$$\Leftrightarrow\; 0 < (n+\tfrac{1}{2})\ln\left(1+\frac{1}{n}\right) - 1 < \tfrac{1}{2}(n+\tfrac{1}{2})\left(\frac{1}{n}+\frac{1}{n+1}\right) - 1\,;$$

$$\Leftrightarrow\; 0 < \ln\frac{a_n}{a_{n+1}} < \frac{1}{4}\left(\frac{2n+1}{n}+\frac{2n+1}{n+1}-4\right);$$

$$\Leftrightarrow\; 0 < \ln\frac{a_n}{a_{n+1}} < \frac{1}{4}\left(\frac{1}{n}-\frac{1}{n+1}\right); \qquad (3)$$

$$\Leftrightarrow\; 1 < \frac{a_n}{a_{n+1}} < \mathrm{e}^{\frac{1}{4}\left(\frac{1}{n}-\frac{1}{n+1}\right)}.$$

Damit ist bewiesen, daß die Folge der a_n monoton fällt. Es existiert also ein positiver Grenzwert $A := \lim\limits_{n\uparrow+\infty} a_n$. Zur Berechnung von A greifen wir auf die Formel von *Wallis* zurück. Wir ersetzen darin $k!$ mit Hilfe von (2) durch $k^{k+\frac{1}{2}}\mathrm{e}^{-k}a_k$ und $(2k)!$ durch $(2k)^{2k+\frac{1}{2}}\mathrm{e}^{-2k}a_{2k}$.

Damit erhalten wir $\sqrt{\pi} = \lim\limits_{k\uparrow+\infty} \dfrac{2^{2k}(k^{k+\frac{1}{2}}\mathrm{e}^{-k}a_k)^2}{\sqrt{k}\,(2k)^{2k+\frac{1}{2}}\mathrm{e}^{-2k}a_{2k}} = \lim\limits_{k\uparrow+\infty} \dfrac{a_k^2}{\sqrt{2}\,a_{2k}}$.

Wegen $\lim\limits_{k\uparrow+\infty} a_k = \lim\limits_{k\uparrow+\infty} a_{2k} = A \neq 0$ ergibt sich $\sqrt{\pi} = \dfrac{A^2}{A\sqrt{2}} = \dfrac{A}{\sqrt{2}}$; $\Rightarrow A = \sqrt{2\pi}$.

Damit haben wir die Formel von *Stirling* (1692–1770) hergeleitet:

$$\boxed{\lim_{n\uparrow+\infty} \frac{n!}{\sqrt{2\pi n}\, n^n \mathrm{e}^{-n}} = 1}$$

Eine genauere Auskunft über die Güte dieser Konvergenz liefert folgende Überlegung. Wir schreiben (3) für die Glieder $a_n, a_{n+1}, \ldots, a_{n+m-1}$ an:

$$0 < \ln a_n - \ln a_{n+1} < \frac{1}{4n} - \frac{1}{4(n+1)};$$

$$0 < \ln a_{n+1} - \ln a_{n+2} < \frac{1}{4(n+1)} - \frac{1}{4(n+2)};$$

....

$$0 < \ln a_{n+m-1} - \ln a_{n+m} < \frac{1}{4(n+m-1)} - \frac{1}{4(n+m)}.$$

Summieren wir diese Ungleichungen, so erhalten wir

$$0 < \ln a_n - \ln a_{n+m} < \frac{1}{4n} - \frac{1}{4(n+m)} \quad\Leftrightarrow\quad 1 < \frac{a_n}{a_{n+m}} < \mathrm{e}^{\frac{1}{4}\left(\frac{1}{n}-\frac{1}{n+m}\right)}.$$

Halten wir n fest und bilden den Grenzwert für $m\uparrow+\infty$, so erhalten wir

$$1 \leqq \frac{a_n}{\sqrt{2\pi}} \leqq \mathrm{e}^{\frac{1}{4n}} \quad\Leftrightarrow\quad 1 \leqq \frac{n!}{\sqrt{2\pi n}\, n^n\,\mathrm{e}^{-n}} \leqq \mathrm{e}^{\frac{1}{4n}}$$

$$\Leftrightarrow\quad \boxed{\sqrt{2\pi n}\, n^n \mathrm{e}^{-n} \leqq n! \leqq \sqrt{2\pi n}\, n^n \mathrm{e}^{-n}\, \mathrm{e}^{\frac{1}{4n}}}$$

Damit ist es uns gelungen, $n!$ zwischen 2 Grenzen einzuschließen. Wir können diese Tatsache durch folgende Formel* ausdrücken:

$$n! = \sqrt{2\pi n}\, n^n e^{-n} e^{\frac{\vartheta}{4n}} \quad \text{mit} \quad 0 \leqq \vartheta \leqq 1.$$

Diese Approximation von $n!$ ist erstaunlich gut. Schon für $n = 9$ liegt der Fehler unter 1%.

2. Der lokale Grenzwertsatz von *de Moivre* und *Laplace*

Eine Zufallsgröße sei nach $B(n; p)$ binomial verteilt. f_n sei ihre Dichtefunktion. Mit φ_n bezeichnen wir die Dichtefunktion der zugehörigen standardisierten Zufallsgröße. Die Behauptung des lokalen Grenzwertsatzes lautet: Es gibt eine Grenzfunktion φ, so daß für alle $u \in \mathbb{R}$ gilt $\lim\limits_{n \to +\infty} \varphi_n(u) = \varphi(u)$.

Zur Berechnung der Grenzfunktion φ halten wir eine beliebige Stelle u fest und lassen n über alle Grenzen wachsen.
Die Dichtefunktion f_n wird beschrieben durch

$$f_n(x) = \begin{cases} B(n; p; k) & \text{für } x \in \left]k - \tfrac{1}{2}; k + \tfrac{1}{2}\right] \wedge k = 0, 1, \ldots, n \\ 0 & \text{sonst.} \end{cases}$$

Daraus erhält man für φ_n mit $\mu = np$ und $\sigma = \sqrt{npq}$ den Term

$$\varphi_n(u) = \begin{cases} \sigma B(n; p; k) & \text{für } u \in \left] \dfrac{k - \mu - \frac{1}{2}}{\sigma}; \dfrac{k - \mu + \frac{1}{2}}{\sigma} \right] \wedge k = 0, 1, \ldots, n \\ 0 & \text{sonst.} \end{cases}$$

Zur Veranschaulichung des Zusammenhangs zwischen f_n und φ_n betrachte man Figur 285.1 des Lehrbuchs.

Die Schwierigkeit beim Grenzprozeß besteht darin, daß je nach dem Wert von n andere k-Werte zum festgehaltenen u gehören. Nach dem Obigen gilt nämlich

$$\frac{k - \mu - \frac{1}{2}}{\sigma} < u \leqq \frac{k - \mu + \frac{1}{2}}{\sigma};$$

$$\Leftrightarrow \; k - \mu - \tfrac{1}{2} < \sigma u \leqq k - \mu + \tfrac{1}{2};$$

$$\Leftrightarrow \; -\sigma u - \mu - \tfrac{1}{2} < -k \leqq -\sigma u - \mu + \tfrac{1}{2};$$

$$\Leftrightarrow \; \sigma u + \mu - \tfrac{1}{2} \leqq k < \sigma u + \mu + \tfrac{1}{2}.$$

k muß bei festem u in Abhängigkeit von n so gewählt werden, daß die letzte Doppelungleichung erfüllt wird. Durch sie ist ein halboffenes Intervall der Länge 1 bestimmt. Es gibt also immer genau ein k, das dieser Bedingung genügt. Für dieses k gilt

$$k = \sigma u + \mu + h \quad \text{mit} \quad -\tfrac{1}{2} \leqq h < \tfrac{1}{2} \quad \text{und} \quad k \in \mathbb{N}_0 \tag{4}$$

In Tabelle 1 ist dieser Zusammenhang zwischen n und k am Beispiel $B(n; \frac{1}{5})$ dargestellt.

Schreiben wir (4) in der Form $k = u\sqrt{npq} + np + h$, so sehen wir, daß k mit n nach Unendlich geht und daß gilt $\lim\limits_{n\uparrow +\infty} \frac{k}{n} = p$. Hieraus folgt sofort $\lim\limits_{n\uparrow +\infty} \frac{n-k}{n} = \lim\limits_{n\uparrow +\infty} \left(1 - \frac{k}{n}\right) = 1 - p = q$.

* *De Moivre* (1667–1754) bewies im Jahre 1730, daß mit $0 \leqq \varepsilon_n \leqq 1$ gilt $n! = C \cdot n^{n+\frac{1}{2}} e^{-n} e^{\varepsilon_n}$. Im selben Jahre konnte *Stirling* zeigen, daß $C = \sqrt{2\pi}$ ist.

n	$u=1$	$u=2$	$u=5$	$u=100$
	k	k	k	k
1	1	1	2	40
4	2	2	5	81
9	3	4	8	122
16	5	6	11	163
25	7	9	15	205
64	16	19	29	333
100	24	28	40	420
10^4	2040	2080	2200	6000
10^6	200400	200800	202000	240000

Tab. 1 Zusammenhang zwischen n und k bei festem u für die Binomialverteilungen $B(n; \frac{1}{5})$; dabei gilt $k = 0{,}4\,u\sqrt{n} + 0{,}2\,n + h$. Grau unterlegt sind diejenigen k-Werte, die größer als n sind, für die also φ_n den Wert 0 annimmt.

Das bedeutet, daß mit n auch $n-k$ nach Unendlich geht.
Nun wollen wir uns der eigentlichen Untersuchung zuwenden, nämlich der Berechnung von

$\lim\limits_{n\uparrow+\infty} \sigma\,B(n;p;k)$ für festes u. Es gilt $\sigma\,B(n;p;k) = \sqrt{npq}\,\dfrac{n!}{k!(n-k)!}\,p^k q^{n-k}$.

Drückt man die drei Fakultäten $n!$, $k!$ und $(n-k)!$ mit Hilfe der *Stirling*-Formel (siehe **1.3.**) aus, so erhält man für $0 < k < n$

$$\sigma\,B(n;p;k) = \sqrt{npq}\,\frac{\sqrt{2\pi n}\,n^n e^{-n} e^{\frac{\vartheta_2}{4n}}}{\sqrt{2\pi k}\,k^k e^{-k} e^{\frac{\vartheta_1}{4n}}\sqrt{2\pi(n-k)}\cdot(n-k)^{n-k} e^{-(n-k)} e^{\frac{\vartheta_3}{4(n-k)}}}\,p^k q^{n-k} =$$

$$= \sqrt{\frac{n^2pq}{2\pi k(n-k)}}\left(\frac{np}{k}\right)^k\left(\frac{nq}{n-k}\right)^{n-k} e^{-\frac{1}{4}\left(\frac{\vartheta_1}{n}-\frac{\vartheta_2}{k}-\frac{\vartheta_3}{n-k}\right)}$$

mit $0 \leqq \vartheta_i \leqq 1$ für $i = 1, 2, 3$.

Der Limes eines Produkts ist bekanntlich gleich dem Produkt der Limiten der Faktoren, wenn diese existieren. Wir spalten daher den obigen Term in 3 Faktoren auf, deren Grenzwerte wir berechnen können.

a) Berechnung von $\lim\limits_{n\uparrow+\infty} e^{\frac{1}{4}\left(\frac{\vartheta_1}{n}-\frac{\vartheta_2}{k}-\frac{\vartheta_3}{n-k}\right)}$

Wie oben gezeigt, wachsen k und $n-k$ mit n über alle Grenzen. Im Exponenten steht also eine Nullfolge. Wegen der Stetigkeit der Exponentialfunktion ergibt sich als Grenzwert $e^0 = 1$.

b) Berechnung von $\lim\limits_{n\uparrow+\infty} \sqrt{\dfrac{n^2pq}{2\pi k(n-k)}}$.

Wegen der Stetigkeit der Wurzelfunktion berechnen wir den Grenzwert des Radikanden:

$$\lim_{n\uparrow+\infty} \frac{n^2pq}{2\pi k(n-k)} = \lim_{n\uparrow+\infty} \frac{pq}{2\pi\frac{k}{n}\cdot\frac{n-k}{n}} = \frac{pq}{2\pi pq} = \frac{1}{2\pi}.$$

Der zu berechnende Grenzwert ist also $\dfrac{1}{\sqrt{2\pi}}$.

c) Berechnung von $\lim\limits_{n\uparrow+\infty}\left(\frac{np}{k}\right)^k\left(\frac{nq}{n-k}\right)^{n-k}$.

Es empfiehlt sich hier, statt des Produkts zuerst den Logarithmus des Produkts zu untersuchen.

$$A_n := \ln\left[\left(\frac{np}{k}\right)^k\left(\frac{nq}{n-k}\right)^{n-k}\right] = k\ln\frac{np}{k} + (n-k)\ln\frac{nq}{n-k} = -k\ln\frac{k}{np} - (n-k)\ln\frac{n-k}{nq} =$$

$$= -k\ln\left(1+\frac{k-np}{np}\right) - (n-k)\ln\left(1-\frac{k-np}{nq}\right).$$

$k - np$ ist die Entfernung der Stelle k vom Erwartungswert np. Wir kürzen diese Entfernung mit $n\kappa$ ab, d.h. $\kappa := \frac{k}{n} - p$. Damit erhält man $k = n\kappa + np$ und $n - k = n - n\kappa - np = nq - n\kappa$. Führt man diese Werte in A_n ein, so gewinnt A_n folgende Gestalt:

$$A_n = -n(\kappa+p)\ln\left(1+\frac{\kappa}{p}\right) - n(q-\kappa)\ln\left(1-\frac{\kappa}{q}\right).$$

Nun benützen wir die Entwicklung des Logarithmus aus **1.1**, die wir etwas umgestalten wollen:

$$\ln(1+x) = x - \frac{x^2}{2} + \frac{\theta^2 x^3}{1+\theta x} = x - \frac{x^2}{2}\left(1 - \frac{2\theta^2 x}{1+\theta x}\right) =: x - \frac{x^2}{2}\cdot r(x).$$

Offensichtlich gilt $\lim\limits_{x\to 0} r(x) = 1$.

Entwickeln wir die beiden in A_n vorkommenden Logarithmen auf diese Art, so erhalten wir

$$A_n = -n(\kappa+p)\left(\frac{\kappa}{p} - \frac{\kappa^2}{2p^2}\cdot r\left(\frac{\kappa}{p}\right)\right) - n(q-\kappa)\left(-\frac{\kappa}{q} - \frac{\kappa^2}{2q^2}\cdot r\left(\frac{\kappa}{q}\right)\right) =$$

$$= n\kappa\left[-\frac{\kappa}{p} - 1 + \left(\frac{\kappa^2}{2p^2} + \frac{\kappa}{2p}\right)r\left(\frac{\kappa}{p}\right) + 1 - \frac{\kappa}{q} + \left(\frac{\kappa}{2q} - \frac{\kappa^2}{2q^2}\right)r\left(\frac{\kappa}{q}\right)\right] =$$

$$= n\kappa^2\left[-\frac{1}{p} - \frac{1}{q} + \frac{1}{2p}\left(1+\frac{\kappa}{p}\right)r\left(\frac{\kappa}{p}\right) + \frac{1}{2q}\left(1-\frac{\kappa}{q}\right)r\left(\frac{\kappa}{q}\right)\right].$$

Nun gilt aber wegen $\lim\limits_{n\uparrow+\infty}\frac{k}{n} = p$, daß $\lim\limits_{n\uparrow+\infty}\kappa = 0$. Ferner ist

$$n\kappa^2 = n\left(\frac{k}{n} - p\right)^2 = \frac{1}{n}(k-np)^2 = \frac{1}{n}(u\sqrt{npq} + h)^2 = \left(u\sqrt{pq} + \frac{h}{\sqrt{n}}\right)^2.$$

Also $\lim\limits_{n\uparrow+\infty} n\kappa^2 = u^2pq$.

Damit erhalten wir schließlich $\lim\limits_{n\uparrow+\infty} A_n = u^2pq\left(-\frac{1}{p} - \frac{1}{q} + \frac{1}{2p} + \frac{1}{2q}\right) = -\frac{u^2}{2}$ oder

$$\lim_{n\uparrow+\infty}\left(\frac{np}{k}\right)^k\left(\frac{nq}{n-k}\right)^{n-k} = e^{-\frac{1}{2}u^2}.$$

Damit ist die Berechnung der drei Teillimiten abgeschlossen und das Problem gelöst. Es gilt also für jedes $u \in \mathbb{R}$

$$\lim_{n\uparrow+\infty}\sigma\,B(n;p;k) = \frac{1}{\sqrt{2\pi}}e^{-\frac{1}{2}u^2}.$$ Damit ist der lokale Grenzwertsatz bewiesen.

Nachträge

275/96. Absolute Häufigkeit der Sechs nach jeweils 60 Versuchen:

12	8	9	9	12	15	8	9	7	7
10	16	13	5	13	9	8	13	8	10

Zugehörige Konfidenzintervalle, nach der sicheren Seite gerundet:

$60 \cdot h_{60}$	h_{60}	75%-Niveau	90%-Niveau
5	0,08333	]0,03553; 0,18322[	]0,02262; 0,26309[
7	0,11667	]0,05686; 0,22439[	]0,03830; 0,30455[
8	0,13333	]0,06823; 0,24427[	]0,04696; 0,32447[
9	0,15	]0,07996; 0,26379[	]0,05607; 0,34393[
10	0,16667	]0,09202; 0,28298[	]0,06559; 0,36298[
11	0,18333	]0,10438; 0,30187[	]0,07548; 0,38166[
12	0,2	]0,11700; 0,32050[	]0,08571; 0,40000[
13	0,21667	]0,12987; 0,33888[	]0,09625; 0,41803[
15	0,25	]0,15625; 0,37500[	]0,11819; 0,45323[
16	0,26667	]0,16973; 0,39277[	]0,12956; 0,47044[

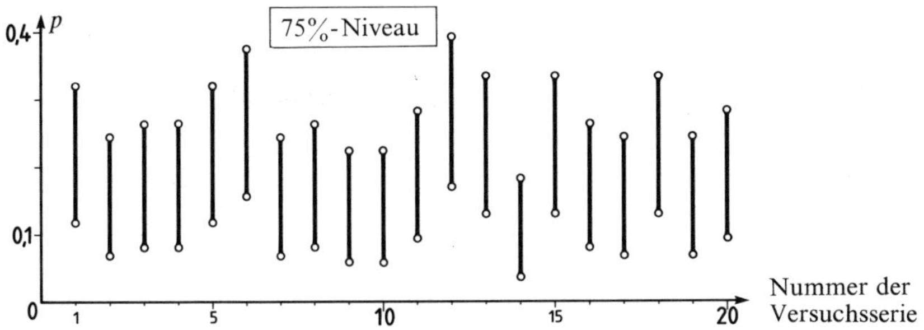

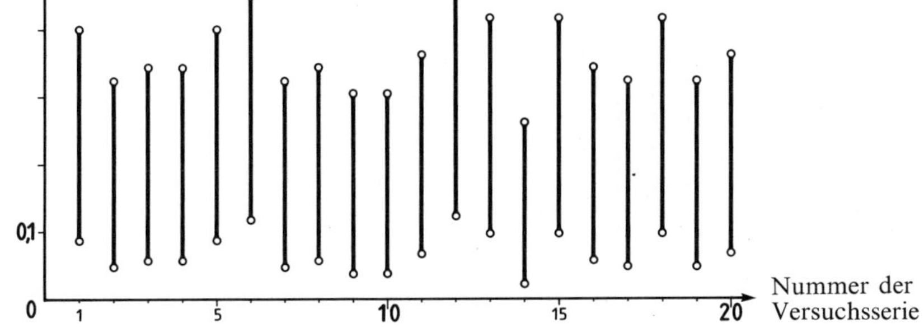

275/97. Absolute Häufigkeit von Adler nach jeweils 50 Versuchen:

22 24 23 30 21 28 32 26 20 23 28 27 30 20 19 27

Zugehörige Konfidenzintervalle, nach der sicheren Seite gerundet:

$50 \cdot h_{50}$	h_{50}	75%-Niveau	90%-Niveau
19	0,38	]0,25648; 0,52130[	]0,20083; 0,59917[
20	0,4	]0,27386; 0,54095[	]0,21597; 0,61736[
21	0,42	]0,29146; 0,56039[	]0,23139; 0,63527[
22	0,44	]0,30927; 0,57962[	]0,24710; 0,65290[
23	0,46	]0,32728; 0,59865[	]0,26308; 0,67025[
24	0,48	]0,34549; 0,61747[	]0,27934; 0,68733[
26	0,52	]0,38253; 0,65451[	]0,31267; 0,72066[
27	0,54	]0,40135; 0,67272[	]0,32975; 0,73692[
28	0,56	]0,42038; 0,69073[	]0,34710; 0,75290[
30	0,6	]0,45905; 0,72614[	]0,38264; 0,78403[
32	0,64	]0,49857; 0,76069[	]0,41932; 0,81402[

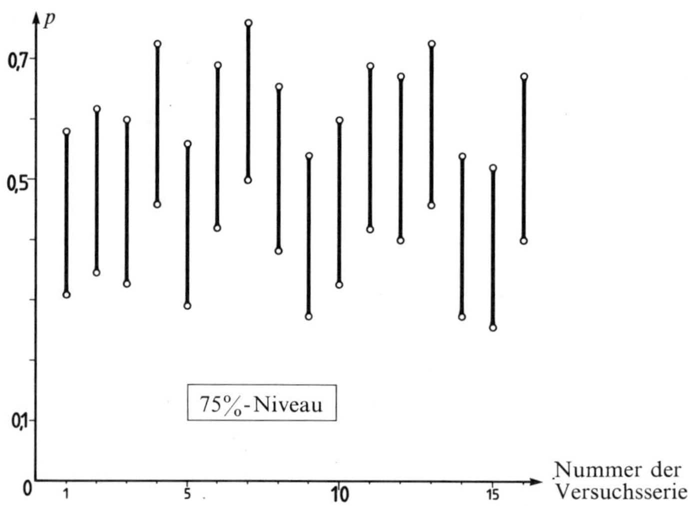

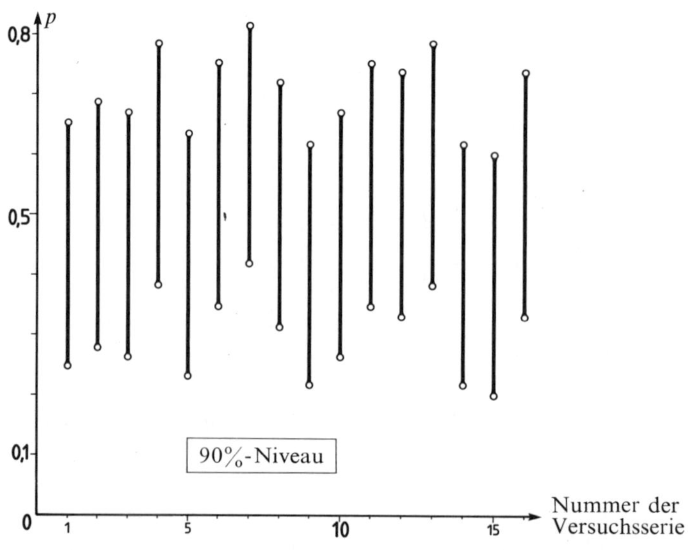

316/41. Ab 2. Auflage:

$$\mathscr{E}X = \int\limits_{-\infty}^{\infty} x\varphi_{\mu\sigma}(x)\,\mathrm{d}x =$$

$$= \frac{1}{\sigma\sqrt{2\pi}} \int\limits_{-\infty}^{\infty} x\mathrm{e}^{-\frac{1}{2}\left(\frac{x-\mu}{\sigma}\right)^2}\,\mathrm{d}x = \qquad \text{Substitution: } \frac{x-\mu}{\sigma} = t$$

$$= \frac{1}{\sqrt{2\pi}} \int\limits_{-\infty}^{\infty} (\mu + \sigma t)\mathrm{e}^{-\frac{1}{2}t^2}\,\mathrm{d}t =$$

$$= \frac{\mu}{\sqrt{2\pi}} \int\limits_{-\infty}^{\infty} \mathrm{e}^{-\frac{1}{2}t^2}\,\mathrm{d}t + \frac{\sigma}{\sqrt{2\pi}} \int\limits_{-\infty}^{\infty} t\mathrm{e}^{-\frac{1}{2}t^2}\,\mathrm{d}t =$$

$$= \frac{\mu}{\sqrt{2\pi}} \cdot \sqrt{2\pi} + \frac{\sigma}{\sqrt{2\pi}} \left[-\mathrm{e}^{-\frac{1}{2}t^2}\right]_{-\infty}^{\infty} =$$

$$= \mu + 0 =$$

$$= \mu.$$

$$\operatorname{Var} X = \mathscr{E}\left((X-\mu)^2\right) =$$

$$= \int\limits_{-\infty}^{\infty} (x-\mu)^2 \varphi_{\mu\sigma}(x)\,\mathrm{d}x =$$

$$= \frac{1}{\sigma\sqrt{2\pi}} \int\limits_{-\infty}^{\infty} (x-\mu)^2 \mathrm{e}^{-\frac{1}{2}\left(\frac{x-\mu}{\sigma}\right)^2}\,\mathrm{d}x =$$

$$= \frac{\sigma^2}{\sqrt{2\pi}} \int\limits_{-\infty}^{\infty} t^2 \mathrm{e}^{-\frac{1}{2}t^2}\,\mathrm{d}t =$$

$$= \frac{\sigma^2}{\sqrt{2\pi}} \int\limits_{-\infty}^{\infty} (-t) \cdot (-t\mathrm{e}^{-\frac{1}{2}t^2})\,\mathrm{d}t =$$

$$= \frac{\sigma^2}{\sqrt{2\pi}} \left(\left[-t \cdot \mathrm{e}^{-\frac{1}{2}t^2}\right]_{-\infty}^{\infty} - \int\limits_{-\infty}^{\infty} (-1) \cdot \mathrm{e}^{-\frac{1}{2}t^2}\,\mathrm{d}t \right) =$$

$$= \frac{\sigma^2}{\sqrt{2\pi}} (0 + \sqrt{2\pi}) =$$

$$= \sigma^2.$$

Fortsetzung von Aufgabe **122/81.b**

$$= 2^k \cdot \frac{\dfrac{2^{n-1}!}{(2^{n-1}-k)!}}{\dfrac{2^n!}{(2^n-k)!}} = 2^k \cdot \frac{\dfrac{2^{n-1}!}{(2^{n-1}-k)! \cdot k!}}{\dfrac{2^n!}{(2^n-k)! \cdot k!}} = 2^k \cdot \frac{\dbinom{2^{n-1}}{k}}{\dbinom{2^n}{k}}.$$

2) Ist $k > 2^{n-1}$, dann plaziert man nach dem obigen Verfahren die $2^n - k$ nichtdeutschen Vereine. In der obigen Formel muß man dann k durch $2^n - k$ ersetzen. Man erhält somit für die gesuchte Wahrscheinlichkeit den Ausdruck

$$2^{2^n-k} \cdot \frac{\dbinom{2^{n-1}}{2^n-k}}{\dbinom{2^n}{2^n-k}} = 2^{2^n-k} \cdot \frac{\dbinom{2^{n-1}}{2^n-k}}{\dbinom{2^n}{k}}.$$